清華
科技大讲堂

算法竞赛入门到进阶

罗勇军 郭卫斌 ◎ 著

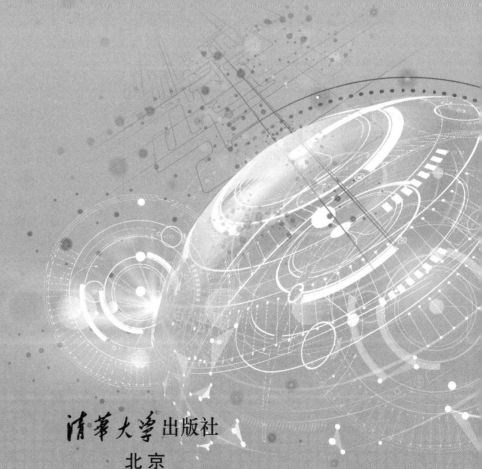

清華大學出版社
北京

内 容 简 介

本书是算法竞赛的入门和进阶教材，包括算法思路、模板代码、知识体系、赛事相关等内容。本书把竞赛常用的知识点和竞赛题结合起来，讲解清晰、透彻，帮助初学者建立自信心，快速从实际问题入手，模仿经典代码解决问题，进入中级学习阶段。

全书分为12章，覆盖了目前算法竞赛中的主要内容，包括算法竞赛概述、算法复杂度、STL和基本数据结构、搜索技术、高级数据结构、基础算法思想、动态规划、数学、字符串、图论、计算几何。

本书适合用于高等院校开展的ICPC、CCPC等算法竞赛培训，中学NOI信息学竞赛培训，以及需要学习算法、提高计算思维的计算机工作者。

图书在版编目(CIP)数据

算法竞赛入门到进阶/罗勇军，郭卫斌著. —北京：清华大学出版社，2019(2024.11重印)
(清华科技大讲堂)
ISBN 978-7-302-52915-6

Ⅰ. ①算… Ⅱ. ①罗… ②郭… Ⅲ. ①计算机算法 Ⅳ. ①TP301.6

中国版本图书馆CIP数据核字(2019)第083538号

策划编辑：魏江江
责任编辑：王冰飞
封面设计：刘 键
责任校对：李建庄
责任印制：刘 菲

出版发行：清华大学出版社
网 址：https://www.tup.com.cn，https://www.wqxuetang.com
地 址：北京清华大学学研大厦A座 **邮 编**：100084
社 总 机：010-83470000 **邮 购**：010-62786544
投稿与读者服务：010-62776969，c-service@tup.tsinghua.edu.cn
质量反馈：010-62772015，zhiliang@tup.tsinghua.edu.cn
课件下载：https://www.tup.com.cn，010-62795954
印 装 者：小森印刷霸州有限公司
经 销：全国新华书店
开 本：185mm×260mm **印 张**：22.5 **字 数**：546千字
版 次：2019年8月第1版 **印 次**：2024年11月第15次印刷
印 数：31501～33500
定 价：59.80元

产品编号：081639-01

推　荐　序

大学生算法竞赛，例如ICPC(国际大学生程序设计竞赛)、CCPC(中国大学生程序设计竞赛)，是目前中国最具影响力的大学生计算机赛事。

这些算法竞赛之所以具有很大的影响力，是因为它们综合考察了参赛队员在编码能力、算法知识、逻辑思维、创新能力、团队合作等各方面的素质。很多从算法竞赛中走出的获奖学生已陆续成长为杰出的软件工程师。近年来，在国内、国际闻名的IT公司中，有算法竞赛背景的创业者也层出不穷。

我长期从事算法竞赛的培训工作，深刻认识到算法竞赛在我国IT教育中的关键作用。可以说，IT行业决定了一个国家的未来发展高度。目前，中国的IT行业已经在世界上颇具影响力。中国每年培养约100万信息类大学生，但仍然供不应求。特别是高级软件工程师，更是各大企业、创业公司争抢的对象。算法竞赛的目标正是培养杰出的软件工程师，并且中国20多年的算法竞赛历史已经证明，算法竞赛培训是非常有效的手段。

随着算法竞赛的发展，全国大部分高校陆续开展了算法竞赛的课内或课外课程，各大学的竞赛指导老师为之付出了极大的心血。

算法竞赛不同于其他的学科竞赛，它的长期性、艰苦性使它成为一个高难度的学习活动。参赛队员需要长期持之以恒地学习、训练，指导老师也需要在竞赛培训、教材编写、日常管理、组织参赛、主办比赛、维护OJ系统等方面做大量琐碎而艰苦的工作。竞赛教材的编写是其中一项重要内容，近些年，国内也陆续出版了十几种相关教材，这些都是算法竞赛学生日常学习的基本资料。

我的同行罗勇军老师是华东理工大学的竞赛教练，长期从事算法竞赛的指导工作。我和罗老师很早就认识，虽然不常见面，但网络交流很频繁，经常就竞赛学生的有效管理模式进行经验交流。

令我印象深刻的是，2008年我校(杭州电子科技大学)主办了ACM-ICPC亚洲区域赛，罗老师带领的参赛队一举获得金牌，并因此入围了次年于瑞典举办的第33届ACM-ICPC World Final，这让当时的我既羡慕，又深受鼓舞。一年后，我校也实现了Final的历史性突破，并在接下来的几年中先后5次入围全球总决赛。

罗老师作为一名十几年坚持在教学第一线的金牌教练，在总结长期的算法竞赛教学经验的基础上写下了《算法竞赛入门到进阶》一书。通读下来，这本书的语言描述贴近学生的阅读习惯，有很好的可读性，对基础算法的讲解详细、清晰、通俗易懂；仔细读之，读者能够深刻感受到作者为之付出的心血。

书中的例题大部分来自杭州电子科技大学在线提交系统(HDOJ)，这让我倍感亲切。

同时我想，这对于国内的读者来说也一定是乐于看到的，毕竟绝大部分参加竞赛的学生都是 IIDOJ 的用户。

总之，希望罗老师的这本《算法竞赛入门到进阶》能给广大的参赛学生带来实实在在的帮助。

刘春英
杭州电子科技大学
2019 年 6 月

前　　言

算法竞赛，例如 ACM-ICPC、CCPC 等，在中国已经活跃多年，是最具影响力的大学生计算机竞赛。目前，已经出版的算法竞赛书也有 30 多部，有一些被队员们奉为“宝书”，有很好的口碑。本书作者是竞赛教练，因为工作的原因，详细阅读过这些书。这些书，或者讲解深刻让人佩服，或者娓娓道来令人愉悦，或者洋洋大观让人欲罢不能。读经典书，甘之如饴。

在多年的竞赛教练工作中，本书作者作为喜欢自我表现的社会人，也常常跃跃欲试，试图写出一本新的经典书。本书作者认为，竞赛队员在算法竞赛学习中的痛点需求如下。

算法思路：一点就透，豁然开朗。

模板代码：结构精巧，清晰易读。

知识体系：由浅入深，逐步推进。

赛事相关：参赛秘籍，高手经验。

上面立的几个 flag 虽然高不可攀，但确实是本书作者内心的旗帜。

本书是一本“竞赛书”，不是计算机算法教材，也不是编程语言书，因此对大多数知识点本身不会做过多的讲解，而是把重点放在讲解竞赛所常用的知识点上，以及如何把知识点和竞赛题结合起来。当然，由于编程竞赛涉及太多知识点，一本竞赛书不可能面面俱到，把所有内容都堆砌进来。市面上还有太多经典的算法教材和编程语言教材，这都是竞赛队员应该认真阅读的。

本书对知识点进行了精心的剖析。很多知识点看起来复杂难解，但如果结合清晰的代码、生动的文字、通俗的比喻、一目了然的图解、画龙点睛的注解，就能让人豁然开朗。这也是本书的目标。

代码能力体现了编程者的实力。学习别人的好代码是提高自己编码水平的捷径。本书把知识点讲解和竞赛题目紧密地结合在一起，同时给出实用的代码。这些代码有的是作者精心组织和编写的，有的是搜索大量资料后进行整理总结的结果。其中很多代码完全可以作为编程的模板，希望能对参赛学生起到参考的作用。特别是经典问题，往往有经典代码，凝结了很多人的劳动。本书作者并没有独创经典代码的能力，因此书中不可避免地引用和改写了一些公开的代码。对于一些能找到出处的经典代码，在书中都标注了出处。

本书主要面向初学者和中级进阶者。初学者面对海量繁杂的竞赛知识点往往会产生深深的无力感和挫折感，本书由浅入深地讲解知识点，逐步推进，帮助初学者建立自信心，从而快速地从能理解的实际问题入手，模仿经典代码解决问题，进入中级学习阶段。

竞赛是很专业的活动，经验非常重要。书中就一些日常训练和参赛的细节问题介绍了作者的体会。

学习算法竞赛有很大难度，需要精通编程语言、掌握很多算法，但是这并不意味着需要先学好算法和编程语言才能进行竞赛训练。事实上，建议初学者从零基础就开始学习算法编程竞赛，与算法学习和语言学习同步进行。竞赛是操练的擂台，竞赛题目把知识点和具体问题结合起来，让学到的知识有了打击的“力点”。

以上是本书的特点，希望本书能给算法竞赛的初学者和进阶学习者以较大的帮助。如果是初学者，通过本书可以快速入门，例如了解竞赛的知识点、建立算法思维、动手写出高效率的代码。如果是中级进阶者，学习本书，可以更透彻地掌握复杂算法的思想、学习经典代码、完善知识体系，从而更自信地加入到竞争激烈的比赛活动中。

本书提供教学大纲、教学课件、程序源码，扫描封底的课件二维码可以下载；本书还提供 350 分钟的视频讲解，扫描书中的二维码可以在线观看。

在本书的编写过程中，华东理工大学竞赛队员提出了一些建议，感谢 2015 级队长姚远，以及王亦凡、王泽宸、翁天东、傅志凌等队员。

作　者

2019 年 5 月

源码下载

目　录

第 1 章　算法竞赛概述 …… 1

1.1　培养杰出程序员的捷径 …… 2

1.1.1　编写大量代码 …… 3

1.1.2　丰富的算法知识 …… 3

1.1.3　计算思维和逻辑思维 …… 3

1.1.4　团队合作精神 …… 3

1.2　算法竞赛与创新能力的培养 …… 4

1.3　算法竞赛入门 …… 5

1.3.1　竞赛语言和训练平台 …… 5

1.3.2　判题和基本的输入与输出 …… 5

1.3.3　测试 …… 8

1.3.4　编码速度 …… 9

1.3.5　模板 …… 10

1.3.6　题目分类 …… 11

1.3.7　代码规范 …… 12

1.4　天赋与勤奋 …… 13

1.5　学习建议 …… 14

1.6　本书的特点 …… 15

第 2 章　算法复杂度 …… 17

2.1　计算的资源 …… 17

2.2　算法的定义 …… 21

2.3　算法的评估 …… 22

第 3 章　STL 和基本数据结构 …… 24

3.1　容器 …… 24

3.1.1　vector …… 25

3.1.2　栈和 stack …… 27

3.1.3　队列和 queue …… 28

3.1.4　优先队列和 priority_queue …… 30

3.1.5　链表和 list …… 30

3.1.6 set …… 31
3.1.7 map …… 33
3.2 sort() …… 34
3.3 next_permutation() …… 35

第 4 章 搜索技术 …… 37

4.1 递归和排列 …… 38
4.2 子集生成和组合问题 …… 41
4.3 BFS …… 43
4.3.1 BFS 和队列 …… 43
4.3.2 八数码问题和状态图搜索 …… 46
4.3.3 BFS 与 A * 算法 …… 50
4.3.4 双向广搜 …… 52
4.4 DFS …… 53
4.4.1 DFS 和递归 …… 53
4.4.2 回溯与剪枝 …… 54
4.4.3 迭代加深搜索 …… 57
4.4.4 IDA * …… 58
4.5 小结 …… 60

第 5 章 高级数据结构 …… 61

5.1 并查集 …… 62
5.2 二叉树 …… 66
5.2.1 二叉树的存储 …… 66
5.2.2 二叉树的遍历 …… 67
5.2.3 二叉搜索树 …… 70
5.2.4 Treap 树 …… 72
5.2.5 Splay 树 …… 78
5.3 线段树 …… 84
5.3.1 线段树的概念 …… 84
5.3.2 点修改 …… 85
5.3.3 离散化 …… 89
5.3.4 区间修改 …… 90
5.3.5 线段树习题 …… 93
5.4 树状数组 …… 93
5.5 小结 …… 97

第 6 章 基础算法思想 …… 98

6.1 贪心法 …… 98

6.1.1 基本概念 …… 98
6.1.2 常见问题 …… 100
6.1.3 Huffman 编码 …… 102
6.1.4 模拟退火 …… 105
6.1.5 习题 …… 107
6.2 分治法 …… 107
6.2.1 归并排序 …… 108
6.2.2 快速排序 …… 111
6.3 减治法 …… 113
6.4 小结 …… 114

第 7 章 动态规划 …… 115

7.1 基础 DP …… 116
7.1.1 硬币问题 …… 116
7.1.2 0/1 背包 …… 123
7.1.3 最长公共子序列 …… 127
7.1.4 最长递增子序列 …… 129
7.1.5 基础 DP 习题 …… 132
7.2 递推与记忆化搜索 …… 133
7.3 区间 DP …… 134
7.4 树形 DP …… 139
7.5 数位 DP …… 144
7.6 状态压缩 DP …… 148
7.7 小结 …… 153

第 8 章 数学 …… 154

8.1 高精度计算 …… 154
8.2 数论 …… 155
8.2.1 模运算 …… 156
8.2.2 快速幂 …… 156
8.2.3 GCD、LCM …… 159
8.2.4 扩展欧几里得算法与二元一次方程的整数解 …… 159
8.2.5 同余与逆元 …… 161
8.2.6 素数 …… 163
8.3 组合数学 …… 166
8.3.1 鸽巢原理 …… 166
8.3.2 杨辉三角和二项式系数 …… 167
8.3.3 容斥原理 …… 168
8.3.4 Fibonacci 数列 …… 168

8.3.5 母函数 …… 169
8.3.6 特殊计数 …… 174
8.4 概率和数学期望 …… 180
8.5 公平组合游戏 …… 183
8.5.1 巴什游戏与P-position、N-position …… 184
8.5.2 尼姆游戏 …… 185
8.5.3 图游戏与Sprague-Grundy函数 …… 187
8.5.4 威佐夫游戏 …… 190
8.6 小结 …… 191

第9章 字符串 …… 192

9.1 字符串的基本操作 …… 192
9.2 字符串哈希 …… 194
9.3 字典树 …… 196
9.4 KMP …… 198
9.5 AC自动机 …… 202
9.6 后缀树和后缀数组 …… 204
9.6.1 概念 …… 205
9.6.2 用倍增法求后缀数组 …… 206
9.6.3 用后缀数组解决经典问题 …… 212
9.7 小结 …… 213

第10章 图论 …… 214

10.1 图的基本概念 …… 214
10.2 图的存储 …… 215
10.3 图的遍历和连通性 …… 217
10.4 拓扑排序 …… 219
10.5 欧拉路 …… 223
10.6 无向图的连通性 …… 225
10.6.1 割点和割边 …… 225
10.6.2 双连通分量 …… 228
10.7 有向图的连通性 …… 230
10.7.1 Kosaraju算法 …… 231
10.7.2 Tarjan算法 …… 234
10.8 2-SAT问题 …… 236
10.9 最短路 …… 239
10.9.1 Floyd-Warshall …… 240
10.9.2 Bellman-Ford …… 242
10.9.3 SPFA …… 246

10.9.4 Dijkstra …… 250

10.10 最小生成树 …… 253

10.10.1 prim 算法 …… 254

10.10.2 kruskal 算法 …… 255

10.11 最大流 …… 257

10.11.1 Ford-Fulkerson 方法 …… 258

10.11.2 Edmonds-Karp 算法 …… 260

10.11.3 Dinic 算法和 ISAP 算法 …… 262

10.12 最小割 …… 263

10.13 最小费用最大流 …… 264

10.14 二分图匹配 …… 268

10.15 小结 …… 271

第 11 章 计算几何 …… 272

11.1 二维几何基础 …… 272

11.1.1 点和向量 …… 273

11.1.2 点积和叉积 …… 274

11.1.3 点和线 …… 276

11.1.4 多边形 …… 280

11.1.5 凸包 …… 283

11.1.6 最近点对 …… 285

11.1.7 旋转卡壳 …… 287

11.1.8 半平面交 …… 288

11.2 圆 …… 293

11.2.1 基本计算 …… 293

11.2.2 最小圆覆盖 …… 297

11.3 三维几何 …… 300

11.3.1 三维点和向量 …… 300

11.3.2 三维点积 …… 301

11.3.3 三维叉积 …… 302

11.3.4 最小球覆盖 …… 304

11.3.5 三维凸包 …… 304

11.4 几何模板 …… 308

11.5 小结 …… 315

第 12 章 ICPC 区域赛真题 …… 316

12.1 ICPC 亚洲区域赛(中国大陆)情况 …… 316

12.2 ICPC 区域赛题目解析 …… 317

12.2.1 F 题 Friendship of Frog(hdu 5578) …… 318

12.2.2 K 题 Kingdom of Black and White(hdu 5583) …… 320
12.2.3 L 题 LCM Walk(hdu 5584) …… 323
12.2.4 A 题 An Easy Physics Problem(hdu 5572) …… 325
12.2.5 B 题 Binary Tree(hdu 5573) …… 326
12.2.6 D 题 Discover Water Tank(hdu 5575) …… 328
12.2.7 E 题 Expection of String(hdu 5576) …… 333
12.2.8 G 题 Game of Arrays(hdu 5579) …… 336
12.2.9 I 题 Infinity Point Sets(hdu 5581) …… 339

参考文献 …… 344

第 1 章　算法竞赛概述

视频讲解

☑ 算法竞赛简介
☑ 创新能力的培养
☑ 训练平台
☑ 入门知识
☑ 模板的作用
☑ 题目分类
☑ 学习计划

算法竞赛是培养大学生程序设计能力、计算思维能力、创新能力和团队合作精神的重要方式，是培养杰出程序员的捷径，被国内高校普遍重视，吸引着越来越多的大学生参与其中。

本章介绍了与竞赛相关的入门知识，包括竞赛语言及训练平台、编码规范、题目分类、模板的作用等。在本章的最后部分讨论了天赋和努力与竞赛成绩的辩证关系，并详细地给出了学习建议。

算法竞赛（程序设计竞赛）是培养杰出程序员的捷径。

在当前高等教育强化创新能力培养、逐年增大学科竞赛投入的背景下，出现了一大批面向大学生的算法类竞赛。在国内众多竞赛中，最具影响力的面向大学生的程序设计竞赛有 ACM-ICPC 和 CCPC 等，面向中学生的程序设计竞赛有全国青少年信息学奥林匹克竞赛。

ACM-ICPC（International Collegiate Programming Contest，国际大学生程序设计竞赛）①是国际和国内最有影响力的高校计算机竞赛，是旨在展示大学生创新能力、团队精神和在压力下编写程序、分析和解决问题能力的年度竞赛。经过多年的发展，ACM-ICPC 已经成为全球最具影响力的大学生程序设计竞赛，它也成为我国高校创新教育评估的主要竞赛之一。

CCPC（China Collegiate Programming Contest，中国大学生程序设计竞赛）②是由中国大学生程序设计竞赛组委会主办的面向世界大学生的国际性年度赛事，旨在激发学生学习算法和程序设计的兴趣，提升算法设计、逻辑推理、数学建模、编程实现和英语阅读能力，激励学生运用计算机编程技术和技能解决实际问题，培养团队合作意识、挑战精神和创新潜力。中国大学生程序设计竞赛是 ACM-ICPC 在中国发展的必然产物。

---

① 网址为 icpc.baylor.edu。从 2018 年起，ACM 协会不再赞助 ICPC，因此众所周知的 ACM-ICPC 竞赛应该改为 ICPC。本书由于需要介绍竞赛的历史，这里仍然沿用 ACM-ICPC 这个名称。

② 网址为 ccpc.io。

NOI(National Olympiad in Informatics,全国青少年信息学奥林匹克)[1]是国内省级代表队最高水平的大赛。每年各省选拔产生5名选手,由中国计算机学会组织进行比赛。

"学科竞赛不仅是高校创新人才培养的重要手段,而且是用人单位选拔人才的重要依据"[2],算法竞赛完全证明了这一点。搜索所有著名IT公司招聘软件工程师的面试题目就会发现,没有经过算法竞赛训练的人很难通过这些面试。

算法竞赛是展示编程能力的大舞台。练武的人,如果有一个比武的擂台,可以极大地激发他们的活力,并让他们有机会证明自己不是纸上谈兵,而是真正的高手。ACM-ICPC、CCPC、NOI就是学习编程和展示程序设计能力的大擂台。在学习的过程中,从简单题目到难题,从一个专题到所有专题,一步一步渐进学习,让参与者能清晰地把握自己的进步。竞赛题目都是实打实的软件小项目,完成它们能给人以真实的成就感,并验证是否掌握了真正的编程本领。

1.1 培养杰出程序员的捷径

杰出的程序员有什么特质?这里可以列出一长串:掌握多种编程语言,编写过大量代码,算法知识丰富,数学应用能力强,做过很多项目,有团队精神和创新意识,善于根据行业需求调整自己的努力方向……

学习和参加算法竞赛是成为杰出程序员的捷径。ACM-ICPC的冠军被称为"世界上最聪明的人",竞赛的获奖者基本上都成长为杰出的软件工程师,并且有很多人是IT公司的创业者。例如,当前最热门的人工智能公司,很多创始人都是算法竞赛的佼佼者。

依图科技联合创始人林晨曦,2002年获ACM-ICPC总决赛金牌,2008年进入阿里云任技术总监,搭建中国首个拥有自主知识产权的分布式计算平台"飞天",2012年与同学朱珑一起联合创立依图科技。

第四范式CEO戴文渊,2005年获ACM-ICPC总决赛金牌,在"《科学中国人》2016年度人物"评选中,成为第一位代表人工智能行业获评"年度科技型企业家"荣誉的企业家。

旷视科技的创始人唐文斌,2008年获ACM-ICPC总决赛银牌,他的公司被李开复称为"国内最成功的人工智能公司"。旷视科技公司聚集了很多算法竞赛获奖的人才。唐文斌这样评价自己公司的员工:"在我的团队里,聚集了一批这样的天才人物。目前旷视科技团队成员有60个左右,其中30多个人至少曾获得过一项世界级编程比赛奖项,得过国际奥林匹克竞赛金牌的有7个……"[3]

在ACM-ICPC区域赛上获奖的学生,在大学生中比例极小。例如,2017年亚洲区域赛,参赛队员是从300个大学选拔出来的,7个赛区合计约1700队。其中,金牌10%,170队,约500人,以大四学生为主;银牌20%,340队,约1000人,以大三、大四学生为主;铜牌30%,500队,约1500人,以大三学生为主。这其中有一部分队伍重复参加多个赛区的比

① 网址为www.noi.cn。

② 中国高等教育学会《高校竞赛评估与管理体系研究》专家工作组。

③ 唐文斌:先打地基再建楼;http://m.iheima.com/article/150664(永久网址:perma.cc/QAE8-NKVX)。

赛，估算起来，每年毕业的金牌获奖者不到500人，银牌获奖者不到1000人。中国在校的计算机类专业大学生有100万左右，这还不算其他信息类专业毕业生。因此，ACM-ICPC竞赛获奖队员可以说是千里挑一、万里挑一的杰出人才了。

在大学阶段参加算法竞赛，可以使一个未来的杰出程序员获得下面几个小节所介绍的能力。这些能力虽然被视为“基础能力”，但却是大部分学计算机编程的学生所不能轻易获得的。

1.1.1 编写大量代码

视频讲解

比尔·盖茨曾说过：“如果你想雇用一个工程师，看看他写的代码就够了。如果他没写过大量代码，就不要雇用他。”①通过编写大量代码，能做到算法精妙合理、逻辑清晰透彻、代码喷涌而出、格式赏心悦目、挑bug手到擒来，这是杰出程序员的基本功。ACM-ICPC竞赛队员想达到在区域赛中获奖的水平，需要写5～10万行的代码。

1.1.2 丰富的算法知识

算法是程序的核心，决定了程序的优劣。特别是在数据规模大的情况下，算法直接决定了程序的生死。例如，用计算机处理排序问题：假设有100万个数，用最简单的冒泡排序算法，计算量可能多达1万亿次（冒泡排序的计算复杂度是$O(n^2)$，100万×100万＝1万亿），在计算机上，计算时间长达几个小时，实际上根本不能用；如果改用快速排序算法，计算量只有2000万次（快速排序的计算复杂度是$O(n\log_2 n)$，100万×$\log_2$100万≈2000万），计算机在1秒内可以完成。二者的计算时间相差5万倍，算法的威力可见一斑。

算法竞赛涉及绝大部分常见的确定性算法，掌握这些知识，不仅能应用在软件开发中，也是进一步探索未知算法的基础。例如现在非常火爆的、代表了人类未来技术的人工智能研究，涉及许多精深的算法理论，没经过基础算法训练的人根本无法参与。

1.1.3 计算思维和逻辑思维

一些竞赛队员经常说：我们要尽量掌握所有算法知识。但是，程序设计不仅要有算法思想，还需要能正确地写出程序，这不是仅仅有算法知识就能完成的。一道难题，往往需要综合多种能力，例如数据结构、算法知识、数学方法、流程和逻辑等，这就是计算思维和逻辑思维能力的体现。通常，能解出这样的题目是高级程序员的特征。

在ACM-ICPC亚洲区域赛和CCPC赛事上获得金牌、银牌的队员，能够凭借奖牌证实自己有这样的能力。这也是算法竞赛被看重的主要原因。

1.1.4 团队合作精神

在软件行业，团队合作非常重要，这一点不需要更多说明。ACM-ICPC、CCPC竞赛把对团队合作的要求放在了重要位置。竞赛的赛制是3人一队，一台计算机，十几道竞赛题，

① Gates："If you want to hire an engineer, look at the guy's code. That's all. If he hasn't written a lot of code, don't hire him."；https://www.wired.com/2010/04/ff_hackers/。

限定 5 个小时。参加过现场比赛的队伍都能立刻体会到：一个队伍的 3 个人，在同等水平下，如果配合默契，则可以多做一两道题，把获奖等级提高一个档次。在竞赛过程中，有人负责精读英语题，有人负责构造测试数据，有人负责编写代码，大家互相讨论思路，队长判断现场形势，确定做题顺序。每支队伍的 3 个人只有在日常训练中长期磨合，才能互相了解，做到合理分工、优势互补，从而发挥出最优的团队力量。

有人认为：毕业后参加工作，其实用不着算法竞赛这么多的复杂逻辑和算法知识，即使用到了，在工程中一般有现成的模块，拿来用就行了，只要了解这个模块用到的算法的作用和复杂度即可。这种认识是肤浅的，对于立志成为高级程序员的学生而言，进行大量的计算思维训练和经典算法训练是必需的，理由如下：

(1) 算法是对学习和理解能力的一块试金石，难的都能掌握，容易的当然不在话下。在算法竞赛上获奖的人证明了自己有解决复杂编程问题的能力。

(2) 即使有现成的模块，但是对于特定的需求，往往需要进行修改才能真正使用，没有真正理解的人无法修改。

(3) 实际的程序往往有复杂的逻辑关系，但又不属于经典的算法，没有现成模块，需要自己思考才能写出代码，这个能力是通过训练得到的。

1.2 算法竞赛与创新能力的培养

算法竞赛培养这样的能力：对复杂问题，用高效的算法或逻辑进行建模并编码实现。

目前中国的 IT 业极其繁荣，已经和美国并列为世界超级两强，把其他国家和地区远远抛到后面，并且中国有加速超过美国的趋势。繁荣意味着竞争激烈，参加编程竞赛的获奖队员能够在成千上万的 IT 工程师中脱颖而出，有很多创业并成功。本书作者认为，他们需要具备以下品质：

(1) 激情和勇气。例如，一旦开始，就不肯退缩的激情；渴望成为大人物，有改变行业的野心；敢于平等地和老师、IT 行业人士进行交流的勇气。本书作者所在的华东理工大学有一些竞赛队员毕业后创业成功，他们在大一的时候就已经表现出了这些特点。例如创办杭州美登科技有限公司（淘宝的金牌“淘拍档”）的 2008 届毕业生邹宇、创办上海萌果信息科技有限公司（中国手游企业的明星）的 2009 届毕业生尹庆，在大一的时候就表现出了不服输、敢于承担的特点，他们先后担任了竞赛队长。

(2) 开阔的思路。能抓住一切机会了解更多的信息。例如创办云片网络的华东理工大学的 2007 届毕业生刘大林，他在读大三的时候发现学校主页没有校内搜索功能，于是主动做了一个搜索，并推销给了学校。再如华东理工大学的 2012 届毕业生诸咏天，在大学期间访问了很多创业公司，开阔了思路，在大学期间就积极创业，荣获“2011 年上海市大学生年度人物”的称号，毕业后创业并取得成功。

(3) 超群的技术能力。这一点非常重要。由于现在 IT 行业早已进入成熟阶段，从业者人数太多，竞争激烈，所以只有具备超群技术能力的人才能快速开发出难以模仿的软件，增加获得成功的概率。

(4) 自信。自信不是盲目的自大，自信的获得建立在征服困难的经验上。例如，参加过

ACM-ICPC 和 CCPC 竞赛的学生，由于经历了长期的非常困难的学习，在编程能力上远远超越了大部分学生，从而建立了超强的自信。

（5）团队建设。竞赛的队员，在长期的共同学习和参赛的过程中团结合作、共同进步，结下了深厚的友谊，是未来创业的好伙伴。

1.3　算法竞赛入门

1.3.1　竞赛语言和训练平台

ICPC 允许的算法竞赛用的编程语言有 C、C++、Java、Python、Kotlin[1] 几种。其中 C++因运行效率高、具有丰富的 STL 函数库，最受竞赛队员欢迎。Java 和 Python 也比较常用，它们在处理大数据时极为简便，这几年 Python 上升的势头很快。这几种编程语言，在就业市场上都有大量的岗位需求，极容易就业。熟练掌握一种编程语言是基本的，掌握几种语言是必要的。

竞赛队员主要的学习方法就是“刷题”，在 Online Judge（OJ，在线判题网站）上大量做编程题。OJ 上有丰富的编程题目，能对编程者提交的程序进行自动判题，返回“正确”或“错误”提示。国内、国外有很多 OJ，国内的例如 acm. hdu. edu. cn、poj. org，国外的例如 uva、ural、usaco 等[2]。OJ 的核心价值主要有两个，即题目和判题用的测试数据。测试数据的重要性不亚于题目本身，甚至更重要。

视频讲解

很多队员在高中接触了 NOI 信息学竞赛，他们常常在 CCF 的 OJ[3]，以及“洛谷”和“大视野[4]”几个网站做题，以中文题为主。其中，“洛谷试炼场[5]”的题目分类比较全，是很好的基础学习平台。

在这些 OJ 之外还有一些代理 Judge。这些代理以 http 的方式调用了宿主 OJ 提供的判题服务，连接了 30 多个著名的 OJ，相当于一个综合平台。代理 Judge 的优点如下：

（1）方便做国外题目，因为在国内直接连接外国的 uva 等 OJ 往往极慢，而通过代理很快。

（2）如果某个 OJ 网站直接连不上，在代理上也常常能做这些 OJ 的题目。

（3）虚拟比赛功能，即把来自不同宿主 OJ 的题目混编为一场训练赛，特别方便日常训练[6]。

搭建 OJ 系统在技术上是不难的。事实上，几乎所有常年开展算法竞赛的学校都建立了自己的 OJ，用于训练和比赛。

1.3.2　判题和基本的输入与输出

在 OJ 提交程序后，OJ 如何判断程序是正确的还是错误的？

---

① https：//icpc. baylor. edu/worldfinals/programming-environment（短网址：t. cn/Rx4xYSH）

② 参考 cn. vjudge. net 列出的 OJ 网站。

③ 全国青少年信息学奥林匹克竞赛网站：www. noi. cn；做题网站：oj. noi. cn。

④ 大视野 OJ：www. lydsy. com，网上简称 bzoj。

⑤ 洛谷试炼场：https：//www. luogu. org/training/mainpage，有不错的分类。

⑥ 专题学习：kuangbin 带你飞，vjudge. net/article/187。

OJ 由计算机自动判题，但计算机并没有看懂代码的智能；即使是人工判题，人也很难在短时间内看懂程序。因此，OJ 判题是一种黑盒测试，它并不关心程序的内容，而是用测试数据来验证。

OJ 的后台存储了每个题目的测试数据，有输入数据和对应的输出数据，并且有很多组输入和输出数据。OJ 运行用户提交的程序后读取输入数据，程序产生输出，然后与后台的标准输出进行对比，可以得到以下结果之一[①]：

(1) 没有超时，并且完全一致，判定 Accepted (AC)。

(2) 超时，判定 Time Limit Exceeded (TLE)。在一般情况下，返回 TLE 说明方法错误，整个程序可能需要推倒重来。

(3) 结果是对的，但是格式有错误，例如多了空格，返回 Presentation Error (PE)。

(4) 结果错误，或者有其他问题，返回 WA、RE、MLE 等信息。

由于 OJ 不看程序内容，只关心程序的输入和输出，所以在程序中不写详细过程，而是用 printf()或 cout 直接打印结果，这也是允许的，这种方法叫"打表"。另外，程序可能需要预处理数据，这个做法也称为"打表"。

一个题目的测试数据可能有成千上万组。好的测试数据应该尽量覆盖所有可能的情况，而不好的测试数据会让题目失去价值，这就是为什么测试数据和题目本身一样重要的原因。

1. 输入与输出函数

C++语言中的标准输入语句为 cin，输出语句为 cout[②]。

C 语言中的输入与输出函数如下。

- putchar()：把一个字符常量输出到显示器屏幕上；
- getchar()：从键盘上输入一个字符常量；
- printf()：把数据按格式控制输出到显示器屏幕上；
- scanf()：从键盘上输入各类数据；
- puts()：把一个字符串常量输出到显示器屏幕上；
- gets()：从键盘上输入一个字符串常量；
- sscanf()：从一个字符串中提取各类数据。

在竞赛中，默认使用标准输入 stdin 和标准输出 stdout，所以在提交程序时并不用管 OJ 是怎么进行数据测试的。如果用到文件的输入与输出，会特别说明使用方法。

2. 输入结束方式

(1) 默认结束。在 OJ 上一般有多组测试数据，如果没有明确指出输入在什么时候结束，则程序以"文件结束"(EOF)为结束标志。例如：

```
int main(){
    int a,b;                              //输入 a、b
```

① http://acm.hdu.edu.cn/faq.php。

② 在 *Competitive Programmer's Handbook*（作者 Antti Laaksonen，2017 年 10 月 11 日）的第 1 章中介绍了编程语言的一些注意事项。

```
    while(scanf("%d%d",&a,&b) != EOF){    //等价于 while(~scanf("%d%d", &a, &b)){
        ...;
    }
    return 0;
}
```

一些队员喜欢把输入语句写成：

```
while(~scanf("%d%d", &a, &b))
```

这也是对的。因为如果没有输入，scanf()返回 EOF，系统定义 EOF = −1，取非就是 0。

在竞赛时，一般不建议用判断 EOF 的方法。本书的程序采用 while(~scanf("%d%d", &a, &b))形式。

(2) 在输入数据中指定了数据个数。一般在输入数据的第 1 行定义数据量大小，例如第 1 行是 100，则表示有 100 组数据。这里以 hdu 1090 题为例，程序如下：

hdu 1090 题程序

```
int main(){
    int n, a, b;
    scanf("%d", &n);                    //n: 有多少组数据
    while(n--){
        scanf("%d %d", &a, &b);
        printf("%d\n", a + b);
    }
    return 0;
}
```

(3) 以特定元素作为结束符。例如以 0 作为结束符，当输入读到 0 时就退出，可以这样写：

```
while(~scanf("%d",&n) && n)
```

3. 输入与输出的效率

视频讲解

在 C++语言中，输入和输出常用的语句是 cin、cout，优点是很方便。但是用户需要注意，与 scanf()、printf()相比，cin、cout 的效率很低，速度很慢。如果题目中有大量的测试数据，由于 cin、cout 输入和输出慢，可能导致 TLE，在这种情况下应使用 scanf()、printf()。

例如 hdu 3233 题。在本例中输入 $1 \leqslant T \leqslant 20\,000$，可能有 20 000 行数据，因此输入的效率很关键。此题用 scanf()、printf()可以 AC，OJ 返回的执行时间是 140ms；用 cin、cout，结果 TLE，执行时间超过 1000ms。

hdu 3233 程序：用 scanf()、printf()，AC，执行时间是 140ms

```
#include<bits/stdc++.h>
int main(){
    int T, n, cnt = 1, B;
    while(scanf("%d%d%d", &T, &n, &B)){
```

```
        if(T == 0 || n == 0 || B == 0) break;
        double s, p, sum = 0;
        while(T -- ) {                          //1≤T≤20000
            scanf(" % lf % lf", &s, &p);        //高效率输入
            sum += s * (100 - p) * 0.01;
        }
        printf("Case % d: % .2f\n\n", cnt++, sum/(B * 1.0));
    }
    return 0;
}
```

hdu 3233 程序：用 cin 和 cout，结果 TLE，执行时间超过 1000ms

```
#include<bits/stdc++.h>
using namespace std;
int main(){
    int T, n, cnt = 1, B;
    while(cin >> T >> n >> B){
        if(T == 0 || n == 0 || B == 0) break;
        double s, p, sum = 0;
        while(T -- ) {                          //1≤T≤20000
            cin >> s >> p;                      //输入很慢
            sum += s * (100 - p) * 0.01;
        }
        cout << "Case " << cnt++ << ": " << fixed << setprecision(2)
            << sum/(B * 1.0) << endl << endl;
    }
    return 0;
}
```

1.3.3 测试

1. 构造测试数据

在程序编好之后应该自己先测试通过，再提交到系统，而题目给的样例数据一般都太少，不足以检验程序的正确性，队员需要自己构造测试数据。

在一个队伍中，一般安排一个队员专门负责构造测试数据。对于需要高级算法的题目，可以让这名队员先用暴力法编程，然后随机生成输入数据，运行暴力程序，生成输出数据。输入数据除了随机生成以外，有时候还需要手工生成一些，主要是边界数据、特别小的数据、特别大的数据等，这些也是最容易出错的。

为方便操作，可以把构造出的输入数据放在文件 test.in 里，将程序的结果输出到文件 test.out 里。当然，有时候不需要输出文件 test.out，直接在屏幕上看输出结果就可以了。

那么如何方便地使用它们？有以下两种方法：

(1) 在程序中加入测试代码。

```
#define mytest
#ifdef mytest
```

```
    freopen("test.in", "r", stdin);
    freopen("test.out", "w", stdout);
#endif
```

在提交时,去掉 #define mytest 即可。

(2) 在行命令中重定向。

这是更简单的方法,不用在程序中加任何代码。例如,生成的可执行程序是 abc,在 Windows 或 Linux 的行命令中这样输入和输出到文件:

```
abc < test.in > test.out
```

2. 对比测试数据

对于复杂的题目,可能需要写两个程序:一个是提交到 OJ 的"好"程序;另一个是暴力法程序,目的是用它生成测试数据。这种方法称为"对拍"。

视频讲解

在测试的时候,可以用行命令比较两个程序的输出是否一致。例如在 Windows 系统下,生成的可执行文件分别是 abc.exe、abc_1.exe,用文件比较命令 fc 比较它们的输出是否一致。

```
abc.exe < test.in > test1.out
abc_1.exe < test.in > test2.out
fc test1.out test2.out /n
```

在 Linux 系统中,文件比较命令是 diff。

1.3.4 编码速度

竞赛时间很紧张,编码应该简洁。跟软件工程的代码相比,竞赛题的代码都不长,从几行到 200 多行。快速编程得到正确结果即可,无须担心程序是否符合工程项目的要求,也不要求写得多么"漂亮",这是竞赛中编码的特点。

编程速度决定了参赛获奖的级别。在一般情况下,同样的出题数量会跨越相邻的获奖等级,例如同样做 5 道题,排前面的获银牌,排后面的获铜牌。但是,如果跨越的等级过大,则是不正常的。近些年来,由于区域赛的出题质量参差不齐,"速度"这个因素的影响越来越大。一套理想的题目应该有很好的区分度,例如金牌 8 题以上,银牌 6 题以上,铜牌 4 题以上。但是近年来常常遇到这样的赛区:终榜时,做题数量一样,只是因为出题快慢不同,名次就从银牌到铜牌再到铁牌(铁牌是 honorable mention,即鼓励奖的玩笑说法),分成了 3 个等级。应该说,这样大的跨越度不能区分参赛队伍的水平。

那么如何提高编码速度?

(1) 读题要快。题目都是英文的,新队员往往不习惯,需要长期训练才能适应。虽然有些小窍门,例如先读样例,再读题面内容,但最根本的还是靠大量的英语阅读练习,学会在脑海中直接用英语进行思考,才能提高读题速度。一套题需要 3 个队员分工快速读完,每个人读完后必须和队员一起讨论,确定完全理解题意。在竞赛现场紧张的气氛下,一个队员不要太相信自己,而忽视了队友的帮助。

(2) 熟练掌握编辑器或 IDE。根据规定,现场赛提供的编辑器有 vim、gedit 等,IDE 有

Eclipse、Code::Blocks 等[1]。Eclipse 和 Code::Blocks 受到新手和很多老队员的欢迎，不过一些老队员说，熟练使用编辑器 vim 写代码速度更快。在竞赛中，能赢得几分钟的领先时间有时是很关键的。据说，参加世界总决赛的队员使用 vim 的比例很高。

(3) 不要“霸占”计算机。由于竞赛时是三人一机，只能有一人使用键盘输入代码，另外两人在旁边手写代码，等计算机空闲了再使用。在平时训练时应该养成事先在纸上写好代码的习惯，不能边敲键盘边思考，否则会浪费机时。

(4) 减少调试。因为机时非常宝贵，所以除必要的代码输入和测试外尽量少使用计算机。在写好程序后，争取能一次通过测试样例。

为了减少调试，尽量使用不容易出错的方法，例如少用指针、使用静态数组、把逻辑功能模块化等。

另外，不要使用动态调试方法，不要用单步跟踪、断点等调试工具。如果需要查看中间数据，可用 cout()或 printf()打印出调试信息。

如果程序有问题，不要在计算机上检查，应该打印出来坐在旁边看，把机时让给队友。

(5) 互相检查。把代码讲给队友听是查错的好办法，即使队友不能理解你的思路，你在讲解的过程中也往往能突然发现自己的问题。

(6) 使用 STL。如果题目涉及比较复杂的数据处理，或者像 sort()这样需要灵活排序的函数，用 STL 可以大大减少编码量，并减少错误的发生。例如第 10 章的最短路径算法 Dijkstra，需要对结点进行松弛处理，自己编程实现会很烦琐，而如果直接使用 STL 的优先队列，编码能极大简化。

(7) 一些编码小技巧。例如把长字符重新定义成短字符，可以节省一点时间：

```
typedef  long  long  ll;
```

那么

```
long long a = 1234567890;
```

变成了简洁的：

```
ll a = 1234567890;
```

1.3.5 模板

视频讲解

使用模板对提高编码速度很有帮助。

刚参加算法竞赛学习的队员都听说有一种叫“模板”的神器。模板是参赛选手认为有用的代码片段，将其打印出来，允许带进竞赛现场作为“小抄”。在网上能找到很多老队员的模板，它们是学习编码的好的参考。

听起来“模板”是非常有用的：竞赛涉及几百种数据结构和算法知识，如果把它们的经典代码都总结出来，在做题的时候直接拿来用不就行了吗？这不就是软件工程的“模块化”吗？

---

① https://icpc.baylor.edu/worldfinals/programming-environment，规定了编程环境(短网址：t.cn/Rx4xYSH)。

现实也证明了这一点：有些赛区确实会出一些“模板题”，模板上的程序模块真的能直接应用在竞赛题中。

模板非常有用，其重要性主要在于帮助参赛选手理解经典算法，而不一定能用在赛场上。

使用模板需要考虑以下问题：

(1) 模板题并不常见。一个负责任的现场赛会避免出模板题，所有的题目都不能直接抄模板。

(2) 抄模板的能力。即使有模板，就一定会抄吗？模板的代码需要自己真正理解，并多次使用过，这样才能在做题的时候快速应用到编码中。不同的编程题目，即使用到相同的算法或数据结构，也往往不能用同样的代码，而需要做很多修改，因为不同环境下的变量和数据规模是不同的。因此，对模板的学习和使用需要花时间融会贯通，不能急躁。期望靠模板速成、急于拿去参赛获奖是没用的。

(3) 综合模板的能力。即使能用到模板，但是题目往往需要综合几个算法、逻辑、数据结构等，如何把模板融入整体代码中是很考验参赛选手能力的。如果只会用模板而没有理解模板，就像把尺寸不匹配的齿轮摁在一起，根本转不起来。

(4) 最重要的一点是**建模能力**。一个好题目符合这样的特征：题目很清晰，问题很清楚，然而很难想出它是什么算法、能用什么模板。但是，如果有人直接告诉你它其实是什么算法，可以用什么模板，你会恍然大悟，很快就能做出来。这个能力就是建模能力。真正的学习是掌握算法后面的思想，而不是只会背算法。通常有这样的比喻：若只会使用算法的模板而没有深入掌握算法的思想，则这个模板相当于残疾人的假肢，看起来像是自己的，走起来就知道不是自己的。只有把算法的思想深深根植于脑海，才会使其成为身体的一部分，达到心手一致的境界。从这个角度出发也能理解“质＞量”，在学习时不要追求学到的算法的“数量”，而是要掌握其“思想”。很多算法的思想其实是相通的。

本书所讲解的程序代码都经过了精心准备，是经典代码，大部分可以当模板学习。

每个队员都需要总结自己的模板。在比赛时带到赛场上，也许真的会遇到模板题呢！

提高编程速度，最根本的还是要通过大量练习，提高编码的熟练程度，“无他，但手熟尔！”

1.3.6 题目分类

算法竞赛涉及很多方面的知识，可以粗略地进行以下分类①：

- Ad Hoc，杂题；
- Complete Search (Iterative/Recursive)，穷举搜索(迭代/回溯)；
- Divide and Conquer，分治法；
- Greedy (usually the original ones)，贪心法；
- Dynamic Programming (usually the original ones)，动态规划；
- Graph，图论；
- Mathematics，数学；

① 在《Competitive Programming 3》(作者 Steven Halim、Felix Halim)的“1.2.2 Quickly Identify Problem Types”中。另外，在“1.4 The Ad Hoc Problems”中列出了大量杂题，读者可以做一做。

- String Processing，字符串处理；
- Computational Geometry，计算几何；
- Some Harder/Rare Problems，罕见问题。

除杂题外，其他分类都与数据结构和算法有关。

杂题也很常见，每次现场赛都会有 1 道或 2 道题。虽然程序设计竞赛的重点在算法方面，但是竞赛时有些题只考查逻辑能力和编码能力，并不涉及数据结构或算法，只要学过基本 C++语法就能做。这样的题目可能很难。作为练习，读者可以尝试下面的题目，它们都是大型模拟题，以烦琐、坑人著称，代码超过 200 行，需要很大的耐心和细心：

- bzoj 1972[①]“猪国杀”；
- bzoj 1033“杀蚂蚁”；
- bzoj 2548“灭鼠行动”。

本书内容包括杂题以外的所有分类，在每个分类中均会讲解常用的知识点。

1.3.7 代码规范

虽然说每个程序员都可以有自己的编码风格，但是还需要遵循大家公认的一些规范，以便于和队友互相交流。

下面列出了一些常见的注意事项。

(1) header。使用万能头文件“#include <bits/stdc++.h>”，OJ 网站一般都支持，一个例外是 poj，它不支持。

另外，不要用 C 风格的 header，例如 #include <stdio.h>。

(2) 输入判断结尾不要用 EOF，而用 '~'，例如：

```
~scanf("%d", &n)
```

在 1.3.2 节中已经详细介绍了这个问题。

(3) 换行。用 K&R 风格，即左大括号不换行，右大括号单列一行。

(4) 变量定义。变量定义在这个变量被调用的最近的地方，例如：

```
for (int i = 0; i < 10; i++) {              //i 只在这个循环体内使用
    int s = i * i;
}
```

(5) 最好不要用宏。不管是宏定义还是宏函数，都容易出问题。

不要用 #define 定义常量，而用 const 定义常量，例如：

```
const int MAX = 1000005;
```

视频讲解

把宏函数写成普通函数。

(6) 参考资料。

Google C++规范：https://google.github.io/styleguide/cppguide.html。

Linux C 规范：https://www.kernel.org/doc/html/v4.10/process/coding-style.html。

① https://www.lydsy.com/JudgeOnline/problem.php?id=1972（短网址：t.cn/RgCa1Si）。

1.4 天赋与勤奋

世上是否存在编程天才？答案是肯定的。普通智力能否达到很高的编程水平？答案也是肯定的。人们常说的“天赋决定上限，努力决定下限”，在编程竞赛这种高智力活动上有一定的道理。

天赋，在成功的因素中占有很大的比重。如果要达到顶级水平，天赋就更重要了。例如在体育运动项目中，能达到获得奥运奖牌水平的运动员，他的天赋几乎有决定性的影响。在脑力活动中，类似编程这样繁杂而高深的思维活动，智力的因素非常大。

如果读者有兴趣，可以用五子棋或魔方检验自己在记忆力、逻辑推理、空间想象力、专注度、敏捷性等方面的智力天赋。这两种游戏的特点是规则简单、上手快、变化比较复杂。所有人都能玩，但是想玩好，大部分人需要一段比较长的学习时间。一个初学者，如果只需要几天的学习就能达到很高的水平，那么差不多可以说他拥有编程天赋了①②。

这些有编程天赋的少数人，如果能专注练习，他们的学习效率要比普通人高出几倍，更容易成功。如果他们在刚上大学的时候从零基础开始学习编程，那么他们在大三甚至大二就能获得银牌，在大四或者大三就能获得金牌，可称为天之骄子！

智力普通的学生，通过勤奋的学习，挖掘出自己的智商潜力、锻炼自己的专业技能，也能达到很高的水平。特别是对于编程这种需要掌握海量知识、拥有长期编码经验的高智力活动来说，勤奋相对天赋的比重在职业生涯中会越来越大。根据经验，参加 ICPC 竞赛的学生，即使是零起点，如果能在大一入学后坚持每天 2～4 个小时的编程学习，那么他完全可以在大三的第一学期参加区域赛并获得铜牌，甚至银牌、金牌。

学习编程需要做好艰苦学习的心理准备。编程是一个长期、艰苦的过程，有乐趣，更有挫折。

在标题为“Why Learning to Code is So Damn Hard”的网页中③对学习编程的不同阶段给出了一个有趣的图，如图 1.1 所示。

该图把编程分成 4 个阶段，横坐标是编码能力，纵坐标是信心。

第 1 阶段(hand-holding honeymoon)：手把手关怀的蜜月期，能力和信心同步增长。初学者充满了乐趣，很有成就感，能找到丰富的学习资料。

第 2 阶段(cliff of confusion)：充满迷惑的下滑期。虽然编程者的实际能力在上升，但却逐渐丧失了信心。这是因为遇到了难以解决的问题、需要调试大量 bug、遇到挫败。不过这个时候仍能够找到答案，知识面也在变广。

第 3 阶段(desert of despair)：绝望的迷茫期，信心的沙漠。编程者遇到更加困难的问题，需要的知识剧增，但是资源匮乏，在网上也找不到答案，或者不知道该怎么提问，感觉就

① 一节课领悟五子棋：www.zhihu.com/question/265407029/answer/299115371(永久网址：perma.cc/uz27-BXKT)。

② 天才女程序员：www.zhihu.com/question/29784784(永久网址：perma.cc/XS4R-45ZS)。

③ www.vikingcodeschool.com/posts/why-learning-to-code-is-so-damn-hard(永久网址：perma.cc/BK4R-WS7F)这条曲线和 Dunning-kruger effect 的曲线很相似，与“认知偏差”有关。

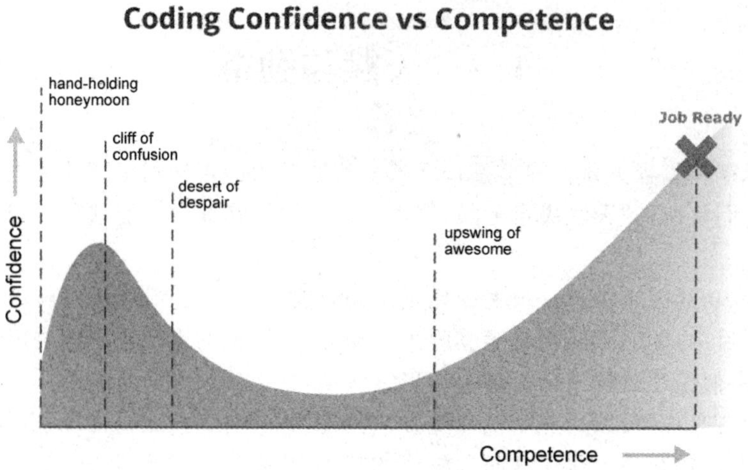

图 1.1　编码能力与信心的关系

像在沙漠一样。

第 4 阶段(upswing of awesome)：煎熬的上升期。编程者心潮澎湃，浑身充满力量，绝望的沙漠已经过去。

简单地说，ICPC 区域赛铜牌水平的选手可能还未到达第 4 阶段；银牌以上水平的选手，可以确定到达了第 4 阶段，从而跨过了自由编程的门槛。

本书的内容，在这个图中估计只涉及整个阶段的前 30%，即前两个部分，也就是 hand-holding honeymoon 和 cliff of confusion，相当于入门和进阶。能否进入后两个阶段，取决于读者自己的努力。

1.5　学习建议

视频讲解

很多大学生在中学阶段就参加过 NOI 信息学竞赛，或者学习过编程，那么他们已经有了基础，进入大学后又投入了更多时间专心地进行编程训练，有这么好的起点当然是很有优势的。

如果是完全的零基础，也不用担心自己落后。因为相比已经有了基础的同学只是晚学了几个月而已，只要多花一些时间，很快就能赶上。对于算法竞赛这样需要两三年的长周期学习来说，坚持才是最重要的。

由于算法竞赛的艰难和长期性，不管有没有基础，都应该从大一上学期开始学习。

(1) 大一上学期，熟悉 C、C++、Java 语言。一些专业在大一上学期开设编程语言课；大部分专业是在大一下学期，这些学生需要自学编程语言。

(2) 大一上学期，做一些简单的中文题，例如 acm. hdu. edu. cn 的 2000～2099 题[①]、洛谷试炼场。任务是进一步熟悉编程语言、学习如何在 OJ 上做题、掌握输入与输出的用法、

① http://acm. hdu. edu. cn/listproblem. php?vol=11，大部分比较简单，也有难题，可以跳过。

积累代码量。基本上每个题目在网上都能搜到题解和代码。初学者可以多看看别人的代码,尽快提高自己的编码能力。另外,最好几个人一起编程,并互相改错。看懂别人的代码,找出别人代码的错误,也是很好的训练,重要性**不亚于**独立做题。

(3) 大一下学期,做一些入门题,例如搜索、数学、贪心、简单动态规划等,尽可能多地参加各校举办的新生网络赛。

(4) 大一暑假,参加集训,学习数据结构、深入掌握 STL、进行各种专题入门,并熟悉队友。

(5) 大二,深入各类专题学习,并制定一年的计划,牢固掌握各种算法知识点。如有可能,在大二上学期参加区域赛。

(6) 大二暑假,组队参加网络赛和模拟赛。

(7) 大三上学期,参加区域赛并获奖。

(8) 大三和大四,开始难题、综合题的学习,使自己获得彻底的飞越,成为“编码大师”。通常,能获得金牌的队伍至少能做出 1 个以上的难题。难题有 3 个特征,即综合性强、思维复杂、代码冗长。这些难题是绝大部分学编程的学生难以翻越的大山,能征服大山的竞赛队员可以称为“杰出”了。

1.6　本书的特点

参加竞赛训练的队员需要阅读各种各样的算法书、编程书。本书作者不奢望写出一本面面俱到、老少咸宜的书,而且这样的书也许并不存在。本书面向的读者是初学者和中级进阶者,特点如下:

(1) 算法知识点的讲解清晰、易懂。在众多确定的算法中,少数算法比较简单,多数比较难。通俗易懂地讲解一个复杂的算法是不容易的。对于初学者,经常发生的场景是在学习某个知识点的时候读了很多书,查阅了很多资料,却仍然头脑昏昏,不得要领,在痛苦地花了很多时间思索之后才恍然大悟。本书的编写目标是让读者“一点就透,豁然开朗”,因此,书中大量使用了比喻、图解、步骤、注解等方法,尽量降低初学者的学习难度。

(2) 例题简单、直接。为了讲清楚算法,每个算法都需要配合竞赛题和代码,了解应用模型,并把理论和编码结合起来。本书选择的例题大多是简单、直接的“裸题”,很少有综合题、转弯题。也就是说,本书的目的是“奠基”,以及构建算法知识门类的“框架”,上面的高楼需要读者自己去建设。对于难题、综合题,已经有很多题解被编成书出版,读者也可以到网上搜索题解,网上的资源更加丰富。

(3) 代码清晰、易读。准确、清晰的代码能让读者对算法知识的理解更加透彻。本书的每段代码都以成为“模板”为目标。这些代码是在借鉴大量代码的基础上提炼出来的,是作者精心总结的结晶。

(4) 尽量覆盖竞赛的知识体系。虽然本书只能讲解部分常用的知识点,但是每一章都对相关知识点做了介绍,希望初学者在阅读本书的同时扩展本书未能讲解的知识。

总之,**本书不是一本题解**,而是一本**帮助读者建立计算思维**的书,旨在帮助读者打造坚实的基础,获得继续深入的信心。

最后,用下面的讨论作为本章的结语。

算法竞赛涉及的知识非常多,有些算法在竞赛中常用,有些不常用。如果初学者过于功利,就会纠结于哪些算法该学,哪些不该学。

作者的看法是,学习算法并不只是为了参加竞赛。每个经典算法都经过了无数人的精心研究,是极为精巧、合理的思维运动,是计算机科学这片天空的星星。学习它们,本身就是很好的思维练习,比做多少竞赛"热题"都强得多!

第2章　算法复杂度

☑ 计算的资源

☑ 算法的定义

☑ 算法的评估

编程初学者肯定思考过这样一个问题：拿到一个计算问题，自己尝试编程解决，衡量这个程序好坏的标准是什么？

结果正确、运行速度快、程序结构优美、算法设计合理等，这些都可以成为衡量的标准。不过，选择用什么算法是最根本的问题，它决定了程序能用还是不能用。

本章将回答以下问题：什么是算法？为什么要使用该算法？如何评价算法的好坏？如何选择算法？通过对这些问题的讲解帮助算法竞赛的初学者建立基本的计算思维。

2.1　计算的资源

程序运行时需要的资源有两种，即计算时间和存储空间。资源是有限的，一个算法对这两个资源的使用程度可以用来衡量该算法的优劣。

- 时间复杂度：程序运行需要的时间。
- 空间复杂度：程序运行需要的存储空间。

与这两个复杂度对应，OJ 上的题目一般会有对运行时间和空间的说明，例如：

Time Limit：2000/1000ms(Java/Others)

Memory Limit：65 536/65 536KB(Java/Others)

Time Limit 是对程序运行时间的限制，这个题目要求在 2s(Java)/1s(C、C++)内结束。

Memory Limit 是对程序使用内存的限制，这里是 65 536KB，即 64MB。

这两个限制条件非常重要，是检验程序性能的参数。不过在现场赛中，为了增加迷惑性，可能**不会列出**这两个参数，需要参赛队员自己判断。

所以，队员拿到题目后，第一步要分析的是程序运行需要的**计算时间**和**存储空间**。

编程竞赛的题目，在逻辑、数学、算法上有不同的难度：简单的，可以一眼看懂；复杂的，往往需要很多步骤才能找到解决方案。它们对程序性能考核的要求是程序必须在限定的时间和空间内运行结束。

这是因为，问题的"有效"解决不仅在于能否得到正确答案，更重要的是能在合理的时间和空间内给出答案。

李开复在"算法的力量"一文中写道："1988 年，贝尔实验室副总裁亲自来访问我的学校，目的就是想了解为什么他们的语音识别系统比我开发的慢几十倍，而且，在扩大至大词汇系统后速度差异更有几百倍之多……在与他们探讨的过程中，我惊讶地发现一个 $O(nm)$

的动态规划居然被他们做成了 $O(n^2m)$……贝尔实验室的研究员当然绝顶聪明，但他们全都是学数学、物理或电机出身，从未学过计算机科学或算法，这才犯了这么基本的错误。”

上文提到的 $O(nm)$ 和 $O(n^2m)$ 就是时间复杂度。符号 O 表示复杂度，$O(nm)$ 可以粗略地理解为运行次数是 $n\times m$。$O(n^2m)$ 比 $O(nm)$ 运行时间差不多大 n 倍。

在上面这个语音识别的例子中，设 $n=100$，如果李开复的识别系统的运行时间是 1s，那么贝尔实验室的系统需要 100s。显然，一个长达 100s 才能得到结果的语音识别系统肯定是不实用的。李开复的这个例子生动地说明了“好”算法的属性——有合理的时间效率。

那么如何衡量程序运行的时间效率？测量程序在计算机上运行的时间，可以得到一个直观的认识。

下面的程序只有一个 for 语句，它对 k 进行累加，循环次数是 n。该程序用 clock()函数统计 for 循环的运行时间。

```
#include<bits/stdc++.h>
using namespace std;
int main(){
    int i, k, n = 1e8;
    clock_t start, end;
    start = clock();
    for(i = 0; i<n; i++)  k++;              //循环次数
    end = clock();
    cout << (double)(end - start) / CLOCKS_PER_SEC << endl;
}
```

上面的程序在一台普通配置的计算机上运行，例如 CPU 为 i5-8250U、内存为 8GB、64 位的操作系统，结果如下：

当 $n=1e8=10^8$ 时，输出的运行时间是 0.164s。

当 $n=1e9$ 时，输出的运行时间是 1.645s。

评测用的 OJ 服务器，性能可能比这个好一些，也可能差不多。

所以，如果题目要求“Time Limit：2000/1000ms(Java/Others)”，那么内部的循环次数应该满足 $n\leqslant 10^8$，即 1 亿次以内。

由于程序的运行时间依赖于计算机的性能，不同的计算机结果不同，所以直接把运行时间作为判断标准并不准确。通常，用程序执行的“次数”来衡量更加合理，例如上述程序循环了 n 次，把它的运行效率记为 $O(n)$。

竞赛所给的题目一般都会有多种解法，它考核的是在限定时间和空间内解决问题。如果条件很宽松，那么可以在多种解法中选一个容易编程的算法；如果给定的条件很苛刻，那么能选用的合适算法就不多了。

下面用一个例子来说明对同样的问题如何选用不同的解法。

hdu 1425 “sort”

Time Limit：6000/1000ms(Java/Others)Memory Limit：64/32MB(Java/Others)

给出 n 个整数，请按从大到小的顺序输出其中前 m 大的数。

输入：每组测试数据有两行，第 1 行有两个数 n 和 $m(0<n, m<1\,000\,000)$，第 2 行包含 n 个各不相同，且都处于区间[-500 000, 500 000]的整数。

输出：对每组测试数据按从大到小的顺序输出前 m 大的数。

输入样例：

5 3

3 -35 92 213 -644

输出样例：

213 92 3

该题的思路是先对 100 万个数排序，然后输出前 m 大的数。题目给出了代码运行时间，非 Java 语言的时间是 1s，内存是 32MB。

下面分别用冒泡排序、快速排序、哈希 3 种算法编程。

1. 冒泡排序

首先用最简单的冒泡排序算法求解上面的问题。

```
#include<bits/stdc++.h>
using namespace std;
int a[1000001];                                        //记录数字
#define swap(a, b) {int temp = a; a = b; b = temp;}    //交换
int n, m;
void bubble_sort(){                                    //冒泡排序,结果仍放在 a[]中
    for(int i = 1; i <= n-1; i++)
        for(int j = 1; j <= n-i; j++)
            if(a[j] > a[j+1])
                swap(a[j], a[j+1]);
}
int main(){
    while(~scanf("%d%d", &n, &m)){
        for(int i=1; i<=n; i++)  scanf("%d", &a[i]);
        bubble_sort();
        for(int i = n; i >= n-m+1; i--){               //打印前 m 大的数,反序打印
            if(i == n-m+1)  printf("%d\n", a[i]);
            else printf("%d ", a[i]);
        }
    }
    return 0;
}
```

在 bubble_sort()运行后，得到从小到大的排序结果，然后从后往前打印前 m 大的数。冒泡排序算法的步骤如下：

(1) 第一轮，从第 1 个数到第 n 个数，逐个对比每两个相邻的数 a、b，如果 $a>b$，则交换。这一轮的结果是把最大的数“冒泡”到了第 n 个位置，在后面不用再管它。

(2) 第二轮，从第 1 个数到第 $n-1$ 个数，对比每两个相邻的数。这一轮，把第二大的数

"冒泡"到了第 $n-1$ 个位置。

(3) 继续以上过程,直到结束。

下面分析程序的时间和空间效率。

(1) 时间复杂度,也就是程序执行了多少步骤,花了多少时间。

在 bubble_sort()中有两层循环,循环次数是 $n-1+n-2+\cdots+1\approx n^2/2$;在 swap($a$,$b$)中做了 3 次操作;总的计算次数是 $3n^2/2$,复杂度记为 $O(n^2)$。当 $n=100$ 万时,计算超过 1 万亿次。如果提交到 OJ,由于 OJ 每秒只能运行 1 亿次,必然返回 TLE 超时。可以推出,只有 $n<1$ 万时才勉强能用冒泡算法。

(2) 空间复杂度,也就是程序占用的内存空间。程序使用 int a[1000001]存储数据,bubble_sort()也没有使用额外的空间。int 是 32 位整数,占用 4 个字节,所以 int a[1000001]共使用了 4MB 空间。这是冒泡算法的优点,它不额外占用空间。

2. 快速排序

快速排序是一种基于分治法的优秀排序算法。这里先直接用 STL 的 sort()函数,它是改良版的快速排序,称为"内省式排序"。

在上面的程序中,把"bubble_sort();"改为"sort(a+1, a+n+1);"就完成了 a[1]到 a[n]的排序,结果仍然保存在 a[]中。

算法的时间复杂度是 $O(n\log_2 n)$,当 $n=100$ 万时,100 万×$\log_2$100 万≈2000 万。

在 hdu 上提交,返回的运行时间是 600ms①,正好通过 OJ 的测试。

3. 哈希算法

哈希算法是一种以空间换取时间的算法。本题的哈希思路是:在输入数字 t 的时候,在a[500000 + t]这个位置记录 a[500000 + t] = 1,在输出的时候逐个检查 a[i],如果 a[i]等于 1,表示这个数存在,打印出前 m 个数。程序如下:

```
#include <bits/stdc++.h>
using namespace std;
const int MAXN = 1000001;
int a[MAXN];
int main(){
    int n,m;
    while(~scanf("%d%d", &n, &m)){
        memset(a, 0, sizeof(a));
        for(int i = 0; i<n; i++){
```

① 此题数据量很大,大量时间花在输入上,如果用 cin 输入,会 TLE,真正花在排序上的时间不多。读者可能有兴趣了解具体的执行时间,可以非常粗略地分析如下:

(a) 快排程序用了 600ms,包括输入与输出时间 A,以及排序时间 B。

(b) 哈希程序用了 500ms,它的输入与输出时间和快排程序的时间差不多,都是 A;排序时间是 C。

(c) 快排的复杂度是 $O(n\log_2 n)$,哈希的复杂度是 $O(n)$。当 $n=100$ 万时,$\log_2$100 万≈20,那么 B≈20C。计算得到 A≈500ms,B≈100ms,C≈5ms。也就是说,程序的大部分时间花在了输入与输出上。

(d) 分析 $n=200$ 万的情况。快排程序的总时间≈2A+B×(200 万×$\log_2$200 万)/(100 万×$\log_2$100 万)≈2A+2.1B=1210ms;哈希程序的总时间≈2A+2C=1010ms。看起来似乎改善不大,因为时间大部分用在处理输入与输出上。如果一个程序的输入用时不多,那么时间就取决于排序算法。哈希算法比快排算法快 $\log_2 n$ 倍,很有优势。

```
            int t;
            scanf("%d", &t);          //此题数据多,如果用很慢的 cin 输入,肯定 TLE
            a[500000 + t] = 1;        //数字 t,登记在 500000 + t 这个位置
        }
        for(int i = MAXN - 1; m > 0; i-- )
            if(a[i]){
                if(m > 1)  printf("%d ", i - 500000);
                else       printf("%d\n", i - 500000);
                m-- ;
            }
    }
    return 0;
}
```

程序并没有做显式的排序，只是每次把输入的数按哈希插入到对应位置，只有 1 次操作；n 个数输入完毕，就相当于排好序了。总的时间复杂度是 $O(n)$。在 hdu 上提交，返回的运行时间是 500ms。

4. 算法的选择

从上述 3 种程序可知，对于同一个问题，经常存在不同的解决方案，有高效的，也有低效的。算法编程竞赛主要的考核点就是在限定的时间和空间内解决问题。虽然在大部分情况下只有高效的算法才能通过满足判题系统的要求，但是请注意，并不是只有高效的算法才是合理的，低效的算法有时也是有用的。对于程序设计竞赛来说，由于竞赛时间极为紧张，解题速度极为关键，只有尽快完成更多的题目才能获得胜利。在满足限定条件的前提下，用最短的时间完成编码任务才是最重要的。低效算法的编码时间往往大大低于高效算法。例如，题目限定时间是 1s，现在有两个方案：①高效算法 0.01s 运行结束，但是代码有 50 行，编程 40 分钟；②低效算法 1s 运行结束，但是代码只有 20 行，编程 10 分钟。显然，此时应该选择低效算法。

不过在竞赛时，这种情况通常只发生在数据规模小的简单题中，即所谓的"签到题"，而大部分题目是没有这种好事的。所以，这只是一个小小的技巧，并没有太大用处。

2.2 算法的定义

前面反复提到了"算法"这个概念，参加 ACM-ICPC、CCPC 竞赛的学生也常常说"我们在搞算法竞赛"。大家也常常听说"程序＝算法＋数据结构"，算法是解决问题的逻辑、方法、过程，数据结构是数据在计算机中的存储和访问方式，二者是紧密结合的。

算法(Algorithm)是对特定问题求解步骤的一种描述，是指令的有限序列。它有以下 5 个特征。

(1) 输入：一个算法有零个或多个输入。程序可以没有输入，例如一个定时闹钟程序，它不需要输入，但是能够每隔一段时间就输出一个报警。

(2) 输出：一个算法有一个或多个输出。程序可以没有输入，但是一定要有输出。

(3) 有穷性：一个算法必须在执行有穷步之后结束，且每一步都在有穷时间内完成。

(4) 确定性：算法中的每一条指令必须有确切的含义，对于相同的输入只能得到相同的输出。

(5) 可行性：算法描述的操作可以通过已经实现的基本操作执行有限次来实现。

这里以冒泡排序算法为例，上一节已经描述过它的执行步骤，它满足上述 5 个特征。

(1) 输入：由 n 个数构成的序列$\{a_1, a_2, a_3, \cdots, a_n\}$。

(2) 输出：对输入的一个排序$\{a_1', a_2', a_3', \cdots, a_n'\}$，且 $a_1' \leqslant a_2' \leqslant a_3' \leqslant \cdots \leqslant a_n'$。

(3) 有穷性：算法在执行 $O(n^2)$次后结束，这也是对算法性能的评估，即算法复杂度。

(4) 确定性：算法的每个步骤都是确定的。

(5) 可行性：算法的步骤能编程实现。

视频讲解

需要指出的是，上述第(5)条的可行性也是很重要的。有些算法并不能编程实现，例如一个有趣的排序算法——珠排序(Bead sort[①])，如果它用重力法，能够在 $O(1)$或 $O(\sqrt{n})$时间内得到排序结果，效率高到令人惊叹，但是无法编程实现。

2.3 算法的评估

视频讲解

上面已经反复提到，衡量算法性能的主要标准是时间复杂度，本节再针对算法竞赛展开说明。

为什么一般不讨论空间复杂度呢？在一般情况下，一个程序的空间复杂度是容易分析的，而时间复杂度往往关系到算法的根本逻辑，更能说明一个程序的优劣。因此，如果不特别说明，在提到"复杂度"时一般指时间复杂度。

注意，时间复杂度只是一个估计，并不需要精确计算。例如，在一个有 n 个数的无序数列中查找某个数 x，可能第一个数就是 x，也可能最后一个数才是 x，平均查找时间是 $n/2$ 次，但是把查找的时间复杂度记为 $O(n)$，而不是 $O(n/2)$。再如，冒泡排序算法的计算次数约等于 $n^2/2$ 次，但是仍记为 $O(n^2)$，而不是 $O(n^2/2)$。在算法分析中，规模 n 前面的常数系数被认为是不重要的。

还有，OJ 系统所判定的运行时间是整个程序运行所花的时间，而不是理论上算法所需要的时间。同一个算法，不同的人写出的程序，复杂度和运行时间可能差别很大，跟编程语言、逻辑结构、库函数等都有关系。

一个程序或算法的复杂度有以下可能。

1. $O(1)$

计算时间是一个常数，和问题的规模 n 无关。例如，用公式计算时，一次计算的复杂度就是 $O(1)$；哈希算法，用 hash 函数在常数时间内计算出存储位置；在矩阵 $A[M][N]$中查找第 i 行第 j 列的元素，只需要访问 $A[i][j]$就够了。

2. $O(\log_2 n)$

计算时间是对数，通常是以 2 为底的对数，每一步计算后，问题的规模减小一倍。例如

① https://en.wikipedia.org/wiki/Bead_sort.

在一个长度为 n 的有序数列中查找某个数，用折半查找的方法只需要 $\log_2 n$ 次就能找到。再如分治法，一般情况下，在每个步骤把规模减小一倍，所以一共有 $O(\log_2 n)$个步骤。

$O(\log_2 n)$和 $O(1)$没有太大差别。

3. $O(n)$

计算时间随规模 n 线性增长。在很多情况下，这是算法可能达到的最优复杂度，因为对输入的 n 个数，程序一般需要处理所有的数，即计算 n 次。例如查找一个无序数列中的某个数，可能需要检查所有的数。再如图问题，有 V 个点和 E 个边，大多数图的问题都需要搜索到所有的点和边，复杂度的上限就是 $O(V+E)$。

4. $O(n\log_2 n)$

这常常是算法能达到的最优复杂度。例如分治法，一共 $O(\log_2 n)$个步骤，每个步骤对每个数操作一次，所以总复杂度是 $O(n\log_2 n)$。用分治法思想实现的快速排序算法和归并排序算法的复杂度就是 $O(n\log_2 n)$。

5. $O(n^2)$

一个两重循环的算法，复杂度是 $O(n^2)$。例如冒泡排序是典型的两重循环。类似的复杂度有 $O(n^3)$、$O(n^4)$等。

6. $O(2^n)$

一般对应集合问题，例如一个集合中有 n 个数，要求输出它的所有子集，子集有 2^n 个。

7. $O(n!)$

在排列问题中，如果要求输出所有的全排列，那么复杂度就是 $O(n!)$。

把上面的复杂度分成两类：①多项式复杂度，包括 $O(1)$、$O(n)$、$O(n\log_2 n)$、$O(n^k)$等，其中 k 是一个常数；②指数复杂度，包括 $O(2^n)$、$O(n!)$等。

如果一个算法是多项式复杂度，称它为“高效”算法；如果一个算法是指数复杂度，则称它为“低效”算法。可以这样通俗地解释“高效”和“低效”算法的区别：多项式复杂度的算法随着规模 n 的增加可以通过堆叠硬件来实现，“砸钱”是行得通的；而指数复杂度的算法增加硬件也无济于事，其增长的速度超出了人们的想象力。

竞赛题目一般的限制时间是 1s，对应普通计算机的计算速度是每秒千万次级，那么上述的时间复杂度可以换算出能解决问题的数据规模。例如，如果一个算法的复杂度是 $O(n!)$，当 $n=11$ 时，$11!=39\ 916\ 800$，这个算法只能解决 $n\leqslant 11$ 以内的问题。

下面的表 2.1 需要牢记。

表 2.1 问题规模和可用算法

问题规模 n	可用算法的时间复杂度					
	$O(\log_2 n)$	$O(n)$	$O(n\log_2 n)$	$O(n^2)$	$O(2^n)$	$O(n!)$
$n\leqslant 11$	√	√	√	√	√	√
$n\leqslant 25$	√	√	√	√	√	×
$n\leqslant 5000$	√	√	√	√	×	×
$n\leqslant 10^6$	√	√	√	×	×	×
$n\leqslant 10^7$	√	√	×	×	×	×
$n>10^8$	√	×	×	×	×	×

第3章　STL和基本数据结构

☑ 容器
☑ 队列
☑ 栈
☑ 链表
☑ set
☑ map

STL(Standard Template Library)是C++的标准模板库，竞赛中很多常用的数据结构、算法在STL中都有，熟练地掌握它们在很多题目中能极大地简化编程。本章所介绍的内容是竞赛训练的基本内容，需要完全掌握。

STL包含容器(container)、迭代器(iterator)、空间配置器(allocator)、配接器(adapter)、算法(algorithm)、仿函数(functor) 6个部分。本章介绍容器和两个常用算法。

3.1　容　　器

STL容器包括顺序式容器和关联式容器。

1. 顺序式容器

顺序式容器包括vector、list、deque、queue、priority_queue、stack等，它们的特点如下。

- vector：动态数组，从末尾能快速插入与删除，直接访问任何元素。
- list：双链表，从任何地方快速插入与删除。
- deque：双向队列，从前面或后面快速插入与删除，直接访问任何元素。
- queue：队列，先进先出。
- priority_queue：优先队列，最高优先级元素总是第一个出列。
- stack：栈，后进先出。

2. 关联式容器

关联式容器包括set、multiset、map、multimap等。

- set：集合，快速查找，不允许重复值。
- multiset：快速查找，允许重复值。
- map：一对一映射，基于关键字快速查找，不允许重复值。
- multimap：一对多映射，基于关键字快速查找，允许重复值。

3.1.1 vector

数组是基本的数据结构，有静态数组和动态数组两种类型。在算法竞赛中，编码的惯例是：如果空间足够，能用静态数组就用静态数组，而不用指针管理动态数组，这样编程比较简单并且不会出错；如果空间紧张，可以用 STL 的 vector 建立动态数组，不仅节约空间，而且也不易出错。

视频讲解

vector① 是 STL 的动态数组，在运行时能根据需要改变数组大小。由于它以数组形式存储，也就是说它的内存空间是连续的，所以索引可以在常数时间内完成，但是在中间进行插入和删除操作会造成内存块的复制。另外，如果数组后面的内存空间不够，需要重新申请一块足够大的内存。这些都会影响 vector 的效率。

vector 容器是一个模板类，能存放任何类型的对象。

1. 定义

其示例如表 3.1 所示。

表 3.1　vector 定义示例

功　　能	例　　子	说　　明
定义 int 型数组	vector < int > a;	默认初始化，a 为空
	vector < int > b(a);	用 a 定义 b
	vector < int > a(100);	a 有 100 个值为 0 的元素
	vector < int > a(100, 6);	100 个值为 6 的元素
定义 string 型数组	vector < string > a(10,"null");	10 个值为 null 的元素
	vector < string > vec(10,"hello");	10 个值为 hello 的元素
	vector < string > b(a.begin(), a.end());	b 是 a 的复制
定义结构型数组	struct point { int x, y; }; vector < point > a;	a 用来存坐标

用户还可以定义多维数组，例如定义一个二维数组：

```
vector < int > a[MAXN];
```

它的第一维大小是固定的 MAXN，第二维是动态的。用这个方式可以实现图的邻接表存储，细节见本书 10.2 节。

2. 常用操作

vector 的常用操作如表 3.2 所示。

表 3.2　vector 的常用操作

功　　能	例　　子	说　　明
赋值	a.push_back(100);	在尾部添加元素
元素个数	int size=a.size();	元素个数

① http://www.cplusplus.com/reference/vector/vector/。

续表

功　能	例　子	说　明
是否为空	bool isEmpty=a.empty();	判断是否为空
打印	cout<<a[0]<<endl;	打印第一个元素
中间插入	a.insert(a.begin()+i, k);	在第 i 个元素前面插入 k
尾部插入	a.push_back(8);	尾部插入值为 8 的元素
尾部插入	a.insert(a.end(), 10,5);	尾部插入 10 个值为 5 的元素
删除尾部	a.pop_back();	删除末尾元素
删除区间	a.erase(a.begin()+i, a.begin()+j);	删除区间 $[i, j-1]$ 的元素
删除元素	a.erase(a.begin()+2);	删除第 3 个元素
调整大小	a.resize(n)	数组大小变为 n
清空	a.clear();	清空
翻转	reverse(a.begin(), a.end());	用函数 reverse()翻转数组
排序	sort(a.begin(), a.end());	用函数 sort()排序,从小到大排

下面用一个例题来说明 vector 的使用。

hdu 4841 “圆桌问题”

圆桌边围坐着 $2n$ 个人。其中 n 个人是好人,另外 n 个人是坏人。从第一个人开始数,数到第 m 个人,立即赶走该人;然后从被赶走的人之后开始数,再将数到的第 m 个人赶走,依此方法不断赶走围坐在圆桌边的人。

预先应如何安排这些好人与坏人的座位,才能使得在赶走 n 个人之后圆桌边围坐的剩余的 n 个人全是好人?

输入:多组数据,每组数据输入:$n,m\leqslant 32\,767$。

输出:对于每一组数据,输出 $2n$ 个大写字母,“G”表示好人,“B”表示坏人,50 个字母为一行,不允许出现空白字符。相邻数据间留有一个空行。

输入样例:

2 3

2 4

输出样例:

GBBG

BGGB

这个题目是约瑟夫问题。用 vector 模拟动态变化的圆桌,赶走 n 个人之后留下的都是好人。

程序如下:

```
#include <bits/stdc++.h>
using namespace std;
int main(){
    vector<int> table;                          //模拟圆桌
    int n, m;
```

```
    while(cin >> n >> m){
        table.clear();
        for(int i = 0; i < 2 * n; i++)  table.push_back(i); //初始化
        int pos = 0;                                        //记录当前位置
        for(int i = 0; i < n; i++){                         //赶走n个人
            pos = (pos + m - 1) % table.size();             //圆桌是个环,取余处理
            table.erase(table.begin() + pos);               //赶走坏人,table人数减1
        }
        int j = 0;
        for(int i = 0; i < 2 * n; i++){                     //打印预先安排座位
            if(!(i % 50) && i)  cout << endl;               //50个字母一行
            if(j < table.size() && i == table[j]){          //table留下的都是好人
                    j++;
                    cout <<"G";
            }
            else
                    cout <<"B";
        }
        cout << endl << endl;                               //留一个空行
    }
    return 0;
}
```

前面提到,vector插入或者删除中间某一项时需要线性时间,即需要把这个元素后面的所有元素往后移或往前移,复杂度是 $O(n)$。如果频繁移动,则效率很低。hdu 4841的vector程序用erase()来删除中间元素就有这个问题。

3.1.2 栈和stack[①]

栈是基本的数据结构之一,特点是"先进后出"。例如乘坐电梯时,先进电梯的最后出来;一盒泡腾片,最先放进盒子的药片位于最底层,最后被拿出来。

头文件:#include <stack>

栈的有关操作:

```
stack<Type> s;          //定义栈,Type为数据类型,例如int、float、char等
s.push(item);           //把item放到栈顶
s.top();                //返回栈顶的元素,但不会删除
s.pop();                //删除栈顶的元素,但不会返回.在出栈时需要进行两步操作,即
                        //先top()获得栈顶元素,再pop()删除栈顶元素
s.size();               //返回栈中元素的个数
s.empty();              //检查栈是否为空,如果为空,返回true,否则返回false
```

下面用一个例子来说明栈的应用。

> **hdu 1062 "Text Reverse"**
>
> 翻转字符串。例如输入"olleh !dlrow",输出"hello world!"。

① http://www.cplusplus.com/reference/stack/stack/。

用栈模拟,下面是程序:

```
#include <bits/stdc++.h>
using namespace std;
int main(){
    int n;
    char ch;
    scanf("%d",&n);  getchar();
    while(n--){
        stack<char> s;
        while(true){
            ch = getchar();                    //一次读入一个字符
            if(ch == ' '||ch == '\n'||ch == EOF){
                while(!s.empty()){
                    printf("%c",s.top());  //输出栈顶
                    s.pop();               //清除栈顶
                }
                if(ch == '\n'||ch == EOF)  break;
                printf(" ");
            }
            else   s.push(ch);            //入栈
        }
        printf("\n");
    }
return 0;
}
```

爆栈问题。栈需要用空间存储,如果深度太大,或者存进栈的数组太大,那么总数会超过系统为栈分配的空间,这样就会爆栈,即栈溢出。其解决办法有下面两种:

(1) 在程序中调大系统的栈,这种方法依赖于系统和编译器,竞赛的时候,在热身赛上可以试一试。

(2) 手工写栈。有关内容见本书 10.5 节。

【习题】

比较复杂的用到栈的例子,请练习 hdu 1237"简单计算器",逆波兰表达式。

3.1.3 队列和 queue[①]

队列是基本的数据结构之一,特点是"先进先出"。例如排队,先进队列的先得到服务。

头文件:#include <queue>

队列的有关操作:

```
queue<Type> q;                    //定义栈,Type 为数据类型,例如 int、float、char 等
q.push(item);                     //把 item 放进队列
q.front();                        //返回队首元素,但不会删除
q.pop();                          //删除队首元素
```

① http://www.cplusplus.com/reference/queue/queue/。

```
q.back();                        //返回队尾元素
q.size();                        //返回元素个数
q.empty();                       //检查队列是否为空
```

hdu 1702 "ACboy needs your help again!"

模拟栈和队列，栈是 FILO，队列是 FIFO。

分别用栈和队列模拟，下面是代码：

```
#include<bits/stdc++.h>
using namespace std;
int main(){
    int t,n,temp;
    cin>>t;
    while(t--){
        string str,str1;
        queue<int>Q;
        stack<int>S;
        cin>>n>>str;
        for(int i=0; i<n; i++){
            if(str=="FIFO"){             //队列
                cin>>str1;
                if(str1=="IN"){
                    cin>>temp;  Q.push(temp);
                }
                if(str1=="OUT"){
                    if(Q.empty()) cout<<"None"<<endl;
                    else{
                        cout<<Q.front()<<endl;
                        Q.pop();
                    }
                }
            }
            else{                        //栈
                cin>>str1;
                if(str1=="IN"){
                    cin>>temp;  S.push(temp);
                }
                if(str1=="OUT"){
                    if(S.empty()) cout<<"None"<<endl;
                    else {
                        cout<<S.top()<<endl;
                        S.pop();
                    }
                }
            }
        }
    }
    return 0;
}
```

3.1.4 优先队列和 priority_queue[1]

优先队列，顾名思义就是优先级最高的先出队。它是队列和排序的完美结合，不仅可以存储数据，还可以将这些数据按照设定的规则进行排序。每次的 push 和 pop 操作，优先队列都会动态调整，把优先级最高的元素放在前面。

优先队列的有关操作如下：

```
q.top();                    //返回具有最高优先级的元素值，但不删除该元素
q.pop();                    //删除最高优先级元素
q.push(item);               //插入新元素
```

在 STL 中，优先队列是用二叉堆来实现的，在队列中 push 一个数或 pop 一个数，复杂度都是 $O(\log_2 n)$。

可以用优先队列对数据排序：设定数据小的优先级高，把所有数 push 进优先队列后一个个 top 出来，就得到了从小到大的排序。其总复杂度是 $O(n\log_2 n)$。

图论的 Dijkstra 算法的程序实现用 STL 的优先队列能极大地简化代码，参考本书的 10.9.4 节。

【习题】

hdu 1873“看病要排队”。

3.1.5 链表和 list[2]

STL 的 list 是数据结构的双向链表，它的内存空间可以是不连续的，通过指针来进行数据的访问，它可以高效率地在任意地方删除和插入，插入和删除操作是常数时间的。

list 和 vector 的优缺点正好相反，它们的应用场景不同。

(1) vector：插入和删除操作少，随机访问元素频繁。

(2) list：插入和删除频繁，随机访问较少。

下面用一个例题来说明 list 的应用。

hdu 1276“士兵队列训练问题”

一队士兵报数：从头开始进行 1 至 2 报数，凡报到 2 的出列，剩下的向小序号方向靠拢，再从头开始进行 1 至 3 报数，凡报到 3 的出列，剩下的向小序号方向靠拢，以后从头开始轮流进行 1 至 2 报数、1 至 3 报数，直到剩下的人数不超过 3 为止。

输入：士兵人数。

输出：剩下士兵最初的编号。

① http://www.cplusplus.com/reference/queue/priority_queue/。

② http://www.cplusplus.com/reference/list/list/。

程序如下：

```
#include <bits/stdc++.h>
using namespace std;
int main(){
    int t,n;
    cin >> t;
    while(t -- ) {
        cin >> n;
        int k = 2;
        list < int > mylist;                //定义
        list < int >::iterator it;
        for(int i = 1;i <= n;i++)
            mylist.push_back(i);            //赋值
        while(mylist.size() > 3) {
            int num = 1;
            for(it = mylist.begin(); it != mylist.end(); ){
                if(num++ % k == 0)
                    it = mylist.erase(it);
                else
                    it++;
            }
            k == 2 ? k = 3:k = 2;           //1 至 2 报数,1 至 3 报数
        }
        for(it = mylist.begin(); it != mylist.end(); it++){
            if (it != mylist.begin())
                cout << " ";
            cout << * it;
        }
        cout << endl;
    }
    return 0;
}
```

3.1.6 set[①]

set 就是集合。STL 的 set 用二叉搜索树实现，集合中的每个元素只出现一次，并且是排好序的。访问元素的时间复杂度是 $O(\log_2 n)$，非常高效。

set 和 3.1.7 节的 map 在竞赛题中的应用很广泛，特别是需要用二叉搜索树处理数据的题目，如果用 set 或 map 实现，能极大地简化代码。

set 的有关操作：

```
set < Type > A;                     //定义
A.insert(item);                     //把 item 放进 set
A.erase(item);                      //删除元素 item
```

① http://www.cplusplus.com/reference/set/set/。

```
A.clear();                           //清空 set
A.empty ();                          //判断是否为空
A.size();                            //返回元素个数
A.find(k);                           //返回一个迭代器,指向键值 k
A.lower_bound(k);                    //返回一个迭代器,指向键值不小于 k 的第一个元素
A.upper_bound(k);                    //返回一个迭代器,指向键值大于 k 的第一个元素
```

下面用一个例子来说明 set 的应用。

hdu 2094 "产生冠军"

有一群人打乒乓球比赛,两两捉对厮杀,每两个人之间最多打一场比赛。

球赛的规则如下:

如果 A 打败了 B,B 又打败了 C,而 A 与 C 之间没有进行过比赛,那么就认定 A 一定能打败 C。

如果 A 打败了 B,B 又打败了 C,而且 C 又打败了 A,那么 A、B、C 三者都不可能成为冠军。

根据这个规则,无须循环较量,或许就能确定冠军。本题的任务就是对于一群比赛选手,在经过了若干场厮杀之后,确定是否已经产生了冠军。

这一题的思路是定义集合 A 和 B,把所有人放进集合 A,把所有有失败记录的放进集合 B。如果 $A-B=1$,则可以判断存在冠军,否则不能,请读者自己思考原因。

下面的程序演示了 set 的应用。

hdu 2094 程序

```
#include <bits/stdc++.h>
using namespace std;
int main(){
    set<string> A, B;                    //定义集合
    string s1, s2;
    int n;
    while(cin >> n && n){
        for(int i = 0; i<n; i++) {
            cin >> s1 >> s2;
            A.insert(s1);  A.insert(s2);     //把所有人放进集合 A
            B.insert(s2);                    //把失败者放进集合 B
        }
        if(A.size() - B.size() == 1)
            cout << "Yes" << endl;
        else
            cout << "No" << endl;
        A.clear(); B.clear();
    }
    return 0;
}
```

3.1.7 map[①]

这里有一个常见的问题：有 n 个学生，每人有姓名 name 和学号 id，现在给定一个学生的 name，要求查找他的 id。

简单的做法是定义 string name[n]和 int id[n]（可以放在一个结构体中）存储信息，然后在 name[]中查找这个学生，找到后输出他的 id。这样做的缺点是需要搜索所有的 name[]，复杂度是 $O(n)$，效率很低。

利用 STL 中的 map 容器可以快速地实现这个查找，复杂度是 $O(\log_2 n)$。

map 是关联容器，它实现从键（key）到值（value）的映射。map 效率高的原因是它用平衡二叉搜索树来存储和访问。

在上述例子中，map 的具体操作如下。

（1）定义：map<string, int> student，存储学生的 name 和 id。

（2）赋值：例如 student["Tom"]=15。这里把“Tom”当成普通数组的下标来使用。

（3）查找：在找学号时，可以直接用 student["Tom"]表示他的 id，不用再去搜索所有的姓名。

map 用起来很方便。对于它的插入、查找、访问等操作，请读者自己阅读有关资料，并且认真掌握。

下面用一个例题来简单介绍 map 的使用。

hdu 2648 “Shopping”

女孩 dandelion 经常去购物，她特别喜欢一家叫“memory”的商店。由于春节快到了，所有商店的价格每天都在上涨。她想知道这家商店每天的价格排名。

输入：

第 1 行是数字 $n(n\leqslant 10\,000)$，代表商店的数量。

后面 n 行，每行有一个字符串（长度小于 31，只包含小写字母和大写字母），表示商店的名称。

然后一行是数字 $m(1\leqslant m\leqslant 50)$，表示天数。

后面有 m 部分，每部分有 n 行，每行是数字 s 和一个字符串 p，表示商店 p 在这一天涨价 s。

输出：包含 m 行，第 i 行显示第 i 天后店铺“memory”的排名。排名的定义为如果有 t 个商店的价格高于“memory”，那么它的排名是 $t+1$。

本题代码如下：

```
#include <bits/stdc++.h>
using namespace std;
int main(){
    int n, m, p;
```

① http://www.cplusplus.com/reference/map/map/。

```
    map < string, int > shop;
    while(cin >> n) {
        string s;
        for(int i = 1; i <= n; i++) cin >> s;   //输入商店名字,实际上用不着处理
        cin >> m;
        while(m -- ) {
            for(int i = 1; i <= n; i++) {
                cin >> p >> s;
                shop[s] += p;                  //用 map 可以直接操作商店,加上价格
            }
            int rank = 1;
            map < string,int >::iterator it;  //迭代器
            for(it = shop.begin(); it != shop.end(); it++)
                if(it -> second > shop["memory"])     //比较价格
                        rank++;
            cout << rank << endl;
        }
        shop.clear();
    }
    return 0;
}
```

3.2 sort()

STL 的排序函数 sort()[①]是算法竞赛中最常用的函数之一,它的定义有以下两种:

(1) void sort(RandomAccessIterator first, RandomAccessIterator last);

(2) void sort(RandomAccessIterator first, RandomAccessIterator last, Compare comp);

返回值:无。

复杂度:$O(n\log_2 n)$。

注意,它排序的范围是[first, last),包括 first,不包括 last。

1. sort()的比较函数

排序是对比元素的大小。sort()可以用自定义的比较函数进行排序,也可以用系统的 4 种函数排序,即 less()、greater()、less_equal()、greater_equal()。在默认情况下,程序是按从小到大的顺序排序的,less()可以不写。

下面是程序例子。

```
#include <bits/stdc++.h>
using namespace std;
bool my_less(int i, int j)     {return (i < j);}  //自定义小于
bool my_greater(int i, int j)  {return (i > j);}  //自定义大于
int main(){
```

① http://www.cplusplus.com/reference/algorithm/sort/。

```
    vector<int> a = {3,7,2,5,6,8,5,4};
    sort(a.begin(),a.begin()+4);                //对前4个排序,输出2 3 5 7 6 8 5 4
  //sort(a.begin(),a.end());                    //从小到大排序, 输出2 3 4 5 5 6 7 8
  //sort(a.begin(),a.end(),less<int>());        //输出2 3 4 5 5 6 7 8
  //sort(a.begin(),a.end(),my_less);            //自定义排序,输出2 3 4 5 5 6 7 8
  //sort(a.begin(),a.end(),greater<int>());     //从大到小排序,输出8 7 6 5 5 4 3 2
  //sort(a.begin(),a.end(),my_greater);         //输出8 7 6 5 5 4 3 2
    for(int i=0; i<a.size(); i++)               //输出
        cout << a[i] << " ";
    return 0;
}
```

sort()还可以对结构变量进行排序,例如:

```
struct Student{
    char name[256];
    int score;
};
bool compare(struct Student* a,struct Student* b){  //按分数从大到小排序
    return a->score > b->score;
}
...
vector<struct Student*> list;                   //定义list,把学生信息存到list里
...
sort(list.begin(), list.end(), compare);        //按分数排序
```

2. 相关函数

stable_sort():当排序元素相等时,保留原来的顺序。在对结构体排序时,当结构体中的排序元素相等时,如果需要保留原序,可以用 stable_sort()。

partial_sort():局部排序。例如有10个数字,求最小的5个数。如果用 sort(),需要先全部排序,再输出前5个;而用 partial_sort()可以直接输出前5个。

3.3 next_permutation()

STL 提供求下一个排列组合的函数 next_permutation()①。例如3个字符 a、b、c 组成的序列,next_permutation()能按字典序返回6个组合,即 abc、acb、bac、bca、cab、cba。

函数 next_permutation()的定义有下面两种形式:

(1) bool next_permutation(BidirectionalIterator first, BidirectionalIterator last);

(2) bool next_permutation(BidirectionalIterator first, BidirectionalIterator last, Compare comp);

返回值:如果没有下一个排列组合,返回 false,否则返回 true。每执行 next_permutation()

① http://www.cplusplus.com/reference/algorithm/next_permutation/。

一次，就会把新的排列放到原来的空间里。

复杂度：$O(n)$。

注意，它排列的范围是[first, last)，包括 first，不包括 last。

在使用 next_permutation()的时候，初始序列一般是一个字典序最小的序列，如果不是，可以用 sort()排序，得到最小序列，然后再使用 next_permutation()，例题见本书的 4.1 节。

下面的例题是该函数的一个简单应用。

hdu 1027 "Ignatius and the Princess II"

给定 n 个数字，从 1 到 n，要求输出第 m 小的序列。

输入：数字 n 和 m，$1 \leqslant n \leqslant 1000$，$1 \leqslant m \leqslant 10\,000$。

输出：输出第 m 小的序列。

程序的思路是首先生成一个 $123\cdots n$ 的最小字典序列，即初始序列，然后用 next_permutation()一个一个地生成下一个字典序更大的序列。

程序如下：

```
#include <bits/stdc++.h>
using namespace std;
int a[1001];
int main(){
    int n, m;
    while(cin >> n >> m){
        for(int i = 1; i <= n; i++) a[i] = i;     //生成一个字典序最小的序列
        int b = 1;
        do{
            if(b == m) break;
            b++;
        }while(next_permutation(a + 1,a + n + 1));
                                                  //注意第一个是 a + 1,最后一个是 a + n
        for(int i = 1; i < n; i++)                //输出第 m 大的字典序
            cout << a[i] << " ";
        cout << a[n] << endl;
    }
    return 0;
}
```

与 next_permutation()相关的函数如下：

- prev_permutation()：求前一个排列组合。
- lexicographical_compare()：字典比较。

【习题】

hdu 1716 "排列 2"。

第4章 搜索技术

- ☑ 递归和排列
- ☑ 子集生成和组合问题
- ☑ BFS 和队列
- ☑ A * 算法
- ☑ DFS 和递归
- ☑ 八数码问题
- ☑ 回溯与剪枝
- ☑ 迭代加深搜索
- ☑ IDA *

搜索是基本的编程技术，在算法竞赛学习中是基础的基础。搜索使用的算法是 BFS 和 DFS，BFS 用队列、DFS 用递归来具体实现。在 BFS 和 DFS 的基础上可以扩展出 A * 算法、双向广搜算法、迭代加深搜索、IDA * 等技术。本章详细介绍了这些知识点。

搜索技术是“暴力法”算法思想的具体实现。

人们常说：“要利用计算机强大的计算能力。”如果答案在一大堆数字里面，让计算机一个个去试，符合条件的不就是答案了吗？

没错，最基本的算法思想“暴力法”就是这样做的。例如，银行卡密码是 6 位数字，共 100 万个，对于计算机来说，尝试 100 万次只需要一瞬间。不过计算机也不是无敌的。为了应对计算机强大的计算能力，可以对密码进行强化设计。例如网络账号密码，大部分网站都要求长度在 8 位以上，并且混合数字、字母、标点等。从 40 多个符号中选 8 个组成密码，数量有 $40\times39\times38\times37\times36\times35\times34\times33>3$ 万亿，即使用计算机也不能很快算出来。

暴力法（Brute force，又译为蛮力法）：把所有可能的情况都罗列出来，然后逐一检查，从中找到答案。这种方法简单、直接，不玩花样，利用了计算机强大的计算能力。

虽然暴力法常常是低效的代名词，但是它仍然很有用，原因如下：

(1) 很多问题只能用暴力法解决，例如猜密码。

(2) 对于小规模的问题，暴力法完全够用，而且避免了高级算法需要的复杂编码，在竞赛中可以加快解题速度。在竞赛中也可以用暴力法来构造测试数据，以验证高级算法的正确性。

(3) 把暴力法当作参照（benchmark）。既然暴力法是“最差”的，那么可以把它当成一个比较来衡量另外的算法有多“好”。拿到题目后，如果没有其他思路，可以先试试暴力法，看是否能帮助产生灵感。

不过，在具体编程时常常需要对暴力法进行优化，以减少搜索空间，提高效率。例如利用剪枝技术跳过不符合要求的情况，从而减少复杂度。

虽然暴力搜索的思路很简单,但是操作起来并不容易。一般有以下操作:

(1) 找到所有可能的数据,并且用数据结构表示和存储。

(2) 剪枝。尽量多地排除不符合条件的数据,以减少搜索的空间。

(3) 用某个算法快速检索这些数据。

其中的第一步就可能很不容易。例如迷宫问题,如何列举从起点到终点的所有可能的路径①?再如图论中的"最短路径问题",在地图上任取两个点,它们之间所有可行的路径可能是天文数字,以至于根本不能一一列举出来。所以计算最短路径的 Dijkstra 算法是用贪心法,进行从局部扩散到全局的搜索,不用列举所有可能的路径。

暴力法的主要操作是搜索,搜索的主要技术是 BFS 和 DFS。掌握搜索技术是学习算法竞赛的基础。在搜索时,具体的问题会有相应的数据结构,例如队列、栈、图、树等,读者应该能熟练地在这些数据结构上进行搜索的操作。

本章主要讲解 BFS 和 DFS,以及基于它们的优化技术,并以一些经典的搜索问题为例讲解算法思想,例如排列组合、生成子集、八皇后、八数码、图遍历等。

4.1 递归和排列

排列和组合问题是在暴力枚举的时候经常遇到的,一般有 3 种常见情况。

问题 4.1:打印 n 个数的全排列,共 $n!$ 个。

问题 4.2:打印 n 个数中任意 m 个数的全排列,共 $\frac{n!}{(n-m)!}$ 个。

问题 4.3:打印 n 个数中任意 m 个数的组合,共 $C_n^m=\frac{n!}{m!(n-m)!}$ 个。

本节用递归程序来实现问题 4.1 和问题 4.2,问题 4.3 将在下一节中讲解。

在计算机编程教材中都会提到递归的概念和应用,一般会用数学中的递推方程来讲解递归的概念,例如 $f(n)=f(n-1)+f(n-2)$。在计算机系统中,递归是通过嵌套来实现的,涉及指针、地址、栈的使用。

从算法思想上看,递归是把大问题逐步缩小,直到变成最小的同类问题的过程。例如 $n\to n-1\to n-2\to\cdots\to 1$,最后的小问题的解是已知的,一般是给定的初始条件。在递归的过程中,由于大问题和小问题的解决方法完全一样,那么大家自然可以想到,大问题的程序和小问题的程序可以写成一样。一个递归函数直接调用自己,就实现了程序的复用。

递归和分治法的思路非常相似,分治是把一个大问题分解为多个类型相同的子问题。事实上,一些涉及分治法的问题可以用递归来编程,典型的有快速排序、归并排序等。

对于编程初学者来说,递归是一个难以理解的编程概念,很容易绕晕。为了帮助理解,可以一步步打印出递归函数的输出,看它从大到小解决问题的过程。

编程竞赛中的暴力法常常需要考虑所有可能的情况,用递归编程可以轻松、方便地实现对搜索空间所有状态的遍历。

---

① 用 DFS 可以实现,程序也非常短。在学完本章之后,读者就能轻松地写出程序。

【问题 4.1】 打印 n 个数的全排列。

在用递归解决这个问题之前先给出 STL 的实现方法。

1. 用 STL 输出全排列

如果需要全排列的场景比较简单，可以直接用 C++ STL 的库函数 next_permutation()，它按字典序输出下一个排列。在使用之前，先用 sort()给数据排序，得到最小排列，然后每调用 next_permutation()一次，就得到一个大一点的排列。

next_permutation()的优点是能按从小到大的顺序输出排列。

```
#include <iostream>
#include <algorithm>                          //包含 sort()和 next_permutation()函数
using namespace std;
int main(){
    int data[4] = {5, 2, 1, 4};
    sort(data, data + 4);                     //排序，得到最小排列
    do{
        for(int i = 0; i < 4; ++i)            //输出一个排列
            cout << data[i] << " ";
        cout << endl;
    }while(next_permutation(data, data + 4)); //把下一个排列放在 data 中
    return 0;
}
```

2. 用递归求全排列

下面用递归求全排列，代码很短，但是理解起来并不容易。读者可以自己打印每一个全排列的输出，然后认真理解。

在用递归之前，为了对比，先给出一个简单、粗暴的方法：以 10 个数的全排列为例，用排列组合的思路写一个 10 级的 for 循环，在每个 for 中选一个和前面的 for 用过的都不同的数。当 $n=10$ 时，一共有 10!=3 628 800 个排列。

视频讲解

```
#include <bits/stdc++.h>
using namespace std;
int data[] = {7,1,2,3,4,5,6,8,9,10,12};          //本例子中用到前 10 个数
int main(){
    int num = 10;
    int i, j, k, m, n, p, q, r, s, t;             //10 个 for 循环
    for(i = 0; i < num; i++)
          for(j = 0; j < num; j++)
              if(j != i)                          //让 j 不等于 i
              for(k = 0; k < num; k++)
                if(k != j && k != i)              //让 k 不等于 i、j
                  for(m = 0; m < num; m++)
                      if(m!= j && m!= i && m!= k) //让 m 不等于 i、j、k
                          ...
            //最后打印出一个全排列：cout << data[i]<< data[j]...
}
```

上述的程序看起来很“笨”，下面用递归来写，显得很“美”。

用递归求全排列的思路：设定数字是{1 2 3 4 5…n}

(1) 让第1个数不同，得到n个数列。其办法是把第1个和后面的每个数交换。

1 2 3 4 5…n

2 1 3 4 5…n

⋮

n 2 3 4 5…1

以上n个数列，只要第1个数不同，不管后面的$n-1$个数是怎么排列的，这n个数列都不同。

这是递归的第一层。

(2) 继续：在上面的每个数列中去掉第1个数，对后面的$n-1$个数进行类似的排列。例如从上面第2行的{2 1 3 4 5…n}进入第二层(去掉首位2)：

1 3 4 5…n

3 1 4 5…n

⋮

n 3 4 5…1

以上$n-1$个数列，只要第1个数不同，不管后面的$n-2$个数是怎么排列的，这$n-1$个数列都不同。

这是递归的第二层。

(3) 重复以上步骤，直到用完所有数字。

在上面所有过程完成后，数列的总个数是$n\times(n-1)\times(n-2)\cdots\times1=n!$。

递归打印全排列

```
#include <bits/stdc++.h>
using namespace std;
#define Swap(a, b) {int temp = a; a = b; b = temp;}
            //交换,也可以直接用 C++ STL 中的 swap()函数,但是速度慢一些
int data[] = {1,2,3,4,5,6,8,9,10,32,15,18,33};   //本例子中只用到前面 10 个数
int num = 0;                                     //统计全排列的个数,验证是不是 3628800
int Perm(int begin, int end){
    int i;
    if(begin == end) {                           //递归结束,产生一个全排列
                                                 //如果有必要,在此打印或处理这个全排列
        num++;                                   //统计全排列的个数
    }
    else
        for(i = begin; i <= end; i++) {
            Swap(data[begin], data[i]);          //把当前第 1 个数与后面的所有数交换位置
            Perm(begin + 1, end);
            Swap(data[begin], data[i]);          //恢复,用于下一次交换
        }
}
int main(){
    Perm(0, 9);                                  //求 10 个数的全排列
```

```
        cout << num << endl;                    //打印出排列总数,num = 10! = 3628800
    }
```

用这个程序可以检验普通计算机的计算能力。在上面的程序中加入 clock()统计时间：

```
    #include <ctime>
    int main() {
        clock_t start, end;
        start = clock();
        Perm(0, 9);
        end = clock();
        cout << (double)(end - start) / CLOCKS_PER_SEC << endl;
    }
```

在作者的笔记本电脑上运行上述程序：

(1) Perm(0,9),计算 10 个数的全排列：10!=3 628 800,用时 0.055s。

(2) Perm(0,10),计算 11 个数的全排列：11!=39 916 800,用时 0.598s。

(3) Perm(0,11),计算 12 个数的全排列：12!=479 001 600,用时 7.305s。

12!/11!/10!的比值与 7.305s/0.598s/0.055s 的比值非常接近。

结论：笔记本电脑的计算能力大约是每秒千万次数量级。

竞赛题在一般情况下限时 1s,所以对于需要全排列的题目,其元素个数应该少于 11 个。

需要注意的是,从算法复杂度上看,上述两个程序的复杂度一样,都是 $O(n!)$。对于求全排列这样的问题,不可能有复杂度小于 $O(n!)$的算法,因为输出的数量就是 $n!$。在算法理论中,对必须要输出的元素进行的计数叫作“平凡下界”,这是程序运行所需要的最少花费。

上面的程序只要进行小的修改就能解决问题 4.2。

【问题 4.2】 打印 n 个数中任意 m 个数的全排列。

例如在 10 个数中取任意 3 个数的全排列,在 Perm()中只修改一个地方就可以了：

```
    if(begin == 3) {                         //把 Perm()函数中的 end 改为 3 即可,其他都不变
        cout << data[0]<< data[1]<< data[2]<< endl;//打印 10 个数中 3 个数的全排列
        num++;                               //统计全排列的个数,应该是 10×9×8 = 720 个
    }
```

【问题 4.3】 打印 n 个数中任意 m 个数的组合。

问题 4.3 和问题 4.1 的区别为排列是有序的,组合是无序的。其中一个特例是在 n 个数中取 n 个数的组合,只有 1 种情况,就是这 n 个数本身。

问题 4.3 将在 4.2 节中讲解。

4.2　子集生成和组合问题

在 4.1 节求 10 个数的排列问题中,如果不需要输出全排列,而是输出组合,即子集(子集内部的元素是没有顺序的),那么该如何做呢？

一个包含 n 个元素的集合$\{a_0, a_1, a_2, a_3, \cdots, a_{n-1}\}$,它的子集有$\{\phi\}$,$\{a_0\}$,$\{a_1\}$,$\{a_2\}$,…,$\{a_0, a_1, a_2\}$,…,$\{a_0, a_1, a_2, a_3, \cdots, a_{n-1}\}$,共 2^n 个。

用二进制的概念进行对照是最直观的。

例如 $n=3$ 的集合$\{a_0, a_1, a_2\}$,它的子集和二进制数的对应关系如表 4.1 所示。

表 4.1 $n=3$ 的集合$\{a_0, a_1, a_2\}$的子集和二进制数的对应关系

子　集	ϕ	a_0	a_1	a_1, a_0	a_2	a_2, a_0	a_2, a_1	a_2, a_1, a_0
二进制数	000	001	010	011	100	101	110	111

所以,每个子集对应一个二进制数,这个二进制数中的每个 1 都对应着这个子集中的某个元素,而且子集中的元素是没有顺序的。

从这个表也可以理解为什么子集的数量是 2^n 个,因为所有二进制数的总个数是 2^n。

下面的程序通过处理每个二进制数中的 1 打印出了所有的子集。

```
#include <bits/stdc++.h>
using namespace std;
void print_subset(int n){
    for(int i = 0;i<(1 << n);i++) {
      //i:0～2ⁿ,每个 i 的二进制数对应一个子集,一次打印一个子集,最后得到所有子集
        for(int j = 0;j < n;j++)          //打印一个子集,即打印 i 的二进制数中所有的 1
            if(i & (1 << j))              //从 i 的最低位开始逐个检查每一位,如果是 1,打印
                cout << j <<" ";
        cout << endl;
    }
}
int main(){
    int n;
    cin >> n;                             //n:集合中元素的总数量
    print_subset(n);                      //打印所有的子集
}
```

回到问题 4.3:打印 n 个数中任意 m 个数的组合。对照子集生成的二进制方法,已经知道一个子集对应一个二进制数。那么一个有 k 个元素的子集,它对应的二进制数中有 k 个 1。所以,问题就转化为查找 1 的个数为 k 的二进制数,这些二进制数就是需要打印的子集。

那么如何判断二进制数中 1 的个数为 k①?简单的方法是对这个 n 位二进制数逐位检查,共需要检查 n 次。

另外有一个更快的方法,它可以直接定位二进制数中 1 的位置,跳过中间的 0。它用到一个神奇的操作——$kk=kk \,\&\, (kk-1)$,功能是消除 kk 的二进制数的最后一个 1。连续进行这个操作,每次消除一个 1,直到全部消除为止,操作次数就是 1 的个数。例如二进制数 1011,经过连续 3 次操作后,所有的 1 都消除了:

① glibc 有处理二进制数的内部函数,其中 int __builtin_popcount(unsigned int x)直接返回 x 中 1 的个数。

$$1011\ \&\ (1011-1)=1011\ \&\ 1010=1010$$
$$1010\ \&\ (1010-1)=1010\ \&\ 1001=1000$$
$$1000\ \&\ (1000-1)=1000\ \&\ 0111=0000$$

利用这个操作可以计算出二进制数中 1 的个数。用 num 统计 1 的个数，具体步骤如下：

(1) 用 $kk=kk\ \&\ (kk-1)$清除 kk 的最后一个 1。

(2) num++。

(3) 继续上述操作，直到 $kk=0$。

在树状数组中也有一个类似的操作——lowbit(x)$=x\ \&\ -x$，功能是计算 x 的二进制数的最后一个 1。

下面的程序在子集生成程序的基础上实现了问题 4.3 的要求：

```
#include <bits/stdc++.h>
using namespace std;
void print_set(int n,int k){
    for(int i = 0; i < (1 << n); i++){
        int num = 0, kk = i;           //num 统计 i 中 1 的个数;kk 用来处理 i
        while(kk){
            kk = kk&(kk - 1);          //清除 kk 中的最后一个 1
            num++;                     //统计 1 的个数
        }
        if(num == k){                  //二进制数中的 1 有 k 个,符合条件
            for(int j = 0; j < n; j++)
                if(i & (1 << j))
                    cout << j << " ";
            cout << endl;
        }
    }
}
int main(){
    int n, k;                          //n:元素的总数量; k:个数为 k 的子集
    cin >> n >> k;
    print_set(n,k);
}
```

4.3 BFS

视频讲解

4.3.1 BFS 和队列

深度优先搜索(Depth-First Search，DFS)和广度优先搜索(Breadth-First Search，BFS，或称为宽度优先搜索)是基本的暴力技术，常用于解决图、树的遍历问题。

首先考虑算法思路。以老鼠走迷宫为例，这是 DFS 和 BFS 在现实中的模型。迷宫内部的路错综复杂，老鼠从入口进去后怎么才能找到出口？有两种不同的方法：

(1) 一只老鼠走迷宫。它在每个路口都选择先走右边(当然,选择先走左边也可以),能走多远就走多远,直到碰壁无法继续往前走,然后回退一步,这一次走左边,接着继续往下走。用这个办法能走遍**所有**的路,而且**不会重复**(这里规定回退不算重复走)。这个思路就是 DFS。

(2) 一群老鼠走迷宫。假设老鼠是无限多的,这群老鼠进去后,在每个路口派出部分老鼠探索所有没走过的路。走某条路的老鼠,如果碰壁无法前行,就停下;如果到达的路口已经有其他老鼠探索过了,也停下。很显然,**所有**的道路都会走到,而且**不会重复**。这个思路就是 BFS。BFS 看起来像"并行计算",不过,由于程序是单机顺序运行的,所以可以把 BFS 看成是并行计算的模拟。

在具体编程时,一般用队列这种数据结构来具体实现 BFS,甚至可以说"BFS=队列";对于 DFS,也可以说"DFS=递归",因为用递归实现 DFS 是最普遍的。DFS 也可以用"栈"这种数据结构来直接实现,栈和递归在算法思想上是一致的。

下面用一个图遍历的题目来介绍 BFS 和队列。

hdu 1312 "Red and Black"

有一个长方形的房间,铺着方形瓷砖,瓷砖为红色或黑色。一个人站在黑色瓷砖上,他可以按上、下、左、右方向移动到相邻的瓷砖。但他不能在红色瓷砖上移动,只能在黑色瓷砖上移动。编程计算他可以到达的黑色瓷砖的数量。

输入:第 1 行包含两个正整数 W 和 H,W 和 H 分别表示 x 方向和 y 方向上的瓷砖数量。W 和 H 均不超过 20。下面有 H 行,每行包含 W 个字符。每个字符表示一片瓷砖的颜色。用符号表示如下:"•"表示黑色瓷砖;"#"表示红色瓷砖;"@"代表黑色瓷砖上的人,在数据集中只出现一次。

输出:一个数字,这个人从初始瓷砖能到达的瓷砖总数量(包括起点)。

这个题目跟老鼠走迷宫差不多:"#"相当于不能走的陷阱或墙壁,"•"是可以走的路。下面按"一群老鼠走迷宫"的思路编程。

要遍历所有可能的点,可以这样走:从起点 1 出发,走到它所有的邻居 2、3;逐一处理每个邻居,例如在邻居 2 上,再走它的所有邻居 4、5、6;继续以上过程,直到所有点都被走到,如图 4.1 所示。这是一个"扩散"的过程,如果把搜索空间看成一个池塘,丢一颗石头到起点位置,激起的波浪会一层层扩散到整个空间。需要注意的是,扩散按从近到远的顺序进行,因此,从每个被扩散到的点到起点的路径都是最短的。这个特征对解决迷宫这样的最短路径问题很有用。

用队列来处理这个扩散过程非常清晰、易懂,对照图 4.1:

(a) 1 进队。当前队列是{1}。

(b) 1 出队,1 的邻居 2、3 进队。当前队列是{2,3}(可以理解为从 1 扩散到 2、3)。

(c) 2 出队,2 的邻居 4、5、6 进队。当前队列是{3,4,5,6}(可以理解为从 2 扩散到 4、5、6)。

(d) 3 出队,7、8 进队。当前队列是{4,5,6,7,8}(可以理解为从 3 扩散到 7、8)。

(e) 4 出队,9 进队。当前队列是{5,6,7,8,9}。

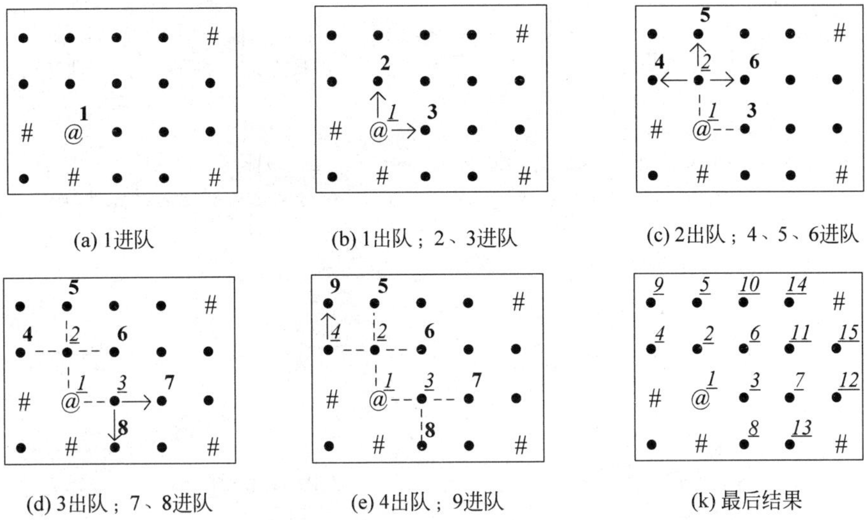

图 4.1 BFS 过程

(f) 5 出队，10 进队。当前队列是{6,7,8,9,10}。

(g) 6 出队，11 进队。当前队列是{7,8,9,10,11}。

(h) 7 出队，12、13 进队。当前队列是{8,9,10,11,12,13}。

(i) 8、9 出队，10 出队，14 进队。当前队列是{11,12,13,14}。

(j) 11 出队，15 进队。当前队列是{12,13,14,15}。

(k) 12、13、14、15 出队。当前队列是空{}，结束。

hdu 1312 题的 BFS 程序

```
#include <bits/stdc++.h>
using namespace std;
char room[23][23];
int dir[4][2] = {
    {-1,0},                          //向左.左上角的坐标是(0, 0)
    {0,-1},                          //向上
    {1,0},                           //向右
    {0,1}                            //向下
};
int Wx, Hy, num;                     //Wx 行,Hy 列.用 num 统计可走的位置有多少
#define CHECK(x, y) (x<Wx && x>=0 && y>=0 && y<Hy)      //是否在 room 中
struct node {int x,y;};
void BFS(int dx,int dy){
    num = 1;                         //起点也包含在砖块内
    queue<node> q;                   //队列中放坐标点
    node start, next;
    start.x = dx;
    start.y = dy;
    q.push(start);
    while(!q.empty()) {
        start = q.front();
```

```
            q.pop();
            //cout <<"out"<< start.x << start.y << endl;   //打印出队列情况,进行验证
            for(int i = 0; i < 4; i++) {                  //按左、上、右、下 4 个方向顺时针逐一搜索
                next.x = start.x + dir[i][0];
                next.y = start.y + dir[i][1];
                if(CHECK(next.x,next.y) && room[next.x][next.y] == '.') {
                    room[next.x][next.y] = '#';           //进队之后标记为已经处理过
                    num++;
                    q.push(next);
                }
            }
        }
}
int main(){
    int x, y, dx, dy;
    while (cin >> Wx >> Hy) {                         //Wx 行,Hy 列
        if (Wx == 0 && Hy == 0)                       //结束
            break;
        for (y = 0; y < Hy; y++) {                    //有 Hy 列
            for (x = 0; x < Wx; x++) {                //一次读入一行
                cin >> room[x][y];
                if(room[x][y] == '@') {               //读入起点
                    dx = x;
                    dy = y;
                }
            }
        }
        num = 0;
        BFS(dx, dy);
        cout << num << endl;
    }
    return 0;
}
```

视频讲解

【习题】

poj 3278 “Catch That Cow”。

poj 1426 “Find The Multiple”。

poj 3126 “Prime Path”。

poj 3414 “Pots”。

hdu 1240 “Asteroids!”。

hdu 4460 “Friend Chains”。

4.3.2 八数码问题和状态图搜索

BFS 搜索处理的对象不仅可以是一个数,还可以是一种“状态”。八数码问题是典型的状态图搜索问题。

1. 八数码问题

在一个 3×3 的棋盘上放置编号为 1～8 的 8 个方块,每个占一格,另外还有一个空格。与空格相邻的数字方块可以移动到空格里。任务 1：指定初始棋局和目标棋局(如图 4.2 所示),计算出最少的移动步数；任务 2：输出数码的移动序列。

把空格看成 0,一共有 9 个数字。

输入样例：

1 2 3 0 8 4 7 6 5

1 0 3 8 2 4 7 6 5

输出样例：

2

1	2	3
	8	4
7	6	5

1		3
8	2	4
7	6	5

图 4.2 初始棋局和目标棋局

把一个棋局看成一个状态图,总共有 9!＝362 880 个状态。从初始棋局开始,每次移动转到下一个状态,到达目标棋局后停止。

八数码问题是一个经典的 BFS 问题。前面章节中提到 BFS 是从近到远的扩散过程,适合解决最短距离问题。八数码从初始状态出发,每次转移都逐步逼近目标状态。每转移一次,步数加一,当到达目标时,经过的步数就是最短路径。

图 4.3 是样例的转移过程。该图中起点为(*A*, 0),*A* 表示状态,即{1 2 3 0 8 4 7 6 5}这个棋局；0 是距离起点的步数。从初始状态 *A* 出发,移动数字 0 到邻居位置,按左、上、右、下的顺时针顺序,有 3 个转移状态 *B*、*C*、*D*；目标状态是 *F*,停止。

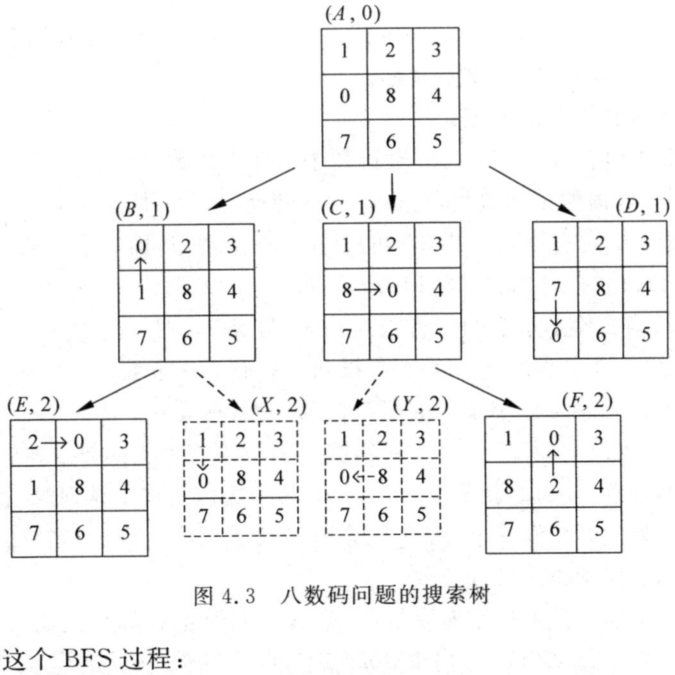

图 4.3 八数码问题的搜索树

用队列描述这个 BFS 过程：

(1) *A* 进队,当前队列是{*A*}；

(2) *A* 出队,*A* 的邻居 *B*、*C*、*D* 进队,当前队列是{*B*, *C*, *D*},步数为 1；

(3) *B* 出队,*E* 进队,当前队列是{*C*, *D*, *E*},*E* 的步数为 2；

(4) *C* 出队,转移到 *F*,检验 *F* 是目标状态,停止,输出 *F* 的步数 2。

仔细分析上述过程，发现从 B 状态出发实际上有 E、X 两个转移方向，而 X 正好是初始状态 A，重复了。同理 Y 状态也是重复的。如果不去掉这些重复的状态，程序会产生很多无效操作，复杂度大大增加。因此，八数码的重要问题其实是判重。

如果用暴力的方法判重，每次把新状态与 9!=362 880 个状态对比，可能有 9!×9! 次检查，不可行。因此需要一个快速的判重方法。

本题可以用数学方法"康托展开(Cantor Expansion)"来判重。

2. 康托展开

康托展开是一种特殊的哈希函数。在本题中，康托展开完成了如表 4.2 所示的工作：

表 4.2　本题中康托展开完成的工作

状　　态	012345678	012345687	012345768	012345786	…	876543210
Cantor	0	1	2	3	…	362 880−1

第 1 行是 0～8 这 9 个数字的全排列，共 9!=362 880 个，按从小到大排序。第 2 行是每个排列对应的位置，例如最小的{012345678}在第 0 个位置，最大的{876543210}在最后的 362 880−1 这个位置。

函数 Cantor()实现的功能是：输入一个排列，即第 1 行的某个排列，计算出它的 Cantor 值，即第 2 行对应的数。

Cantor()的复杂度为 $O(n^2)$，n 是集合中元素的个数。在本题中，完成搜索和判重的总复杂度是 $O(n!n^2)$，远比用暴力判重的总复杂度 $O(n!n!)$小。

有了这个函数，八数码的程序能很快判重：每转移到一个新状态，就用 Cantor()判断这个状态是否处理过，如果处理过，则不转移。

下面举例讲解康托展开的**原理**。

例子：判断 2143 是{1, 2, 3, 4}的全排列中第几大的数。

计算排在 2143 前面的排列数目，可以将问题转换为以下排列的和：

(1) 首位小于 2 的所有排列。比 2 小的只有 1 一个数，后面 3 个数的排列有 3×2×1=3!个(即 1234、1243、1324、1342、1423、1432)，写成 1×3!=6。

(2) 首位为 2、第 2 位小于 1 的所有排列。无，写成 0×2!=0。

(3) 前两位为 21、第 3 位小于 4 的所有排列。只有 3 一个数(即 2134)，写成 1×1!=1。

(4) 前 3 位为 214、第 4 位小于 3 的所有排列。无，写成 0×0!=0。

求和：1×3!+0×2!+1×1!+0×0!=7，所以 2143 是第 8 大的数。如果用 int visited[24]数组记录各排列的位置，{2143}就是 visited[7]；第一次访问这个排列时，置 visited[7]=1；当再次访问这个排列的时候发现 visited[7]等于 1，说明已经处理过，判重。

根据上面的例子得到康托展开公式。

把一个集合产生的全排列按字典序排序，第 X 个排列的计算公式如下：

$$X=a[n]\times(n-1)!+a[n-1]\times(n-2)!+\cdots+a[i]\times(i-1)!+\cdots+a[2]\times1!+a[1]\times0!$$

其中，$a[i]$表示原数的第 i 位在当前未出现的元素中排在第几个(从 0 开始)，并且有 $0\leqslant a[i]<i\ (1\leqslant i\leqslant n)$。

上述过程的反过程是康托逆展开：某个集合的全排列，输入一个数字 k，返回第 k 大的排列。

下面的程序用“BFS＋Cantor”解决了八数码问题，其中 BFS 用 STL 的 queue 实现[①]。

```
#include <bits/stdc++.h>
const int LEN = 362880;              //状态共 9!= 362 880 种
using namespace std;
struct node{
    int state[9];                    //记录一个八数码的排列,即一个状态
    int dis;                         //记录到起点的距离
};

int dir[4][2] = {{-1,0}, {0,-1},{1,0},{0,1}};
                                     //左、上、右、下顺时针方向.左上角的坐标是(0,0)
int visited[LEN] = {0};              //与每个状态对应的记录,Cantor()函数对它置数,并判重
int start[9];                        //开始状态
int goal[9];                         //目标状态
long int factory[] = {1,1,2,6,24,120,720,5040,40320,362880};
                                     //Cantor()用到的常数
bool Cantor(int str[], int n) {      //用康托展开判重
    long result = 0;
    for(int i = 0; i < n; i++) {
        int counted = 0;
        for(int j = i + 1; j < n; j++) {
            if(str[i] > str[j])      //当前未出现的元素排在第几个
                ++counted;
        }
        result += counted * factory[n - i - 1];
    }
    if(!visited[result]) {           //没有被访问过
        visited[result] = 1;
        return 1;
    }
    else
        return 0;
}
int bfs() {
    node head;
    memcpy(head.state, start, sizeof(head.state));      //复制起点的状态
    head.dis = 0;
    queue<node> q;                   //队列中的内容是记录状态
    Cantor(head.state, 9);           //用康托展开判重,目的是对起点的 visited[]赋初值
    q.push(head);                    //第一个进队列的是起点状态

    while(!q.empty()) {              //处理队列
        head = q.front();
        if(memcmp(head.state,goal,sizeof(goal)) == 0)
                                     //与目标状态对比
            return head.dis;         //到达目标状态,返回距离,结束
        q.pop();                     //可在此处打印 head.state,看弹出队列的情况
```

① 本题中的队列比较简单，如果不用 STL，也可以用简单的方法模拟队列，请搜索网上的代码。

```
        int z;
        for(z = 0; z < 9; z++)                     //找这个状态中元素 0 的位置
            if(head.state[z] == 0)                 //找到了
                break;
            //转化为二维,左上角是原点(0,0)
        int x = z % 3;                                 //横坐标
        int y = z/3;                                   //纵坐标
        for(int i = 0; i < 4; i++){                    //上、下、左、右最多可能有 4 个新状态
            int newx = x + dir[i][0];                  //元素 0 转移后的新坐标
            int newy = y + dir[i][1];
            int nz = newx + 3 * newy;                  //转化为一维
            if(newx >= 0 && newx < 3 && newy >= 0 && newy < 3) {          //未越界
                node newnode;
                memcpy(&newnode, &head, sizeof(struct node));             //复制这新的状态
                swap(newnode.state[z], newnode.state[nz]);                //把 0 移动到新的位置
                newnode.dis ++;
                if(Cantor(newnode.state, 9))           //用康托展开判重
                    q.push(newnode);                   //把新的状态放进队列
            }
        }
    }
    return -1;                                         //没找到
}
int main(){
    for(int i = 0; i < 9; i++)   cin >> start[i];      //初始状态
    for(int i = 0; i < 9; i++)   cin >> goal[i];       //目标状态
    int num = bfs();
    if(num != -1)   cout << num << endl;
    else            cout << "Impossible" << endl;
    return 0;
}
```

上述代码的细节很多,请读者仔细体会,要求能独立写出来。

15 数码问题。八数码问题只有 9!种状态,对于更大的问题,例如 4×4 棋盘的 15 数码问题,有 16! ≈ 2×10^{13} 种状态,如果仍然用数组存储状态,远远不够,此时需要更好的算法①。

【习题】

poj 1077 “Eight”,八数码问题。另外,在学过下一节的 A * 算法后可重新做这道题。

4.3.3 BFS 与 A * 算法

1. 用 BFS 求最短路径

最短路径是图论的一个基本问题,有很多复杂的算法。不过,在特殊的地图中,BFS 也是很好的最短路径算法。下面仍然以 hdu 1312"Red and Black"的方格图为例,任务是求两点之间的最短路径。

① 八数码的多种解法,例如双向广搜、A * 、IDA * 等,请参考“https://www.cnblogs.com/zufezzt/p/5659276.html”(永久网址:perma.cc/YV2V-GT6C)。

在图 4.4 中，黑点"•"表示可以走的路，"#"表示不能走。求起点"@"到所有黑点"•"的最短距离。

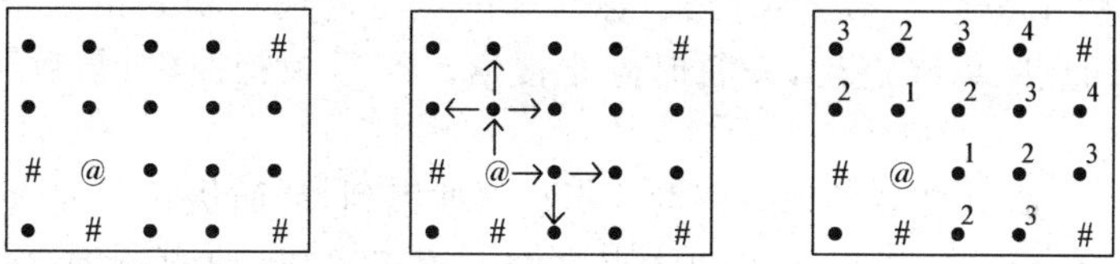

(a) 迷宫图　(b) BFS过程　(c) 最短距离

图 4.4 用 BFS 找最短路径

方法很简单，从"@"出发，用 BFS 搜索所有点，记录到达每个点时经过的步数，即可得到从"@"到所有黑点的最短距离，图 4.4(c)标出了结果。

在这个例子中，BFS 搜最短路径的计算复杂度是 $O(V+E)$，非常好。

这个例子很特殊，图是方格形的，相邻两点之间的距离相同。也就是说，绕路肯定更远；BFS 先扩展到的路径，距离肯定是最短的。

如果相邻点的距离不同，绕路可能更近，BFS 就不适用了。关于最短路径的通用算法，请阅读本书的 10.9 节的内容。

下面的 A * 算法是 BFS 的优化。

2. A * 算法与最短路径

BFS 是一种"盲目的"搜索技术，它在搜索的过程中并不理会目标在哪里，只顾自己乱走，当然最后总会到达终点。

稍微改变 hdu 1312 的方格图，见图 4.5(a)，现在的任务是求起点"@"到终点"t"的最短路径。

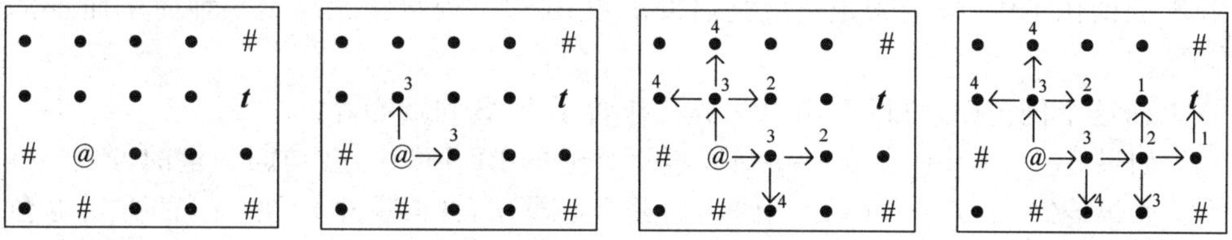

(a) 起点和终点　(b) 第1轮搜索　(c) 第2轮搜索　(d) 最短距离

图 4.5 启发式搜索

如果仍然用 BFS 求解，程序会搜索所有的点，直到遇到 t 点。不过，如果让一个人走这个图，他会一眼看出向右上方走可以更快地找到到达 t 的最短路径。人有"智能"，那么能否把这种智能教给程序呢？这就是"启发式"搜索算法。启发式搜索算法有很多种，A * 算法是其中比较简单的一种。

简单地说，A * 算法是"BFS＋贪心"①。有关贪心法的解释，请阅读本书的 6.1 节。

在图 4.5(a)中，程序如何知道向右上方走能更快地到达 t?这里引入曼哈顿距离的概念。曼哈顿距离是指两个点在标准坐标系上的实际距离，在图 4.5 中就是@的坐标和 t 的

① 这个网页用动画演示了 BFS、A *、Dijkstra 算法的原理，并给出了比较详细的伪代码描述，非常值得一看，网址为 https://www.redblobgames.com/pathfinding/a-star/introduction.html(永久网址：https://perma.cc/N2DB-5LDY)。

坐标在横向和纵向的距离之和，它也被形象地称为“出租车距离”。

图 4.5(b)是从起点开始的第 1 轮 BFS 搜索，邻居点上标注的数字 3 是这个点到终点 t 的曼哈顿距离。图 4.5(c)是第 2 轮搜索，标注 2 的点是离终点更近的点，从这些点继续搜索；标注 4 和 5 的点距离终点远，先暂时停止搜索。经过多轮搜索，最后到达了终点 t，如图 4.5(d)所示。

在这个过程中，图中很多“不好的”点并不需要搜索到，从而优化了搜索过程。

上面的图例比较简单，如果起点和终点之间有很多障碍，搜索范围也会沿着障碍兜圈子，之后才能到达终点，不过，仍然有很多点不需要搜索。以下面的图 4.6 为例，A 是起点，B 是终点，黑色方块是障碍，浅色阴影方块是用曼哈顿距离进行启发式搜索所经过的部分，其他无色方块是不需要搜索的。搜索结束后，得到一条最短路径，见图中的虚线。

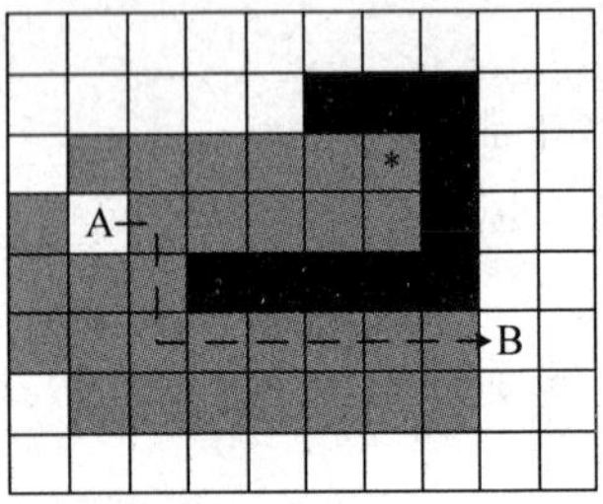

图 4.6　A＊搜索求最短路径

视频讲解

这个方法就是 A＊算法，下面给出它的一般性描述。

在搜索过程中，用一个评估函数对当前情况进行评估，得到最好的状态，从这个状态继续搜索，直到目标。设 x 是当前所在的状态，$f(x)$是对 x 的评估函数，有：

$$f(x)=g(x)+h(x)$$

$g(x)$表示从初始状态到 x 的实际代价，它不体现 x 和终点的关系。

$h(x)$表示 x 到终点的最优路径的评估，它就是“启发式”信息，把 $h(x)$称为启发函数。很显然，$h(x)$决定了 A＊算法的优劣。

特别需要注意的是，$h(x)$不能漏掉最优解。

在上面的例子中，曼哈顿距离就是启发函数 $h(x)$。曼哈顿距离是一种简单而且常用的启发函数。

在上面这个例子中，可以看出 A＊算法包含了 BFS 和贪心算法。

(1) 如果 $h(x)=0$，有 $f(x)=g(x)$，就是普通的 BFS 算法，会访问大量的方块。

(2) 如果 $g(x)=0$，有 $f(x)=h(x)$，就是贪心算法，此时图中标注“＊”的方块也会被访问到。贪心法的缺点是可能陷在局部最优中，例如陷在“＊”的方块中，被堵在障碍后面，无法到达终点。

3. A＊算法与八数码问题

八数码问题也可以用 A＊算法进行优化。通常考虑 3 种估价函数：

(1) 以不在目标位置的数码的个数作为估价函数。

(2) 以不在目标位置的数码与目标位置的曼哈顿距离作为估价函数。

(3) 以逆序数[①]作为估价函数。

第(2)种比第(1)种好，可作为八数码问题的估价函数。

4.3.4　双向广搜

双向广搜是 BFS 的增强版。

① 逆序数可以用来判断八数码是否有解。

前面提到,可以把 BFS 想象成在一个平静的池塘丢一颗石头,激起的波浪一层层扩散到整个空间,直到到达目标,就得到了从起点到目标点的最优路径。那么,如果同时在起点和目标点向对方做 BFS,两个石头激起的波浪向对方扩散,将在中间的某个位置遇到,此时即得到了最优路径。在绝大多数情况下,双向广搜比只做一次 BFS 搜索的空间要少很多,从而更有效率。

从上面的描述可知,双向广搜的应用场合是知道起点和终点,并且正向和逆向都能进行搜索。

下面是一个典型的双向广搜问题。

> **hdu 1401 “Solitaire”**
>
> 有一个 8×8 的棋盘,上面有 4 颗棋子,棋子可以上下左右移动。给定一个初始状态和一个目标状态,问能否在 8 步之内到达。

题目确定了起点和终点,十分适合双向 BFS。要求在 8 步之内到达,可以从起点和终点分别开始,各自广搜 4 步,如果出现交点则说明可达。读者可以练习此题,虽然程序比较烦琐,有很多细节需要处理,但是难度不高。

4.3.2 节讲解的八数码问题也非常适合使用双向广搜技术进行优化。

【习题】

hdu 1401 “Solitaire”;

hdu 3567 “Eight II”,用双向广搜解决八数码问题。

4.4　DFS

视频讲解

4.4.1　DFS 和递归

hdu 1312 题有另外一种解决方案,即 4.3.1 节中提到的“一只老鼠走迷宫”。设 num 是到达的砖块数量,算法过程描述如下:

(1) 在初始位置令 num=1,标记这个位置已经走过。

(2) 左、上、右、下 4 个方向,按顺时针顺序选一个能走的方向,走一步。

(3) 在新的位置 num++,标记这个位置已经走过。

(4) 继续前进,如果无路可走,回退到上一步,换个方向再走。

(5) 继续以上过程,直到结束。

在以上过程中,能够访问到所有合法的砖块,并且每个砖块只访问一次,不会重复访问(回退不算重复),如图 4.7 所示。

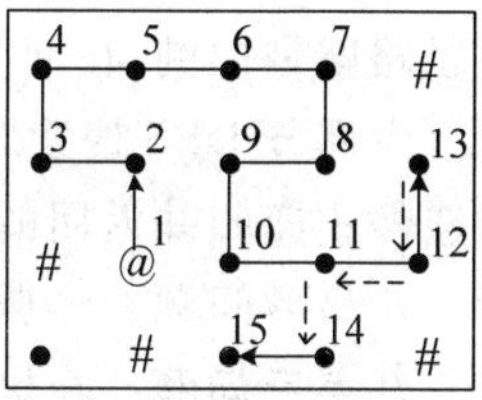

图 4.7　DFS 过程

hdu 1312 的路线如下:从 1 到 13,能一直走下去。在 13 这个位置,到底了不能再走,按顺序回退到 12、11;在 11 这个位置,换个方向又能走到 14、15。到达 15 后,发现不能再走下去,那么按顺序倒退，即 14→11→10→9→8→7→6→5→4→3→2→1，在这个过程中发现全部都没有新路，最后退回到起点，结束。

为加深对递归的理解，这里再次给出递归返回的完整顺序，即 13→12→15→14→11→10→9→8→7→6→5→4→3→2→1。

在这个过程中，最重要的特点是在一个位置只要有路，就一直走到最深处，直到无路可走，再退回一步，看在上一步的位置能不能换个方向继续往下走。这样就遍历了所有可能走到的位置。

这个思路就是深度搜索。从初始状态出发，下一步可能有多种状态；选其中一个状态深入，到达新的状态；直到无法继续深入，回退到前一步，转移到其他状态，然后再深入下去。最后，遍历完所有可以到达的状态，并得到最终的解。

上述过程用 DFS 实现是最简单的，代码比 BFS 短很多。

下面是代码。读者可以在 DFS()函数中打印走过的位置以及回退的情况。从打印的信息可以看出，在到达 15 后，程序确实是逐步回退到起点的。

```
//用 DFS()替换 4.3.1 节程序中的 BFS(),并在 main()中的相同位置调用它
void DFS(int dx, int dy){
    room[dx][dy] = '#';                    //标记这个位置,表示已经走过
     //cout <<"walk:"<< dx << dy << endl; //在此处打印走过的位置,验证是否符合
    num++;
    for(int i = 0; i < 4; i++) {           //左、上、右、下 4 个方向顺时针深搜
        int newx = dx + dir[i][0];
        int newy = dy + dir[i][1];
        if(CHECK(newx, newy) && room[newx][newy] == '.'){
            DFS(newx, newy);
            //cout <<"     back:"<< dx << dy << endl;
            //在此处打印回退的点的坐标,观察深搜到底后回退的情况
            //例如到达最后的 15 这个位置后会一直退到起点
            //即打印出 14 - 11 - 10 - 9 - 8 - 7 - 6 - 5 - 4 - 3 - 2 - 1.这也是递归程序返回的过程
        }
    }
}
```

4.4.2 回溯与剪枝

前面提到的 DFS 搜索，基本的操作是将所有子结点全部扩展出来，再选取最新的一个结点进行扩展。

不过，在很多情况下，用递归列举出所有的路径可能会因为数量太大而超时。由于很多子结点是不符合条件的，可以在递归的时候"看到不对头就撤退"，中途停止扩展并返回。这个思路就是回溯，在回溯中用于减少子结点扩展的函数是剪枝函数。

大部分 DFS 搜索题目都需要用到回溯的思路，其难度主要在于扩展子结点的时候如何构造停止递归并返回的条件。这需要通过大量地练习有关题目才能熟练应用。

八皇后问题是经典的回溯与剪枝的应用。

八皇后问题。在棋盘上放置 8 个皇后，使得它们不同行、不同列、不同对角线。N 皇后问题是八皇后问题的扩展。

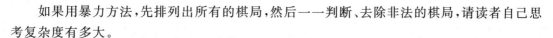

如果用暴力方法，先排列出所有的棋局，然后一一判断、去除非法的棋局，请读者自己思考复杂度有多大。

下面以四皇后问题为例描述解题过程。在图 4.8 中，从第 1 行开始放皇后：第 1 行从左到右有 4 种方案，产生 4 个子结点；第 2 行，排除同列和斜线，扩展新的子结点，注意不用排除同行，因为第 2 行和第 1 行已经不同行；继续扩展第 3 行和第 4 行，结束。

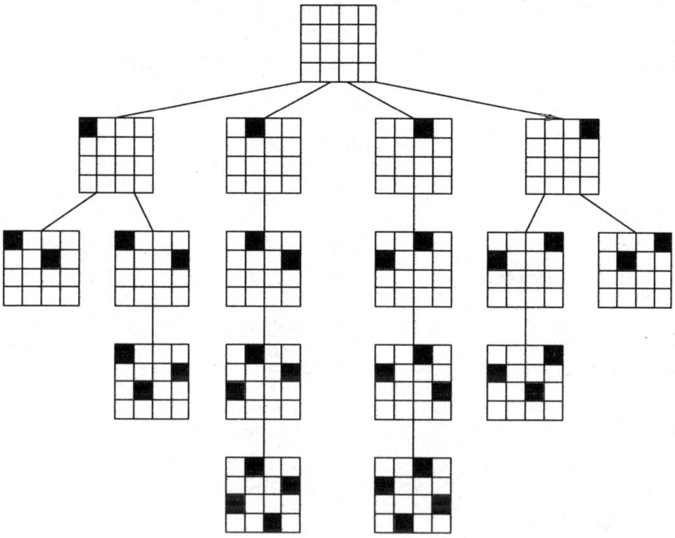

图 4.8　四皇后问题的搜索树

该图用 BFS 和 DFS 都能实现。前文说过，DFS 的代码比 BFS 简洁很多。下面用 DFS 来解决。

关键问题：在扩展结点时如何去掉不符合条件的子结点？

设左上角是原点(0,0)，已经放好的皇后的坐标是(i,j)，不同行、不同列、不同斜线的新皇后的坐标是(r,c)，它们的关系如下：

(1) 横向，不同行：$i \neq r$。

(2) 纵向，不同列：$j \neq c$。

(3) 斜对角：从(i,j)向斜对角走 a 步，那么新坐标(r,c)有 4 种情况，即左上$(i-a,j-a)$、右上$(i+a,j-a)$、左下$(i-a,j+a)$、右下$(i+a,j+a)$，综合起来就是$|i-r|=|j-c|$。新皇后的位置不能放在斜线上，需满足$|i-r| \neq |j-c|$。

下面是 hdu 2553 的代码，求解 N 皇后问题，$N \leqslant 10$。

hdu 2553 "N 皇后问题"

```
#include <bits/stdc++.h>
using namespace std;
int n, tot = 0;
int col[12] = {0};
bool check(int c, int r) {                    //检查是否和已经放好的皇后冲突
    for(int i = 0; i < r; i++)
        if(col[i] == c || (abs(col[i] - c) == abs(i - r)))        //取绝对值
            return false;
```

```
        return true;
    }
    void  DFS(int r) {                        //一行一行地放皇后,这一次是第 r 行
        if(r == n) {                          //所有皇后都放好了,递归返回
            tot++;                            //统计合法的棋局个数
            return;
        }
        for(int c = 0; c < n; c++)            //在每一列放皇后
            if(check(c, r)){                  //检查是否合法
                col[r] = c;                   //在第 r 行的 c 列放皇后
                DFS(r + 1);                   //继续放下一行皇后
            }
    }
    int main() {
        int ans[12] = {0};
        for(n = 0; n <= 10; n++){             //算出所有 N 皇后的答案.先打表,不然会超时
            memset(col,0,sizeof(col));        //清空,准备计算下一个 N 皇后问题
            tot = 0;
            DFS(0);
            ans[n] = tot;                     //打表
        }
        while(cin >> n) {
            if(n == 0)
                return 0;
            cout << ans[n] << endl;
        }
        return 0;
    }
```

N 皇后问题的 DFS 回溯程序非常简单,关键有两处,一是如何递归,二是如何剪枝和回溯。在上述程序中有很多细节,例如:

(1) 打表。在 main()中提前算出了从 1 到 10 的所有 N 皇后问题的答案,并存储在数组中,等读取输入后立刻输出。如果不打表,而是等输入 N 后再单独计算输出,会超时。

(2) 递归搜索 DFS()。递归程序十分简洁,把第 1 个皇后按行放到棋盘上,然后递归放置其他的皇后,直到放完。

(3) 回溯判断 check()。判断新放置的皇后和已经放好的皇后在横向、纵向、斜对角方向是否冲突。其中,横向并不需要判断,因为在递归的时候已经是按不同的行放置的。

(4) 模块化编程。例如 check()的内容很少,其实可以直接写在 DFS()内部,不用单独写成一个函数。但是单独写成函数,把功能模块化,好处很多,例如逻辑清晰、容易查错等。建议在写程序的时候尽量把能分开的功能单独写成函数,这样可以大大减少编码和调试的时间。

(5) 复杂度。在上述程序中,DFS()一行行地放皇后,复杂度为 $O(N!)$;check()检查冲突,复杂度为 $O(N)$;总复杂度为 $O(N\times N!)$。当 $N=10$ 时,已经到千万数量级。读者可以自己在程序中统计运行次数。经本书作者验证,$N=11$ 时计算了 900 万次,$N=12$ 时计算了 5 千万次。因此,对于 $N>11$ 的 N 皇后问题,需要用新的方法①。

① 用数据结构舞蹈链(Dancing Links)或者位运算可以较快地解决 $N=15$ 的 N 皇后问题。对于更大的 N,例如当 $N=27$ 时,有 2.34×10^{17} 个解。N 皇后问题是一个 NP 完全问题,不存在多项式时间的算法。

【习题】

poj 2531 "Network Saboteur";
poj 1416 "Shredding Company";
poj 2676 "Sudoku";
poj 1129 "Channel Allocation";
hdu 1175 "连连看";
hdu 5113 "Black And White"。

4.4.3 迭代加深搜索

有这样一些题目，它们的搜索树很特别：不仅很深，而且很宽；深度可能到无穷，宽度也可能极广。如果直接用 DFS，会陷入递归无法返回；如果直接用 BFS，队列空间会爆炸。

此时可以采用一种结合了 DFS 和 BFS 思想的搜索方法，即迭代加深搜索（Iterative Deepening DFS，IDDFS）。具体的操作方法如下：

（1）先设定搜索深度为 1，用 DFS 搜索到第 1 层即停止。也就是说，用 DFS 搜索一个深度为 1 的搜索树。

（2）如果没有找到答案，再设定深度为 2，用 DFS 搜索前两层即停止。也就是说，用 DFS 搜索一个深度为 2 的搜索树。

（3）继续设定深度为 3、4……逐步扩大 DFS 的搜索深度，直到找到答案。

这个迭代过程，在每一层的广度上采用了 BFS 搜索的思想，在具体编程实现上则是 DFS 的。

一个经典的例子是"埃及分数"。

埃及分数[①]

在古埃及，人们使用单位分数的和（形如 $1/a$ 的，a 是自然数）表示一切有理数。例如 $2/3=1/2+1/6$，但不允许 $2/3=1/3+1/3$，因为加数中有相同的。对于一个分数 a/b，表示方法有很多种，但是哪种最好呢？首先，加数少的比加数多的好，其次，加数个数相同的，最小的分数越大越好。例如：

$$19/45=1/3+1/12+1/180$$
$$19/45=1/3+1/15+1/45$$
$$19/45=1/3+1/18+1/30$$
$$19/45=1/4+1/6+1/180$$
$$19/45=1/5+1/6+1/18$$

最好的是最后一种，因为 1/18 比 1/180、1/45、1/30 都大。给出 a、b（$0<a<b<1000$），编程计算最好的表达方式。

① https://loj.ac/problem/10022。

这一题显然是搜索,可以按图 4.9 建立搜索树。每一层的元素是分子为 1、分母递增的分数;从上往下的一个分支,就是一个这个分支上所有的分数相加的组合;找到合适的组合就退出。解答树的规模很大,深度可能无限,每一层的宽度也可能无限。

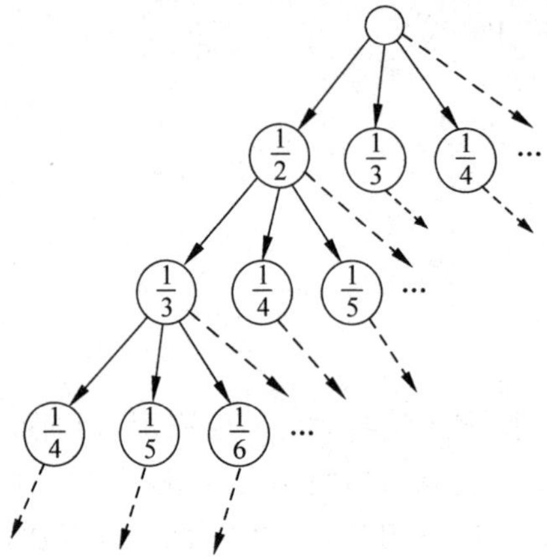

图 4.9 深度和宽度极大的搜索树

在这种情况下适合使用迭代加深搜索。其过程如下:

(1) DFS 到第 1 层,只包括一个分数,如果满足要求就退出。

(2) DFS 前两层,是两个分数的和,例如 1/2+1/3、1/2+1/4、1/2+1/5、…、1/3+1/4、…,找到合适的答案就退出。

(3) DFS 前 3 层……

按上述步骤能搜索到所有可能的组合,并且规避了直接使用 DFS 或 BFS 的弊端。

4.4.4 IDA *

IDA * 是对迭代加深搜索 IDDFS 的优化,可以把 IDA * 看成 A * 算法思想在迭代加深搜索中的应用。

IDDFS 仍然是一种“盲目”的搜索方法,只是把搜索范围约束到了可行的空间内。如果在进行 IDDFS 的时候能预测出当前 DFS 的状态,不再继续深入下去,那么就可以直接返回,不再继续,从而提高了效率。

这个预测就是在 IDDFS 中增加一个估价函数。在某个状态,经过函数计算,发现后续搜索无解,就返回。简单地说,就是在 IDDFS 的过程中利用估价函数进行剪枝操作。

下面这个例题说明了 IDDFS 和估价函数之间的关系。

poj 3134 “Power Calculus”

给定数 x 和 n,求 x^n,只能用乘法和除法,算过的结果可以被利用。问最少算多少次就够了。其中 $n \leqslant 1000$。

这一题等价于从数字 1 开始,用加减法,最少算多少次能得到 n。

搜索的范围是每一步搜索,用前一步得出的值和之前产生的所有值进行加、减运算得到新的值，判断这个值是否等于 n。

这一题的麻烦在于，每一步搜索，新值的数量增长极快。如果直接用 DFS，深度可能有 1000，可能会溢出；如果用 BFS，也可能超出队列范围。

这一题用 IDDFS 非常合适，再用估价函数进行剪枝，可以高效地完成计算。

(1) IDDFS：指定递归深度，每一次做 DFS 时不超过这个深度。

(2) 估价函数：如果当前的值用最快的方式(连续乘 2，倍增)都不能到达 n，停止用这个值继续 DFS。

poj 3134 的代码

```
#include <iostream>
using namespace std;
int val[1010];                                  //保存一个搜索路径上每一步的计算结果
int pos, n;
bool ida(int now, int depth){
    if(now > depth)   return false;             //IDDFS:大于当前设定的 DFS 深度,退出
    if(val[pos] << (depth - now) < n)
        return false;                           //估价函数:用最快的倍增都不能到达 n,退出
    if(val[pos] == n)   return true;            //当前结果等于 n,搜索结束
    pos ++ ;
    for(int i = 0 ; i < pos ; i ++) {
        val[pos] = val[pos - 1] + val[i];       //上一个数与前面所有的数相加
        if(ida(now + 1, depth))   return true;
        val[pos] = abs(val[pos - 1] - val[i]);  //上一个数与前面所有的数相减
        if(ida(now + 1, depth))   return true;
    }
    pos -- ;
    return false;
}
int main(){
    while(cin >> n && n){
        int depth;
        for(depth = 0 ; ; depth ++){            //每次只 DFS 到深度 depth
            val[pos = 0] = 1;                   //初始值是 1
            if(ida(0, depth)) break;            //每次都从 0 层开始 DFS 到第 depth 层
        }
        cout << depth << endl;
    }
    return 0;
}
```

【习题】

hdu 1560 “DNA sequence”，经典 IDA * 题目；

hdu 1667 “The Rotation Game”，经典 IDA * 题目。

4.5 小　　结

视频讲解

DFS 和 BFS 是算法设计中的基本技术，是基础的基础。

这两种算法都能遍历搜索树的所有结点，区别在于如何扩展下一个结点。DFS 扩展子结点的子结点，搜索路径越来越深，适合采用栈这种数据结构，并用递归算法来实现；BFS 扩展子结点的兄弟结点，搜索路径越来越宽，适合用队列来实现。

1. 复杂度

DFS 和 BFS 对所有的点和边做了一次遍历，即对每个结点均做一次且仅做一次访问。设点的数量是 V，连接点的边总数是 E，那么总复杂度是 $O(V+E)$，看起来复杂度并不高。但是，有些问题的 V 和 E 本身就是指数级的，例如八数码问题的状态，是 $O(n!)$ 的。因此，在搜索时需要用到剪枝、回溯、双向广搜、迭代加深、A *、IDA * 等方法，尽量减少搜索的范围，使访问的总次数远远小于 $O(V+E)$。

2. 应用场合

DFS 一般用递归实现，代码比 BFS 更短。如果题目能用 DFS 解决，可以优先使用它。

当然，一些问题更适合用 DFS，另一些问题更适合用 BFS。在一般情况下，BFS 是求解最优解的较好方法，例如像迷宫这样的求最短路径问题应该用 BFS，具体内容见第 10 章中的“最短路径”；而 DFS 多用于求可行解。在第 10 章中还有大量应用 BFS 和 DFS 的例子。

第5章　高级数据结构

☑ 并查集
☑ 二叉树
☑ Treap 树
☑ Splay 树
☑ 线段树
☑ 树状数组

竞赛题是对输入的数据进行运算，然后输出结果。因此，编写程序的一个基本问题就是数据处理，包括如何存储输入的数据、如何组织程序中的中间数据等。这个技术就是数据结构。学习数据结构，建立计算思维的基础，是成为合格程序员的基本功。本章讲解一些常用的高级数据结构。

数据结构的作用是分析数据、组织数据、存储数据。基本的数据类型有字符和数字，这些数据需要存储在空间中，然后程序按规则读取和处理它们。

数据结构和算法不同，它并不直接解决问题，但是数据结构是算法不可分割的一部分。首先，数据结构把杂乱无章的数据有序地组织起来，逻辑清晰，易于编程处理；其次，数据结构便于算法高效地访问和处理数据，大大减少空间和时间复杂度。

(1) 存储的空间效率。例如一个围棋程序，需要存储棋盘和棋盘上棋子的位置。棋盘可以简单地用一个 19×19 的二维数组(矩阵)表示。每个棋子是一个坐标，例如 $W[5][6]$ 表示位于第 5 行第 6 列的白棋。这种二维数组是数据结构“图”的一种描述，图是描述点和点之间连接关系的数据结构。棋盘只是一种简单的图，更复杂的图例如地图。地图上有两种元素，即点、点之间直连的道路。地图比棋盘复杂，棋盘的每个点只有上、下、左、右 4 个相邻的点，而地图上的一个点可能有很多相邻的点。那么如何存储一个地图？可以简单地用一个二维数组，例如有 n 个点，用一个 $n \times n$ 的二维矩阵表示地图，矩阵上的交叉点(i,j)表示第 i 点和第 j 点的连接关系，例如 1 表示相邻，0 表示不相邻。二维矩阵这种数据结构虽然简单、访问速度快，但是用它来存储地图非常浪费空间，因为这是一个稀疏矩阵，其中的交叉点绝大多数等于 0，这些等于 0 的交叉点并不需要存储。一个有 10 万个点的地图，存储它的二维矩阵大小是 100 000×100 000＝10GB。所以，在程序中使用二维矩阵来存储地图是不行的，例如手机上的导航软件，常常有几十万个地点，手机存储卡根本放不下。因此，大地图的存储需要用到更有效率的数据结构，这就是邻接表。

(2) 访问的效率。例如输入一大串个数为 n 的无序数字，如果直接存储到一个一维数组里面，那么要查找到某个数据，只能一个个试，需要的时间是 $O(n)$。如果先按大小排序然后再查询，处理起来就很有效率。在 n 个有序的数中找某个数，用折半查找的方法，可以在

$O(\log_2 n)$的时间里找到。

用数据结构存储和处理数据，可以使程序的逻辑更加清晰。

数据结构有以下 3 个要素①。

(1) 数据的逻辑结构：线性结构(数组、栈、队列、链表)、非线性结构、集合、图等。

(2) 数据的存储结构：顺序存储(数组)、链式存储、索引存储、散列存储等。

(3) 数据的运算：初始化、判空、统计、查找、遍历、插入、删除、更新等。

常见的数据结构有数组、链表、栈、队列、树、二叉树、集合、哈希、堆与优先队列、并查集、图、线段树、树状数组等。

在第 3 章中已经介绍了基本的数据结构②——栈、队列、链表，本章继续讲解一些常用的高级数据结构，包括并查集、二叉树、线段树、树状数组。

5.1 并 查 集

并查集(Disjoint Set)是一种非常精巧而且实用的数据结构，它主要用于处理一些不相交集合的合并问题。经典的例子有连通子图、最小生成树 Kruskal 算法③和最近公共祖先(Lowest Common Ancestors，LCA)等。

通常用“帮派”的例子来说明并查集的应用背景。在一个城市中有 n 个人，他们分成不同的帮派；给出一些人的关系，例如 1 号、2 号是朋友，1 号、3 号也是朋友，那么他们都属于一个帮派；在分析完所有的朋友关系之后，问有多少帮派，每人属于哪个帮派。给出的 n 可能是 10^6 的。

读者可以先思考暴力的方法以及复杂度。如果用并查集实现，不仅代码很简单，而且复杂度可以达到 $O(\log_2 n)$。

并查集：将编号分别为 $1\sim n$ 的 n 个对象划分为不相交集合，在每个集合中，选择其中某个元素代表所在集合。在这个集合中，并查集的操作有初始化、合并、查找。

下面先给出并查集操作的简单实现。在这个基础上，后文再进行优化。

视频讲解

1. 并查集操作的简单实现

(1) 初始化。定义数组 int $s[]$是以结点 i 为元素的并查集，在开始的时候还没有处理点与点之间的朋友关系，所以每个点属于独立的集，并且以元素 i 的值表示它的集 $s[i]$，例如元素 1 的集 $s[1]=1$。

图 5.1 所示为图解，左边给出了元素与集合的值，右边画出了逻辑关系。为了便于讲解，左边区分了结点 i 和集 s(把集的编号加上了下画线)；右边用圆圈表示集，方块表示元素。

$s[i]$	$\underline{1}$	$\underline{2}$	$\underline{3}$	$\underline{4}$	$\underline{5}$
i	1	2	3	4	5

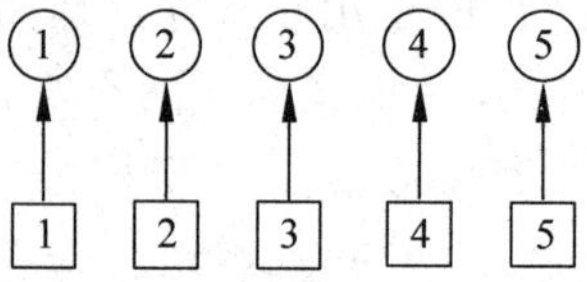

图 5.1　并查集的初始化

① 《数据结构与算法分析新视角》，作者周幸妮等，电子工业出版社。

② 《数据结构(STL 框架)》，作者王晓东，清华大学出版社。

③ 参考本书的“10.10.2 kruskal 算法”。

(2) 合并,例如加入第 1 个朋友关系(1,2),如图 5.2 所示。在并查集 s 中,把结点 1 合并到结点 2,也就是把结点 1 的集1 改成结点 2 的集2。

$s[i]$	2	2	3	4	5
i	1	2	3	4	5

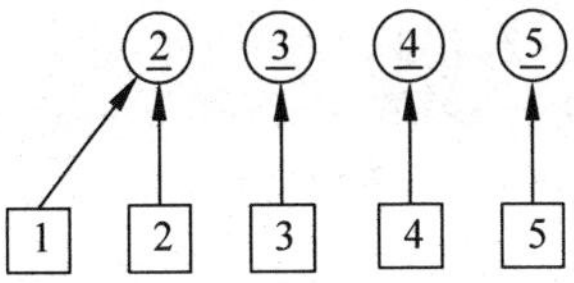

图 5.2　合并(1,2)

(3) 合并,加入第 2 个朋友关系(1,3),如图 5.3 所示。查找结点 1 的集是2,再递归查找元素 2 的集是2,然后把元素 2 的集2 合并到结点 3 的集3。此时,结点 1、2、3 属于一个集。在右图中,为了简化图示,把元素 2 和集2 画在了一起。

$s[i]$	2	3	3	4	5
i	1	2	3	4	5

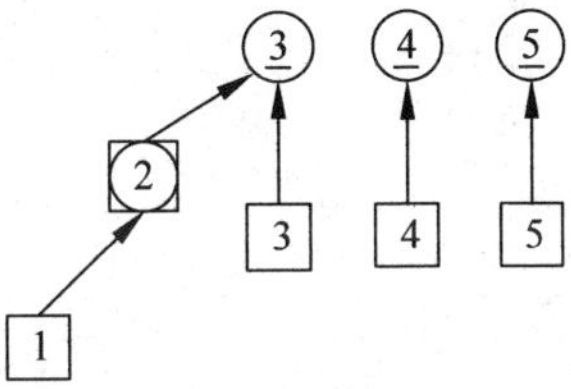

图 5.3　合并(1,3)

(4) 合并,加入第 3 个朋友关系(2,4),如图 5.4 所示。结果如下,请读者自己分析。

$s[i]$	2	3	4	4	5
i	1	2	3	4	5

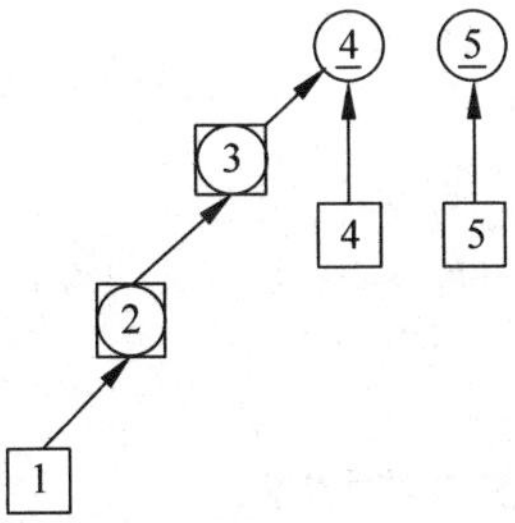

图 5.4　合并(2,4)

(5) 查找。在上面步骤中已经有查找操作。查找元素的集是一个递归的过程,直到元素的值和它的集相等就找到了根结点的集。从上面的图中可以看到,这棵搜索树的高度可能很大,复杂度是 $O(n)$ 的,变成了一个链表,出现了树的"退化"现象。

(6) 统计有多少个集。如果 $s[i]=i$,这是一个根结点,是它所在的集的代表;统计根结点的数量,就是集的数量。

下面以 hdu 1213 为例实现上述操作。

hdu 1213 "How Many Tables"

有 n 个人一起吃饭,有些人互相认识。认识的人想坐在一起,不想跟陌生人坐。例如 A 认识 B,B 认识 C,那么 A、B、C 会坐在一张桌子上。

给出认识的人,问需要多少张桌子。

一张桌子是一个集,合并朋友关系,然后统计集的数量即可。下面的代码是并查集操作的具体实现。

```
#include<bits/stdc++.h>
using namespace std;
const int maxn = 1050;
int s[maxn+1];
void init_set(){                                   //初始化
    for(int i = 1; i <= maxn; i++)
        s[i] = i;
}
int find_set(int x){                               //查找
    return x == s[x]? x:find_set(s[x]);
}
void union_set(int x, int y){                      //合并
    x = find_set(x);
    y = find_set(y);
    if(x != y) s[x] = s[y];
}
int main(){
    int t, n, m, x, y;
    cin >> t;
    while(t--){
        cin >> n >> m;
        init_set();
        for(int i = 1; i <= m; i++){
            cin >> x >> y;
            union_set(x, y);
        }
        int ans = 0;
        for(int i = 1; i <= n; i++)                //统计有多少个集
            if(s[i] == i)
                ans++;
        cout << ans << endl;
    }
    return 0;
}
```

复杂度：在上述程序中，查找 find_set()、合并 union_set()的搜索深度是树的长度，复杂度都是 $O(n)$，性能比较差。下面介绍合并和查询的优化方法，优化之后，查找和合并的复杂度都小于 $O(\log_2 n)$。

2. 合并的优化

在合并元素 x 和 y 时先搜到它们的根结点，然后再合并这两个根结点，即把一个根结点的集改成另一个根结点。这两个根结点的高度不同，如果把高度较小的集合并到较大的集上，能减少树的高度。下面是优化后的代码，在初始化时用 height[i]定义元素 i 的高度，在合并时更改。

```
int height[maxn+1];
void init_set(){
    for(int i = 1; i <= maxn; i++){
```

```
        s[i] = i;
        height[i] = 0;                              //树的高度
    }
}
void union_set(int x, int y){                       //优化合并操作
    x = find_set(x);
    y = find_set(y);
    if (height[x] == height[y]) {
        height[x] = height[x] + 1;                  //合并,树的高度加一
        s[y] = x;
    }
    else{                                           //把矮树并到高树上,高树的高度保持不变
        if (height[x] < height[y])  s[x] = y;
        else  s[y] = x;
    }
}
```

3. 查询的优化——路径压缩

在上面的查询程序 find_set()中,查询元素 i 所属的集需要搜索路径找到根结点,返回的结果是根结点。这条搜索路径可能很长。如果在返回的时候顺便把 i 所属的集改成根结点,如图 5.5 所示,那么下次再搜的时候就能在 $O(1)$的时间内得到结果。

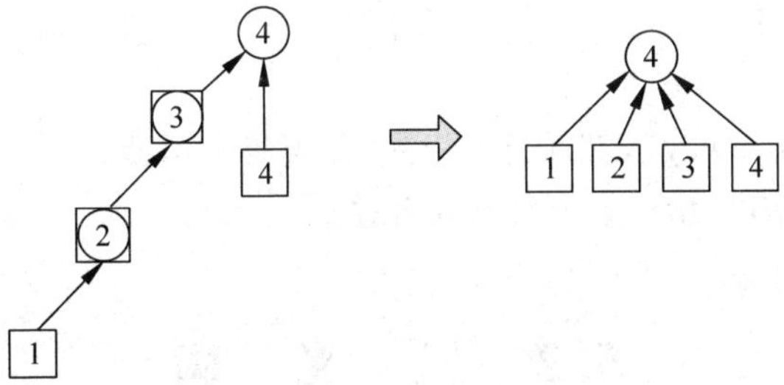

图 5.5 路径压缩

程序如下:

```
int find_set(int x){
    if(x != s[x]) s[x] = find_set(s[x]);       //路径压缩
    return s[x];
}
```

这个方法称为路径压缩,因为在递归过程中,整个搜索路径上的元素(从元素 i 到根结点的所有元素)所属的集都被改为根结点。路径压缩不仅优化了下次查询,而且优化了合并,因为在合并时也用到了查询。

上面的代码用递归实现,如果数据规模太大,担心爆栈,可以用下面的非递归代码:

```
int find_set(int x){
    int r = x;
    while (s[r] != r) r = s[r];                 //找到根结点
    int i = x, j;
    while(i != r){
```

```
            j = s[i];                               //用临时变量 j 记录
            s[i]= r;                                //把路径上元素的集改为根结点
            i = j;
        }
        return r;
    }
```

【习题】

poj 2524 "Ubiquitous Religions",并查集简单题。

poj 1611 "The Suspects",简单题。

poj 1703 "Find them, Catch them"。

poj 2236 "Wireless Network"。

poj 2492 "A Bug's Life"。

poj 1988 "Cube Stacking"。

poj 1182 "食物链",经典题。

hdu 3635 "Dragon Balls"。

hdu 1856 "More is better"。

hdu 1272 "小希的迷宫"。

hdu 1325 "Is It A Tree"。

hdu 1198 "Farm Irrigation"。

hdu 2586 "How far away",最近公共祖先,并查集+深搜。

hdu 6109 "数据分割",并查集+启发式合并。

5.2 二 叉 树

树是非线性数据结构,它能很好地描述数据的层次关系。树形结构的现实场景很常见,例如,文件目录、书本的目录就是典型的树形结构。

二叉树是最常用的树形结构,特别适合程序设计,常常将一般的树转换成二叉树来处理。本节讲解二叉树的定义、遍历问题,以及二叉搜索树。

5.2.1 二叉树的存储

1. 二叉树的性质

二叉树的每个结点最多有两个子结点,分别是左孩子、右孩子,以它们为根的子树称为左子树、右子树。

二叉树的第 i 层最多有 2^{i-1} 个结点。如果每一层的结点数都是满的,称它为满二叉树。一个 n 层的满二叉树,结点数量一共有 2^n-1 个,可以依次编号为 $1,2,3,\cdots,2^n-1$。如果满二叉树只在最后一层有缺失,并且缺失的编号都在最后,那么称为完全二叉树。满二叉树和完全二叉树图示如图 5.6 所示。

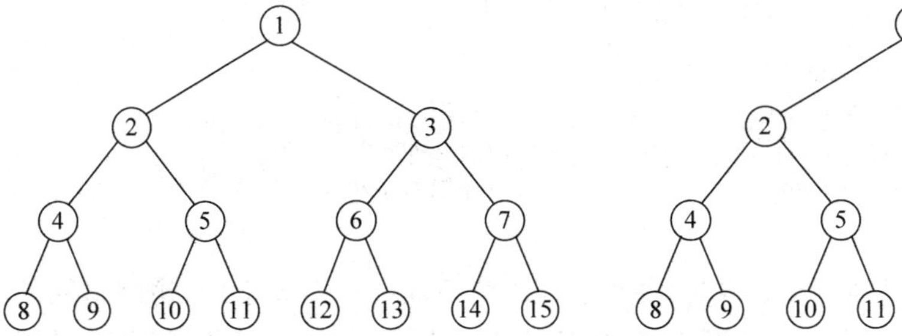

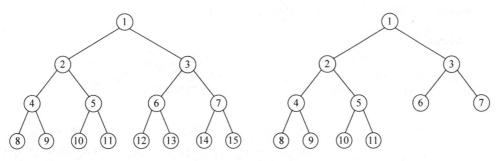

图 5.6　满二叉树和完全二叉树

完全二叉树非常容易操作。一棵结点数量为 k 的完全二叉树，设 1 号点为根结点，有以下性质：

(1) $i>1$ 的结点，其父结点是 $i/2$；

(2) 如果 $2i>k$，那么 i 没有孩子；如果 $2i+1>k$，那么 i 没有右孩子；

(3) 如果结点 i 有孩子，那么它的左孩子是 $2i$，右孩子是 $2i+1$。

2. 二叉树的存储结构

二叉树一般使用指针来实现，并指向左、右子结点。

```
struct node{
    int value;                              //结点的值
    node *l, *r;                            //指向左、右子结点
};
```

在新建一个 node 时，用 new 运算符动态申请内存。使用完毕后，应该用 delete 释放它，否则会内存泄漏。

二叉树也可以用数组来实现。特别是完全二叉树，用数组来表示父结点和子结点的关系非常简便。

5.2.2　二叉树的遍历

视频讲解

1. 宽度优先遍历

有时需要按层次一层层地遍历二叉树。例如在图 5.7 中需要按 $EBGADFICH$ 的顺序访问，那么用宽度优先搜索是最合适的。用队列实现搜索的过程见本书 4.3 节。

2. 深度优先遍历

用深度优先搜索遍历二叉树，代码极其简单。

按深度搜索的顺序访问二叉树，对根（父）结点、左儿子、右儿子进行组合，有先（根）序遍历、中（根）序遍历、后（根）序遍历这 3 种访问顺序，这里默认左儿子在右儿子的前面。

(1) 先序遍历。即按父结点、左儿子、右儿子的顺序访问。在图 5.7 中，访问返回的顺序是 $EBADCGFIH$。

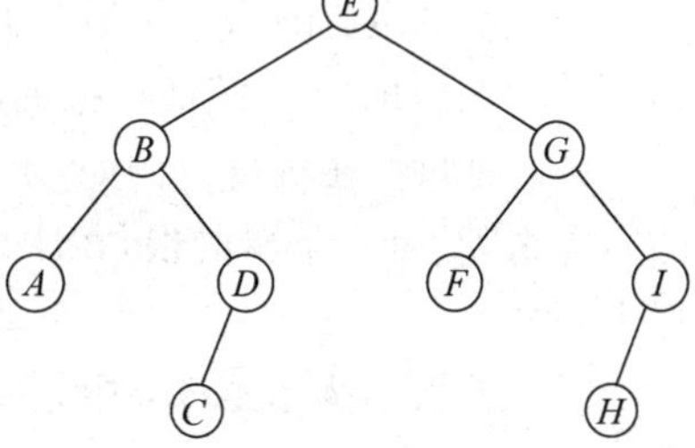

图 5.7　二叉树的遍历

先序遍历的第 1 个结点是根。先序遍历的伪代码如下：

```
void preorder(node * root){
        cout << root -> value;                  //输出
        preorder(root -> l);                    //递归左子树
        preorder(root -> r);                    //递归右子树
}
```

(2) 中序遍历。按左儿子、父结点、右儿子的顺序访问。在图 5.7 中，访问返回的顺序是 *ABCDEFGHI*。读者可能注意到“*ABCDEFGHI*”刚好是字典序，这不是巧合，是因为图示的是一个二叉搜索树。在二叉搜索树中，中序遍历实现了排序功能，返回的结果是一个有序排列。中序遍历还有一个特征：如果已知根结点，那么在中序遍历的结果中，排在根结点左边的点都在左子树上，排在根结点右边的点都在右子树上。例如，*E* 是根，*E* 左边的“*ABCD*”在它的左子树上；再如，在子树“*ABCD*”上，*B* 是子树的根，那么“*A*”在它的左子树上，“*CD*”在它的右子树上。

(3) 后序遍历。按左儿子、右儿子、父结点的顺序访问。在图 5.7 中，访问返回的顺序是 *ACDBFHIGE*。后序遍历的最后一个结点是根。

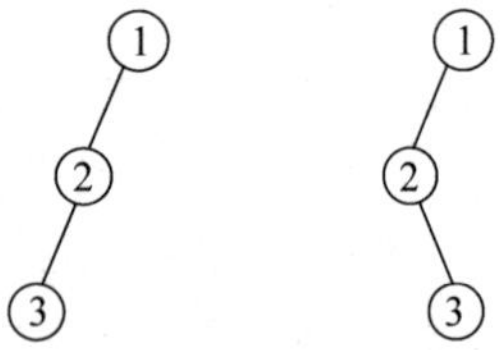

图 5.8 “先序遍历＋后序遍历”不能确定一棵树

如果已知某棵二叉树的 3 种遍历，可以把这棵树构造出来，即“中序遍历＋先序遍历”或者“中序遍历＋后序遍历”，都能确定一棵树。

但是，如果不知道中序遍历，只有“先序遍历＋后序遍历”，不能确定一棵树。例如图 5.8 中两棵不同的二叉树，它们的先序遍历都是“1 2 3”，后序遍历都是“3 2 1”。

上述几种 DFS 遍历的实现见下面例题给出的代码。

hdu 1710 “Binary Tree Traversals”

输入二叉树的先序和中序遍历序列，求后序遍历。

(1) 输入样例。

先序：1 2 4 7 3 5 8 9 6

中序：4 7 2 1 8 5 9 3 6

(2) 输出样例。

后序：7 4 2 8 9 5 6 3 1

建树的过程如下：

(1) 先序遍历的第 1 个数是整棵树的根，例如样例中的“1”。知道了“1”是根，对照中序遍历，“1”左边的“4 7 2”都在根的左子树上，右边的“8 5 9 3 6”都在根的右子树上。

(2) 递归上述过程。例如，上面步骤得到的中序遍历的“4 7 2”，对照先序的第 2 个数是“2”，那么“2”是左子树的根，在中序遍历的“4 7 2”中，“2”左边的“4 7”都在以“2”为根的左子树上，等等。

图 5.9 所示为示意图，画线的数字是读取先序遍历逐一处理的当前步骤的根，方框内是中序遍历的部分数字。

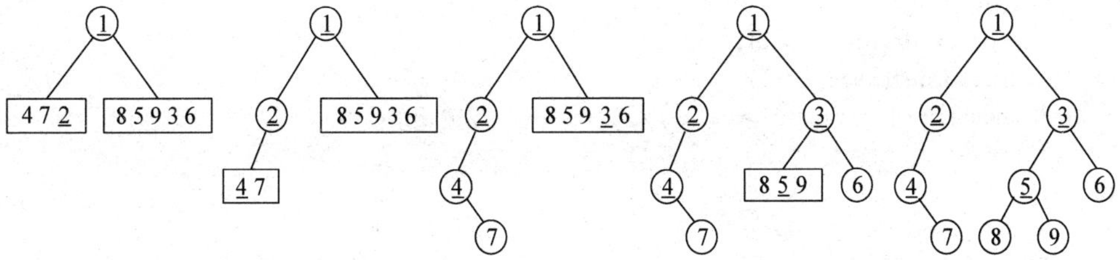

图 5.9 用先序遍历和中序遍历建二叉树

下面是 hdu 1710 的代码,其中 preorder()、inorder()、postorder()分别是先序遍历、中序遍历和后序遍历。可以看到,用 DFS 实现的二叉树遍历代码非常简单。

```
#include <bits/stdc++.h>
using namespace std;
const int N = 1010;
int pre[N], in[N], post[N];                          //先序、中序、后序
int k;
struct node{
    int value;
    node *l, *r;
    node(int value = 0, node *l = NULL, node *r = NULL):value(value), l(l), r(r){}
};
void buildtree(int l, int r, int &t, node* &root) {       //建树
    int flag = -1;
    for(int i = l; i <= r; i++)                        //先序的第 1 个数是根,找到对应的中序的位置
        if(in[i] == pre[t]){
            flag = i; break;
        }
    if(flag == -1) return;                             //结束
    root = new node(in[flag]);                         //新建结点
    t++;
    if(flag > l)  buildtree(l, flag - 1, t, root ->l);
    if(flag < r)  buildtree(flag + 1, r, t, root ->r);
}
void preorder(node * root){                            //求先序序列
    if(root != NULL){
        post[k++] = root ->value;                      //输出
        preorder(root ->l);
        preorder(root ->r);
    }
}
void inorder(node * root){                             //求中序序列
    if(root != NULL){
        inorder (root ->l);
        post[k++] = root ->value;                      //输出
        inorder(root ->r);
    }
}
void postorder(node * root){                           //求后序序列
```

```
    if(root != NULL){
        postorder(root ->l);
        postorder(root ->r);
        post[k++] = root ->value;                //输出
    }
}
void remove_tree(node * root){                   //释放空间
    if(root == NULL) return;
    remove_tree(root->l);
    remove_tree(root->r);
    delete root;
}
int main(){
    int n;
    while(~scanf("%d", &n)){
        for(int i = 1;i <= n;i++) scanf("%d", &pre[i]);
        for(int j = 1;j <= n;j++) scanf("%d", &in[j]);
        node * root;
        int t = 1;
        buildtree(1, n, t, root);
        k = 0;                                   //记录结点个数
        postorder(root);
        for(int i = 0;i<k;i++) printf("%d%c",post[i],i == k - 1?'\n':' ');
          //作为验证,这里可以用 preorder()和 inorder()检查先序和中序遍历
        remove_tree(root);
    }
    return 0;
}
```

代码中的 remove_tree()释放申请的空间,如果不释放,会内存泄漏,造成内存浪费。释放空间是标准的、正确的操作。不过,竞赛题目的代码很少,即使不释放空间,也不会出错;而且程序终止后,它申请的空间也会被系统收回。

5.2.5 节给出了用数组实现二叉树的例子。

5.2.3 二叉搜索树

BST(Binary Search Tree,二叉搜索树)是非常有用的数据结构,它的结构精巧、访问高效。BST 的特征如下:

(1) 每个元素有唯一的键值,这些键值能比较大小。通常把键值存放在 BST 的结点上。

(2) 任意一个结点的键值,比它左子树的所有结点的键值大,比它右子树的所有结点的键值小。也就是说,在 BST 上,以任意结点为根结点的一棵子树仍然是 BST。BST 是一棵有序的二叉树。可以推出,键值最大的结点没有右儿子,键值最小的结点没有左儿子。

图 5.10 是一棵二叉搜索树,用中序遍历可以得到它的有序排列。右图的虚线把每个结点隔开,很容易看出,结点正好按从小到大的顺序被虚线隔开了。有虚线的帮助,很容易理解后文介绍 Treap 树和 Splay 树时提到的“旋转”技术。

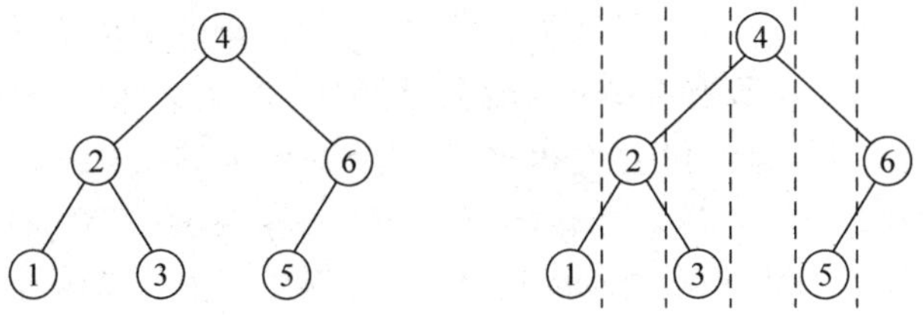

图 5.10 二叉搜索树

视频讲解

数据的基本操作是插入、查询、删除。给定一个数据序列，如何实现 BST？下面给出一种朴素的实现方法。

(1) 建树和插入。以第 1 个数据 x 为根结点，逐个插入其他所有数据。插入过程从根结点开始，如果数据 y 比根结点 x 小，就往 x 的左子树上插，否则就往右子树上插；如果子树为空，就直接放到这个空位，如果非空，就与子树的值进行比较，再进入子树的下一层，直到找到一个空位置。新插入的数据肯定位于一个最底层的叶子结点，而不是插到中间某个结点上替代原来的数据。

从建树的过程可知，如果按给定序列的顺序进行插入，最后建成的 BST 是唯一的。形成的 BST 可能很好，也可能很坏。在最坏的情况下，例如一列有序整数{1，2，3，4，5，6，7}，按顺序插入，会全部插到右子树上；BST 退化成一个只包含右子树的链表，从根结点到最底层的叶子，深度是 n，导致访问一个结点的复杂度是 $O(n)$。在最好的情况下，例如序列{4，2，1，3，6，5，7}，得到的 BST 左、右子树是完全平衡的，深度是 $\log_2 n$，访问复杂度是 $O(\log_2 n)$。退化的 BST 和平衡 BST 如图 5.11 所示。

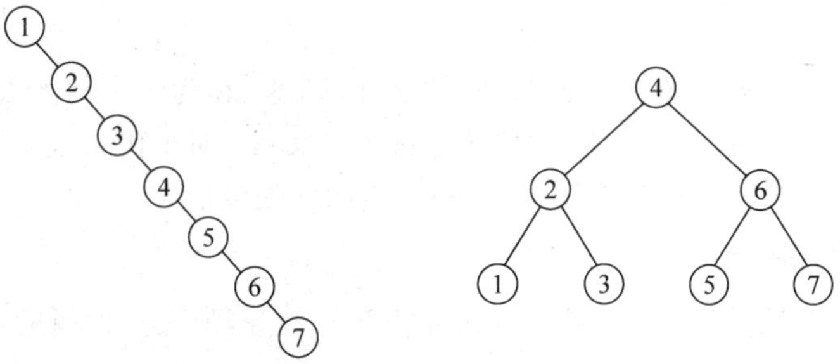

图 5.11 退化的 BST 和平衡 BST

(2) 查询。建树过程实际上也是一个查询过程，所以查询仍然是从根结点开始的递归过程。访问的复杂度取决于 BST 的形态。

(3) 删除。在删除一个结点 x 后，剩下的部分应该仍然是一个 BST。首先找到被删结点 x，如果 x 是最底层的叶子结点，直接删除；如果 x 只有左子树 L 或者只有右子树 R，直接删除 x，原位置由 L 或 R 代替。如果 x 左、右子树都有，情况就复杂了，此时，原来以 x 为根结点的子树需要重新建树。一种做法是，搜索 x 左子树中的最大元素 y，移动到 x 的位置，这相当于原来以 y 为根结点的子树，删除了 y，然后继续对 y 的左子树进行类似的操作，这也是一个递归的过程。删除操作的复杂度也取决于 BST 的形态。

(4) 遍历。在 5.2.2 节中提到用中序遍历 BST，返回的是一个从小到大的排序。

根据上述过程可知，BST 的优劣取决于它是否为一个平衡的二叉树。所以，BST 有关算法的主要功能是努力使它保持平衡。那么如何实现一个平衡的 BST？由于无法提前安排元素的顺序(如果能一次读入所有元素,也能调整顺序,但是会大费周章,没有必要),所以只能在建树之后通过动态调整使它变得平衡。BST 算法的区别就在于用什么办法调整。

BST 算法有 AVL 树、红黑树、Splay 树、Treap 树、SBT 树等。其中容易编程的有 Splay 树、Treap 树等,也是算法竞赛中容易出的题目,本节后续讲解 Treap 树和 Splay 树。

BST 是一个动态维护的有序数据集,用 DFS 对它进行中序遍历可以高效地输出字典序、查找第 k 大的数等。

STL 与 BST。STL 中的 set 和 map 是用二叉搜索树(红黑树)实现的,检索和更新的复杂度是 $O(\log_2 n)$。如果一个题目需要快速访问集合中的数据,可以用 set 或 map 实现,内容见本书第 3 章。

【习题】

hdu 3999 "The order of a Tree",模拟 BST 的建树和访问。

hdu 3791 "二叉搜索树",模拟 BST。

poj 2418 "Hardwood Species",用 map 快速处理字符串。

5.2.4 Treap 树

首先研究一种比较简单的平衡二叉搜索树——Treap 树。

Treap 是一个合成词,把 Tree 和 Heap 各取一半组合而成。Treap 是树和堆的结合,可以翻译成树堆。

二叉搜索树的每个结点有一个键值,除此之外,Treap 树为每个结点人为添加了一个被称为优先级的权值。对于键值来说,这棵树是排序二叉树;对于优先级来说,这棵树是一个堆。堆的特征是:在这棵树的任意子树上,根结点的优先级最大。

1. Treap 树的唯一性

Treap 树的重要性质:令每个结点的优先级互不相等,那么整棵树的形态是唯一的,和元素的插入顺序没有关系。

下面用 7 个结点举例说明建树过程,其键值分别是$\{a,b,c,d,e,f,g\}$,优先级分别是$\{6,5,2,7,3,4,1\}$。图 5.12(a)的纵向是优先级,横向是结点的键值;图 5.12(b)按二叉搜索树的规则建了一棵树;图 5.12(c)是结果。从这个图中可以看出 Treap 树的形态是唯一的。

2. Treap 树的平衡问题

从图 5.12 可知,树的形态依赖于结点的优先级。那么如何配置每个结点的优先级,才能避免二叉树的形态退化成链表?最简单的方法是把每个结点的优先级进行随机赋值,那么生成的 Treap 树的形态也是随机的。这虽然不能保证每次生成的 Treap 树一定是平衡的,但是期望[1]的插入、删除、查找的时间复杂度都是 $O(\log_2 n)$的。

① 关于期望的概念,见本书中的"8.4 概率和数学期望"。

视频讲解

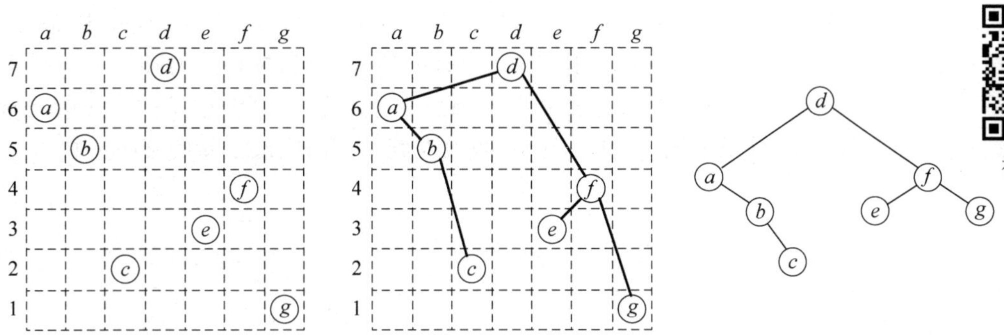

(a) 键值和优先级　　(b) 建树　　(c) 形成的Treap树

图 5.12　Treap 树的形态

了解了 Treap 树的概念，读者可以尝试自己完成建树的过程。在阅读下面的内容之前，不妨自己先试一试。

3. Treap 树的插入

如果预先知道所有结点的优先级，那么建树很简单，先按优先级排序，然后按优先级从高到低的顺序插入即可。例如在图 5.12 中，最高优先级的 d 第 1 个插入，是树根；第 2 优先级的 a 比 d 小，插到 d 的左子树上；第 3 优先级的 b 比 a 大，插到 a 的右子树……

不过，其实并不需要这么做。更简单的做法是每读入一个新结点，为它分配一个随机的优先级，插入到树中，在插入时动态调整树的结构，使它仍然是一棵 Treap 树。

把新结点 node 插入到 Treap 树的过程有以下两步：

(1) 用朴素的插入方法把 node 按键值大小插入到合适的子树上。

(2) 给 node 随机分配一个优先级，如果 node 的优先级违反了堆的性质，即它的优先级比父结点高，那么让 node 往上走，替代父结点，最后得到一个新的 Treap 树。

步骤(2)中的调整过程用到了一种技巧——旋转，包括左旋和右旋，如图 5.13 所示。

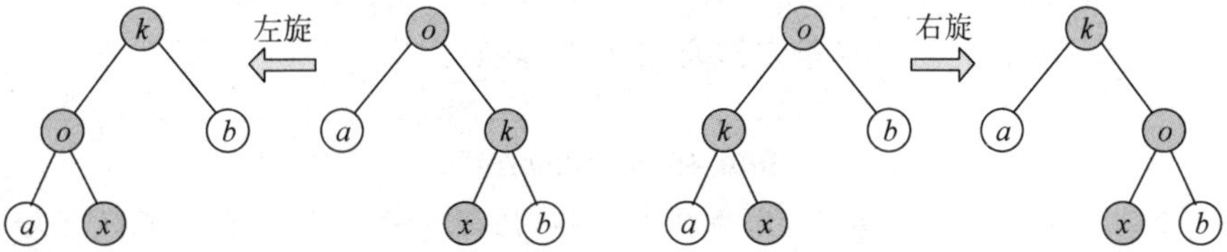

图 5.13　Treap 树的旋转(把 k 旋转到根)

旋转的代码如下，其中 son[0]是左儿子，son[1]是右儿子，代码中定义的结点名称和图 5.13 中的结点名称对应。

```
void rotate(Node * &o, int d){                //d = 0,左旋转; d = 1,右旋
        Node *k = o -> son[d ^ 1];            //d ^ 1 与 1 - d 等价,但是更快
        o -> son[d ^ 1] = k -> son[d];        //图中的 x
        k -> son[d] = o;
        o = k;                                //返回新的根
    }
```

这里仍然以键值为$\{a,b,c,d,e,f,g\}$、优先级为$\{6,5,2,7,3,4,1\}$的Treap树为例，调整过程如下：图5.14(a)是初始Treap树；图5.14(b)插入d点，按朴素的插入方法插入到底部；图5.14(c)中d的优先级比父结点c高，左旋，上升；图5.14(d)中d的优先级比新的父结点b高，继续左旋，上升；图5.14(e)中，d再次左旋，上升，完成了新的Treap树。

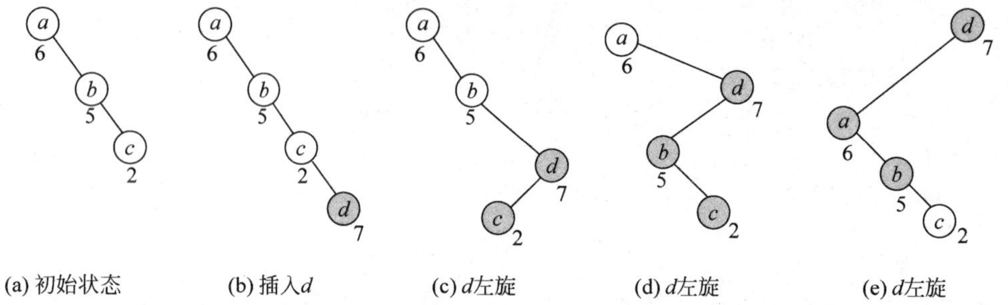

图5.14 Treap树的插入和调整

4. Treap树的删除

如果待删除的结点x是叶子结点，直接删除。

如果待删除的结点x有两个子结点，那么找到优先级最大的子结点，把x向相反的方向旋转，也就是把x向树的下层调整，直到x被旋转到叶子结点，然后直接删除。

5. 分裂与合并问题

有时需要把一棵树分裂成两棵树，或者把两棵树合并成一棵树。Treap树做这样的操作是比较烦琐的。读者可以用上面的例子尝试一下分裂和合并，例如在图5.12(c)中，先把树分成$\{a,b\}$和$\{c,d,e,f,g\}$两棵树，然后再合并。注意在分裂和合并时仍然需要符合Treap树的规则。

5.2.5节提到的Splay树做分裂和合并的操作非常简便。

6. Treap与名次树问题

竞赛中与Treap有关的题目很多涉及名次树，例如：

hdu 4585 "Shaolin"

少林寺的第1个和尚是方丈，作为功夫大师，他规定每个加入少林寺的年轻和尚要选一个老和尚来一场功夫战斗。每个和尚有一个独立的id和独立的战斗等级，新和尚可以选择跟他的战斗等级最接近的老和尚战斗。

方丈的id是1，战斗等级是10^9。他丢失了战斗记录，不过他记得和尚们加入少林寺的早晚顺序。请帮他恢复战斗记录。

输入：第1行是一个整数n，$0<n\leqslant 100\,000$，和尚的人数，但不包括方丈本人。下面有n行，每行有两个整数k、g，表示一个和尚的id和战斗等级，$0\leqslant k,g\leqslant 5\,000\,000$。和尚以升序排序，即按加入少林寺的时间排序。最后一行用0表示结束。

输出：按时间顺序给出战斗，打印出每场战斗中新和尚和老和尚的id。

输入样例：
3
2 1
3 3
4 2
0
输出样例：
2 1
3 2
4 2

题意很简单，先对老和尚的等级排序，在加入一个新和尚时，找到等级最接近的老和尚，输出老和尚的 id。由于题目给的 n 比较大，因此总复杂度需要是 $O(n\log_2 n)$的。

此题有多种解法，这里给出两种解法——STL map、Treap 树。

1）STL map 代码

STL 的 map 和 set 都是用二叉搜索树实现的。这一题可以用 map 来做。

```
#include <bits/stdc++.h>
using namespace std;
map<int, int> mp;                            //it->first 是等级,it->second 是 id
int main(){
    int n;
    while (~scanf("%d",&n) && n){
        mp.clear();
        mp[1000000000] = 1;                  //方丈 1,等级是 1 000 000 000
        while(n--){
            int id,g;
            scanf("%d%d",&id,&g);            //新和尚 id,等级是 g
            mp[g] = id;                      //新和尚进队
            int ans;
            map<int,int>::iterator it = mp.find(g);    //找到排好序的位置
            if (it == mp.begin())  ans = (++it)->second;
                else{
                map<int,int> :: iterator it2 = it;
                it2--; it++;                 //等级接近的前后两个老和尚
                if (g-it2->first <= it->first-g)
                    ans = it2->second;
                else ans = it->second;
            }
            printf("%d %d\n",id,ans);
        }
    }
    return 0;
}
```

2）Treap 树代码

下面的 Treap 程序①给出了 Treap 树的常用操作：定义结点 struct Node、旋转 rotate()、插入 insert()、找第 k 大的数 kth()、查询某个数 find()。

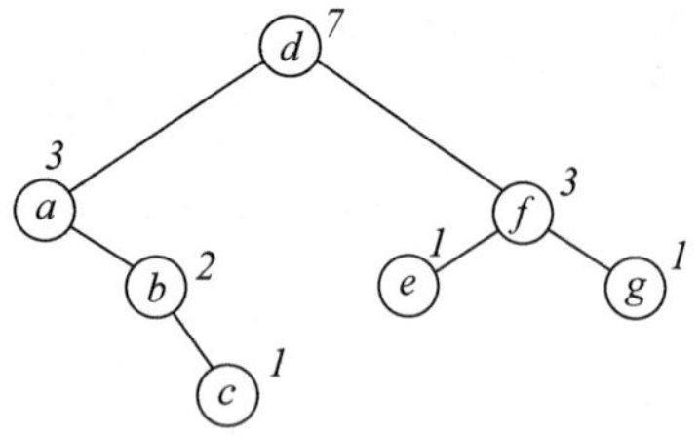

图 5.15　名次树

注意其中的 kth()和 find()，它与名次树问题有关。名次树有两个功能：①找到第 k 大的元素；②查询元素 x 的名次，即 x 排名第几。这两个功能的实现借助于给结点增加的一个 size 值。一个结点的 size 值是以它为根的子树的结点总数量，例如图 5.15 所示的名次树。图中结点上标注的数字就是这个结点的 size。

下面的代码中给出了找第 k 大数的函数 kth()以及查询元素名次的函数 find()，它们的复杂度都是 $O(\log_2 n)$的。

hdu 4585 的 Treap 代码（名次树）

```
#include <bits/stdc++.h>
using namespace std;
int id[5000000 + 5];
struct Node{
    int size;                          //以这个结点为根的子树的结点总数量，用于名次树
    int rank;                          //优先级
    int key;                           //键值
    Node *son[2];                      //son[0]是左儿子，son[1]是右儿子
    bool operator < (const Node &a)const{return rank < a.rank;}
    int cmp(int x)const{
        if(x == key) return -1;
        return x < key?0:1;
    }
    void update(){                     //更新 size
        size = 1;
        if(son[0]!= NULL) size += son[0]->size;
        if(son[1]!= NULL) size += son[1]->size;
        }
};
void rotate(Node* &o, int d){          //d = 0，左旋；d = 1，右旋
        Node *k = o->son[d^1];         //d^1 与 1 - d 等价，但是更快
        o->son[d^1] = k->son[d];
        k->son[d] = o;
        o->update();
        k->update();
        o = k;
    }
void insert(Node* &o, int x){          //把 x 插入到树中
        if(o == NULL){
            o = new Node();
            o->son[0] = o->son[1] = NULL;
            o->rank = rand();
            o->key = x;
```

① 部分代码改编自《算法竞赛入门经典训练指南》，作者刘汝佳、陈锋，清华大学出版社，3.5.2 节，231 页。

```
            o->size=1;
        }
        else {
            int d=o->cmp(x);
            insert(o->son[d],x);
            o->update();
            if(o<o->son[d])
                rotate(o,d^1);
        }
    }
int kth(Node* o,int k){                         //返回第k大的数
        if(o==NULL||k<=0||k>o->size)
            return -1;
        int s=o->son[1]==NULL?0:o->son[1]->size;
        if(k==s+1) return o->key;
        else if(k<=s) return kth(o->son[1],k);
        else return kth(o->son[0],k-s-1);
    }
int find(Node* o,int k){ //返回元素k的名次
        if(o==NULL)
            return -1;
        int d=o->cmp(k);
        if(d==-1)
            return o->son[1]==NULL? 1: o->son[1]->size+1;
        else if(d==1) return find(o->son[d],k);
        else{
            int tmp=find(o->son[d],k);
            if(tmp==-1) return -1;
            else
                return o->son[1]==NULL? tmp+1 : tmp+1+o->son[1]->size;
        }
    }
int main(){
    int n;
    while(~scanf("%d",&n)&&n){
        srand(time(NULL));
        int k,g;
        scanf("%d%d",&k,&g);
        Node *root=new Node();
        root->son[0]=root->son[1]=NULL;
        root->rank=rand(); root->key=g; root->size=1;
        id[g]=k;
        printf("%d %d\n",k,1);
        for(int i=2;i<=n;i++){
            scanf("%d%d",&k,&g);
            id[g]=k;
            insert(root,g);
            int t=find(root,g);             //返回新和尚的名次
            int ans1,ans2,ans;
            ans1=kth(root,t-1);             //前一名的老和尚
            ans2=kth(root,t+1);             //后一名的老和尚
            if(ans1!=-1&&ans2!=-1)
                ans=ans1-g>=g-ans2 ? ans2:ans1;
            else if(ans1==-1) ans=ans2;
```

```
            else ans = ans1;
            printf(" %d %d\n",k,id[ans]);
        }
    }
    return 0;
}
```

【习题】

poj 1442,名次树问题。

hdu 3726 “Graph and Queries”,离线算法＋Treap 维护名次树。该题非常经典,是必做题。

5.2.5 Splay 树

Splay 树是一种 BST 树,它的查找、插入、删除、分割、合并等操作,复杂度都是 $O(\log_2 n)$ 的。它最大的特点是可以把某个结点往上旋转到指定位置,特别是可以旋转到根的位置,成为新的根结点。它有这样一种应用背景:如果需要经常查询和使用一个数,那么把它旋转到根结点,这样下次访问它,只需要查一次就找到了。

Splay 树有 Treap 树不具备的特点:①Splay 树允许把任意结点旋转到根,而 Treap 树不能,因为它的形态是固定的;②当需要分裂和合并时,Splay 树的操作非常简便。

下面介绍 Splay 操作,其中提根操作是核心。

1. 把结点旋转到根(提根)

Splay 树比 Treap 树的旋转操作的情况更多。

那么如何把一个结点 x 自底向上旋转到根?根据 x 的位置,有以下 3 种情况。

(1) x 的父结点就是根,只需要旋转一次。图 5.16 给出了 x 是根 c 的左儿子的情况,右儿子的情况与之类似。注意观察图中的中序遍历,即二叉搜索树的顺序“$a\ x\ b\ c\ d$”,保持不变。

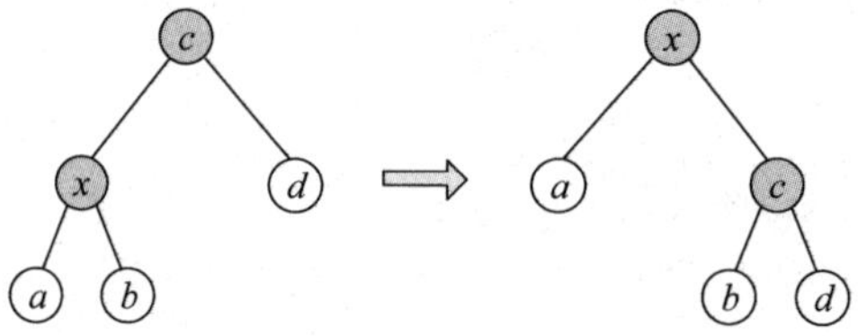

图 5.16　Splay 旋转情况 1

(2) x 的父结点不是根,x、x 的父结点、x 的父结点的父结点,三点共线。此时可以做两次单旋,即先旋转 x 的父结点,再旋转 x,如图 5.17 所示。

(3) x、x 的父结点、x 的父结点的父结点,三点不共线。把 x 按不同方向旋转两次,如图 5.18 所示。

按上述方法可以把任何深度的结点 x 旋转到根。

旋转一次的时间是个常数,那么把 x 从所在的深度提到根,总复杂度是多少?如果是平衡二叉树,最深的结点深度是 $O(\log_2 n)$,那么总复杂度就是 $O(\log_2 n)$。当然二叉树不一

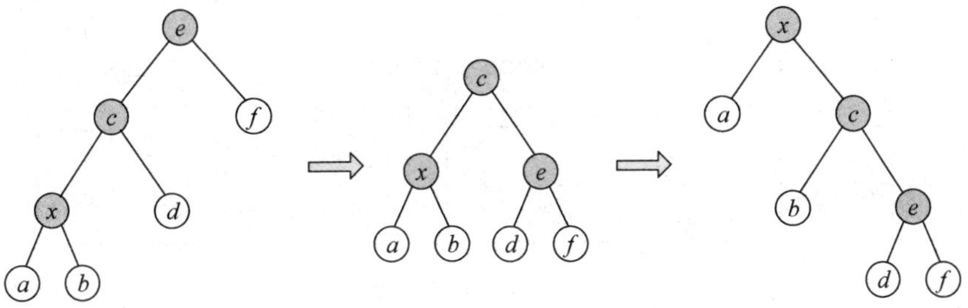

图 5.17 Splay 旋转情况 2

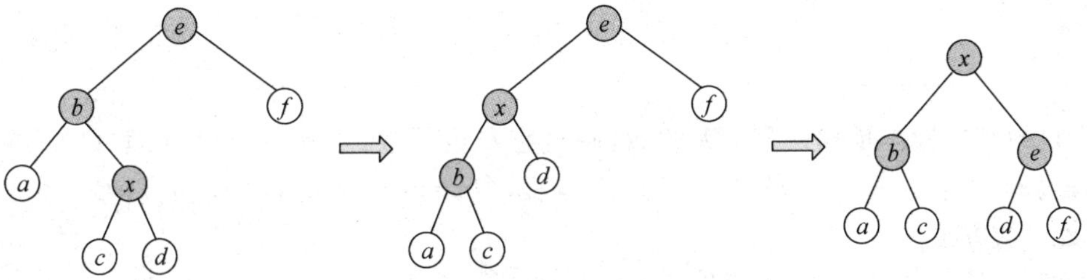

图 5.18 Splay 旋转情况 3

定是平衡的，不过在均摊意义上，可以把 Splay 提根操作的复杂度看成是 $O(\log_2 n)$的。这就是二叉树这种数据结构带来的优势。

下面的插入、分裂、合并，复杂度和提根的复杂度类似。

2. 插入

插入和普通二叉搜索树的方法一样。在插入之后，可以根据需要对新插入的结点做 Splay 操作。

3. 分裂

以第 k 小的数为界，把树分成两部分。先把第 k 小的元素旋转到树根，然后把它与右子树断开，就得到了两棵树。

4. 合并

可合并的两棵树，其中一棵树(设为 left)的所有元素应该小于另一棵树(设为 right)的所有元素。合并过程是先把 left 的最大元素 x 伸展到树根，此时树根 x 没有右子树，把 x 的右子树接到 right 的根，就完成了合并。

5. 删除

把待删除的结点旋转到根，删除它，然后合并左、右子树。

下面的例题给出了 Splay 树的编程细节。

---

hdu 1890 "Robotic Sort"

有 n 个数字，$1 \leqslant n \leqslant 100\,000$，用一个机械臂帮忙排序，其方法如图 5.19 所示。在左图中(图中的高度是数字大小)，用机械臂夹住第 1 个数和最小的数，翻转，变成中图的样子，最小的数就处于第 1 个位置。然后对中图用同样的方法找第 2 小的数。继续这个过程直到结束。

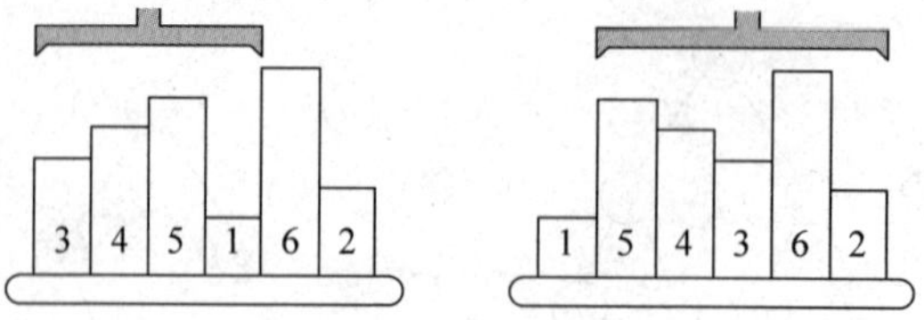

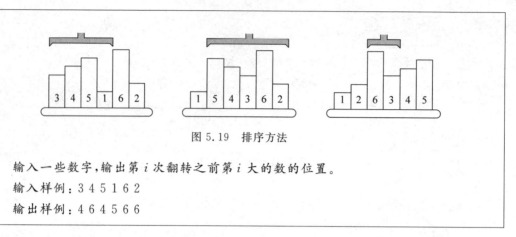

图 5.19　排序方法

输入一些数字，输出第 i 次翻转之前第 i 大的数的位置。

输入样例：3 4 5 1 6 2

输出样例：4 6 4 5 6 6

题目的基本操作是找到第 i 大的数，翻转它左边的数（不包括已经处理过的比它小的数），右边的数保持不变。如果用模拟法编程，复杂度约为 $O(n^3)$，会 TLE。本题需要 $O(n\log_2 n)$的方法。

注意，翻转有两种方法，这里以第 1 次翻转 3 4 5 1 为例：方法 1，直接翻转 3 4 5 1；方法 2，先把 1 挪到最左边，然后翻转 3 4 5。这两种方法的结果一样，在下面的 Splay 程序中适合用第 2 种方法。

本题的操作可以用 Splay 来模拟，利用了 Splay 树能把结点旋转到根的功能。

下面以第 1 个数的处理为例来说明过程。

（1）建树。把这个序列按初始位置建一个二叉搜索树。图 5.20(a)是建树的结果，圆圈内是初始位置，圆圈旁边的数字是题目给出的序列。根据中序遍历，它是题目的样例3 4 5 1 6 2。建树的代码是 buildtree()。

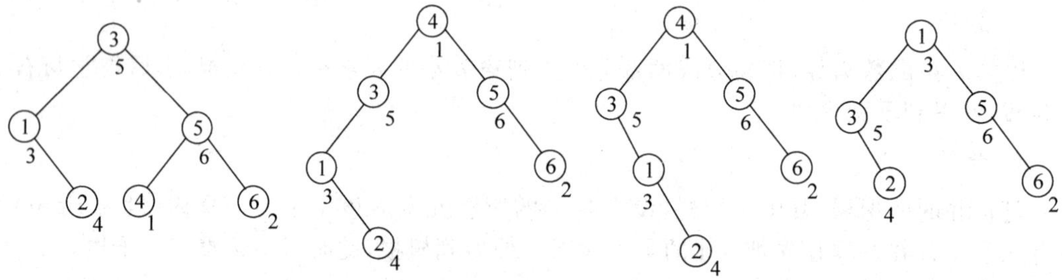

(a) 建树　(b) 旋转到根　(c) 处理左子树的翻转　(d) 删除根

图 5.20　hdu 1890 题

（2）用 Splay 旋转到根。找到最小的数，用 Splay 把它旋转到根。其左子树的大小就是数列中排在它左边的数的个数，也就是题目的输出。其右边的数的顺序保持不变，左边的数需要模拟机械臂的翻转。旋转的代码是 splay()。

（3）翻转左子树。模拟题目中的机械臂翻转，但是，如果每次都完全翻转左子树，时间必然超时。这里从线段树[①]得到启发，用标记的方式记录翻转情况，减少直接操作的次数，

① 类似线段树的 lazy 操作，见本书中的“5.3.4 区间修改”。

等 Splay 操作的时候再处理。图(c)中只翻转了结点 3,对结点 3 做标记,而它的子树 1、2 保持不变。标记的代码是 update_rev()。注意,翻转会改变 BST 树的有序结构,所以本题并不是 Splay 树的裸题,只是用到了 Splay 树的旋转功能。在下面给出的代码中,如果去掉 update_rev(),就是纯粹的 Splay 代码。

(4) 删除根,即在树上删除最小数。在删除过程中,根据标记进行子树的翻转。最后的结果见图(d),这是去掉了最小数的树,第 1 次处理结束。删除根的代码是 del_root()。

下面是 hdu 1890 的代码。该代码中去掉 update_rev()、pushup()、pushdown(),就是纯的 Splay 代码。

```
#include <bits/stdc++.h>
using namespace std;
const int maxn = 100010;
int root;                                   //根
int rev[maxn],pre[maxn],size[maxn];
    //rev[i],标记 i 被翻转;pre[i],i 的父结点;size[i],i 的子树上结点的个数
int tree[maxn][2]; //记录树:tree[i][0],i 的左儿子;tree[i][1],i 的右儿子
struct node{
    int val,id;
    bool operator <(const node &A)const {   //用于 sort()排序
        if(val == A.val)return id < A.id;
        return val < A.val;
    }
}nodes[maxn];
void pushup(int x){                         //计算以 x 为根的子树包含多少子结点
    size[x] = size[tree[x][0]] + size[tree[x][1]] + 1;
}
void update_rev(int x){
    if(!x)return;
    swap(tree[x][0],tree[x][1]);            //翻转 x:交换左右儿子
    rev[x]^ = 1;                            //标记 x 被翻转
}
void pushdown(int x){                       //在做 Splay 时,根据本题的需要,处理机械臂翻转
    if(rev[x]){
        update_rev(tree[x][0]);
        update_rev(tree[x][1]);
        rev[x] = 0;
    }
}
void Rotate(int x,int c){                   //旋转,c = 0 为左旋,c = 1 为右旋
    int y = pre[x];
    pushdown(y);
    pushdown(x);
    tree[y][!c] = tree[x][c];
    pre[tree[x][c]] = y;
    if(pre[y])
        tree[pre[y]][tree[pre[y]][1] == y] = x;
    pre[x] = pre[y];
    tree[x][c] = y;
```

```
        pre[y] = x;
        pushup(y);
    }
    void splay(int x,int goal){
            //把结点 x 旋转为 goal 的儿子,如果 goal 是 0,则旋转到根
        pushdown(x);
        while(pre[x]!= goal){                //一直旋转,直到 x 成为 goal 的儿子
            if(pre[pre[x]] == goal){         //情况(1):x 的父结点是根,单旋一次即可
                pushdown(pre[x]); pushdown(x);
                Rotate(x,tree[pre[x]][0] == x);
            }
            else{                            //x 的父结点不是根
                pushdown(pre[pre[x]]); pushdown(pre[x]); pushdown(x);
                int y = pre[x];
                int c = (tree[pre[y]][0] == y);
                if(tree[y][c] == x){         //情况(2):x、x 的父、x 父的父,不共线
                    Rotate(x,!c);
                    Rotate(x,c);
                }
                else{                        //情况(3):x、x 的父、x 父的父,共线
                    Rotate(y,c);
                    Rotate(x,c);
                }
            }
        }
        pushup(x);
        if(goal == 0) root = x;              //如果 goal 是 0,则将根结点更新为 x
    }
    int get_max(int x){
        pushdown(x);
        while(tree[x][1]){
            x = tree[x][1];
            pushdown(x);
        }
        return x;
    }
    void del_root(){                         //删除根结点
        if(tree[root][0] == 0){
            root = tree[root][1];
            pre[root] = 0;
        }
        else{
            int m = get_max(tree[root][0]);
            splay(m,root);
            tree[m][1] = tree[root][1];
            pre[tree[root][1]] = m;
            root = m;
            pre[root] = 0;
            pushup(root);
        }
    }
```

```
void newnode(int &x,int fa,int val){
    x = val;
    pre[x] = fa;
    size[x] = 1;
    rev[x] = 0;
    tree[x][0] = tree[x][1] = 0;
}
void buildtree(int &x,int l,int r,int fa){ //建树
    if(l > r) return;
    int mid = (l + r)>> 1;
    newnode(x,fa,mid);
    buildtree(tree[x][0],l,mid - 1,x);
    buildtree(tree[x][1],mid + 1,r,x);
    pushup(x);
}
void init(int n){
    root = 0;
    tree[root][0] = tree[root][1] = pre[root] = size[root] = 0;
    buildtree(root,1,n,0);
}
int main(){
    int n;
    while(~scanf("%d",&n) && n){
        init(n);
        for(int i = 1;i <= n;i++){
            scanf("%d",&nodes[i].val);  nodes[i].id = i;
        }
        sort(nodes + 1,nodes + n + 1);
        for(int i = 1;i < n;i++){
            splay(nodes[i].id,0);          //第 i 次翻转:把第 i 大的数旋到根
            update_rev(tree[root][0]);     //左子树需要翻转
            printf("%d ",i + size[tree[root][0]]);
              //i:第 i 次翻转;size:第 i 个被翻转数的左边的个数,就是它左子树的个数
            del_root();                    //删除第 i 次翻转的数,准备下一次翻转
        }
        printf("%d\n",n);
    }
    return 0;
}
```

读者可以在上面代码的基础上写出 Splay 树常见操作的代码,例如:

(1) 查找 x。执行 splay(x, 0),即把 x 旋转到根结点。

(2) 删除 x。先执行 splay(x, 0),把 x 旋转到根,然后用 del_root()删除它。

(3) 查找最大、最小、第 k 大的数。用中序遍历进行查找,查找后可以用 splay()把它旋转到根。

【习题】

hdu 1622,建二叉树;

hdu 3999,二叉树遍历;

hdu 3791,BST;

hdu 4453,Splay 基本题;

hdu 3726,离线处理＋Splay,经典题。该题用 Treap 树也能做。

5.3 线 段 树

有这样一类 RMQ(Range Minimum/Maximum Query)问题,求区间最大值或最小值。设有长度为 n 的数列$\{a_1, a_2, \cdots, a_n\}$,需要进行以下操作。

(1) 求最值:给定 $i, j \leqslant n$,求$\{a_i, \cdots, a_j\}$区间内的最值。

(2) 修改元素:给定 k 和 x,把 a_k 改成 x。

如果用普通数组存储数列,上面两个操作中,求最值的复杂度是 $O(n)$,修改是 $O(1)$。如果有 m 次"修改元素＋查询最值",那么总复杂度是 $O(mn)$。如果 m 和 n 比较大,例如 100 000 以上,那么整个程序的复杂度是 10^{10} 的数量级。这个复杂度在竞赛中是不可承受的。

除了 RMQ 问题以外,类似的还有求区间和问题。对于数列$\{a_1, a_2, \cdots, a_n\}$,先更改某些数的值,然后给定 $i, j \leqslant n$,求 $\text{sum} = a_i + \cdots + a_j$ 的区间和。对于单个更改或者求和,很容易写出 $O(n)$的算法;如果更改和询问的操作总次数是 m,那么整个程序的复杂度是 $O(mn)$。和 RMQ 一样,这样的复杂度也是不行的。

对于这类问题,有一种神奇的数据结构,能在 $O(m\log_2 n)$的时间内解决,这就是线段树。

5.3.1 线段树的概念

视频讲解

线段树是一种用于区间处理的数据结构,用二叉树来构造。

线段树是建立在线段(或者区间)基础上的树,树的每个结点代表一条线段[L,R]。图 5.21 所示为是线段[1,5]的线段树。

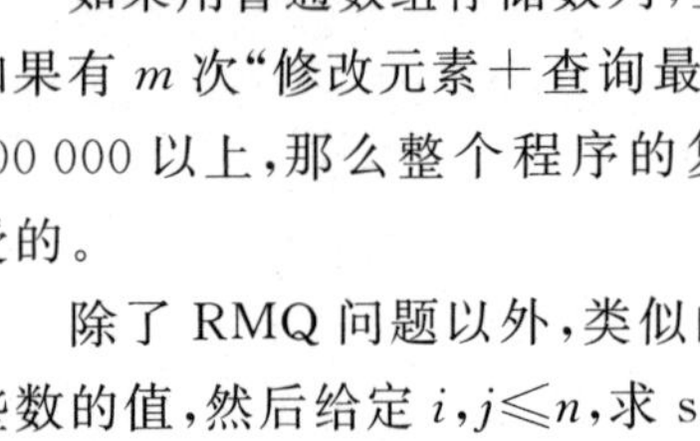

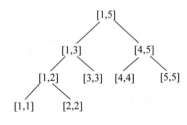

图 5.21　线段[1, 5]的线段树结构

考查每个线段$[L,R]$,L 是左子结点,R 是右子结点。

(1) $L=R$,说明这个结点只有一个点,它就是一个叶子结点。

(2) $L<R$,说明这个结点代表的不止一个点,它有两个儿子,左儿子代表的区间是$[L, M]$,右儿子代表的区间是$[M+1, R]$,其中 $M=(L+R)/2$。

线段树是二叉树,一个区间每次被折一半往下分,所以最多分 $\log_2 n$ 次就到达最低层。当需要查找一个点或者区间的时候,顺着结点往下找,最多 $\log_2 n$ 次就能找到。这就是线段树效率高的原因,使用了二叉树折半查找的方法。

回到 RMQ 问题,如果用线段树,"修改元素＋查询最值"这两个操作分别可以在 $O(\log_2 n)$的时间内完成。如图 5.22 所示,查询$\{1,2,5,8,6,4,3\}$的最小值,其中每个结点上的数字是这棵子树的最小值。

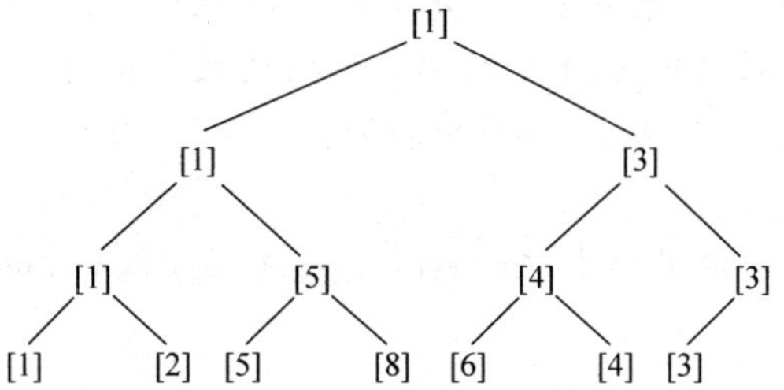

图 5.22 RMQ 问题(查询最小值)

如需修改元素,直接修改叶子结点上元素的值后从底往上更新线段树,操作次数也是 $O(\log_2 n)$。

m 次"修改+查询"的总复杂度是 $O(m\log_2 n\log_2 n)$。实际上,修改和查询可以同时做,所以总复杂度是 $O(m\log_2 n)$。这对规模 100 万的问题也能轻松解决。

5.3.2 点修改

首先讨论在线段树中每次只修改一个点的问题。

线段树如何构造?如何更新?如何查询?下面以 poj 2182 为例,引导出线段树的应用和编程细节。

> **poj 2182 "Lost Cows"**
>
> **题目描述**:有编号是 1~n 的 n 个数字,$2 \leqslant n \leqslant 8000$,乱序排列,顺序是未知的。对于每个位置的数字,知道排在它前面比它小的数字有多少个。求这个乱序数列的顺序。

例如有 5 个数,已知每个数字前面比它小的数的个数,分别是:

pre[]: 0 1 2 1 0

可以求得这个乱序排列是:

ans[]: 2 4 5 3 1

本题是"简单题",用线段树或者树状数组实现。

在讲解后续内容之前,这里先用暴力法实现,思路是从后往前处理 pre[]:

(1) pre[5]=0,表示 ans[5]前面比它小的数有 0 个,即 ans[5]是最小的,在 1~5 这几个编号中 1 最小,所以 ans[5]=1。ans[]的前 4 个编号不再包括 1,剩下 2~5 这几个编号。

(2) pre[4]=1,在剩下的 2~5 这几个编号中,编号 3 是第 2 大的,所以 ans[4]=3。

(3) pre[3]=2,在剩下的 2、4、5 这几个编号中,编号 5 是第 3 大的,所以 ans[3]=5。

(4) pre[2]=1,在剩下的 2、4 这两个编号中,编号 4 是第 2 大的,所以 ans[2]=4。

(5) pre[1]=0,剩下的编号 2,ans[1]=2。

概括以上步骤,在每一步,剩下的编号中第 pre[n]+1 大的编号就是 ans[n]。

用暴力的方法,从 pre[]末尾往前计算,每处理一头牛后,需要把剩下的牛重新排名,重新排名的计算时间是 $O(n)$;在重新排名时,可以顺便做下一次的查找,所以不需要另外算查找的时间。一共有 n 头牛,总复杂度是 $O(n^2)$。本题的数据规模 n 不大,只有 8000,用暴力的方法也能通过。

在下面的代码中，pre[]是输入的 1～n 个数字，例如{0 1 2 1 0}；ans[]是答案，例如{2 4 5 3 1}；num[]记录被处理过的数字，被处理后的数字置为−1。例如 num[]的初始值是{1 2 3 4 5}，得到 ans[5]=1 后，num[]更新为{−1 2 3 4 5}，这里用−1 表示 1 这个数字已经用过了。

解题的关键是，在剩下的编号中，第 pre[n]+1 个数字就是 ans[n]。

下面是代码。

poj 2182 的暴力法代码

```
#include <stdio.h>
const int Max = 8005;
int main(){
    int n, i, j, k;
    int pre[Max], ans[Max], num[Max];      //数组的第 0 个都不用,从第 1 个开始用
    scanf("%d", &n);
    pre[1] = 0;
    for(i = 1; i <= n; i++)     num[i] = i;
    for(i = 2; i <= n; i ++)    scanf("%d", &pre[i]);
    for(i = n; i >= 1; i -- ) {            //从后往前处理数列
        k = 0;
        for(j = 1; j <= n; j++)            //查找 num[]中未处理的第 pre[i] + 1 大的数
            if(num[j] != -1) {
                k++;
                if(k == pre[i] + 1) {      //找到了
                    ans[i] = num[j];       //num[]中剩下的第 pre[i] + 1 个数就是 ans[i]
                    num[j] = -1;
                    break;
                }
            }
    }
    for(i = 1; i <= n; i++)    printf("%d\n", ans[i]);
    return 0;
}
```

当 n 更大时，$O(n^2)$会 TLE，必须用更优的算法。问题的关键是，如何高效地对剩下的牛重新排名。

这里引入高级数据结构“线段树”，可以在 $O(\log_2 n)$的时间内完成一次重新排名。下面说明其要点。

1. 用二叉树建立线段树

用二叉树的方法，把牛分成不同的组。在图 5.23 中，叶子结点内的数字是牛的编号，其他结点是牛的编号范围。例如根结点，包含 5 头牛，它的左子结点有 3 头牛，右子结点有两头牛。

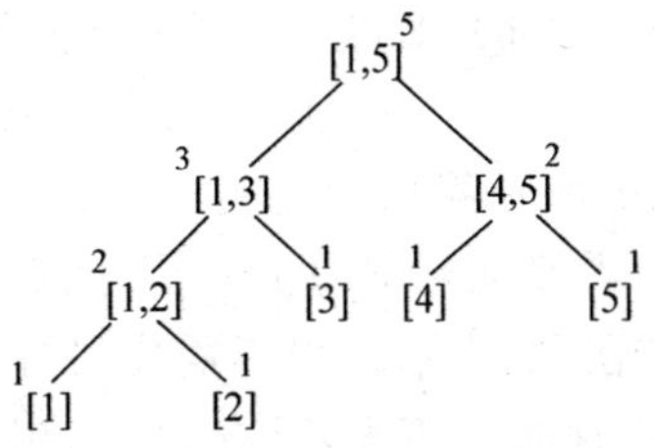

图 5.23　初始线段树

2. 存储空间

如果牛有 n 头，这个二叉树的结点总数在编程时为

4n。请读者自己思考为什么是4n(在后面的程序注释中有答案)。

3. 查询和更新

(1) 第1次处理pre[5]=0,即找对应的第1头牛,如图5.24(a)所示。步骤是从根结点开始,逐步找到左下角,即编号为1的结点,得到ans[5]=1。在这个过程中,更新经过的每个结点,即把这个结点剩下的牛的数量减一。一共需要更新4个结点。左下角结点已经减到0,表示后面的计算需要排除它。

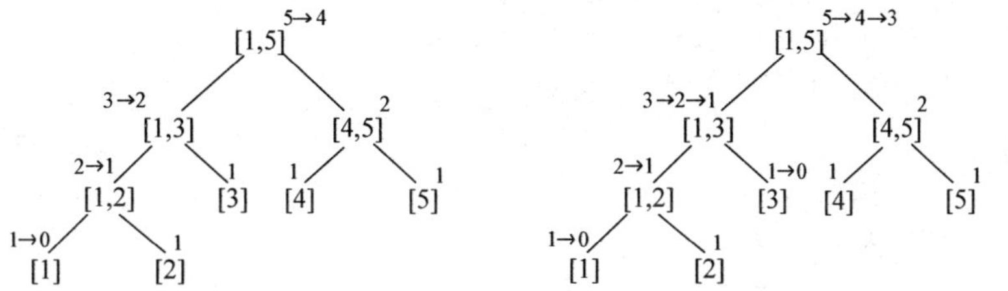

(a) 处理pre[5]=0　　(b) 处理pre[4]=1

图5.24　线段树的查询和更新

(2) 第2次处理pre[4]=1,即找剩下的第2头牛,如图5.24(b)所示。步骤是从根结点开始,逐步找到左边第3个结点,得到ans[4]=3。更新经过的每个结点,一共更新3个结点。

(3) 依次处理,直到结束。

4. 复杂度

每次处理,从二叉树的根结点开始到最下一层,最多需要更新$\log_2 4n$个结点,复杂度是$O(\log_2 n)$;一共有n头牛需要处理,总复杂度是$O(n\log_2 n)$。在暴力法中,每次需要查询和更新n个序列中的每个数,复杂度为$O(n)$。线段树把n个数按二叉树进行分组,每次更新有关的结点时,这个结点下面的所有子结点都隐含被更新了,从而大大地减少了处理次数。

下面给出poj 2182的线段树代码。

poj 2182"用结构体实现线段树"

```
#include <stdio.h>
using namespace std;
const int Max = 10000;
struct{
    int l, r, len;                        //用len存储这个区间的数字个数,即这个结点下牛的数量
}tree[4 * Max];                           //这里是4倍,因为线段树的空间需要
int pre[Max], ans[Max];
void BuildTree(int left, int right, int u){ //建树
    tree[u].l = left;
    tree[u].r = right;
    tree[u].len = right - left + 1;       //更新结点u的值
     if(left == right)
         return;
    BuildTree(left, (left + right)>>1, u<<1);                  //递归左子树
    BuildTree(((left + right)>>1) + 1, right, (u<<1) + 1);    //递归右子树
```

```
}
int query(int u, int num){                 //查询 + 维护,所求值为当前区间中左起第 num 个元素
    tree[u].len --;                        //对访问到的区间维护 len,即把这个结点上牛的数量减一
    if(tree[u].l == tree[u].r)
        return tree[u].l;
//情况 1:左子区间内牛的个数不够,则查询右子区间中左起第 num - tree[u<<1].len 个元素
    if(tree[u<<1].len < num)
        return query((u<<1) + 1, num - tree[u<<1].len);
//情况 2:左子区间内牛的个数足够,依旧查询左子区间中左起第 num 个元素
    if(tree[u<<1].len >= num)
        return query(u<<1, num);
}
int main(){
    int n, i;
    scanf("%d", &n);
    pre[1] = 0;
    for(i = 2; i <= n; i ++)
        scanf("%d", &pre[i]);
    BuildTree(1, n, 1);
    for(i = n; i >= 1; i --)               //从后往前推断出每次最后一个数字
        ans[i] = query(1, pre[i] + 1);
    for(i = 1; i <= n; i ++)
        printf("%d\n", ans[i]);
    return 0;
}
```

5. 用完全二叉树实现线段树

在上面的例子中,线段树是一棵普通的二叉树,操作起来比较麻烦。其实可以用完全二叉树的结构来实现,编程更加简单,如图 5.25 所示。

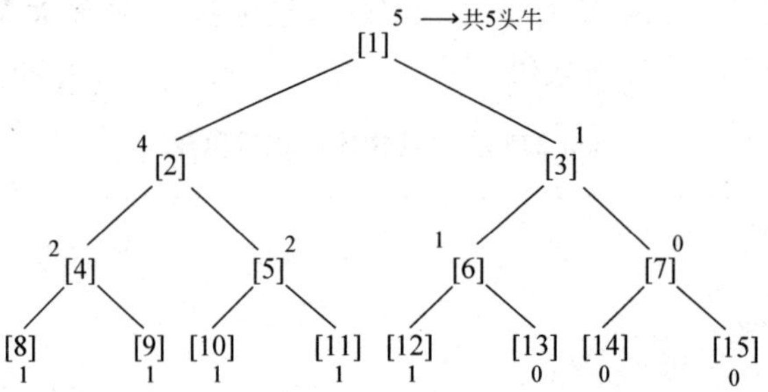

图 5.25　用完全二叉树建线段树

该图中的最后一行是牛的编号,例如[8]对应 1 号牛,[9]对应 2 号牛,等等。一共有 5 头牛。

在使用完全二叉树时,最后一层会存在“空叶子”。同样给空叶子按顺序编号,在遍历线段树时根据判断条件跳过这些“空叶子”就好了。用完全二叉树的方式存储线段树能提高插入线段和搜索时的效率。父结点 p 的左、右子结点分别是 $p*2$、$p*2+1$,用这样的索引方式检索 p 的左、右子树比用指针快。

poj 2182“用完全二叉树实现线段树”

```
#include <stdio.h>
#include <math.h>
const int Max = 10000;
int pre[Max] = {0}, tree[4 * Max] = {0},ans[Max] = {0};
//tree 是用数组实现的满二叉树.从图 5.25 可以知道,需要 4 倍大的空间
void BuildTree(int n,int last_left){          //用完全二叉树建一个线段树
    int i;
    for(i = last_left;i < last_left + n;i++)
                    //给二叉树的最后一行赋值,左边 n 个结点是 n 头牛
        tree[i] = 1;
    while(last_left != 1) {      //从二叉树的最后一行倒推到根结点,根结点的值是牛的总数
        for(i = last_left/2; i < last_left; i++)
            tree[i] = tree[i * 2] + tree[i * 2 + 1];
        last_left = last_left/2;
    }
}
int query(int u, int num,int last_left){
    //查询 + 维护,关键的一点是所求值为当前区间中左起第 num 个元素
    tree[u]--;                               //对访问到的区间维护剩下的牛的个数
    if(tree[u]  ==  0 && u >= last_left)
        return u;
//情况 1:左子区间的数字个数不够,则查询右子区间中左起第 num - tree[u<<1]个元素
    if(tree[u<<1] < num)
        return query((u<<1) + 1, num - tree[u<<1], last_left);
//情况 2:左子区间的数字个数足够,依旧查询左子区间中左起第 num 个元素
    if(tree[u<<1] >= num)
        return query(u<<1, num,last_left);
}
int main(){
    int n, last_left,i;
    scanf("%d", &n);
    pre[1] = 0;
    last_left = 1<<(int(log(n)/log(2)) + 1);
//二叉树最后一行的最左边一个.计算方法是找离 n 最近的 2 的指数,例如 3->4, 4->4, 5->8
    for(i = 2; i <= n; i ++)
        scanf("%d", &pre[i]);
    BuildTree(n,last_left);
    for(i = n; i >= 1; i --)                 //从后往前推断出每次最后一个数字
        ans[i] = query(1, pre[i] + 1,last_left) - last_left + 1;
    for(i = 1; i <= n; i ++)
        printf("%d\n", ans[i]);
    return 0;
}
```

5.3.3　离散化

建二叉树是线段树的基本操作,但是二叉树的大小并不是无限制的,例如规模 10 000 000

以上的二叉树会超过允许的存储空间。在竞赛中如果出现结点规模这样大的题目，当然不能在程序中建这么大的二叉树，此时需要用“离散化”这种小技巧来解决。

离散化就是把原有的大二叉树压缩成小二叉树，但是压缩前后子区间的关系不变。

例如一块宣传栏，横向长度的刻度标记为 1 到 10，贴 4 张不同颜色的海报，它们的宽度和宣传栏等宽，长度分别是[1,3]、[2,5]、[3,8]、[3,10]，并且用后者覆盖前者，问最后能看见几种颜色的海报。

离散化步骤如下：

(1) 提取这 4 张海报的 8 个端点：1 3 2 5 3 8 3 10

(2) 排序并且删除相同的端点，得到：1 2 3 5 8 10

(3) 把原线段的 8 个端点映射到新的线段上：

$$\begin{array}{cccccc} 1 & 2 & 3 & 5 & 8 & 10 \\ \downarrow & \downarrow & \downarrow & \downarrow & \downarrow & \downarrow \\ 1 & 2 & 3 & 4 & 5 & 6 \end{array}$$

新的 4 个海报为[1,3]、[2,4]、[3,5]、[3,6]，覆盖关系没有改变。新的宣传栏长度是 1 到 6，即宣传栏的长度从 10 压缩到 6。

离散化的压缩比是很可观的。例如原线段树的区间长度是 10 000 000，而其中真正用到的子区间是 100 000，那么子区间的端点最多有 2×100 000 个。经过离散化压缩后，新的线段树区间是 200 000，压缩率是 200 000/10 000 000＝2%。

【习题】

poj 2528，题目中宣传栏的长度是 10 000 000。

5.3.4 区间修改

上面的例子都是只修改线段树上的某个点。区间修改是更复杂的问题。给定 n 个元素 $\{a_1, a_2, \cdots, a_n\}$，进行以下操作：

加：给定 $i, j \leqslant n$，把 $\{a_i, \cdots, a_j\}$ 区间内的值全部加 v。

查询：给定 $L, R \leqslant n$，计算 $\{a_L, \cdots, a_R\}$ 的区间和。

下面以 poj 3468 为例来讲解区间修改问题。

> **poj 3468 “A Simple Problem with Integers”**
>
> 给出 N 个数，进行 Q 个操作，$1 \leqslant N, Q \leqslant 100\,000$。有两种操作：
>
> “C a b c”，对区间$[a,b]$的每个数字加 c；
>
> “Q a b”，查询区间$[a,b]$的数字和。
>
> 输入：N，Q，以及 N 个数字，Q 个操作；
>
> 输出：对每个查询操作，输出结果。

如果用暴力方法，直接对这 n 个数进行操作，那么每个 C 操作和 Q 操作都是 $O(n)$ 的，一共有 Q 次操作，总复杂度是 $O(n^2)$。

如果用前面的修改线段树点的方法，在做 C 操作时，对区间里的数一个一个进行修改，

一个数的修改是 $O(\log_2 n)$ 的，区间修改合起来是 $O(n\log_2 n)$，Q 次操作的总复杂度是 $O(n^2\log_2 n)$，比暴力法还要差。

lazy-tag 方法。此时可以采用一种"懒惰(lazy)"的做法。当修改的是一个整块区间时，只对这个线段区间进行整体上的修改，其内部每个元素的内容先不做修改，只有当这部分线段的一致性被破坏时才把变化值传递给子区间。那么，每次区间修改的复杂度是 $O(\log_2 n)$，一共有 Q 次操作，总复杂度是 $O(n\log_2 n)$。做 lazy 操作的子区间，需要记录状态(tag)，在下面的代码中用 add[]实现。

视频讲解

下面描述具体步骤。

(1) 初始化时建树。以区间[1，10]为例建树，图 5.26 所示为结果。在最后的叶子上是 1～10 这 10 个数字。图中最底层有很多叶子是空的。每个结点右上角的数字是以它为根结点的这棵子树的区间和。

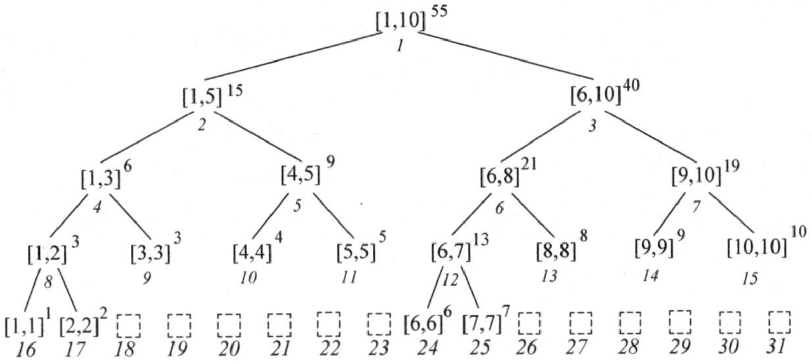

图 5.26　初始化建树

(2) "C *a b c*"操作。例如"C *3 6 3*"，在[3，6]区间内，把每个元素加 3。从根结点开始，用递归在子树中找区间[3，6]，有两种情况：[3，6]与子区间交错、[3，6]包含子区间。例如子区间[1，5]和[6，10]都与[3,6]交错，需要继续深入更底层子区间。在子区间[4，5]，它被[3，6]包含，那么根据 lazy 原理，把这个子区间进行整体修改，不继续深入，它下一层的[4，4]和[5，5]的区间和不用修改。图 5.27 所示为结果。部分结点的区间和发生了改变，见右上角。

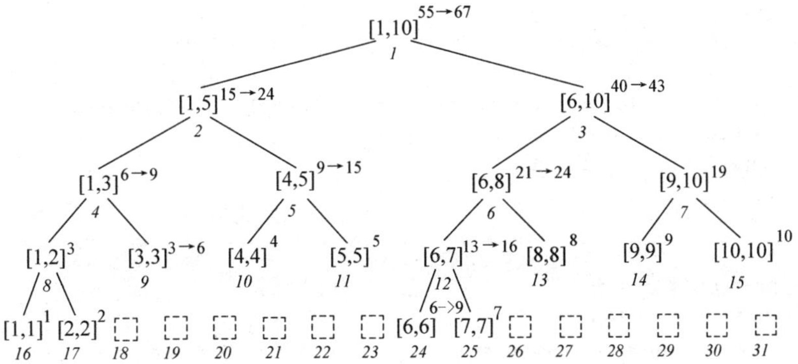

图 5.27　区间求和

(3)“Q *a* *b*”。同样可以利用 lazy 原理,当某个子区间包含在被查询的区间内时,直接返回这个子区间的区间和,不用继续深入。

下面是 poj 3468 的程序。build()函数建树,建树的结果见图 5.27; update()函数完成“C *a* *b* *c*”操作,query()函数完成“Q *a* *b*”操作。

sum[*i*]记录结点 *i* 的区间和,在图 5.27 中是结点右上角的数字。

add[*i*]是 tag,它记录结点 *i* 是否用到 lazy 原理,其值是“C *a* *b* *c*”中的 *c*; 如果做了多次 lazy,add[*i*]可以累加。一旦结点 *i* 在某次“C *a* *b* *c*”中被深入,破坏了 lazy,就把 add[*i*]归零,push_down()函数完成这一任务。

```
#include <stdio.h>
using namespace std;
const int MAXN = 1e5 + 10;
long long sum[MAXN << 2], add[MAXN << 2];          //4 倍空间
void push_up(int rt){                              //向上更新,通过当前结点 rt 把值递归到父结点
    sum[rt] = sum[rt << 1] + sum[rt << 1 | 1];
}
void push_down(int rt, int m){                     //更新 rt 的子结点
    if(add[rt]){
        add[rt << 1] += add[rt];
        add[rt << 1 | 1] += add[rt];
        sum[rt << 1] += (m - (m >> 1)) * add[rt];
        sum[rt << 1 | 1] += (m >> 1) * add[rt];
        add[rt] = 0;                               //取消本层标记
    }
}
#define lson l, mid, rt << 1
#define rson mid + 1, r, rt << 1 | 1
void build(int l, int r, int rt){                  //用满二叉树建树
    add[rt] = 0;
    if(l == r){                                    //叶子结点,赋值
        scanf("%lld", &sum[rt]);
        return;
    }
    int mid = (l + r) >> 1;
    build(lson);
    build(rson);
    push_up(rt);                                   //向上更新区间和
}
void update(int a, int b, long long c, int l, int r, int rt){      //区间更新
    if(a <= l && b >= r){
        sum[rt] += (r - l + 1) * c;
        add[rt] += c;
        return;
    }
    push_down(rt, r - l + 1);                      //向下更新
    int mid = (l + r) >> 1;
    if(a <= mid) update(a, b, c, lson);            //分成两半,继续深入
    if(b > mid) update(a, b, c, rson);
    push_up(rt);                                   //向上更新
}
```

```
long long query(int a, int b, int l, int r, int rt){        //区间求和
    if(a <= l && b >= r) return sum[rt];                      //满足 lazy,直接返回值
    push_down(rt, r - l + 1);                                 //向下更新
    int mid = (l + r) >> 1;
    long long ans = 0;
    if(a <= mid) ans += query(a, b, lson);
    if(b > mid) ans += query(a, b, rson);
    return ans;
}
int main(void){
    int n, m;
    scanf("%d%d", &n, &m);
    build(1, n, 1);
    while(m--){
        char str[2];
        int a, b; long long c;
        scanf("%s", str);
        if(str[0] == 'C'){
            scanf("%d%d%lld", &a, &b, &c);
            update(a, b, c, 1, n, 1);
        }else{
            scanf("%d%d", &a, &b);
            printf("%lld\n", query(a, b, 1, n, 1));
        }
    }
}
```

5.3.5　线段树习题

简单题：hdu 1166/1394/1698/1754/2795；
poj 1195/2182/2299/2828/2352/2750/2886/2777/3264/3468。

中等题：hdu 1540/1823/4027/5869；
poj 2155/2528/2823/3225。

综合题：hdu 1255/1542/3642/3974/4578/4614/4718/5756/4441。

5.4　树状数组

树状数组(Binary Indexed Tree，BIT)是一种利用数的二进制特征进行检索的树状结构。树状数组是一种奇妙的数据结构，不仅非常高效，而且代码极其简洁。

1. 树状数组的概念

从下面这个例子引导出树状数组的概念。

长度为 n 的数列$\{a_1, a_2, \cdots, a_n\}$，进行以下操作。

(1) 修改元素 add(k,x)：把 a_k 加上 x。

(2) 求和 sum(x)：$x \leqslant n$，$\text{sum}=a_1+a_2+\cdots+a_x$。那么，区间和 $a_i+\cdots+a_j=\text{sum}(j)-\text{sum}(i-1)$。

这个程序很好写，用循环加或者前缀和，复杂度是 $O(n)$。然而，如果 n 很大，这样做的效率会非常低。读者可以用前面讲的线段树来实现高效的算法。其实有一种更好的数据结构，即树状数组，不仅效率和线段树一样高，只有 $O(\log_2 n)$，而且代码短得不可思议。先看一看代码：

```
#define lowbit(x)  ((x) & - (x))
void add(int x, int d) {                    //更新数组 tree[ ]。ax = ax + d,修改和 ax 有关的 tree[ ]
    while(x <= n) {
        tree[x] += d;
        x += lowbit(x);
    }
}
int sum(int x) {                            //求和:sum = a1 + a2 + … + ax
    int sum = 0;
    while(x > 0){
        sum += tree[x];
        x -= lowbit(x);
    }
    return sum;
}
```

add()和 sum()的复杂度都是 $O(\log_2 n)$。

上述代码的使用方法如下：

(1) 初始化，add()。先清空数组 tree[]，然后读取 $a_1, a_2, \cdots, a_n$，用 add()逐一处理这 n 个数，得到 tree[]数组。在程序中并不需要定义数组 a[]，因为它隐含在 tree[]中。

(2) 求和，sum()。计算 sum $= a_1 + a_2 + \cdots + a_x$，即执行 sum()。求和是基于数组 tree[]的。

(3) 如果需要修改元素，执行 add()，即修改数组 tree[]。

下面详细说明上述操作的原理。

2. lowbit()操作

从代码中可以看出，其核心是一个神奇的 lowbit(x)操作。lowbit(x) $= x \,\&\, -x$，功能是找到 **x 的二进制数的最后一个 1**。其原理是利用负数的补码表示，补码是原码取反加一。例如 $x = 6 = 00000110_2$，$-x = x_{补} = 11111010_2$，那么 lowbit(x) $= x \,\&\, -x = 10_2 = 2$。

视频讲解

1～9 的 lowbit()结果如表 5.1 所示。

表 5.1　1～9 的 lowbit()结果

x	1	2	3	4	5	6	7	8	9
x 的二进制	1	10	11	100	101	110	111	1000	1001
lowbit(x)	1	2	1	4	1	2	1	8	1
tree[x]数组	tree[1] $=a_1$	tree[2] $=a_1+a_2$	tree[3] $=a_3$	tree[4] $=a_1+a_2+a_3+a_4$	tree[5] $=a_5$	tree[6] $=a_5+a_6$	tree[7] $=a_7$	tree[8] $=a_1+a_2+\cdots+a_8$	tree[9] $=a_9$

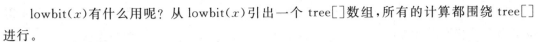

lowbit(x)有什么用呢？从 lowbit(x)引出一个 tree[]数组，所有的计算都围绕 tree[]进行。

令 m=lowbit(x)，定义 tree[x]的值，是把 a_x 和它前面共 m 个数相加的结果，如表 5.1 所示。例如 lowbit(6)=2，tree[6]=a_5+ a_6。

图 5.28 中的横线重新描述了这个关系，横线中的黑色表示 tree[x]，它等于横线上元素相加的和。

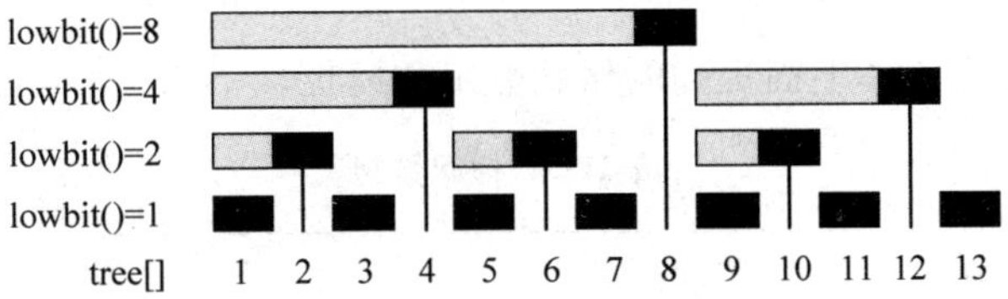

图 5.28　lowbit()计算

求和计算以及 tree[]数组的更新都可以通过 lowbit()完成。

1）求和计算 sum=a_1+a_2+…+a_x

可以借助 tree[]数组求 sum，例如：

sum(8)=tree[8]

sum[7]=tree[7]+tree[6]+tree[4]

sum[9]=tree[9]+tree[8]

然而，如何得到上面的关系呢？

很容易观察到，在计算 sum 时，对 tree[]的查找可以通过 lowbit(x)实现。例如 sum[7]=tree[7]+tree[6]+tree[4]。

首先从 7 开始，加上 tree[7]；

然后 7−lowbit(7)=6，加上 tree[6]；

接着 6−lowbit(6)=4，加上 tree[4]；

最后 4−lowbit(4)=0，结束。

编程细节见前面的求和函数 sum()，复杂度是 $O(\log_2 n)$。

2）tree[]数组的更新

更改 a_x，那么和它相关的 tree[]都会变化。例如改变 a_3，那么 tree[3]、tree[4]、tree[8]等都会改变。同样，这个计算也利用了 lowbit(x)。

首先更改 tree[3]；

然后 3+lowbit(3)=4，更改 tree[4]；

接着 4+lowbit(4)=8，更改 tree[8]；

继续，直到最后的 tree[n]。

编程细节见函数 add()，复杂度也是 $O(\log_2 n)$。add()函数也用于 tree[]的初始化过程：tree[]初始化为 0，然后用 add()逐一处理 a_1，a_2，…，a_n。

3. 例题

这里仍然以 poj 2182 为例，用树状数组实现。该题用树状数组更容易理解。

其中的关键点如下：

(1) 在 n 个位置上,每个位置有一头牛,即 $a_1=a_2=\cdots=a_n=1$。不过,在程序中并不需要直接定义和使用数组 a[]。

(2) tree[]数组的初始化。这个题目比较特殊,不需要用 add()初始化,因为 lowbit(i)就是 tree[i]。

(3) 程序所做的,就是对每个 pre[i]+1,用 findpos()找出 sum(x)=pre[i]+1 所对应的 x,就是第 x 头牛。在找到第 x 头牛之后,令 $a_x=0$,方法是用 add()更新数组 tree[],即执行 add(x, −1)。

下面的程序完全套用了上面提到的树状数组的模板。

poj 2182"树状数组"

```
#include <stdio.h>
#include <string.h>
const int Max = 10000;
int tree[Max], pre[Max], ans[Max];
int n;
#define lowbit(x)  ((x) & - (x))
void add(int x, int d){
    while(x <= n) {
        tree[x] += d;
          x += lowbit(x);
    }
}
int sum(int x){
    int sum = 0;
    while(x > 0) {
        sum += tree[x];
          x -= lowbit(x);
    }
    return sum;
}
int findpos(int x){                          //寻找 sum(x) = pre[i] + 1 所对应的 x,就是第 x 头牛
    int l = 1, r = n;
    while(l < r) {
        int mid = (l + r) >> 1;
        if(sum(mid) < x)
            l = mid + 1;
        else
            r = mid;
    }
    return l;
}
int main(){
    scanf("%d",&n);
    pre[1] = 0;
    for(int i = 2; i <= n; i++)
        scanf("%d",&pre[i]);
    for(int i = 1; i <= n; i++)          //初始化 tree[]数组
          //注意这个题目比较特殊,不需要用 add()初始化,因为 lowbit(i)就是 tree[i]
```

```
        tree[i] = lowbit(i);
    for(int i = n; i > 0; i-- )  {
        int x = findpos(pre[i] + 1);
        add(x, -1);                    //更新 tree[]数组
        ans[i] = x;
    }
    for(int i = 1; i <= n; i++)
        printf("%d\n", ans[i]);
    return 0;
}
```

4. 线段树和树状数组的对比

两者的复杂度同级，但是树状数组的常数明显优于线段树，编程复杂度也远远小于线段树。

线段树的适用范围大于树状数组，凡是可以使用树状数组解决的问题，使用线段树一定可以解决。树状数组的优点是编程非常简洁，使用 lowbit()可以在很短的几步操作中完成核心操作，代码效率远远高于线段树。

【习题】

简单题：poj 2299/2352/1195/2481/2029。

中等题：poj 2155/3321/1990；
　　　　hdu 3015/2430/2852。

难题：poj 2464，uva 11610。

5.5　小　　结

本章介绍了几个竞赛中常用的数据结构，限于篇幅，还有一些常用的数据结构没讲，例如堆、Hash、动态树 LCT 等。关于字符串的数据结构，在第 9 章中讲解；关于图的数据结构，在第 10 章中讲解。

视频讲解

高级数据结构是算法竞赛中比较难的内容，不仅本身的概念难以掌握，而且在具体的题目中需要根据情况灵活修改，以至于逻辑复杂、代码冗长。

第6章　基础算法思想

☑ 贪心法
☑ Huffman 编码
☑ 分治法
☑ 归并排序
☑ 快速排序
☑ 减治法

在竞赛中，队员拿到一个题目后很快就能知道这个题的考点是什么，例如图论、几何、数学、模拟、高级数据结构等。有时候老队员还会说："这一题的思路是动态规划……"

这里提到的动态规划并不是一个具体的算法，而是一种算法思想，或者是解题策略。类似地，把算法思想分成一些大类[①]，即暴力法、分治法、减治法、贪心法、动态规划。

本章将详细介绍贪心法、分治法、减治法。暴力法已经在"第 4 章 搜索技术"中介绍，动态规划将在"第 7 章 动态规划"中详细展开。

对于算法竞赛初学者来说，从只会按自然理解和逻辑做题，到能使用算法思想分析和设计，建立起基本的计算思维意识，是成为高级编程者的重要一步。

6.1 贪　心　法

6.1.1 基本概念

贪心(Greedy)是最容易理解的算法思想：把整个问题分解成多个步骤，在每个步骤都选取当前步骤的最优方案，直到所有步骤结束；在每一步都不考虑对后续步骤的影响，在后续步骤中也不再回头改变前面的选择。简单地说，其思想就是"走一步看一步""目光短浅"。

贪心法看起来似乎不靠谱，因为局部最优的组合不一定是全局最优的。那么，是否有一些规则使得局部最优能达到全局最优？本节将通过一些例子来详细说明这个问题。

贪心法有广泛的应用。例如图论中的最小生成树算法、单源最短路径算法 Dijkstra 是贪心思想的典型应用。关于这部分内容，请阅读"第 10 章 图论"。

下面先用硬币问题的例子引出贪心法的应用规则。

最少硬币问题：某人带着 3 种面值的硬币去购物，有 1 元、2 元、5 元的，硬币数量不限；他需要支付 M 元，问怎么支付才能使硬币数量最少？

---

① 讲解算法的经典教材《算法设计与分析基础》就是按这个分类展开的，由 Anany Levitin 著、潘彦译。另一本经典教材《算法导论》由 Thomas H. Cormen 等著、潘金贵等译，主要是按知识点内容来展开。

根据生活常识，第一步应该先拿出面值最大的 5 元硬币，第二步拿出面值第 2 大的 2 元硬币，最后才拿出面值最小的 1 元硬币。在这个解决方案中，硬币数量总数是最少的。

程序如下：

```
#include <bits/stdc++.h>
using namespace std;
const int NUM = 3;
const int Value[NUM] = {1,2,5};
int main(){
    int i, money;
    int ans[NUM] = {0};                    //记录每种硬币的数量
    cin >> money;                          //输入钱数
    for(i = NUM-1; i>=0; i--){             //求每种硬币的数量
        ans[i] = money/Value[i];
        money = money - ans[i] * Value[i];
    }
    for(i = NUM-1; i>=0; i--)
        cout << Value[i] << "元硬币数:" << ans[i] << endl;
    return 0;
}
```

在上面的例子中，虽然每一步选硬币的操作并没有从整体最优来考虑，只在当前步骤选取了局部最优，但结果是全局最优的。然而，局部最优并不总是能导致全局最优。比如这个最少硬币问题，用贪心法一定能得到最优解吗？

在最少硬币问题中，如果稍微改一下参数，就不一定能得到最优解，甚至在有解的情况下也无法算出答案。

（1）不能得到最优解的情形。例如，硬币面值比较奇怪，是 1、2、4、5、6 元，支付 9 元，如果用贪心法，答案是 6＋2＋1，需要 3 个硬币，而最优的 5＋4 只需要两个硬币。

（2）算不出答案的情形。例如，如果有面值 1 元的硬币，能保证用贪心法得到一个解，如果没有 1 元硬币，常常得不到解。用面值 2、3、5 元的硬币，支付 9 元，用贪心法无法得到解，但解是存在的，即 9＝5＋2＋2。

所以，在最少硬币问题中是否能使用贪心法跟硬币的面值有关。如果是 1、2、5 这样的面值，贪心法是有效的，而对于 1、2、4、5、6 或者 2、3、5 这样的面值，贪心法是无效的[①]。对任意面值的硬币问题，需要用动态规划求最优解，在下一章讲解动态规划时会提到。

虽然贪心法不一定能得到最优解，但是它思路简单、编程容易。因此，如果一个问题确定用贪心法能得到最优解，那么应该使用它。

那么，如何判断一个题目能用贪心法？用贪心法求解的问题需要满足以下特征：

（1）最优子结构性质。当一个问题的最优解包含其子问题的最优解时，称此问题具有最优子结构性质，也称此问题满足最优性原理。也就是说，从局部最优能扩展到全局最优。

① 一个简单的判断标准是，面值是整数 c 的幂，c^0、c^1、…、c^k，其中 $c>1$，$k\geqslant 1$，可以用贪心法。例如以 2 的倍数递增的 1、2、4、8 等，这样的面值就符合条件。

（2）贪心选择性质。问题的整体最优解可以通过一系列局部最优的选择来得到。

贪心算法没有固定的算法框架，关键是如何选择贪心策略。贪心策略必须具备无后效性，即某个状态以后的过程不会影响以前的状态，只与当前状态有关。

另外，对于某些难解问题，例如旅行商问题，很难得到最优解，但是此时用贪心法常常能得到不错的近似解。如果不一定非要求得最优解，那么贪心的结果也是很不错的方案。

6.1.2 常见问题

视频讲解

1. 活动安排问题

活动安排问题又称为区间调度问题，原型见 hdu 2037 题。

> **hdu 2037 "今年暑假不 AC"**
>
> 有很多电视节目，给出它们的起止时间，有的节目时间冲突，问能完整看完的电视节目最多有多少？

解题的关键在于选择什么贪心策略才能安排尽量多的活动。由于活动有开始时间和结束时间，考虑下面 3 种贪心策略：

（1）最早开始时间。

（2）最早结束时间。

（3）用时最少。

经过分析发现，第 1 种策略是错误的，因为如果一个活动迟迟不终止，后面的活动就无法开始。第 2 种策略是合理的，一个尽快终止的活动可以容纳更多的后续活动。第 3 种策略也是错误的。

对最早结束时间进行贪心，算法步骤如下：

（1）把 n 个活动按结束时间排序。

（2）选择第 1 个结束的活动，并删除（或跳过）与它时间相冲突的活动。

（3）重复步骤（2），直到活动为空。每次选择剩下的活动中最早结束的那个活动，并删除与它时间冲突的活动。

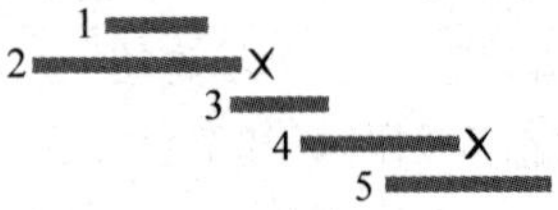

图 6.1　活动安排

下面的图 6.1 是例子，最优活动是 1、3、5，活动 2 和活动 4 与其他节目有冲突。

上述贪心算法是否能保证得到全局最优解？

（1）它符合最优子结构性质。选中的第 1 个活动，它一定在某个最优解中；同理，选中的第 2 个活动、第 3 个活动等也都在这个最优解中。

（2）它符合贪心选择性质。算法的每一步都使用了相同的贪心策略。

hdu 2037 部分代码

```
struct node {
    int start, end;                          //定义活动的起止时间
} record[MAXN];
bool cmp(const node& a, const node& b){return a.end < b.end; }
```

```
for(int i = 0; i < n; i++)                //输入 n 个活动
    cin >> record[i].start >> record[i].end;
sort(record, record + n, cmp);            //按结束时间排序
int count = 0;
int lastend = -1;
for(int i = 0; i < n; i++) {              //贪心算法
    if(record[i].start >= lastend){       //后一个起始时间大于等于前一个终止时间
        count++;
        lastend = record[i].end;          //记录前一个活动的终止时间
    }
}
cout << count << endl;                    //输出活动个数
```

2. 区间覆盖问题

给定一个长度为 n 的区间，再给出 m 条线段的左端点（起点）和右端点（终点），问最少用多少条线段可以将整个区间完全覆盖？

贪心思路是尽量找出更长的线段。其解题步骤如下：

(1) 把每个线段按照左端点递增排序。

(2) 设已经覆盖的区间是 $[L,R]$，在剩下的线段中找所有左端点小于等于 R 且右端点最大的线段，把这个线段加入到已覆盖区间里，并更新已覆盖区间的 $[L,R]$ 值。

(3) 重复步骤(2)，直到区间全部覆盖。

在图 6.2 中，所有线段已按左端点进行排序。首先选中线段 1，然后在 2 和 3 中选中更长的 3。4 和 5 由于不合要求，被跳过。最后的最优解是 1、3。

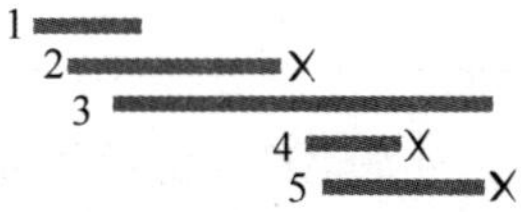

图 6.2 区间覆盖

3. 最优装载问题

原型见 hdu 2570 题。

> **hdu 2570 “迷瘴”**
>
> 有 n 种药水，体积都是 V，浓度不同，把它们混合起来，得到浓度不大于 $w\%$ 的药水，问怎么混合才能得到最大体积的药水？注意一种药水要么全用，要么都不用，不能只取一部分。

题目要求配置浓度不大于 $w\%$ 的药水，那么贪心的思路就是尽量找浓度小的药水。先对药水按浓度从小到大排序，药水的浓度不大于 $w\%$ 就加入，如果药水的浓度大于 $w\%$，计算混合后的总浓度，不大于 $w\%$ 就加入，否则结束判断。

4. 多机调度问题

设有 n 个独立的作业，由 m 台相同的计算机进行加工。作业 i 的处理时间为 t_i，每个作业可在任何一台计算机上加工处理，但不能间断、拆分。要求给出一种作业调度方案，在尽可能短的时间内，由 m 台计算机加工处理完成这 n 个作业。

求解多机调度问题的贪心策略是最长处理时间的作业优先，即把处理时间最长的作业分配给最先空闲的计算机。让处理时间长的作业得到优先处理，从而在整体上获得尽可能

短的处理时间。

(1) 如果 $n \leqslant m$,需要的时间就是 n 个作业当中最长的处理时间 t。

(2) 如果 $n > m$,首先将 n 个作业按处理时间从大到小排序,然后按顺序把作业分配给空闲的计算机。

6.1.3 Huffman 编码

Huffman 编码是贪心思想的典型应用,是一个很有用的、很著名的算法。Huffman 编码是“前缀”最优编码。

首先了解什么是编码。

把一段字符串存储在计算机中,这段字符串包含很多字符,每种字符出现的次数不一样,有的频次高,有的频次低。因为数据在计算机中都是用二进制码来表示的,所以需要把每个字符编码成一个二进制数。

最简单的编码方法是把每个字符都用相同长度的二进制数来表示。例如给出一段字符串,它只包含 A、B、C、D、E 这 5 种字符,编码方案如表 6.1 所示。

表 6.1 简单编码方案

字　符	A	B	C	D	E
频　次	3	9	6	15	19
编　码	000	001	010	011	100

每个字符用 3 位二进制数表示,存储的总长度是 $3\times(3+9+6+15+19)=156$。

这种编码方法简单、实用,但是不节省空间。由于每个字符出现的频次不同,可以想到用**变长编码**:出现次数多的字符用短码表示,出现少的用长码表示,例如表 6.2。

表 6.2 变长编码方案

字　符	A	B	C	D	E
频　次	3	9	6	15	19
编　码	1100	111	1101	10	0

存储的总长度是 $3\times4+9\times3+6\times4+15\times2+19\times1=112$。

第 2 种方法相当于第 1 种方法进行了压缩,压缩比是 $156/112=1.39$。

当然,编码算法的基本要求是编码后得到的二进制串能唯一地进行解码还原。上面第 1 种方法是正确的,每 3 位二进制数对应一个字符。第 2 种方法也是正确的,例如“11001111001101”,解码后唯一得到“ABDEC”。

如果胡乱设定编码方案,很可能是错误的,例如表 6.3。

表 6.3 错误编码方案

字　符	A	B	C	D	E
频　次	3	9	6	15	19
编　码	100	10	11	1	0

看起来似乎每个字符都有不同的编码，编码后的总长度也更短，只有 3×3+9×2+6×2+15×1+19×1=73。但是编码无法解码还原，例如"100"，是"A"、"BE"还是"DEE"呢？

错误的原因是，某个编码是另一个编码的**前缀**（prefix），即这两个编码有包含关系，导致了混淆。

那么有没有比第 2 种编码方法更好的方法？这引出了一个字符串存储的常见问题：给定一个字符串，如何编码，能使编码后的总长度最小？即如何得到一个最优解？

作为后续讲解的预习，读者可以验证：第 2 种编码方法已经达到了最优，编码后的总长度 112 就是能得到的最小长度。

下面介绍 Huffman 编码。Huffman 编码是前缀编码算法中的最优算法。

首先考虑如何进行编码？由于编码是二进制，容易想到用二叉树来构造编码。

例如上面第 2 种编码方案，其二叉树如图 6.3 所示。

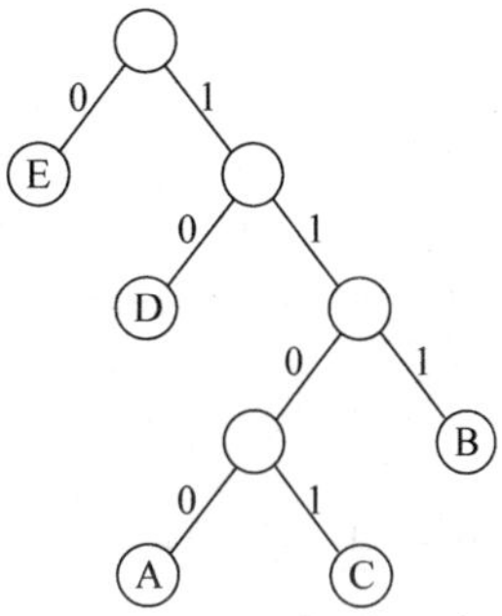

图 6.3　用二叉树实现前缀编码

在每个二叉树的分支，左边是 0，右边是 1。二叉树末端的叶子是编码，把编码放在叶子上，可以保证符合前缀不包含的要求。出现频次最高的字符 E，在最靠近根的位置，编码最短；出现频次最低的字符 A，在二叉树最深处，编码最长。

这棵编码二叉树是如何构造的？是最优的吗？

Huffman 编码是利用贪心思想构造二叉编码树的算法。

首先对所有字符按出现频次排序，如表 6.4 所示。

表 6.4　对字符按出现频次排序

字　符	A	C	B	D	E
频　次	3	6	9	15	19

然后从出现频次最少的字符开始，用贪心思想安排在二叉树上。其步骤如图 6.4 所示。每个结点圆圈内的数字是这个子树下字符出现的频次之和。

贪心的过程是按出现频次从底层往顶层生成二叉树。注意，每一步都要按频次重新排序，例如图 6.4(c)和(d)中调整了 D 和 E 的顺序。这个过程可以保证出现频次少的字符被放在树的底层，编码更长；出现多的字符被放在上层，编码更短。

可以证明，Huffman 算法符合贪心法的“最优子结构性质”和“贪心选择性质”[①]。编码的结果是最优的。

① 证明见《算法导论》，Thomas H. Cormen 等著，潘金贵等译，机械工业出版社，234 页，“赫夫曼算法的正确性”。

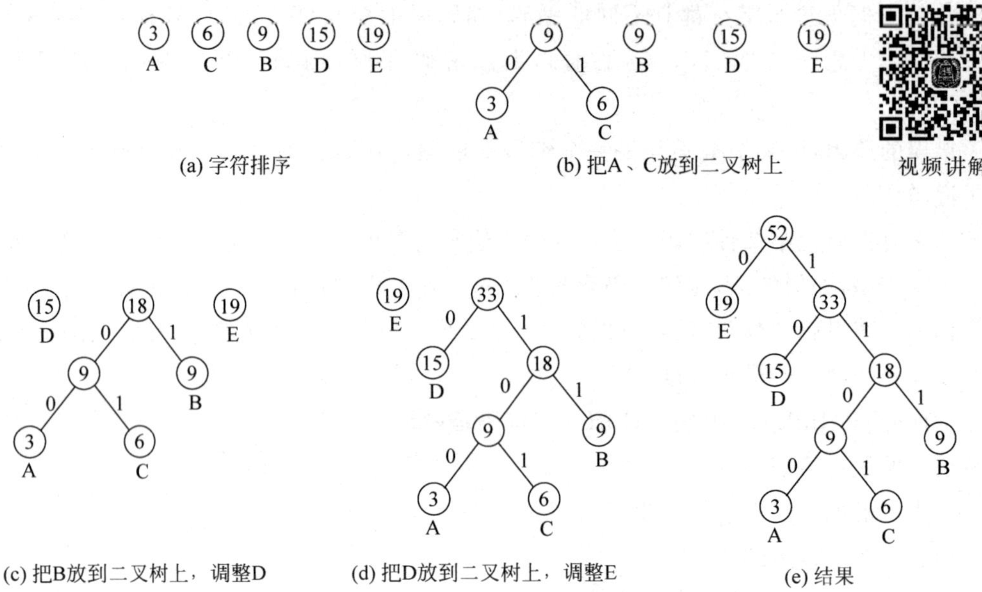

视频讲解

图 6.4　Huffman 编码算法的步骤

下面给出一个例题。

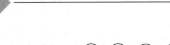

> **poj 1521 "Entropy"**
>
> 输入一个字符串，分别用普通 ASCII 编码（每个字符 8bit）和 Huffman 编码，输出编码后的长度，并输出压缩比。
>
> 输入样例：
>
> AAAAABCD
>
> 输出样例：
>
> 64 13 4.9

这一题正常的解题过程是首先统计字符出现的频次，然后用 Huffman 算法编码，最后计算编码后的总长度。不过，由于只需要输出编码的总长度，而不要求输出每个字符的编码，所以可以跳过编码过程，利用图 6.4 描述的 Huffman 编码思想（圆圈内的数字是出现频次），直接计算编码的总长度。

下面的代码使用了 STL 的优先队列，在每个贪心步骤，从优先队列中提取频次最低的两个字符。

poj 1521 部分代码

```
string s;
priority_queue < int, vector < int >, greater < int >> Q;
                                           //优先队列,最小的在队首
while(getline(cin, s) && s != "END"){      //输入字符串
    int t = 1;
    sort(s.begin(), s.end());
    for(int i = 1;i < s.length();i++){     //统计字符出现的频次,并放进优先队列
```

```
        if(s[i] != s[i-1]){
            Q.push(t);
            t = 1;
        }
        else t++;
    }
    Q.push(t);
    int ans = 0;
    while(Q.size() > 1){
        int a = Q.top(); Q.pop();   //提取队列中最小的两个
        int b = Q.top(); Q.pop();
        Q.push(a + b);
        ans += a + b;               //直接计算编码的总长度,请思考为什么
    }
    Q.pop();
}
//ans 就是编码后的总长度
```

6.1.4 模拟退火

模拟退火算法基于这样一个物理原理：一个高温物体降温到常温，温度越高时降温的概率越大(降温更快)，温度越低时降温的概率越小(降温更慢)。模拟退火算法利用这样一种思想进行搜索，即进行多次降温(迭代)，直到获得一个可行解。

在迭代过程中，模拟退火算法随机选择下一个状态，有两种可能：①新状态比原状态更优，那么接受这个新状态；②新状态更差，那么以一定的概率接受该状态，不过这个概率应该随着时间的推移逐渐降低。

模拟退火算法是贪心思想和概率的结合，常用"爬山"问题来介绍贪心有关的算法，在图 6.5 中，A 是局部最高点，B 是全局最高点。普通的贪心算法，如果当前状态在 A 附近，会一直爬山，最后停滞在局部最高点 A，而无法到达 B。模拟退火算法能跳出 A，得到 B。因为它不仅往上爬山，而且以一定的概率接受比当前点更低的点，使程序有机会摆脱局部最优到达全局最优。这个概率会随时间不断减小，从而最后能限制在最优解附近。

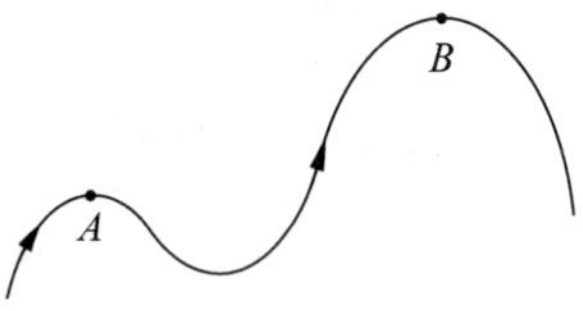

图 6.5　模拟退火与贪心

模拟退火算法的主要步骤如下：

(1) 设置一个初始的温度 T。

(2) 温度下降，状态转移。从当前温度按降温系数下降到下一个温度，在新的温度计算当前状态。

(3) 如果温度降到设定的温度下界，程序停止。

伪代码如下：

```
eps = 1e-8;                 //终止温度,接近 0,用于控制精度
T = 100;                    //初始温度,应该是高温,以 100℃ 为例
delta = 0.98;               //降温系数,控制退火的快慢,小于 1,以 0.98 为例
g(x);                       //状态 x 时的评价函数,例如物理意义上的能量
```

```
now, next;                              //当前状态和新状态
while(T > eps){                         //如果温度未降到 eps
        g(next), g(now);                //计算能量
        dE = g(next) - g(now);          //能量差
        if(dE >= 0)                     //新状态更优,接受新状态
            now = next;
        else if(exp(dE/T)> rand())      //如果新状态更差,在一定概率下接受它,e^(dE/T)
            now = next;
        T *= delta;                     //降温,模拟退火过程
}
```

模拟退火在算法竞赛中的典型应用有函数最值问题、TSP 旅行商问题、最小圆覆盖、最小球覆盖等。在本书第 11.2.2 节中给出了用模拟退火求解最小圆覆盖的例子。下面的例子是求函数最值。

hdu 2899 "Strange function"

函数 $F(x)=6x^7+8x^6+7x^3+5x^2-yx$，其中 x 的范围是 $0\leqslant x\leqslant 100$。

输入 y 值，输出 $F(x)$的最小值。

用模拟退火求函数最值是最合适的。下面是代码：

```
#include <bits/stdc++.h>
using namespace std;
const double eps = 1e-8;                                    //终止温度
double y;
double func(double x){                                      //计算函数值
    return 6 * pow(x,7.0) + 8 * pow(x,6.0) + 7 * pow(x,3.0) + 5 * pow(x,2.0) - y * x;
}
double solve(){
    double T = 100;                                         //初始温度
    double delta = 0.98;                                    //降温系数
    double x = 50.0;                                        //x 的初始值
    double now = func(x);                                   //计算初始函数值
    double ans = now;                                       //返回值
    while(T > eps){                                         //eps 是终止温度
        int f[2] = {1, -1};
        double newx = x + f[rand() % 2] * T;                //按概率改变 x,随 T 的降温而减少
        if(newx >= 0 && newx <= 100){
            double next = func(newx);
            ans = min(ans,next);
            if(now - next > eps){x = newx; now = next;}     //更新 x
        }
        T *= delta;
    }
    return ans;
}
int main(){
    int cas; scanf("%d",&cas);
```

```
    while(cas--){
        scanf("%lf",&y);
        printf("%.4f\n",solve());
    }
}
```

模拟退火算法用起来非常简单、方便，不过也有缺点。它得到的是一个可行解，而不是精确解。例如上面的例题，计算到 4 位小数点的精度就停止，实际上是一个可行解，所以算法的效率和要求的精度有关。在一般情况下，模拟退火算法的复杂度会比其他精确算法差。用户在应用时需要仔细选择初始温度 T、降温系数 delta、终止温度 eps 等。

6.1.5 习题

hdu 1789 "Doing Homework again"，活动安排问题。

hdu 1050 "Moving Tables"，空间问题，模型和活动安排问题一样。

hdu 2546 "饭卡"，普通背包问题。

hdu 3348 "coins"，钱币问题。

hdu 4864 "task"，不错的题。

poj 1328 "Radar Installation"，几何问题，建模为活动安排问题。

poj 1089 "Intervals"，区间覆盖问题，给定很多线段，合并线段，使得合并后间隔最小。

6.2 分 治 法

分治法是广为人知的算法思想，很容易理解。人们在遇到一个难以直接解决的大问题时，自然会想到把它划分成一些规模较小的子问题，各个击破，"分而治之(Divide and Conquer)"。

在软件开发项目的详细设计阶段，常常会开一个"头脑风暴"会议，把整个项目分解成相对独立的子问题，其思想符合分治法。

分治算法的具体操作是把原问题分成 k 个较小规模的子问题，对这 k 个子问题分别求解。如果子问题不够小，那么把每个子问题再划分为规模更小的子问题。这样一直分解下去，直到问题足够小，很容易求出这些小问题的解为止。

能用分治法的题目需要符合以下两个特征。

(1) 平衡子问题：子问题的规模大致相同，能把问题划分成大小差不多相等的 k 个子问题，最好 $k=2$，即分成两个规模相等的子问题。子问题规模相等的处理效率比子问题规模不等的处理效率要高。

(2) 独立子问题：子问题之间相互独立。这是区别于动态规划算法的根本特征，在动态规划算法中，子问题是相互联系的，而不是相互独立的。

特别需要说明的是，分治法不仅能够让问题变得更容易理解和解决，而且能大大优化算法的复杂度，在一般情况下能把 $O(n)$ 的复杂度优化到 $O(\log_2 n)$。这是因为，**局部的优化有利于全局；一个子问题的解决，其影响力扩大了 k 倍，即扩大到了全局。**

举一个简单的例子：在一个有序的数列中查找一个数。简单的办法是从头找到尾，复杂度是 $O(n)$。如果用分治法，即“折半查找”，则最多只需要 $\log_2 n$ 次就能找到。

分治法是一种“并行”算法。由于子问题是相互独立的，因此可以把子问题分给不同的计算机，分开单独解决。

分治法如何编程？分治法的思想几乎就是递归的过程，用递归程序实现分治法是很自然的。

在用分治法建立模型时，解题步骤分为以下 3 步。

(1) 分解(Divide)：把问题分解成独立的子问题。

(2) 解决(Conquer)：递归解决子问题。

(3) 合并(Combine)：把子问题的结果合并成原问题的解。

分治法的经典应用有汉诺塔、快速排序、归并排序等。

6.2.1 归并排序

归并排序和快速排序都是非常精美的算法，学习它们，对于理解分治法思想、提高算法思维能力十分有帮助。在学习归并排序和快速排序之前，请读者先学习交换排序、选择排序、冒泡排序等暴力的排序方法①。

在介绍归并排序和快速排序之前先思考一个问题：如何用分治思想设计排序算法？

根据分治法的分解、解决、合并三步骤，具体思路如下：

(1) 分解。把原来无序的数列分成两部分，对每个部分，再继续分解成更小的两部分……在归并排序中，只是简单地把数列分成两半。在快速排序中，是把序列分成左、右两部分，左部分的元素都小于右部分的元素。分解操作是快速排序的核心操作。

(2) 解决。分解到最后不能再分解，排序。

(3) 合并。把每次分开的两个部分合并到一起。归并排序的核心操作是合并，其过程类似于交换排序。快速排序并不需要合并操作，因为在分解过程中左、右部分已经是有序的。

本节先讲解归并排序，然后讲解归并排序的典型应用——“逆序对”问题。

1. 归并排序示例

下面的例子给出了归并排序的操作步骤。初始数列经过 3 趟归并之后得到一个从小到大的有序数列，如图 6.6 所示。请读者根据这个例子分析它是如何实现分治法的分解、解决、合并 3 个步骤的。

分析该图，归并排序的主要操作如下：

(1) 分解。把初始序列分成长度相同的左、右两个子序列，然后把每个子序列再分成更小的两个子序列，直到子序列只包含 1 个数。这个过程用递归实现，图 6.6 中的第 1 行是初始序列，每个数是一个子序列，可以看成递归到达的最底层。

(2) 求解子问题，对子序列排序。最底层的子序列只包含 1 个数，其实不用排序。

---

① 算法竞赛中的排序，最多只处理千万级的数据量，即可以一次在内存中处理。工程上可能需要对大数据排序，例如 1TB 的数据，数据量太大，单个的 CPU 一次只能处理一小部分，所以不能简单地用某个排序算法。在找工作面试时，常常出现这种大数据排序的题目，读者可以学习有关的知识。

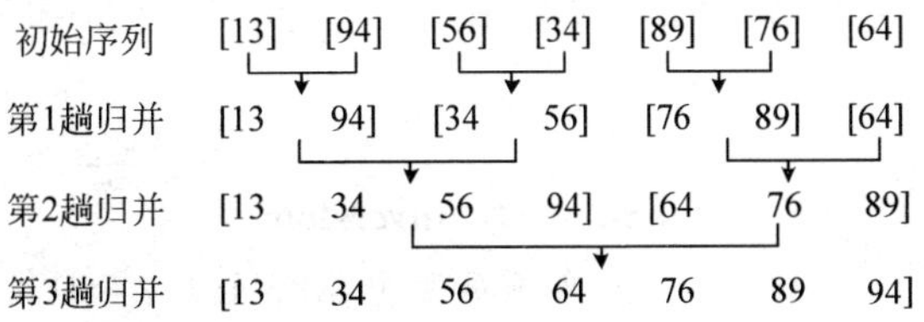

图 6.6 归并排序

(3) 合并。归并两个有序的子序列，这是归并排序的主要操作，过程如图 6.7 所示。例如在图 6.7(a)中，i 和 j 分别指向子序列{13,94,99}和{34,56}的第 1 个数，进行第 1 次比较，发现 $a[i]<a[j]$，把 $a[i]$放到临时空间 $b[]$中。总共经过 4 次比较，得到了 $b[]=\{13,34,56,94,99\}$。

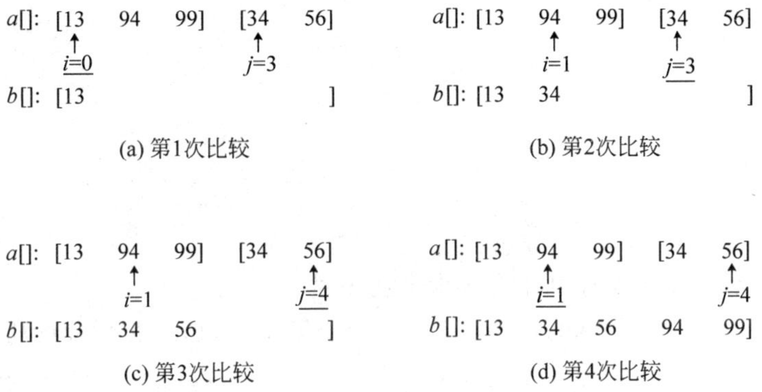

图 6.7 归并排序的一次合并

在暴力排序算法中，有一种算法是交换排序，归并排序可以看成是交换排序的升级版。

交换排序的步骤如下：

(1) 第 1 轮，检查第 1 个数 a_1。把序列中后面所有的数一个一个跟它比较，如果发现有一个比 a_1 小，就交换。第 1 轮结束后，最小的数就排在了第 1 个位置。

(2) 第 2 轮，检查第 2 个数。第 2 轮结束后，第 2 小的数排在了第 2 个位置。

(3) 继续上述过程，直到检查完最后一个数。

交换排序的复杂度是 $O(n^2)$。

在归并排序中，一次合并的操作和交换排序很相似，只是合并的操作是基于两个有序的子序列，效率更高。

下面分析归并排序的**计算复杂度**。对 n 个数进行归并排序：①需要 $\log_2 n$ 趟归并；②在每一趟归并中有很多次合并操作，一共需要 $O(n)$ 次比较。所以计算复杂度是 $O(n\log_2 n)$。

空间复杂度：由于需要一个临时的 $b[]$存储结果，所以空间复杂度是 $O(n)$。

读者从归并排序的例子可以体会到，对于整体上 $O(n)$复杂度的问题，通过分治可以减少为 $O(\log_2 n)$复杂度的问题。

2. 逆序对问题

排序是竞赛中的常用功能，一般直接使用 STL 的 sort()函数，并不需要自己再写一个排序的程序。不过也有一些特殊的问题，需要写出程序，并在程序内部做一些处理，例如逆序对问题。

hdu 4911 "Inversion"

输入一个序列$\{a_1,a_2,\cdots,a_n\}$，交换任意两个相邻元素，不超过 k 次。在交换之后，问最少的逆序对有多少个？

序列中的一个**逆序对**是指存在两个数 a_i 和 a_j，有 $a_i>a_j$ 且 $1\leqslant i<j\leqslant n$。也就是说，大的数排在小的数前面。

输入：第 1 行是 n 和 k，$1\leqslant n\leqslant 10^5$，$0\leqslant k\leqslant 10^9$；第 2 行包括 n 个整数$\{a_1,a_2,a_3,\cdots,a_n\}$，$0\leqslant a_i\leqslant 10^9$。

输出：最少的逆序对数量。

输入样例：

3 1

2 2 1

输出样例：

1

当 $k=0$ 时，就是求原始序列中有多少个逆序对。

求 $k=0$ 时的逆序对，用暴力法很容易：先检查第 1 个数 a_1，把后面的所有数跟它比较，如果发现有一个比 a_1 小，就是一个逆序对；再检查第 2 个数，第 3 个数……直到最后一个数。其复杂度是 $O(n^2)$。本题中 n 最大是 10^5，所以暴力法会 TLE。

考察暴力法的过程，会发现和交换排序很像。那么自然可以想到，能否用交换排序的升级版——归并排序来处理逆序对问题？

观察图 6.7 所示的一次合并过程发现，可以利用这个过程记录逆序对。观察到以下现象：

(1) 在子序列内部，元素都是有序的，不存在逆序对；逆序对只存在于不同的子序列之间。

(2) 在合并两个子序列时，如果前一个子序列的元素比后面子序列的元素小，那么不产生逆序对，如图 6.7(a)所示；如果前一个子序列的元素比后面子序列的元素大，就会产生逆序对，如图 6.7(b)所示。不过，在一次合并中，产生的逆序对不止一个，例如在图 6.7(b)中把 34 放到 $b[]$中时，它与 94、99 产生了两个逆序对。在下面的程序中，相关代码是"cnt+=mid−i+1;"。

根据以上观察，只要在归并排序过程中记录逆序对就行了。

以上解决了 $k=0$ 时原始序列中有多少个逆序对的问题，现在考虑，当 $k\neq 0$ 时(即把序列中任意两个相邻数交换**不超过** k 次)逆序对最少有多少？注意，不超过 k 次的意思是可以少于 k 次，而不是一定要 k 次。

在所有相邻数中，只有交换那些逆序的才会影响逆序对的数量。设原始序列有 cnt 个逆序对，讨论以下两种情况：

(1) 如果 $\text{cnt}\leqslant k$，总逆序数量不够交换 k 次。所以进行 k 次交换之后，最少的逆序对数量为 0。

(2) 如果 cnt>k，让 k 次交换都发生在逆序的相邻数上，那么剩余的逆序对是 cnt−k。

求逆序对的程序几乎可以完全套用归并排序的模板，差不多就是归并排序的裸题。在下面的程序中，Mergesort()和 Merge()是归并排序。与纯归并排序的程序相比，它只多了一句“cnt+=mid−i+1;”。

hdu 4911 归并排序（求逆序对）

```
#include <bits/stdc++.h>
const int MAXN = 100005;
typedef  long  long  ll;
ll a[MAXN], b[MAXN], cnt;
void Merge(ll l, ll mid, ll r){
    ll i = l, j = mid + 1, t = 0;
    while(i <= mid && j <= r){
        if(a[i] > a[j]){
            b[t++] = a[j++];
            cnt += mid - i + 1;                     //记录逆序对数量
        }
        else b[t++] = a[i++];
    }
  //一个子序列中的数都处理完了，另一个还没有，把剩下的直接复制过来
    while(i <= mid)   b[t++] = a[i++];
    while(j <= r)     b[t++] = a[j++];
    for(i = 0; i < t; i++)  a[l + i] = b[i];       //把排好序的 b[]复制回 a[]
}
void Mergesort(ll l, ll r){
    if(l < r){
        ll  mid = (l + r)/2;                        //平分成两个子序列
        Mergesort(l, mid);
        Mergesort(mid + 1, r);
        Merge(l, mid, r);                           //合并
    }
}
int main(){
    ll n,k;
    while(scanf("%lld%lld", &n, &k) != EOF){
        cnt = 0;
        for(ll i = 0;i < n;i++)  scanf("%lld", &a[i]);
        Mergesort(0,n - 1);                         //归并排序
        if(cnt <= k) printf("0\n");
        else          printf("%I64d\n", cnt - k);
    }
    return 0;
}
```

逆序对问题，除了可以用归并排序求解以外，也可以用树状数组求解。

6.2.2　快速排序

快速排序的思路是：把序列分成左、右两部分，使得左边所有的数都比右边的数小；递

归这个过程，直到不能再分为止。

那么如何把序列分成左、右两部分？最简单的办法是设定两个临时空间 X、Y 和一个基准数 t；检查序列中所有的元素，比 t 小的放在 X 中，比 t 大的放在 Y 中。其实不用这么麻烦，直接在原序列上操作就行了，不需要使用临时空间 X、Y。

直接在原序列上进行划分的方法也有很多种，下面的例子介绍了一种很容易操作的方法：

ij				t
5	2	8	3	4

尾部的 t 是基准数，i 指向比 t 小的左部分，j 指向比 t 大的右部分。

i	j			t
5	2	8	3	4

若 data[j]≥data[t]，j++。

	i	j		t
2	5	8	3	4

若 data[j]<data[t]，交换 data[j]和 data[i]，然后 i++，j++。

		i	j	t
2	3	8	5	4

继续。

		i	j	t
2	3	4	5	8

最后，交换 data[i]和 data[t]，得到结果。i 指向基准数的当前位置。

下面用上述方法实现快速排序。

快速排序程序（poj 2388）

```
#include "stdio.h"
const int N = 10010;
int data[N];
#define swap(a, b) {int temp = a; a = b; b = temp;}      //交换
int partition(int left, int right){                    //划分成左、右两部分，以 i 指向的数为界
    int i = left;
    int temp = data[right];                            //把尾部的数看成基准数
    for(int j = left; j < right; j++)
        if(data[j] < temp){
            swap(data[j], data[i]);
            i++;
        }
    swap(data[i], data[right]);
     return i;                                         //返回基准数的位置
}
void quicksort(int left, int right){
    if(left < right){
        int i = partition(left, right);                //划分
          quicksort(left, i - 1);                      //分治：i 左边的继续递归划分
          quicksort(i + 1, right);                     //分治：i 右边的继续递归划分
    }
}
int main(){
```

```
    int n;
    scanf("%d", &n);
    for(int i = 1; i <= n; i++)   scanf("%d", &data[i]);
    quicksort(1, n);
    printf("%d\n", data[(n + 1)/2]);
    return 0;
}
```

下面分析**复杂度**。

每一次划分，都把序列分成了左、右两部分，在这个过程中，需要比较所有的元素，有 $O(n)$ 次。如果每次划分是对称的，也就是说左、右两部分的长度差不多，那么一共需要划分 $O(\log_2 n)$ 次。其总复杂度是 $O(n\log_2 n)$。

如果划分不是对称的，左部分和右部分的数量差别很大，那么复杂度会高一些。在极端情况下，例如左部分只有一个数，剩下的全部都在右部分，那么最多可能划分 n 次，总复杂度是 $O(n^2)$。所以，快速排序是不稳定的[①]。

不过，一般情况下快速排序效率很高，甚至比稳定的归并排序更好。读者可以观察到，快速排序的代码比归并排序的代码简洁，代码中的比较、交换、复制操作很少。快速排序几乎是目前所有排序法中速度最快的方法。STL 的 sort()函数就是基于快速排序算法的，并针对快速排序的缺点做了很多优化。

视频讲解

快速排序思想可以用来解决一些特殊问题，例如求**第 k 大数**问题。

求第 k 大的数，简单的方法是用排序算法进行排序，然后定位第 k 大的数，其复杂度是 $O(n\log_2 n)$。

如果用快速排序的思想，可以在 $O(n)$ 的时间内找到第 k 大的数[②]。在快速排序程序中，每次划分的时候只要递归包含第 k 个数的那部分就行了。

【习题】

hdu 1425，求前 k 大的数；
poj 2388，求中间数。

6.3 减 治 法

大多数算法书籍不会特别讲解减治法(Decrease and Conquer)，减治法的题目常常被归纳到其他算法思想中。

用减治法解题的过程是把原问题分解为小问题，再把小问题分解为更小的问题，直到得到解。规模为 n 的原问题与分解后较小规模的子问题，它们的解有以下关系：

(1) 原问题的解只存在于其中一个子问题中；

(2) 原问题的解和其中一个子问题的解之间存在某种对应关系。

---

① 测试数据故意卡快速排序的极端情况，例如测试数据是 100 000 个完全一样的数字(洛谷 P1177 题)，用本书的代码会超时。

② 《算法导论》，Thomas H. Cormen，等著，潘金贵，等译，109 页，9.2 节。

按每次迭代中减去规模的大小把减治法分成以下 3 种情况：

(1) 减少一个常数。在算法的每次迭代中，把原问题减少相同的常数个，这个常数一般等于 1。相关的算法有插入排序、图搜索算法(DFS、BFS)、拓扑排序、生成排列、生成子集等。在这些问题中，每次把问题的规模减少 1。

(2) 按比例减少。在算法的每次迭代中，问题的规模按常数成倍减少，减少的效率极高。在大多数应用中，此常数因子等于 2。折半查找(Binary Search)是最典型的例子，在一个有序的数列中查找某个数 k，可以把数列分成相同长度的两半，然后在包含 k 的那部分继续折半，直到最后匹配到 k，总共只需要 $\log_2 n$ 次折半。

(3) 每次减少的规模都不同。减少的规模在算法的每次迭代中都不同，例如查找中位数(用快速排序的思路)、插值查找、欧几里得算法等。

6.4 小　　结

本章介绍了贪心、分治等基础算法的思想，这些也是算法竞赛中常见的题型。这两种算法思想容易理解、容易编程，若遇到难解的问题，大家不妨先考虑这两种方法。

第7章 动态规划

☑ 动态规划的概念和思想
☑ 最优子结构和重叠子问题
☑ 基础 DP 和递推法
☑ 0/1 背包、LCS、LIS
☑ 滚动数组
☑ 记忆化搜索
☑ 区间 DP
☑ 树形 DP
☑ 数位 DP
☑ 状态压缩 DP

动态规划(Dynamic Programming,DP)题是算法竞赛中的必出题型。DP 算法的效率高、代码少,竞赛队员不仅需要掌握很多编程技术,而且需要根据题目灵活设计具体的解题方案,能考察其思维能力、建模抽象能力、灵活性等。对 DP 的掌握情况很能体现竞赛队员的思维水平。

本章详细展开了与 DP 有关的算法,这些算法是每个竞赛队员都应该掌握的基本技术。

和贪心法、分治法一样,DP 并不是一个特定的算法,而是一种算法思想。

DP 算法思想可以简单解释如下:DP 问题一般是多阶段决策问题,它把一个复杂问题分解为相对简单的子问题,再一个个解决,最后得到原复杂问题的最优解;这些子问题是前后相关的,并且非常相似,处理方法几乎一样。把前面子问题的计算结果记录为“状态”,并存储在“状态表”中,后面子问题可以直接查找前面得到的状态表,避免了重复计算,极大地减少了计算复杂度。

DP 和分治法的区别如下:

(1) 分治法是把问题分成独立的子问题,各个子问题能独立解决,一个子问题内部的计算不需要其他子问题的数据,例如归并排序的分治过程。

(2) DP 的子问题之间是相关的,前面子问题的解决结果被后面的子问题使用。

DP 比分治法复杂得多。

DP 适用于有重叠子问题和最优子结构性质的问题,具体的解释请参考算法类相关教材。

求解 DP 问题有 3 步,即定义状态、状态转移、算法实现。DP 的核心是状态、状态转移方程。用状态转移方程求解状态,**状态往往就是问题的解**。在 DP 问题中,只要分析出状态以及状态转移方程,差不多就完成了 90%的工作量。

DP 问题可以分为线性和非线性的。

(1) 线性 DP。线性 DP 有两种方法，即顺推与逆推。在线性 DP 中，常常用“表格”来处理状态，用表格这种图形化工具可以清晰易懂地演示推导过程。本章绘制了大量表格来介绍有关算法。

(2) 非线性 DP。例如树形 DP，建立在树上，也有两个方向：①根→叶，根传递有用的信息给子结点，最后根得出最优解；②叶→根，根的子结点传递有用的信息给根，最后根得到最优解。

DP 是一种常用的算法思想。DP 问题可难可易，非常灵活，重点在于对“状态”和“转移”的建模与分析。该算法时间效率高，代码量少。在几乎所有的现场赛中都有 DP 的影子，而且常常作为中等题、难题出现。DP 一直是算法竞赛中的重点和难点。

7.1 基 础 DP

视频讲解

基础 DP 是一些经典问题，非常直观，易于理解。这些问题包括递推、0/1 背包、最长公共子序列、最长递增子序列等，它们的状态容易表示，转移方程容易得到。

下面从简单的硬币问题开始引导出动态规划的概念和处理方法。

7.1.1 硬币问题

前面第 6 章用贪心法解决的最少硬币问题要求硬币面值是特殊的。对于任意面值的硬币问题，需要用动态规划来解决。

硬币问题是简单的递推问题。

1. 最少硬币问题

有 n 种硬币，面值分别为 $v_1, v_2, \cdots, v_n$，数量无限。输入非负整数 s，选用硬币，使其和为 s。要求输出最少的硬币组合。

定义一个数组 int Min[MONEY]，其中 Min[i]是金额 i 对应的最少硬币数量。如果程序能计算出 Min[i]，$0<i<$MONEY，那么对输入的某个金额 i，只要查 Min[i]就得到了答案。

如何计算 Min[i]？Min[i]和 Min[$i-1$]是否有关系？

下面以 5 种面值(1、5、10、25、50)的硬币为例讲解递推的过程。

(1) 只使用最小面值的 1 分硬币。初始值 Min[0]=0，其他的 Min[i]为无穷大，如图 7.1 所示。下面计算 Min[1]。

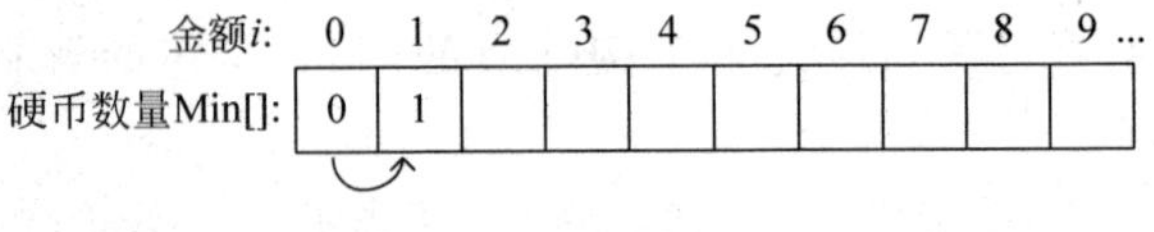

图 7.1　只用 1 分硬币

$i=0$，Min[0]=0，表示金额为 0，硬币数量为 0。在这个基础上加一个 1 分硬币，就前进到金额 $i=1$、硬币数量 Min[1]=Min[0]+1=Min[1−1]+1= 1 的情况。

同理，$i=2$ 时，相当于在 Min[1]的基础上加一个硬币，得到 Min[2]=Min[2−1]+1=2。继续这个过程，结果如图 7.2 所示。

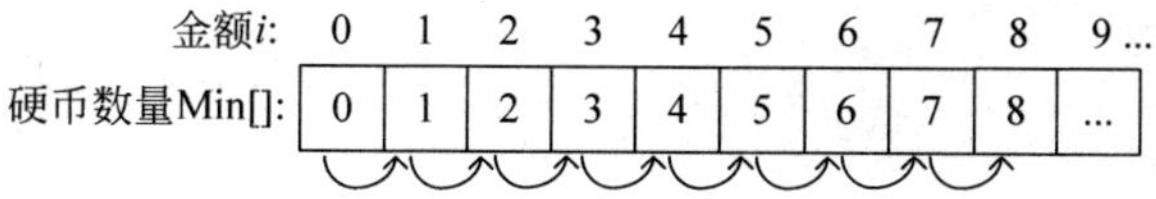

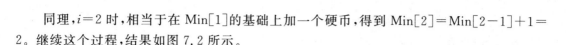

图 7.2 只用 1 分硬币时的结果

分析上述过程，得到递推关系 Min[i]=min(Min[i], Min[i−1]+1)。

(2) 在使用 1 分硬币的基础上增加使用第二大面值的 5 分硬币，如图 7.3 所示。此时应该从 Min[5]开始，因为比 5 分硬币小的金额不可能用 5 分硬币实现。

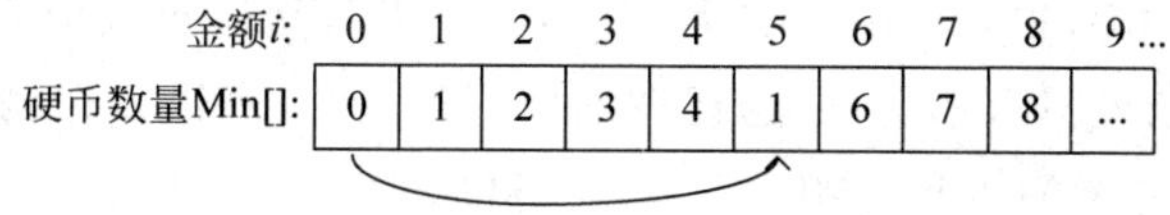

图 7.3 加上 5 分硬币

$i=5$ 时，相当于在 $i=0$ 的基础上加一个 5 分硬币，得到 Min[5]=Min[5−5]+1=1。上一步用 1 分硬币的方案有 Min[5]=5。取最小值，得 Min[5]=1。

同理，$i=6$ 时，有 Min[6]=Min[6−5]+1=2，对比原来的 Min[6]=6，取最小值。

继续这个过程，结果如图 7.4 所示。

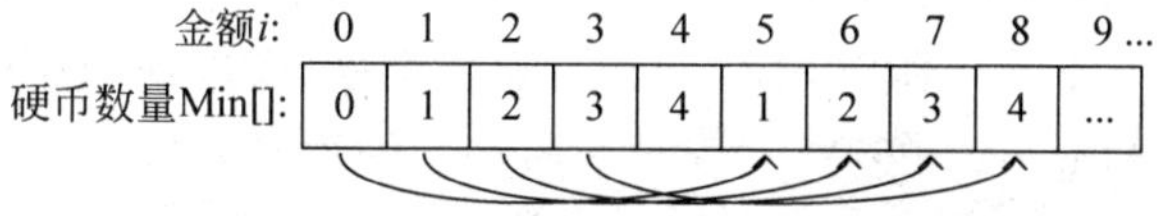

图 7.4 加上 5 分硬币时的结果

递推关系是 Min[i]=min(Min[i], Min[i−5]+1)。

(3) 继续处理其他面值的硬币。

在动态规划中，把 Min[i]这样的记录子问题最优解的数据称为"状态"，从 Min[i−1]或 Min[i−5]到 Min[i]的递推称为"状态转移"。用前面子问题的结果推导后续子问题的解，逻辑清晰、计算高效，这就是动态规划的特点。

程序代码如下：

```
#include <bits/stdc++.h>
using namespace std;
const int MONEY = 251;                      //定义最大金额
const int VALUE = 5;                        //5 种硬币
int type[VALUE] = {1, 5, 10, 25, 50};       //5 种面值
int Min[MONEY];                             //每个金额对应最少的硬币数量
void solve(){
    for(int k = 0; k < MONEY; k++)          //初始值为无穷大
        Min[k] = INT_MAX;
    Min[0] = 0;
    for(int j = 0; j < VALUE; j++)
        for(int i = type[j]; i < MONEY; i++)
```

```
            Min[i] = min(Min[i], Min[i - type[j]] + 1);     //递推式
}
int main(){
    int s;
    solve();                                   //计算出所有金额对应的最少硬币数量,打表
    while(cin >> s)
        cout << Min[s] << endl;
    return 0;
}
```

solve()的复杂度是 O(VALUE×MONEY)。

需要注意的是,上面的 main()程序用到了"打表"的处理方法,即在输入金额之前提前用 solve()算出所有的解,得到 Min[MONEY]这个"表",然后再读取金额 s,查表直接输出结果,查一次表的复杂度只有 $O(1)$。这样做的原因是,如果有很多组测试数据,例如 10 000 个,那么总复杂度是 O(VALUE×MONEY+10 000),没有增加多少。如果不打表,每次读一个 s,就用 solve()算一次,那么总复杂度是 O(VALUE×MONEY×10 000),时间几乎多了 1 万倍。

2. 打印最少硬币的组合

在 DP 中,除求最优解的数量之外,往往还要求输出最优解本身,此时状态表需要适当扩展,以包含更多信息。

在最少硬币问题中,如果要求打印组合方案,需要增加一个记录表 Min_path[i],记录金额 i 需要的最后一个硬币。利用 Min_path[]逐步倒推,就能得到所有的硬币。

例如,金额 $i=6$,Min_path[6]=5,表示最后一个硬币是 5 分;然后,Min_path[6−5]=Min_path[1],查 Min_path[1]=1,表示接下来的最后一个硬币是 1 分;继续 Min_path[1−1]=0,不需要硬币了,结束。输出结果如图 7.5 所示,硬币组合是"5 分+1 分"。

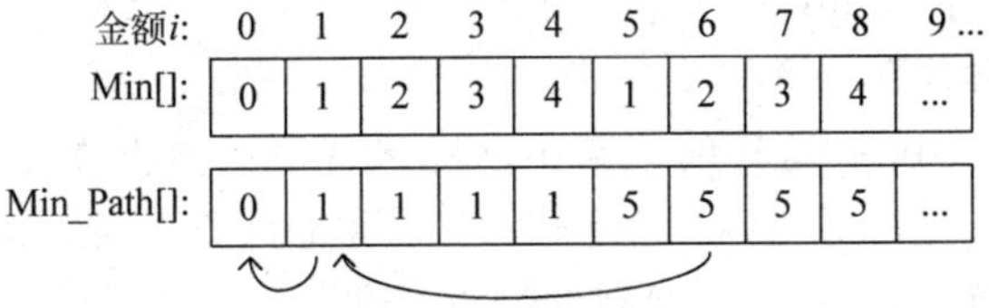

图 7.5　$i=6$ 时的输出结果

```
#include <bits/stdc++.h>
using namespace std;
const int MONEY = 251;                          //定义最大金额
const int VALUE = 5;                            //5 种硬币
int type[VALUE] = {1,5,10,25,50};               //5 种面值
int Min[MONEY];                                 //每个金额对应最少的硬币数量
int Min_path[MONEY] = {0};                      //记录最小硬币的路径

void solve(){
    for(int k = 0; k < MONEY;k++)
        Min[k] = INT_MAX;
```

```
    Min[0] = 0;
    for(int j = 0;j < VALUE;j++)
        for(int i = type[j]; i < MONEY; i++)
            if(Min[i] >  Min[i - type[j]] + 1){
                Min_path[i] = type[j];          //在每个金额上记录路径,即某个硬币的面值
                Min[i] = Min[i - type[j]] + 1;  //递推式
            }
}
void print_ans(int *Min_path, int s) {          //打印硬币组合
    while(s){
        cout << Min_path[s] << " ";
        s = s - Min_path[s];
    }
}
int main() {
    int s;
    solve();
    while(cin >> s){
        cout << Min[s] << endl;                 //输出最少硬币个数
        print_ans(Min_path,s);                  //打印硬币组合
    }
    return 0;
}
```

3. 所有硬币组合

有 n 种硬币，面值分别为 $v_1, v_2, \cdots, v_n$，数量无限。输入非负整数 s，选用硬币，使其和为 s。输出所有可能的硬币组合。

> **hdu 2069 "Coin Change"**
>
> 有 5 种面值的硬币，即 1 分、5 分、10 分、25 分、50 分。输入一个钱数 s，输出组合方案的数量。例如 11 分有 4 种组合方案，即 11 个 1 分、2 个 5 分+1 个 1 分、1 个 5 分+6 个 1 分、1 个 10 分+1 个 1 分。$s \leqslant 250$，硬币数量 num$\leqslant$100。

如果用暴力法，可以逐个枚举各种面值的硬币个数，判断每种情况是否合法。枚举量是 $\frac{s}{50} \times \frac{s}{25} \times \frac{s}{10} \times \frac{s}{5} \times \frac{s}{1}$ 次。

1）不完全解决方案

假设硬币数量不限，即题目没有 num$\leqslant$100 的限制。

定义一个记录状态的数组 int dp[251]。dp[i]表示金额 i 所对应的组合方案数，即解空间。找到 dp[i]和 dp[$i-1$]的递推关系，就高效地解决了问题。

第一步：只用 1 分硬币进行组合。

dp[0]=1 为初始值。

dp[1]可以从 dp[0]推导出来：当金额 $s=1$ 时，如果用一个 1 分硬币，等价于从 s 中减去 1 分钱，并且硬币数量也减少一个的情况。此时退到 $i=0$；如果 $i=0$ 存在组合方案，那么 $i=1$ 的组合方案也存在。dp[1]=dp[1]+dp[0]。

对于其他 dp[i]，同样有 dp[i]=dp[i]+dp[$i-1$]。

在上述叙述中，dp[i]是"状态"，dp[i]=dp[i]+dp[$i-1$]是状态转移方程。前面子问题的状态 dp[$i-1$]，用状态转移方程计算后，得到后面子问题的状态 dp[i]。

计算可得表 7.1。

表 7.1　只用 1 分硬币时

i	0	1	2	3	4	5	6	7	8	…
dp[i]	1	1	1	1	1	1	1	1	1	…

第二步：加上 5 分硬币，继续进行组合。

当 $i<5$ 时，组合中不可能有 5 分硬币。

当 $i \geqslant 5$ 时，金额为 s 时的组合数量等价于从 s 中减去 5，而且硬币数量也减去一个的情况。dp[i]=dp[i]+dp[$i-5$]。计算可得表 7.2。

表 7.2　加上 5 分硬币时

i	0	1	2	3	4	5	6	7	8	…
dp[i]	1	1	1	1	1	2	2	2	2	…

第三步：继续处理 10 分、25 分、50 分硬币的情况，同理有 dp[i]=dp[i]+dp[$i-10$]、dp[i]=dp[i]+dp[$i-25$]、dp[i]=dp[i]+dp[$i-50$]。

在上述步骤中，一次计算的复杂度只有 $O(1)$，全部计算的复杂度只有 $O(ks)$，k 是不同面值硬币的个数，s 是最大金额。

程序如下：

```
#include <bits/stdc++.h>
using namespace std;
const int MONEY = 251;                          //定义最大金额
int type[5] = {1, 5, 10, 25, 50};               //5 种面值
int dp[MONEY] = {0};
void solve() {
    dp[0] = 1;
    for(int i = 0;i < 5;i++)
        for(int j = type[i]; j < MONEY; j++)
            dp[j] = dp[j] + dp[j - type[i]];
}
int main() {
    int s;
    solve();                                    //提前计算出所有金额对应的组合数量，打表
    while(cin >> s)
        cout << dp[s] << endl;
    return 0;
}
```

2）完全解决方案

上述程序有一个问题，没有考虑对硬币数量的限制，hdu 2069 题要求硬币不能多于 100 个。这是因为状态 dp[i]太简单，没有记录计算过程中的细节。

重新定义状态为 dp[i][j]，建立一个“转移矩阵”，如表 7.3 所示。其中，横向是金额（题目中 $i\leqslant 250$），纵向是硬币数（题目中最多用 100 个硬币，$j\leqslant 100$）。

表 7.3 转移矩阵

j \ i	0	1	2	3	4	5	6	7	8	9	10	…
0	1											
1		1				1						
2			1				1				1	
3				1				1				…
4					1				1			
5						1				1		
6							1				1	
7								1				…
…									…			
100												

矩阵元素 dp[i][j]的含义是用 j 个硬币实现金额 i 的方案数量。例如表 7.3 中 dp[6][2]=1，表示用两个硬币凑出 6 分钱，只有一种方案，即 5 分+1 分。该表中的空格为 0，即没有方案，例如 dp[6][1]=0，用一个硬币凑 6 分钱，不存在这样的方案。该表中列出了 dp[10][7]以内的方案数。

矩阵元素 dp[][]就是解空间。该表中纵坐标相加，就是某金额对应的方案总数，例如 6 分的金额为 dp[6][2]+dp[6][6]=2，有两种硬币组合方案。

“状态转移”的特征是用矩阵前面的状态 dp[i][j]能推算出后面状态的值。步骤如下：

第一步：只用 1 分硬币实现。

初始化：dp[0][0]=1，其他为 0。定义 int type[5]={1, 5, 10, 25, 50}为 5 种硬币的面值。

从 dp[0][0]开始，可以推导后面的状态。例如，dp[1][1]是 dp[0][0]进行“金额+1、硬币数量+1”后的状态转移。转移后组合方案数量不变，即 dp[1][1]=dp[0][0]=1。

这里还要考虑 dp[1][1]原有的方案数，递推关系修正为：

dp[1][1]=dp[1][1]+dp[0][0]=dp[1][1]+dp[1−1][1−1]=0+1=1

dp[1−1][1−1]的意思是从 1 分金额中减去 1 分硬币的钱，原来 1 个硬币的数量也减少 1 个。

在程序中，把上述操作写成：

dp[1][1]=dp[1][1]+dp[1−type[0]][1−1]

对所有 dp[i][j]进行上述操作，结果如表 7.4 所示。

表 7.4　只用 1 分硬币时

	0	1	2	3	4	5	6	7	8	9	10	…
0	1											
1		1										
2			1									
3				1								
4					1							
5						1						
6							1					
7								1				
…									…			
100												

第二步：加上 5 分硬币，继续进行组合。

dp[i][j]，当 i<5 时，组合中不可能有 5 分硬币。

当 i≥5 时，金额为 i、硬币为 j 个的组合数量等价于从 i 中减去 5 分钱，而且硬币数量也减去 1 个（即这个面值 5 的硬币）的情况。dp[i][j]＝dp[i][j]＋dp[i－5][j－1]＝dp[i][j]＋dp[i－type[1]][j－1]。对所有 dp[i][j]进行上述操作，结果如表 7.5 所示。

表 7.5　加上 5 分硬币时

	0	1	2	3	4	5	6	7	8	9	10	…
0	1											
1		1				1						
2			1				1				1	
3				1				1				…
4					1				1			
5						1				1		
6							1				1	
7								1				…
…									…			
100												

第三步：陆续加上 10 分、25 分、50 分硬币，同理有以下关系。

$$dp[i][j]=dp[i][j]+dp[i-type[k]][j-1],k=2,\ 3,\ 4$$

总结上述过程，每个状态 dp[i][j]都可以根据它前面已经算出的状态进行推导，复杂度为 $O(1)$，总复杂度为 $O(kmn)$，k 是不同面值硬币的个数，m 和 n 是矩阵的大小。

利用 dp[i][j]也很容易找到某金额对应的最少和最多硬币数量。例如金额 5，最少硬币数量是 dp[5][1]＝1，最多硬币数量是 dp[5][5]＝5。

下面给出代码。

hdu 2069 代码

```
#include <bits/stdc++.h>
using namespace std;
const int COIN = 101;                   //题目要求不超过 100 个硬币
const int MONEY = 251;                  //题目给定的钱数不超过 250
int dp[MONEY][COIN] = {0};              //DP 转移矩阵
int type[5] = {1, 5, 10, 25, 50};       //5 种面值
void solve() {                          //DP
    dp[0][0] = 1;
    for(int i = 0; i < 5; i++)
        for(int j = 1; j < COIN; j++)
            for(int k = type[i]; k < MONEY; k++)
                dp[k][j] += dp[k - type[i]][j - 1];
}
int main() {
    int s;
    int ans[MONEY] = {0};
    solve();                            //用 DP 计算完整的转移矩阵
    for(int i = 0; i < MONEY; i++)      //对每个金额计算有多少种组合方案,打表
        for(int j = 0; j < COIN; j++)   //从 0 开始,注意 dp[0][0] = 1
            ans[i] += dp[i][j];
    while(cin >> s)
        cout << ans[s] << endl;
    return 0;
}
```

7.1.2 0/1 背包

0/1 背包是最经典的 DP 问题,没有之一。

背包问题:有多个物品,重量不同、价值不同,以及一个容量有限的背包,选择一些物品装到背包中,问怎么装才能使装进背包的物品总价值最大。根据不同的限定条件,可以把背包问题分为很多种,常见的有下面两种:

(1) 如果每个物体可以切分,称为一般背包问题,用贪心法求最优解。比如吃自助餐,在饭量一定的情况下,怎么吃才能使吃到肚子里的最值钱? 显然应该从最贵的食物吃起,吃完了最贵的再吃第 2 贵的,这就是贪心法。

(2) 如果每个物体不可分割,称为 0/1 背包问题。仍以吃自助餐为例,这次食物都是一份份的,每一份必须吃完。如果最贵的食物一份就超过了你的饭量,那只好放弃。这种问题无法用贪心法求最优解。

1. 0/1 背包问题

给定 n 种物品和一个背包,物品 i 的重量是 w_i、价值为 v_i,背包的总容量为 C。在装入背包的物品时对每种物品 i 只有两种选择,即装入背包和不装入背包(称为 0/1 背包)。如何选择装入背包的物品,使得装入背包中的物品的总价值最大?

设 x_i 表示物品 i 装入背包的情况，当 $x_i=0$ 时不装入背包，当 $x_i=1$ 时装入背包，有以下约束条件和目标函数。

约束条件：

$$\sum_{i=1}^{n} w_i x_i \leqslant C \quad x_i \in \{0,1\}, \quad 1 \leqslant i \leqslant n$$

目标函数：

$$\max \sum_{i=1}^{n} v_i x_i$$

视频讲解

2. 用 DP 求解 0/1 背包

后面的描述都基于这个例子：有 4 个物品，其重量分别是 2、3、6、5，价值分别为 6、3、5、4，背包的容量为 9。

引进一个 $(n+1)\times(C+1)$ 的二维表 dp[][]，可以把每个 dp[i][j]都看成一个背包，dp[i][j]表示把前 i 个物品装入容量为 j 的背包中获得的最大价值，i 是纵坐标，j 是横坐标。

填表按照只装第 1 个物品、只装前两个物品、只装前 3 个物品的顺序，直到装完，如图 7.6 所示。这是从小问题扩展到大问题的过程。

背包容量 →		0	1	2	3	4	5	6	7	8	9
不装→	0										
装第 1 个→	1										
装前 2 个→	2										
装前 3 个→	3										
装前 4 个→	4										

图 7.6 填表的过程

步骤 1：只装第 1 个物品。

由于物品 1 的重量是 2，所以背包容量小于 2 的都放不进去，得 dp[1][0]=dp[1][1]=0；物品 1 的重量等于背包容量，装进去，背包价值等于物品 1 的价值，dp[1][2]=6；容量大于 2 的背包，多余的容量用不到，所以价值和容量 2 的背包一样，如图 7.7 所示。

		0	1	2	3	4	5	6	7	8	9
	0	0	0	0	0	0	0	0	0	0	0
$w_1=2, v_1=6$	1	0	0	*6*	6	6	6	6	6	6	6

图 7.7 只装第 1 个物品

步骤 2：只装前两个物品。

如果物品 2 的重量比背包容量大，那么不能装物品 2，情况和只装第 1 个物品一样。

下面填 dp[2][3]。物品 2 的重量等于背包容量，那么可以装物品 2，也可以不装：

(1) 如果装物品 2(重量是 3)，那么相当于只把物品 1 装到(容量−3)的背包中，如图 7.8 所示。

(2) 如果不装物品 2，那么相当于只把物品 1 装到背包中，如图 7.9 所示。

取(1)和(2)的最大值，得 dp[2][3]=max{3,6}=6。

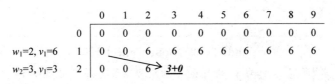

		0	1	2	3	4	5	6	7	8	9
	0	0	0	0	0	0	0	0	0	0	0
w_1=2, v_1=6	1	0	0	6	6	6	6	6	6	6	6
w_2=3, v_1=3	2	0	0	6	***3+0***						

图 7.8　装物品 2

		0	1	2	3	4	5	6	7	8	9
	0	0	0	0	0	0	0	0	0	0	0
w_1=2, v_1=6	1	0	0	6	6	6	6	6	6	6	6
w_2=3, v_1=3	2	***0***	***0***	6	***6***						

图 7.9　不装物品 2

后续步骤：继续以上过程，最后得到图 7.10（图中的箭头是几个例子）。

		0	1	2	3	4	5	6	7	8	9
	0	0	0	0	0	0	0	0	0	0	0
w_1=2, v_1=6	1	0	0	6	6	6	6	6	6	6	6
w_2=3, v_1=3	2	0	0	6	6	6	9	9	9	9	9
w_3=6, v_1=5	3	0	0	6	6	6	9	9	9	***11***	11
w_4=5, v_1=4	4	0	0	6	6	6	9	9	***10***	11	11

图 7.10　最终结果

最后的答案是 dp[4][9]，即把 4 个物品装到容量为 9 的背包，最大价值是 11。

其算法复杂度是 $O(nC)$。

3. 输出 0/1 背包方案

现在回头看具体装了哪些物品，需要倒过来观察：

dp[4][9]＝max{dp[3][4]＋4，dp[3][9]}＝dp[3][9]，说明没有装物品 4，用 $x_4=0$ 表示；

dp[3][9]＝max{dp[2][3]＋5，dp[2][9]}＝dp[2][3]＋5＝11，说明装了物品 3，$x_3=1$；

dp[2][3]＝max{dp[1][0]＋3，dp[1][3]}＝dp[1][3]，说明没有装物品 2，$x_2=0$；

dp[1][3]＝max{dp[0][1]＋6，dp[0][3]}＝dp[0][1]＋6＝6，说明装了物品 1，$x_1=1$。

图 7.11 中的实线箭头指出了方案的路径。

		0	1	2	3	4	5	6	7	8	9	
	0	0	0	0	0	0	0	0	0	0	0	
w_1=2, v_1=6	1	0	0	6	***6***	6	6	6	6	6	6	x_1=1
w_2=3, v_1=3	2	0	0	6	***6***	6	9	9	9	9	9	x_2=0
w_3=6, v_1=5	3	0	0	6	6	6	9	9	9	11	***11***	x_3=1
w_4=5, v_1=4	4	0	0	6	6	6	9	9	10	11	***11***	x_4=0

图 7.11　查看具体装了哪些物品

4. 例题

hdu 2602 "Bone Collector"

"骨头收集者"带着体积为 V 的背包去捡骨头,已知每个骨头的体积和价值,求能装进背包的最大价值。$N \leqslant 1000, V \leqslant 1000$。

输入:第 1 行是测试数量,第 2 行是骨头数量和背包体积,第 3 行是每个骨头的价值,第 4 行是每个骨头的体积。

1

5 10

1 2 3 4 5

5 4 3 2 1

输出:最大价值。

14

代码如下:

```
#include <bits/stdc++.h>
using namespace std;
struct BONE{
    int val;
    int vol;
}bone[1011];
int T,N,V;
int dp[1011][1011];
int ans(){
    memset(dp,0,sizeof(dp));
    for(int i = 1; i <= N; i++)
        for(int j = 0; j <= V; j++){
            if(bone[i].vol > j)                //第 i 个物品太大,装不了
              dp[i][j] = dp[i-1][j];
            else                               //第 i 个物品可以装
            dp[i][j] = max(dp[i-1][j],
                       dp[i-1][j-bone[i].vol] + bone[i].val);
        }
    return dp[N][V];
}
int main(){
    cin >> T;
    while(T--){
        cin >> N >> V;
        for(int i = 1;i <= N;i++)  cin >> bone[i].val;
        for(int i = 1;i <= N;i++)  cin >> bone[i].vol;
        cout << ans() << endl;
    }
    return 0;
}
```

作为练习，请读者自己加上打印方案的程序。

5. 滚动数组

在处理 dp[][]状态数组的时候有一个小技巧：把它变成一维的 dp[]，以节省空间。观察上面的二维表 dp[][]可以发现，每一行是从上面一行算出来的，只跟上面一行有关系，跟更前面的行没有关系。那么用新的一行覆盖原来的一行就可以了。

hdu 2602（滚动数组程序）

```
int dp[1011];                                  //替换 int dp[1011][1011];
int ans(){
    memset(dp, 0, sizeof(dp));
    for(int i = 1; i <= N; i++)
        for(int j = V; j >= bone[i].vol; j -- )  //反过来循环
            dp[j] = max(dp[j],dp[j - bone[i].vol] + bone[i].val);
    return dp[V];
}
```

注意，j 应该反过来循环，即从后面往前面覆盖。请读者思考原因。

经过滚动数组的优化，空间复杂度从 $O(NV)$ 减少为 $O(V)$。

动态规划题经常会给出很大的 N、V，此时需要使用滚动数组，否则会 MLE。

滚动数组也有缺点，它覆盖了中间转移状态，只留下了最后的状态，所以损失了很多信息，导致无法输出背包的方案。

【习题】

滚动数组请练习：

hdu 1024 “Max Sum Plus Plus”；

hdu 4576 “Robot”；

hdu 5119 “Happy Matt Friends”。

7.1.3 最长公共子序列

视频讲解

一个给定序列的子序列是在该序列中删去若干元素后得到的序列。例如 $X=(A,B,C,B,D,A,B)$，X 的子序列有 (A,B,C,B,A)、(A,B,D)、(B,C,D,B)等。子序列和子串是不同的概念，子串的元素在原序列中是连续的。

给定两个序列 X 和 Y，当另一序列 Z 既是 X 的子序列又是 Y 的子序列时，称 Z 是序列 X 和 Y 的公共子序列。最长公共子序列是长度最长的子序列。

最长公共子序列(Longest Common Subsequence，LCS)问题：给定两个序列 X 和 Y，找出 X 和 Y 的一个最长公共子序列。

用暴力法找最长公共子序列需要先找出 X 的所有子序列，然后验证是否为 Y 的子序列。如果 X 有 m 个元素，那么 X 有 2^m 个子序列，若 Y 有 n 个元素，总复杂度大于 $O(n2^m)$。

用动态规划求 LCS，复杂度是 $O(nm)$。

例如，序列 $X=(a,b,c,f,b,c)$、$Y=(a,b,f,c,a,b)$，如图 7.12 所示。

用 $L[i][j]$ 表示子序列 X_i 和 Y_j 的最长公共子序列的长度。

当 $X_i=Y_j$ 时，找出 X_{i-1} 和 Y_{j-1} 的最长公共子序列，然后在其尾部加上 X_i 即可得到 X 和 Y 的最长公共子序列。

当 $X_i \neq Y_j$ 时，求解两个子问题：①求 X_{i-1} 和 Y_j 的最长公共子序列；②求 X_i 和 Y_{j-1} 的最长公共子序列。然后取其中的最大值。

$$L[i][j]=\begin{cases} L[i-1][j-1]+1 & X_i=Y_j,i>0,j>0 \\ \max\{L[i][j-1],L[i-1][j]\} & X_i \neq Y_j,i>0,j>0 \end{cases}$$

下面举例说明前几个步骤。

步骤 1：求 $L[1][1]$。有 $X_1=Y_1$，得 $L[1][1]=L[0][0]+1=1$，如图 7.13 所示。

	Y=	a	b	f	c	a	b
	0	1	2	3	4	5	6
X=	0						
a	1						
b	2						
c	3						
f	4						
b	5						
c	6						

图 7.12　序列 X 和 Y

		Y=	**a**	b	f	c	a	b
		0	1	2	3	4	5	6
X=	0	0	0	0	0	0	0	0
a	1	0	**1**					

图 7.13　求 $L[1][1]$

步骤 2：求 $L[1][2]$。有 $X_1 \neq Y_2$，得 $L[1][2]=\max\{L[1][1],L[0][2]\}=1$，如图 7.14 所示。

后续步骤：继续以上过程，最后得到图 7.15，$L[6][6]$ 就是答案。

		Y=	a	**b**	f	c	a	b
		0	1	2	3	4	5	6
X=	0	0	0	0	0	0	0	0
a	1	0	1→	**1**↓				

图 7.14　求 $L[1][2]$

		Y=	a	b	f	c	a	b
		0	1	2	3	4	5	6
X=	0	0	0	0	0	0	0	0
a	1	0	1	1	1	1	1	1
b	2	0	1	2	2	2	2	2
c	3	0	1	2	2	3	3	3
f	4	0	1	2	3	3	3	3
b	5	0	1	2	3	3	3	4
c	6	0	1	2	3	4	4	4

图 7.15　最终结果

如果要输出方案，和 0/1 背包的输出方案一样，LCS 需要从后面倒推回去。

下面给出一个例题。

hdu 1159 "Common Subsequence"

求两个序列的最长公共子序列。

代码如下：

```
#include <bits/stdc++.h>
using namespace std;
int dp[1005][1005];
string str1, str2;
int LCS(){
    memset(dp, 0, sizeof(dp));
    for(int i = 1; i <= str1.length(); i++)
        for(int j = 1; j <= str2.length(); j++){
            if(str1[i - 1] == str2[j - 1])
                dp[i][j] = dp[i - 1][j - 1] + 1;
            else
                dp[i][j] = max(dp[i - 1][j], dp[i][j - 1]);
        }
    return dp[str1.length()][str2.length()];
}
int main(){
    while(cin >> str1 >> str2)
        cout << LCS() << endl;
    return 0;
}
```

读者可以练习输出方案，并改为滚动数组。

7.1.4 最长递增子序列

最长递增子序列(Longest Increasing Subsequence，LIS)问题：给定一个长度为 N 的数组，找出一个最长的单调递增子序列。例如一个长度为 7 的序列 $A=\{5,6,7,4,2,8,3\}$，它最长的单调递增子序列为$\{5,6,7,8\}$，长度为 4。

下面给出一个例题。

> **hdu 1257 “最少拦截系统”**
>
> 某国有一种导弹拦截系统，这种导弹拦截系统有一个缺陷：虽然它的第 1 发炮弹能够到达任意高度，但是以后每一发炮弹都不能超过前一发的高度。某天，雷达捕捉到敌国的导弹来袭，请计算最少需要多少套拦截系统。
>
> 输入：导弹总个数，导弹依此飞来的高度。
>
> 输出：最少要配备多少套这种导弹拦截系统。
>
> 输入样例：
>
> 8 389 207 155 300 299 170 158 65
>
> 输出样例：
>
> 2

这一题可以用贪心法做。假设发射了很多高度无穷大的导弹，在读入第 1 个炮弹时，一个导弹下降来拦截。以后每读入一个新的炮弹，都由能拦截它的最低的那个导弹来拦截。

最后统计用于拦截的导弹的个数，也就是最少需要的拦截系统的套数(请读者思考能否用这个贪心思想求最长递增子序列)。

下面用 DP 来做。

这个题目的思维转换有一些难度。题目的意思是统计一个序列中的单调递减子序列最少有多少个。这和最长递增子序列 LIS 有什么关系呢？

假设已经有了求 LIS 的算法，读者可能想这么做：把序列反过来，就变成了求反序列的递增子序列；先求反序列的第 1 个 LIS，然后从原序列中去掉这个 LIS，再对剩下的求第 2 个 LIS，直到序列为空；这些 LIS 的数量就是题目的解。但是这个思路是错的，例如{6,5,1,7,3,2}，正确答案是 2 个拦截系统，但是反过来求 LIS，会得到 3 个 LIS。

但是，其实并不用这么麻烦，这个题目实际上等价于求原序列的 LIS，这是一道求 LIS 的**裸题**，下面解释原因。

模拟计算过程：①从第 1 个数开始，找一个递减子序列，即第 1 个拦截系统 X，在样例中是{389,300,299,170,158,65}，去掉这些数，序列中还剩下{207,155}；②在剩下的序列中再找一个递减子序列，即第 2 个拦截系统 Y，是{207,155}。

在 Y 中，至少有一个数 a 大于 X 中的某个数，否则 a 比 X 的所有数都小，应该在 X 中。所以，从每个拦截系统中拿出一个数能构成一个递增子序列，即拦截系统的数量等于这个递增子序列的长度。如果这个递增子序列不是最长的，那么可以从某个拦截系统中拿出两个数 c、d，在拦截系统中 $c>d$，c 和 d 不是递增的，这与递增序列的要求矛盾。

有多种方法可以求 LIS。

(1) 方法 1：上一节刚讲解了最长公共子序列 LCS，读者也许能想到借助 LCS。首先对序列排序，得到 $A'=\{2,3,4,5,6,7,8\}$，那么 A 的 LIS 就是 A 和 A'的 LCS。其复杂度是$O(n^2)$。

(2) 方法 2：直接用 DP 求解 LIS。

定义状态 dp[i]，表示以第 i 个数为结尾的最长递增子序列的长度，那么：

$\text{dp}[i]=\max\{0,\text{dp}[j]\}+1,\quad 0<j<i, A_j<A_i$

最后答案是 $\max\{\text{dp}(i)\}$。

方法 2 的复杂度也是 $O(n^2)$，和方法 1 一样。

代码如下：

hdu 1257(DP 程序)

```
#include <bits/stdc++.h>
using namespace std;
const int MAXN = 10000;
int n, high[MAXN];
int LIS(){
    int ans = 1;
    int dp[MAXN];
    dp[1] = 1;
    for(int i = 2; i <= n; i++){
        int max = 0;
        for(int j = 1; j < i; j++)
            if(dp[j] > max  &&  high[j] < high[i])
```

```
                max = dp[j];
            dp[i] = max + 1;
            if(dp[i] > ans) ans = dp[i];
        }
        return ans;
    }
    int main(){
        while(cin >> n){
            for(int i = 1; i <= n; i++)
                cin >> high[i];                     //输入炮弹高度值
            cout << LIS() << endl;
        }
        return 0;
    }
```

(3) 方法 3：有一种更快的、复杂度为 $O(n\log_2 n)$ 的方法。这个方法不是 DP 算法，它巧妙地利用了序列本身的特征，通过一个辅助数组 *d*[]统计最长递增子序列的长度。

定义：数组 *d*[]；len 统计 *d*[]内数据的个数；high[]为原始序列。

初始化：*d*[1]=high[1]；len=1；

操作步骤：逐个处理 high[]中的数字，例如处理到了 high[*k*]，①如果 high[*k*]比 *d*[]末尾的数字更大，就加到 *d*[]的后面；②如果 high[*k*]比 *d*[]末尾的数字小，就替换 *d*[]中第 1 个大于它的数字。

以 high[]={4,8,9,5,6,7}为例，表 7.6 所示为具体的操作过程。

表 7.6 方法 3 的具体操作过程

i	high[]	*d*[]	len	说明
1	**4**, 8, 9, 5, 6, 7	**4**	1	初始值 *d*[1]=high[1]
2	4, **8**, 9, 5, 6, 7	4 **8**	2	high[2]>*d*[1]，加到 *d*[]的后面
3	4, 8, **9**, 5, 6, 7	4 8 **9**	3	*d*[]后面加上 9
4	4, 8, 9, **5**, 6, 7	4 **5** 9	3	5 比 *d*[]末尾的 9 小，用 5 替换 *d*[]中第 1 个比 5 大的数 8
5	4, 8, 9, 5, **6**, 7	4 5 **6**	3	用 6 替换 9
6	4, 8, 9, 5, 6, **7**	4 5 6 **7**	4	*d*[]后面加上 7

结束后，len=4，就是 LIS 的长度。

为什么 *d*[]的长度等于 high[]的 LIS 的长度？分析算法对 high[]的两个关键操作：

(1)"如果 high[*k*]比 *d*[]末尾的数字更大，就加到 *d*[]后面"，high[]的 LIS 加 1，*d*[]的长度加 1，没有问题。

(2)"如果 high[*k*]比 *d*[]末尾的数字小，就替换 *d*[]中第 1 个大于它的数字"，有两个作用：首先，这个操作不影响 LIS 的长度，也不影响 *d*[]的长度；其次，high[]后面还没有处理的数很多都比已经处理过的数小，但是有可能序列更长，这里的替换给后面更小的数字留下了机会。为什么用 high[*k*]替换 *d*[]中第 1 个比它大的数字？因为数字 high[*k*]可能在 LIS 中，而被它替换的数字由于更大，不在 LIS 中的可能性更大。

在下面的代码中，对于“替换 $d[]$ 中第 1 个大于它的数字”这个功能，用 STL 的 lower_bound()函数帮助找到这个数，lower_bound()的复杂度是 $O(\log_2 n)$。程序的总复杂度是 $O(n\log_2 n)$①。

hdu 1257（非 DP 程序）

```
int LIS(){
    int len = 1;
    int d[MAXN];
    d[1] = high[1];                          //初始化
    for (int i = 2; i <= n; i++){            //O(n)
        if (high[i] > d[len])                //符合递增的要求,加入
            d[++len] = high[i];
        else{                                //替换
            int j = lower_bound(d + 1,d + len + 1,high[i]) - d;  //O(logn)
            d[j] = high[i];
        }
    }
    return len;
}
```

7.1.5 基础 DP 习题

（1）简单题：

hdu 2018/2041/2044/2050/2182/4489。

（2）背包：

有 0/1 背包、完全背包、分组背包、多重背包等。

hdu 1864 “最大报销额”，0/1 背包。

hdu 2159 “FATE”，完全背包。

hdu 2844 “Coins”，多重背包。

hdu 2955 “Robberies”，0/1 背包。

hdu 3092 “Least common multiple”，完全背包＋数论。

poj 1015 “Jury Compromise”。

poj 1170 “Shopping Offers”，状态压缩背包。

（3）LIS：

hdu 1003 “Max Sum”，最大连续子序列。

hdu 1087 “Super Jumping!”。

hdu 4352 “XHXJ's LIS”，数位 DP＋LIS。

poj 1239 “Increasing Sequence”，两次 dp。

（4）LCS：

hdu 1503 “Advanced Fruits”，LCS 变形。

---

① 最长不下降子序列是类似的问题。

poj 1080 “Human Gene Functions”，LCS 变形。

7.2　递推与记忆化搜索

前面讲解 DP 的状态转移都是用递推的方法，另外还有一种方法，逻辑上的理解更加直接，这就是用“递归＋记忆化搜索”来实现 DP。

先看一道经典题。

> **poj 1163 “The Triangle”**
>
> 给定一个 n 层的三角形数塔，从顶部第 1 个数往下走，每层经过一个数字，直到最底层。注意，只能走斜下方的左边一个数或右边一个数。问所有可能走到的路径，最大的数字和是多少？

此题如果按“从顶往下”的计算方法，则由于可能有 2^n 个路径，导致 TLE。请读者思考为什么会有 2^n 个路径。

更快的方法是“从底往上”计算。按动态规划的思路，对数塔上的每个点记录状态，dp[i][j]记录从第 i 层第 j 个数开始往下走的数字和，每个结点算一次，一共有 $O(n^2)$个结点，所以复杂度是 $O(n^2)$。计算过程如图 7.16 所示，括号内的数字是 dp[i][j]：

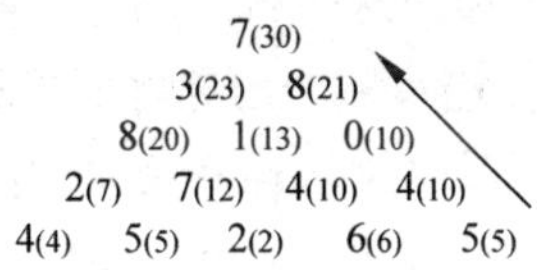

图 7.16　数塔

递推代码如下：

```
int a[150][150];                         //a[i][j]是数塔第 i 层的第 j 个数
int dp[150][150];                        //dp[i][j]记录从第 i 层第 j 个数开始往下走的数字和
for(int j = 1; j <= n;j++)  dp[n][j] = a[n][j];  //先计算最后一层
for(int i = n - 1;i >= 1;i -- )                  //从倒数第 2 层往上走到第 1 层
    for(int j = 1;j <= i;j++)            //从左边走上来,或者从右边走上来,取其中较大的
        dp[i][j] = a[i][j] + max(dp[i + 1][j], dp[i + 1][j + 1]);
```

下面用“递归＋记忆化搜索”重新写 DP。

首先写出递归程序，搜索所有可能的路径。

视频讲解

```
int dfs(int i, int j) {
    if(i == n)
        return a[i][j];                  //递归边界:到达最后一行,返回
    return dp[i][j] = max(dfs(i + 1, j), dfs(i + 1, j + 1)) + a[i][j];
                                         //从左边走上来,或者从右边走上来,取其中较大的
}
```

这个 dfs()程序和前面“搜索技术”一章中讲解的 DFS 一样，是**暴力搜索**所有可能的情况。读者可以手工模拟递归过程，执行 dfs(1,1)，程序一直递归到最底部的第 n 层，然后逐步回退，最后回到最顶部的第 1 层。最后的结果在 dp[1][1]中。dfs()的递归有 2^n 次，**暴力**

搜索了所有的 2^n 个路径，复杂度和前面最先提到的“从顶往下”的计算次数一样。

这个递归程序能优化吗？可以观察到，其中有大量重复计算，其实是能避免的。例如，观察图 7.16 中第 3 层的中间数“1”，从第 2 层的“3”往下走会经过“1”，计算一次从“1”出发的递归；从第 2 层的“8”往下走也会经过“1”，又重新计算了从“1”出发的递归。所以，只要避免这些重复计算就能优化。

下面的代码加上了“记忆化搜索”的内容：

```
//把 dp[][]初始化为 - 1
int dfs(int i, int j) {
    if(i == n)
        return a[i][j];
    if(dp[i][j] >= 0)                              //记忆!如果计算过,就不再递归重算
        return dp[i][j];
    return dp[i][j] = max(dfs(i + 1, j), dfs(i + 1, j + 1)) + a[i][j];
}
```

其中“if(dp[i][j] >= 0) return dp[i][j];”实现了“记忆化搜索”。

加上这一行代码后，如果发现 dp[i][j]已经计算过，就不再重算。由于数塔的结点有 $O(n^2)$个，每个点只需要计算一次 dp[i][j]，所以 dfs()的运行次数只有 $O(n^2)$次，和递推程序的复杂度一样。这样，就把暴力搜索的 $O(2^n)$次计算优化到了 $O(n^2)$次计算。记忆化搜索的优化能力是惊人的。

记忆化搜索。在用递归实现 DP 时，在递归程序中记录计算过的状态，并在后续的计算中跳过已经算过的重复的状态，从而大大减少递归的计算次数，这就是“记忆化搜索”的思路。

在很多情况下，“记忆化搜索”的逻辑思路和程序比直接写递推更简单。在本书“7.5 数位 DP”中有相关的例子。

7.3 区间 DP

区间 DP 的主要思想是先在小区间进行 DP 得到最优解，然后再利用小区间的最优解合并求大区间的最优解。

区间 DP，一般需要从小到大枚举所有可能的区间。在解题时，先解决小区间问题，然后合并小区间，得到更大的区间，直到解决最后的大区间问题。合并的操作一般是把左、右两个相邻的子区间合并。

区间 DP 的两个难点：枚举所有可能的区间、状态转移方程。

区间 DP 的复杂度：一个长度为 n 的区间，它的子区间数量级为 $O(n^2)$，每个子区间内部处理时间不确定，合起来复杂度会大于 $O(n^2)$。在编程时，区间 DP 至少需要两层 for 循环，第 1 层的 i 从区间的首部或尾部开始，第 2 层的 j 从 i 开始到结束，i 和 j 一起枚举出所

有的子区间。例如：

```
for(int i = 1;i<n;i++)                    //n是区间长度
    for(int j = i;j<= n;j++)              //j每次递增1,也可能跨步递增
        ...
```

下面用两个经典问题讲解。

1. 石子合并

> **“石子合并”**
>
> 有 n 堆石子排成一排，每堆石子有一定的数量，将 n 堆石子合并成一堆。合并的规则是每次只能合并相邻的两堆石子，合并的花费为这两堆石子的总数。石子经过 $n-1$ 次合并后成为一堆，求总的最小花费。
>
> 输入：有多组测试数据，输入到文件结束。每组测试数据的第1行有一个整数 n，表示有 n 堆石子，$n<250$。接下来的一行有 n 个数，分别表示这 n 堆石子的数目。每堆石子至少1颗，最多10 000颗。
>
> 输出：总的最小花费。
>
> 输入样例：
>
> 3
>
> 2 4 5
>
> 输出样例：
>
> 17

样例的计算过程是：①第一次合并 $2+4=6$；②第二次合并 $6+5=11$；总花费是 $6+11=17$。

DP的状态如何设计？设 dp[i][j]为从第 i 堆石子到第 j 堆石子的最小花费，那么 dp[1][n]就是答案。另外，设 sum[i][j]为从第 i 到 j 的区间的和。

为了计算最后的 dp[1][n]，需要考虑所有可能的合并。这些合并包括：

图7.17　两堆合并

(1) 合并之前，dp[i][i]=0，$1\leqslant i\leqslant n$。

(2) 两堆合并，如图7.17所示。

例如：dp[1][2]=dp[1][1]+dp[2][2]+sum[1][2]；

总结：dp[i][$i+1$]=dp[i][i]+dp[$i+1$][$i+1$]+sum[i][$i+1$]；

视频讲解

(3) 三堆合并，如图7.18所示。

例如合并第1堆到第3堆，有两种情况，如图7.19所示。

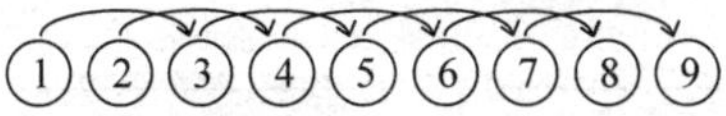

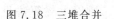

图7.18　三堆合并

图7.19　两种情况

dp[1][3]=min(dp[1][1]+dp[2][3],dp[1][2]+dp[3][3])+sum[1][3]；

总结：dp[i][$i+2$]=min(dp[i][i]+dp[$i+1$][$i+2$],dp[i][$i+1$]+dp[$i+2$][$i+2$])+sum[i][$i+2$]；

(4) 推广：第 i 堆到第 j 堆的合并，如图 7.20 所示。

dp[i][j] = min(dp[i][k] + dp[$k+1$][j]) + sum[i][$j-i+1$]，$i \leqslant k \leqslant j$。这就是状态转移方程。

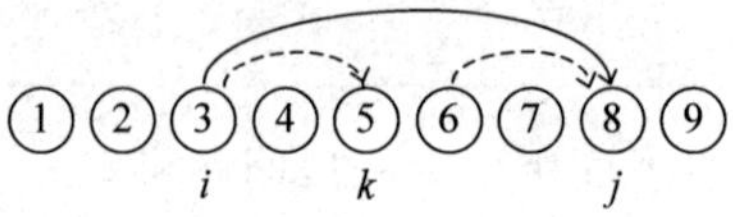

图 7.20　第 i 堆到第 j 堆的合并

下面的函数 Minval()实现了上述计算过程，其中有 3 层循环：

(1) 最外面一层的变量 len 表示区间[i,j]的长度，从 2 到 n；

(2) 第二层枚举的起点位置 i 从 1 到 n−len，终点通过计算得到，$j=i+$len；

(3) 在区间[i,j]里枚举每个分割的位置 k。

虽然下面的代码很短，但是逻辑比较复杂，请读者仔细体会并能自己写出来。

```
#include <bits/stdc++.h>
using namespace std;
const int INF = 1 << 30;
const int N = 300;
int sum[N], n;
int Minval() {
    int dp[N][N];
    for(int i = 1; i <= n; i++)
        dp[i][i] = 0;
    for(int len = 1; len < n; len++)                //len是 i 和 j 之间的距离
        for(int i = 1; i <= n - len; i++) {         //从第 i 堆开始
            int j = i + len;                        //到第 j 堆结束
            dp[i][j] = INF;
            for(int k = i; k < j; k++)              //i 和 j 之间用 k 进行分割
                dp[i][j] = min(dp[i][j],
                        dp[i][k] + dp[k + 1][j] + sum[j] - sum[i - 1]);
        }
    return dp[1][n];
}
int main() {
    while(cin >> n) {
        sum[0] = 0;
        for(int i = 1; i <= n; i++) {
            int x;
            cin >> x;
            sum[i] = sum[i - 1] + x;                //sum[i,j]的值等于 sum[j] - sum[i - 1]
        }
        cout << Minval() << endl;
    }
    return 0;
}
```

复杂度：Minval()中有三重循环，复杂度是 $O(n^3)$。所以上述算法只能用来处理规模 $n<250$ 的问题。

那么 Minval()是否可以优化？在它的三重循环中，前两重循环是枚举所有可能的合并，无法优化，最后一层循环枚举分割点 k，是可以优化的。因为每次运行最后一层循环时都在某个子区间内部寻找最优分割点，该操作在多个子区间里是重复的。如果找到这个最优点后保存下来，用于下一次循环，就能避免重复计算，从而降低复杂度。

用 $s[i][j]$表示区间$[i,j]$中的最优分割点，第三重循环可以从区间$[i,j-1)$的枚举优化到区间$[s[i][j-1],s[i+1][j]]$的枚举。其中，$s[][]$值是在前面的第三重循环中找到并记录下来的。

上述讨论符合"平行四边形优化"的原理，它是区间 DP 的常见优化方法。请读者自行了解并掌握。

经过优化以后，复杂度接近 $O(n^2)$，可以解决 $n<3000$ 的问题。上面的程序只需要修改 3 处，在下面的代码中使用斜体显示：

```
int Minval() {
    int dp[N][N], s[N][N];
    for(int i = 1; i <= n; i++){
        dp[i][i] = 0;
        s[i][i] = i;                                    //初始值
    }
    for(int len = 1; len < n; len++)
        for(int i = 1; i <= n - len; i++)  {
            int j = i + len;
            dp[i][j] = INF;
            for(int k = s[i][j - 1]; k <= s[i + 1][j]; k ++ )  //缩小范围
                if(dp[i][k] + dp[k + 1][j] + sum[j] - sum[i - 1]< dp[i][j]){
                    dp[i][j] = dp[i][k] + dp[k + 1][j] + sum[j] - sum[i - 1];
                    s[i][j] = k;                        //记录[i, j]的最优分割点
                }
        }
    return dp[1][n];
}
```

2. 回文串

回文串是正读和反读都一样的字符串，例如"abcdcba"。回文串问题是经典的字符串问题：给定一个字符串，然后通过增加或删除部分字符串得到一个回文串。

poj 3280 "Cheapest Palindrome"

给定字符串 s，长度为 m，由 n 个小写字母构成。在 s 的任意位置增删字母，把它变为回文串，增删特定字母的花费不同。求最小花费。

输入样例：

3 4

abcb

a 1000 1100

b 350 700

c 200 800

输出样例：
900

输入的第 1 行是 n 个字符，长度为 m；第 2 行是字符串 s，后面 n 行分别给出每个字符插入和删除的花费。

在样例中，如果在结尾处插入"a"，得到"abcba"，花费 1000；如果在首端删除"a"得到"bcb"，花费 1100；如果在首端插入"bcb"，花费 350＋200＋350＝900，这是最小值。

如果只是求回文串的最小修改次数，方法是：把 S 反转得到 S'，求得二者最长公共子序列的长度 L，用 S 的长度减去 L 就是答案。不过这题加上了费用，复杂了一点。

下面用区间 DP 的方法求解。

定义状态 dp[i][j]表示字符串 s 的子区间 $s[i,j]$变成回文的最小花费。

另外，在考虑删除和插入的花费时，由于这两种操作是等价的(这头加和那头减一样)，所以只要取这两种操作的最小值就行了。用数组 w[]定义字符的花费。

有以下 3 种情况：

(1) 如果 $s[i]==s[j]$，那么 dp[i][j]＝dp[i+1][j−1]，如图 7.21 所示。

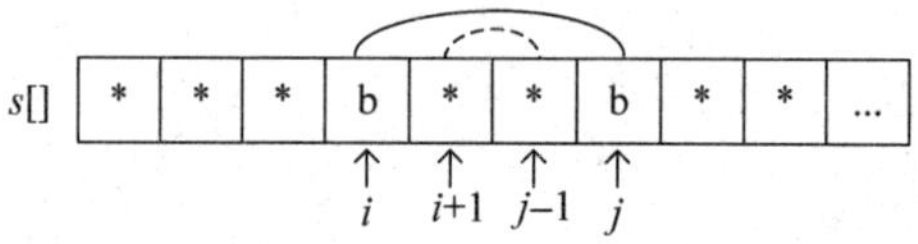

图 7.21 情况 1

(2) 如果 dp[i+1][j]是回文串，那么 dp[i][j]＝dp[i+1][j]＋$w[i]$，如图 7.22 所示。

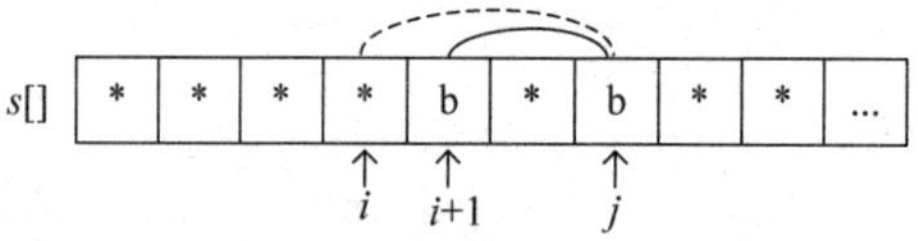

图 7.22 情况 2

(3) 如果 dp[i][j−1]是回文串，那么 dp[i][j]＝dp[i][j−1]＋$w[j]$。

总结情况 2、3，状态转移方程是 dp[i][j]＝min(dp[i+1][j]＋$w[i]$, dp[i][j−1]＋$w[j]$)。

该程序中包含两层循环，外层 i 枚举子区间起点，内层 j 枚举终点。因为需要从小区间扩展到大区间，所以 i 从 s 的尾端开始，逐步回退扩大区间，直到首端。

poj 3280 程序

```
#include <iostream>
using namespace std;
int w[30],n,m,dp[2005][2005];
char s[2005], ch;
int main() {
    int x,y;
    while(cin>>n>>m) {                              //n 是用到的字符个数,m 是 s 的长度
```

```
      cin>>s;
      for(int i=0;i<n;i++){
          cin>>ch>>x>>y;                          //读取每个字符的插入和删除的花费
          w[ch-'a']=min(x,y);                     //取其中的最小值
       }
       for(int i=m-1; i>=0; i--)                  //i 是子区间的起点
           for(int j=i+1; j<m; j++){              //j 是子区间的终点
               if(s[i]==s[j])
                   dp[i][j] = dp[i+1][j-1];
               else
                   dp[i][j] = min(dp[i+1][j] + w[s[i]-'a'],
                                  dp[i][j-1] + w[s[j]-'a']);
           }
           cout<<dp[0][m-1]<<endl;
    }
    return 0;
}
```

【习题】

hdu 3506 "Monkey Party",环形石子合并。

hdu 4283 "You Are the One",区间 DP。

hdu 4632 "Palindrome Subsequence",回文串。

hdu 2476 "String Printer",区间 DP。

hdu 4745 "Two Rabbits",最长回文子序列。

hdu 5115 "Dire Wolf",区间 DP。

poj 1141 "Brackets Sequence",括号匹配。

poj 2955 "Brackets",区间 DP。

7.4 树 形 DP

树形 DP 是指在"树"这种数据结构上进行的 DP：给出一棵树，要求以最少的代价(或取得最大收益)完成给定的操作。通常这类问题规模较大，枚举算法的效率低，无法胜任，贪心算法不能得到最优解，因此需要用动态规划。

在树上做动态规划显得非常合适，因为树本身有"子结构"性质(树和子树)，具有递归性，符合 DP 的性质。相比线性 DP，树形 DP 的状态转移方程更加直观。不过，由于"树"这种数据结构比较烦琐，逻辑上比较复杂，状态转移方程不好设计，常常属于比较难的题目。

树的操作一般需要利用递归和搜索，用户需要熟练地掌握这些基础知识。树的遍历一般是从根结点往子结点方向深入，用 DFS 编程会比较简单。

下面从一个最基础的树形 DP 开始。

hdu 1520 "Anniversary Party"

一棵有根树上每个结点有一个权值，相邻的父结点和子结点只能选择一个，问如何选择使得总权值之和最大(邀请员工参加宴会，为了避免员工和直属上司发生尴尬，规定员工和直属上司不能同时出席)。

输入：结点编号从 1 到 N。第 1 行是一个数字 N，$1 \leqslant N \leqslant 6000$。后续 N 行中的每一行都包含结点的权值，范围是 -128 到 127 的整数。下面是 T 行，描述一个父子关系，每一行都有如下形式：

$L\ K$

第 K 个结点是第 L 个结点的父结点。读到 0 0 时结束。

输出：输出总的最大权值。

输入样例：

```
5
1
1
1
1
1
1 3
2 3
4 5
3 5
0 0
```

输出样例：

```
3
```

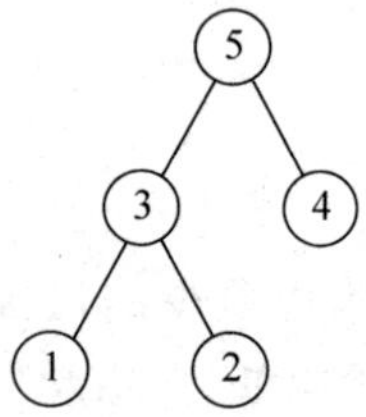

图 7.23　样例的树形关系

图 7.23 是样例的树结构。当结点选 1、2、5 时有最大值 3。读者可以思考，如果用暴力的方法遍历所有的情况，复杂度是多少。

根据 DP 的解题思路，定义状态为：

dp[i][0]，表示不选择当前结点时的最优解；

dp[i][1]，表示选择当前结点时的最优解。

状态转移方程有两种情况：

(1) 不选择当前结点，那么它的子结点可选可不选，取其中的最大值：

dp[u][0]+=max(dp[son][1], dp[son][0])

(2) 选择当前结点，那么它的子结点不能选，dp[u][1]+=dp[son][0]。

程序包含 3 个部分：

(1) 建树。本题可以用 STL 的 vector 生成链表，建立关系树。

(2) 树的遍历。可以用 DFS，从根结点开始进行记忆化搜索。

（3）DP。

```
#include <bits/stdc++.h>
using namespace std;
const int N = 6000+5;
int value[N], dp[N][2], father[N], n;
vector<int> tree[N];
void dfs(int u){
    dp[u][0] = 0;                                    //赋初值:不参加宴会
    dp[u][1] = value[u];                             //赋初值:参加宴会
    for(int i=0;i<tree[u].size();i++){              //逐一处理这个父结点的每个子结点
        int son = tree[u][i];
        dfs(son);                                    //深搜子结点
        dp[u][0] += max(dp[son][1], dp[son][0]);
                                                     //父结点不选,子结点可选可不选
        dp[u][1] += dp[son][0];                      //父结点选择,子结点不选
    }
}
int main(){
    while(~scanf("%d",&n)) {
      for(int i=1;i<=n;i++)  {
          scanf("%d",&value[i]);
          tree[i].clear();
          father[i] = -1;                            //赋初值,还未建立关系
      }
      while(1) {
        int a,b;
        scanf("%d%d",&a,&b);
        if(a==0&&b==0)  break;
        tree[b].push_back(a);                        //用邻接表建树
        father[a]=b;                                 //父子关系
      }
      int t = 1;
      while(father[t] != -1)                         //查找树的根结点
        t = father[t];
      dfs(t);                                        //从根结点开始,用DFS遍历整棵树
      printf("%d\n", max(dp[t][1], dp[t][0]));
    }
    return 0;
}
```

复杂度：上述代码遍历每个结点，总复杂度是 $O(n)$。

下面是一个中等难度的树形 DP 的题目，逻辑和状态转移都比较复杂。

> **hdu 2196 "Computer"**
>
> 一棵有根树，根结点的编号是 1，对其中的任意一个结点，求离它最远的结点的距离。

输入：输入文件包含多个测试用例。每个用例的第 1 行是一个自然数 $N(N \leqslant 10\,000)$，后面有 $N-1$ 行。第 i 行包含两个自然数：某个结点；第 i 个结点连接到这个结点的距离，距离长度不超过 10^9。

输出：输出 N 行。第 i 行是距离第 i 个结点的最远距离。

输入样例：

5

1 1

2 1

3 1

1 1

输出样例：

3

2

3

4

4

复杂度分析：如果求从一个特定结点出发的最长路径，可以从这个结点出发，做一次 BFS，每次扩展邻居结点，并记录到这个邻居结点的最长距离，复杂度是 $O(n)$。求所有 n 个结点的最长距离，需要对每个结点单独做一次 BFS，总复杂度是 $O(n^2)$。但是由于题目规模较大，$N \leqslant 10\,000$，所以算法的复杂度最多只能是 $O(n\log_2 n)$。下面用动态规划求解。

一棵有根树如图 7.24 所示。

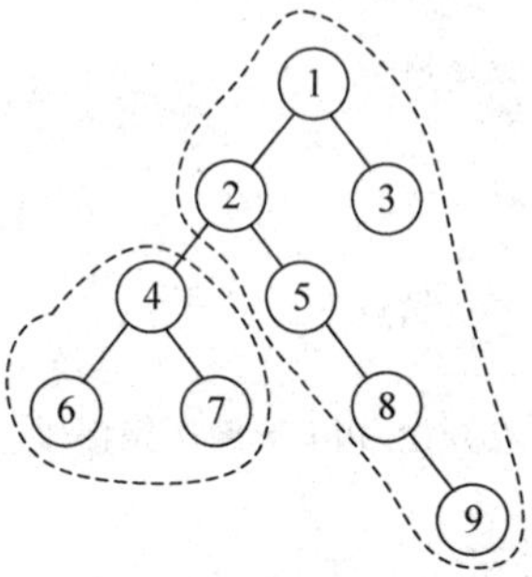

图 7.24　一棵有根树

以结点 4 为例，它的最长距离分两种情况讨论：

(1) 以 4 为顶点的子树(图 7.24 左边圈起的部分)距结点 4 的最远距离 L_1。对结点 4 来说，它的 L_1 很容易求，只要从结点 4 出发对它的子树做一次 DFS，记录最大深度，就能求得 L_1。那么如何求得树上所有结点的 L_1 值？可以从根结点 1 开始 DFS，遍历所有的结点，在 DFS 返回的过程中记录每个结点的最大深度，即这个结点的 L_1 值(在下面的程序中实际上计算了每个结点的两个距离。以结点 4 为例，这两个距离是以 4 为顶点的最长距离 one，即 L_1 值；以 4 为顶点的第 2 长距离 two)。

(2) 剩下部分(图 7.24 右边圈起的部分)到结点 4 的最长距离 L_2。L_2＝父结点 2 的最长距离＋ dist(2,4)，dist(2,4)是 2 和 4 之间的距离。求 L_2 的关键是求父结点 2 的最长距离，它又分两种情况：

① 从结点 2 往上走的最长距离，图中路径是 2-1-3。这可以通过 DFS 不断更新结点来获得，具体操作见下面的程序。

② 结点 2 除了结点 4 以外的其他子树的最长距离 X，图中路径是 2-5-8-9。在上面第

(1)步中已经求得了每个结点的最长距离 one 和次长距离 two。如果结点 4 在父结点 2 的最长子树上，那么 X=two+dist(2,4)；如果结点 4 不在父结点 2 的最长子树上，那么 X=one+dist(2,4)。

综上所述，距离结点 4 最远的距离是 $\max\{L_1, L_2\}$。在程序中，用 dfs1()实现功能(1)，用 dfs2()实现功能(2)。

状态的设计：结点 i 的子树到 i 的最长距离 dp[i][0]以及次长距离 dp[i][1]；从结点 i 往上走的最长距离 dp[i][2]。

```
#include<bits/stdc++.h>
using namespace std;
const int N = 10100;
struct Node{
    int id;                                             //子结点的编号
    int cost;
};
vector<Node> tree[N];
int dp[N][3];
int n;
void init_read(){
    for(int i=1; i<=n; i++)
        tree[i].clear();
    memset(dp, 0, sizeof(dp));
    for(int i=2; i<=n; i++) {
        int x,y;
        scanf("%d%d",&x,&y);
        Node tmp;
        tmp.cost = y;
        tmp.id=i;                                       //i 是 x 的子结点
        tree[x].push_back(tmp);
    }
}
void dfs1(int father) {                                 //DFS,先处理子结点,再处理父结点
    int one=0, two=0;
    for(int i=0; i<tree[father].size(); i++) {
                                                        //遍历结点 father 的所有子结点
        Node child = tree[father][i];
        dfs1(child.id);                                 //递归子结点,直到最底层
        int cost = dp[child.id][0] + child.cost;
        if(cost>=one) {                                 //用 one 记录从 father 往下走的最长距离
            two = one;                                  //原来的最长距离 one 变成第 2 长,用 two 记录
            one = cost;
        }
        if(cost<one && cost>two)                        //用 two 记录第 2 长的距离
            two = cost;
    }
    dp[father][0] = one;                                //得到以 father 为起点的子树的最长距离
    dp[father][1] = two;                                //得到以 father 为起点的子树的第 2 长距离
}
void dfs2(int father) {                                 //先处理父结点,再处理子结点
```

```
    for(int i = 0; i < tree[father].size(); i++) {
        Node child = tree[father][i];
        if(dp[child.id][0] + child.cost == dp[father][0])
                                        //child 在最长距离的子树上
            dp[child.id][2] = max(dp[father][2], dp[father][1]) + child.cost;
        else                                              //child 不在最长距离的子树上
            dp[child.id][2] = max(dp[father][2], dp[father][0]) + child.cost;
        dfs2(child.id);
    }
}
int main(){
    while(~scanf("%d", &n)) {
        init_read();                              //初始化,读数据
        dfs1(1);                                  //计算 dp[][0]、dp[][1]
        dp[1][2] = 0;
        dfs2(1);                                  //计算 dp[][2]
        for(int i = 1; i <= n; i++)
            printf("%d\n", max(dp[i][0], dp[i][2]));
    }
    return 0;
}
```

复杂度：dfs1()和 dfs2()的复杂度约为 $O(n)$。

【习题】

下面题目的难度都在中等以上。

poj 2378/3107/3140；

hdu 1011/1561/2242/3586/5834。

7.5 数 位 DP

先从一道简单题引出数位 DP 的概念。

> **hdu 2089 "不要 62"**
>
> 一个数字，如果包含'4'或者'62'，它是不吉利的。给定 m 和 n，$0<m\leqslant n<10^6$，统计$[m, n]$范围内吉利数的个数。

这一题的数据范围是 10^6，但是此类题目常常达到 10^{18}。暴力方法是检查每一个数，复杂度大于 $O(n)$。由于 n 太大，肯定会超时，需要设计一个时间复杂度接近 $O(\log_2 n)$的算法。

读者很容易想到排除法。基本思路是在 $0\sim10^6$ 内排除不符合条件的数，具体操作是按"从高位到低位"的顺序进行判断。例如，求 1～999 999 内不包含 4 的数(对数字'62'的处理方法类似)，步骤如下：

（1）在6位数中排除最高位是4的数，即400 000～499 999。虽然有10万个数，但只需要判断最高位，一次就全排除了。

（2）在最高位不是4的6位数中排除次高位是4的数。例如最高位是1的数可以一次性排除140 000～149 999，共1万个。注意，首位**可以是0**，即000 000～099 999也算6位数。

（3）继续排除5位数、4位数等，直到结束。

下面用数位DP的方法实现上述排除法的思路。

所谓"数位DP"，是指对数字的"位"进行的与计数有关的DP。一个数有个位、十位、百位、千位等，数的每一位就是数位。数位DP用来解决与数字操作有关的问题，例如数位之和问题、特定数字问题等。这些问题的特征是给定的区间超级大，不能用暴力的方法逐个检查，必须用接近$O(\log_2 n)$复杂度的算法。解题的思路是用DP对"数位"进行操作，记录已经算过的区间的状态，用在后续计算中，快速进行大范围的筛选。

回头考虑hdu 2089题，统计所有的吉利数，用DP怎么做？下面用两种方法实现DP，一种用递推公式，一种用记忆化搜索。

1. 用递推实现hdu 2089题

定义状态dp[i][j]，它表示i位数中首位是j，符合要求的数的个数。例如dp[6][1]表示首位是1的6位数，即100 000～199 999中符合要求的数有多少个。那么如何求dp[6][1]？计算首位数字1后面的5位数就可以了，即计算00 000～99 999中符合要求的数。所以，dp[i][j]的递推公式如下：

$$\mathrm{dp}[i][j]=\sum_{k=0}^{9}\mathrm{dp}[i-1][k],\quad (j\neq 4)\&\&(k\neq 2\&\&j\neq 6)$$

下面是程序。为了突出对数位DP思路的理解，程序简化了题目的要求，只排除了'4'，没有排除"62"。作为练习，读者可以自己加上对"62"的处理。从下面的程序可知，求dp[i][j]的计算复杂度极小，i、j、k的三重循环只需要计算1000次。

统计[0,n]内不含4的数字个数（递推程序）

```
#include<bits/stdc++.h>
const int LEN = 12;                      //可以更大
int dp[LEN+1][10];                       //dp[i][j]表示i位数,第1个数是j时符合条件的数字数量
int digit[LEN+1];                        //digit[i]存第i位数字
void init(){
    dp[0][0]=1;
    for(int i=1; i<=LEN; i++)
        for(int j=0; j<10; j++)
            for(int k=0; k<10; k++)
                if(j!=4)                    //排除数字4
                    dp[i][j] += dp[i-1][k];
}
int solve(int len) {                        //计算[0,n]区间满足条件的数字个数
    int ans = 0;
    for(int i=len; i>=1; i--){              //从高位到低位处理
        for(int j=0; j<digit[i]; j++)
            if(j!=4)
```

```
                ans += dp[i][j];
            if(digit[i] == 4) {             //第 i 位是 4,以 4 开头的数都不行
              ans -- ; break;}
        }
        return ans;
}
int main(){
        int n,len = 0;
        init();                             //预计算 dp[][]
        scanf("%d",&n);
        while(n){                           //len 是 n 的位数.例如 n = 324,是 3 位数,len = 3
            digit[++len] = n%10;
                                            //例如 n = 324,digit[3] = 3, digit[2] = 2, digit[1] = 4
            n/ = 10;
        }
        printf("%d\n",solve(len) + 1);      //求[0,n]内不含 4 的数字个数
        return 0;
}
```

程序中的 init()是预处理,求 dp[][],如表 7.7 所示(这里只画了部分箭头)。

表 7.7　dp[*i*][*j*]的计算

j \ *i*	0	1	2	3	4	5	6	7	8	9	10	…
0	1	1	9	81	729	…						
1		1	9	81	729	…						
2		1	9	81	729	…						
3		1	9	81	729	…						…
4		0	0	0	0	…						
5		1	9	81	729	…						
6		1	9	81	729	…						
7		1	9	81	729	…						…
8		1	9	81	729	…						
9		1	9	81	729	…						

然后用 solve()完成题目的计算。题目要求计算给定范围内符合要求的数,那么把相应的 dp[*i*][*j*]相加即可(加的时候需要判断'4')。例如,求[0, 324]内符合条件的数,设答案是 ans,计算步骤如下:

(1) 处理 3 位数,ans=ans+dp[3][0]+dp[3][1]+dp[3][2],得到 000~099、100~199、200~299 内符合条件的个数。

(2) 处理 2 位数,ans=ans+dp[2][0]+dp[2][1],得到 00~09、10~19 内符合条件的个数。实际上,这一步的计算对应的是 300~309、310~319。

(3) 处理 1 位数,即 ans=ans+dp[1][0]+dp[1][1]+dp[1][2]+dp[1][3]。实际上,这一步计算的是 320、321、322、323、324。

下面用记忆化搜索方法重新实现上述思路。

2. 用记忆化搜索实现 hdu 2089 题

回顾记忆化搜索，其思路是在递归程序 dfs()中搜索所有可能的情况，遇到已经算过的记录在 dp[]中的结果就直接使用，不再重复计算。

例如求[0, 324]内符合条件的数，记忆化搜索的过程如图 7.25 所示。其中画线部分是前面已经算过的，记录在 dp[]中，不用再递归和重算。

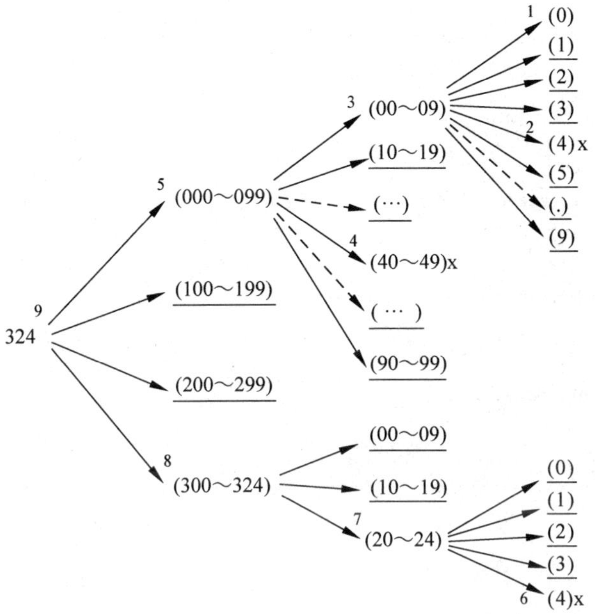

图 7.25　[0, 324]的记忆化搜索过程

视频讲解

定义 dp[i]是 i 位数中符合要求的数字个数。dp[1]表示符合条件的 1 位数，0 是 1 位数，它的 dp[1]=1；1 也是 1 位数，它的 dp[1]沿用 0 算过的 dp[1]即可。dp[2]表示符合条件的 2 位数的个数，00～09 是 2 位数，计算得到 dp[2]=9；在搜索 10～19 时，沿用 dp[2]即可。同理，(100～199)和(200～299)都沿用(000～099)的计算结果 dp[3]，不用再计算。

dfs()的执行过程如下：从输入 324 开始，一直递归到最深处的(0)，然后逐步回退，计算的顺序是(0)→(4)→(00～09)→(40～49)→(000～099)→(4)→(20～24)→(300～324)→324，图 7.25 中用小写数字标识了这个顺序。

记忆化搜索极大地减少了搜索次数。例如图 7.25 中检查(000～099)，因为用 dp[]进行记忆化搜索，只需要计算 5 次；如果去掉记忆化部分，需要递归检查每个数，共 100 次。

下面是程序，程序只排除了数字'4'，读者自己练习排除"62"。对"62"的处理比较复杂，需要设计新的 dp[]状态。

```
#include <bits/stdc++.h>
const int LEN = 12;
int dp[LEN];              //dp[i]:i 位数符合要求的个数.例如 dp[2]表示 00～99 内符合要求的个数
int digit[LEN];
int dfs(int len, int ismax) {
    int ans = 0, maxx;
```

```
    if(!len) return 1;                    //已经递归到 0 位数,返回
    if(!ismax && dp[len]!= -1)            //记忆化搜索:如果已经算过,直接使用
        return dp[len];
    maxx = (ismax ? digit[len] : 9);
    for(int i = 0; i <= maxx; i++) {
        if(i == 4) continue;              //排除 4
        ans += dfs(len - 1, ismax && i == maxx);
    }
    if(!ismax)   dp[len] = ans;
    return ans;
}
int main(){
    int n, len = 0;
    memset(dp, -1, sizeof(dp));           //初始化为 -1
    scanf("%d", &n);
    while(n) {
        digit[++len] = n % 10;
        n/ = 10;
    }
    printf("%d\n", dfs(len,1));
    return 0;
}
```

【习题】

hdu 3555 题：求[1,N]里面有多少数包含'49'，$1 \leqslant N \leqslant 2^{63}-1$。

hdu 3652 题：B-number 是一个非负整数，其十进制形式包含'13'并且可以被 13 整除。给定整数 n，$1 \leqslant n \leqslant 10^9$，计算 $1 \sim n$ 的 B-number 数。

hdu 6148 题：计算不大于 N 的 Valley Number 个数，结果对 10^9+7 取模。此题较难。

hdu 4507 题：计算[L,R]中和 7 无关的数字的平方和，结果对 10^9+7 取模。$1 \leqslant L \leqslant R \leqslant 10^{18}$。此题较难。

7.6 状态压缩 DP

先用一道例题引出状态压缩 DP 的概念。

1. 例题 1

> **poj 3254 "Corn Fields"**
>
> 农夫约翰有一片长方形土地，划成 M 行 N 列的方格。他准备种玉米、养牛，不过有些格子很贫瘠，不适合种玉米。还有，牛不喜欢在一起吃，所以牛不能放在相邻的格子里。给出这块地的情况，求约翰有多少个种玉米的方案。所有方格都不种玉米也算一种方案。

输入：第 1 行是 M 和 N，$1\leqslant M, N\leqslant 12$。后面有 M 行，描述方格情况，1 表示肥沃，0 表示贫瘠。

输出：方案数，用 10^9 取模。

输入样例：

2 3

1 1 1

0 1 0

输出样例：

9

提示：在样例中有 9 种方案。

1	2	3
	4	

分别是{}、{1}、{2}、{3}、{4}、{1,3}、{1,4}、{3,4}、{1,3,4}。

这个方格图共 $m\times n$ 个格子，有 $2^{m\times n}$ 种排列，无法用暴力法计算。

用下面的方法编程计算，算法复杂度是 $O(m2^n2^n)$。

1）方格的表示

很容易想到，可以用二进制数来描述方格，1 表示种玉米，0 表示不种玉米。在样例中，第 1 行的 3 个方格都是肥沃的，排除相邻的情况，有以下 5 种种玉米的方案：

第 1 行	编　　号	1	2	3	4	5
	方　　案	000	001	010	100	101

这里的编号并不是多余的，在下面设计 DP 状态的时候有用。

2）DP 状态和状态转移

如何设计 DP 状态，把问题从小规模逐步扩展到大规模？可以按行进行扩展。

上面已经得到了第 1 行的 5 种方案，下面继续扩展第 2 行。

在样例中，第 2 行只有两种方案，即 000、010。

第 2 行	编　　号	1	2
	方　　案	000	010

如果第 2 行选编号 1 的 000，第 1 行可以选 5 种方案而不冲突。

如果第 2 行选编号 2 的 010，与第 1 行的 010 有冲突，第 1 行的其他 4 种方案没问题。

共 5+4=9 种方案。

用 dp[i][j]表示第 i 行采用第 j 种编号的方案时前 i 行可以得到的可行方案总数。例如，dp[2][2]=4 表示第 2 行使用第 2 种方案（即 010）时的方案总数是 4。

从第 $i-1$ 行转移到第 i 行，状态转移方程如下：

$$dp[i][k]=\sum_{j=1}^{n}dp[i-1][j]$$

其中 j 是第 $i-1$ 行可行方案的编号，而且所有的 dp[$i-1$][j]与第 i 行不冲突。

把最后一行的 dp[m][k]($1\leqslant k\leqslant n$)相加就得到了答案。

3）一些细节

程序有很多细节，例如初始化每一行的合法方案，即找没有相邻 1 的二进制数。用 state[]表示方案，例如样例的第 1 行 state[2]=010_2 表示只种中间一块地。可以这样写程序：

```
int state[600];                              //state[x]:编号 x 的方案是 state[x]
bool check(int x){                           //判断 x 的二进制数是否有相邻的 1
    if(x&x << 1)return false;                //x 有相邻的 1,该方案不合法
    else        return true;                 //x 没有相邻的 1,合法
}
void init(){                                 //初始化合法的方案
    int j = 0;
    int total = 1 << N;                      //一行有 N 个格子,有 2^N 种情况
    for(int i = 0; i < total; ++i)
        if(check(i))   state[++j] = i;       //记录合法方案
}
```

对于相邻两行的合法性判断，这样写程序：

```
if(state[i] & state[j] != 1) ...             //相邻的两行,没有挨着的 1
```

2. 状态压缩 DP 的概念

从上面的例子可以看出，每个状态 dp[i][j]表示的不是一个有意义的数值，例如前面章节中的花费、价值、长度等，而是代表了集合的数量。这种处理复杂集合问题的 DP 叫做状态压缩 DP。

集合的状态有很多，操作复杂，往往把方案用二进制数（“压缩”到这个二进制数中）来表示和操作。二进制操作有与、或、取反、移位等。在上面的例子中，把可能的方案“压缩”到 state[]中，操作用到了左移。

3. 旅行商问题

视频讲解

旅行商问题（Traveling Salesman Problem，TSP）是一个经典问题：有 n 个城市，已知任何两个城市之间的距离（或者费用），一个旅行商从某城市出发，经过每一个城市并且只经过一次，最后回到出发的城市，输出最短（或者路费最少）的线路。

TSP 问题是 NP 难度的，没有多项式时间的高效算法，所以 TSP 题目给的 n 都很小。如果用暴力法，可以列出所有的路线，然后逐一判断。路线最多可能有($n-1$)！种，只能用于解决规模 $n\leqslant 11$ 的问题。如果题目不需要求最短的线路，可以用贪心法求近似解，找出一条可行的、比较短的路线。

小规模的 TSP 问题可以用状态压缩 DP 求解，复杂度是 $O(2^n n^2)$，能解决规模 $n\leqslant 15$ 的问题，比暴力的 $O(n!)$好一些。思路如下：

假设最短的 TSP 路径是 Path=($v_0\to v_1\to v_2\to v_3\to v_0$)

那么 $\text{Path}=(v_0\to v_1)+(v_1\to v_2\to v_3\to v_0)$

所以，问题转变为：求经过所有城市的最短回路→从某个城市到起点的最短路径。

DP 状态设计如下：假设已经访问过的城市集合是 S，当前所在城市是 v，用 dp[S][v]表示从 v 出发访问剩余的所有城市最后回到起点的路径费用总和的最小值。状态转移方程如下：

$$\text{dp}[V][0]=0 \qquad //V\text{ 是最后一个城市}$$

$$\text{dp}[S][v]=\min(\text{dp}[S\cup\{u\}][u]+\text{dist}(v,u)\mid u\notin S)$$

城市集合 S 如何表示？这就用到状态压缩 DP 的技巧：把路径"压缩"到一个二进制数中。定义：

```
int dp[1 << MAXN][MAXN];
```

MAXN 是城市数量，当 MAXN=15 时，1 << MAXN$=2^{15}=$32 768，0～32 768 内的每个数的二进制表示就是一个可能的路径，二进制数中的 1 表示选中一个城市，0 表示不选中。例如 $S=000\ 0000\ 0000\ 0101_2$，末尾的 101 表示已访问过城市 2、0。在下面的代码中，"dp[s|1 << u][u]"，其中的 s|1 << u，表示在已访问过的城市集合 S 中加入一个新访问的城市 u。

下面是部分示意代码①。

```
int dp[1 << MAXN][MAXN];
void solve(){
    memset(dp, INF, sizeof(dp));                 //初始化为无穷大
    dp[(1 << n) - 1][0] = 0;                     //从最后一个点出发到起点 0,已经没有城市可
                                                 //以走,所以到起点 0 的最小路径费用是 0
    for (int s = (1 << n) - 2; s >= 0; s-- )     //O(2^n)
        for(int v = 0; v < n; v++)               //O(n)
            for(int u = 0; u < n; u++)           //O(n)
                if(!(s >> u & 1))
                    dp[s][v] = min(dp[s][v], dp[s|1 << u][u] + dist[v][u]);
    printf("%d\n",dp[0][0]);
}
```

4. 例题 2

这一题是 TSP 的变形。

> **hdu 3001 "Travelling"**
>
> Acmer 先生决定访问 n 座城市。他可以空降到任意城市，然后开始访问，要求访问到所有城市，任何一个城市访问的次数不少于 1 次，不多于 2 次。n 座城市间有 m 条道路，每条道路都有路费。求 Acmer 先生完成旅行需要花费的最小费用。
>
> 输入：第 1 行是 n 和 m，$1\leqslant n\leqslant 10$；后面有 m 行，有 3 个整数 a、b、c，表示城市 a 和 b 之间的路费是 c。
>
> 输出：最少花费，如果不能完成旅行，则输出 −1。

① 编程细节参考《挑战程序设计竞赛》(秋叶拓哉)192 页，3.4.1 节。

本题 $n=10$，数据很小，但是由于每个城市可以走两遍，可能的路线就变成了 $(2n)!$，所以不能用暴力法。

本题用状态压缩 DP 求解，算法复杂度是 $O(3^n n^2)$，当 $n=10$ 时正好通过 OJ 测试。

1）路径的表示

在普通 TSP 中，一个城市只有两种情况，即访问和不访问，用 1 和 0 表示。这个题有 3 种情况，也就是不访问、访问 1 次、访问 2 次，所以需要用到三进制。

当 $n=10$ 时有 3^{10} 种组合（路径数量），对每种路径用三进制表示。例如，第 14 种路径，它的三进制是 112_3，表示第 3 个城市走 1 次，第 2 个城市走 1 次，第 1 个城市走 2 次。

在程序中用 tri[i][j]表示第 i 个路径，其第 j 位的值是城市状态，例如 tri[14][3]=1，tri[14][2]=1，tri[14][1]=2。

2）状态和状态转移

定义状态 dp[i][j]，当前所在城市是 i，dp[i][j]表示从 i 出发访问剩余的所有城市最后回到起点的路径费用总和的最小值。

状态转移：dp[j][i]=min(dp[j][i], dp[k][l]+graph[k][j])；

```
#include <bits/stdc++.h>
const int INF = 0x3f3f3f3f;
using namespace std;
int n,m;
int bit[12] = {0,1,3,9,27,81,243,729,2187,6561,19683,59049};
                                   //三进制每一位的权值,与二进制的0、1、2、4、8等对照
int tri[60000][11];
int dp[11][60000];
int graph[11][11];                        //存图
void make_trb(){                          //初始化,求所有可能的路径
    for(int i = 0;i < 59050;++i){         //共3^10 = 59 050 种状态
        int t = i;
        for(int j = 1; j <= 10; ++j){tri[i][j] = t % 3; t/ = 3;}
    }
}
int comp_dp(){
        int ans = INF;
        memset(dp, INF, sizeof(dp));
        for(int i = 0;i <= n;i++)
            dp[i][bit[i]] = 0;            //bit[i]是第i个城市,起点是任意的
        for(int i = 0;i < bit[n + 1];i++){
            int flag = 1;                 //所有的城市都遍历过1次以上
            for(int j = 1;j <= n;j++){    //选一个终点
                if(tri[i][j] == 0){       //判断终点位是否为0
                    flag = 0;             //还没有经过所有点
                    continue;
                }
                if(i == j) continue;
                for(int k = 1; k <= n; k++){
                    int l = i - bit[j];   //i状态的第j位置0
                    if(tri[i][k] == 0) continue;
```

```
                    dp[j][i] = min(dp[j][i],dp[k][l] + graph[k][j]);
                }
            }
            if(flag)                                //找最小费用
                for(int j = 1; j <= n; j++)
                    ans = min(ans,dp[j][i]);
        }
        return ans;
}
int main(){
    make_trb();
    while(cin >> n >> m){
        memset(graph,INF,sizeof(graph));
        while(m--){
            int a,b,c;
            cin >> a >> b >> c;
            if(c < graph[a][b])  graph[a][b] = graph[b][a] = c;
        }
        int ans = comp_dp();
        if(ans == INF) cout <<" - 1"<< endl;
        else           cout << ans << endl;
    }
    return 0;
}
```

【习题】

hdu 1074 “Doing Homework”，入门题。

hdu 2167 “Pebbles”。

hdu 3182 “Hamburger Magi”。

hdu 4539 “排兵布阵”。

poj 1185 “炮兵阵地”，经典题。

poj 2411 “Mondriaan's Dream”，铺砖问题。

hdu 3681 “Prison Break”，TSP+二分，难题。

7.7　小　　结

本章介绍了常见的DP算法。读者已经看到，DP题目不仅涉及大量知识点，而且思维灵活，不容易掌握。DP题目作为竞赛的必考题型，参赛者需要花大量时间练习，掌握其中的诀窍。

视频讲解

另外还有很多可用DP的算法在本章没有涉及，例如用DP解决以概率为最优解的问题，具体内容见本书8.4节；还有AC自动机+DP、后缀自动机+DP等。

视频讲解

第8章　数　　学

☑ 高精度计算

☑ 数论

☑ 组合数学

☑ 概率和数学期望

☑ 公平组合游戏

数学题在算法竞赛中经常出现。数学题的知识点相当广，有些容易理解，有些比较难。在竞赛中经常把数学模型和其他算法结合起来，出综合性的题目，所以本书把数学题相关内容放在比较靠后的章节。

常见的数学方面的题目包括数论、组合数学、概率和数学期望、组合游戏等大类，这里先列出常见的知识点，本章将讲解其中部分内容。

(1) 数论。

整除性问题：整除、最大公约数、最大公倍数；欧几里得算法、扩展欧几里得算法。

素数问题：素数判定、区间素数统计。

同余问题：模运算、同余方程、快速幂、中国剩余定理、逆元、整数分解、同余定理。

不定方程。

乘性函数：欧拉函数、伪随机数、莫比乌斯反演。

(2) 组合数学。

排列组合：计数原理、特殊排列、排列生成、组合生成。

母函数：普通型、指数型。

递推关系：Fibonacci 数列、Stirling 数、Catalan 数。

容斥原理、鸽巢原理。

群：Polya 定理。

线性规划：单纯形法。

(3) 矩阵、线性代数、高精度计算、概率和数学期望、组合游戏、傅里叶变换。

视频讲解

8.1　高精度计算

高精度计算，是指参与运算的数大大超出了标准数据类型所能表示的范围的运算，例如两个 1000 位数相乘。这类题目在算法竞赛中的出现很频繁。在 C 或者 C++中，最大的数据类型只有 64 位，如果需要处理更大的数，只能用数组来模拟，把大数的每一位存储在数组中，然后按位处理进位、借位问题，相当麻烦。

但是用 Java 处理高精度非常简单，可以直接计算。在 Java 中有两个类——BigInteger 和 BigDecimal，分别表示大整数类和大浮点数类，两个类的对象能处理的数理论上能够表示无限大，只要计算机内存足够大。这两个类都在 java. math. * 包中。

例如 hdu 1042 题，输入整数 $N(0\leqslant N\leqslant 10\ 000)$，输出 $N!$。当 $N=10\ 000$ 时，$N!$ 是一个超级大的数字。读者可以尝试用 C++实现[①]。用 Java 可以直接算，下面是代码。

hdu 1042 题的 Java 代码

```
import java.math.BigInteger;
import java.util.*;
public class Main{
   public static void main(String[] args) {
      Scanner input = new Scanner(System.in);
      while(input.hasNext()) {
         int n = input.nextInt();
         BigInteger ans = BigInteger.ONE;
         for(int i = 1; i <= n; i++)
            ans = ans.multiply(BigInteger.valueOf(i));
         System.out.println(ans);
      }
   }
}
```

Java 虽然能处理大数，但是对于规模过大的问题用 Java 也不能做。例如 hdu 1061 题，$n=10^9$，求 n^n。此时需要一些特殊的算法，例如“快速幂”，见下一节内容。

【习题】

请读者自己找资料熟悉 Java 的高精度运算，并通过以下习题掌握用法。

hdu 1047，求和。

hdu 1063，实数的高精度幂。

hdu 1316，大数比较。

hdu 5666，大数除法。

hdu 5686，大数递推。

8.2 数　　论

数论是研究整数性质的数学分支。初等数论的主要内容有整除问题、素数、不定方程、同余问题、乘性函数等。本节介绍竞赛中常用的一些初等数论知识。

---

① 用“万进制”可以求解 $n!$，请读者搜索网上资料。

8.2.1 模运算

模运算是大数运算中的常用操作。如果一个数太大,无法直接输出,或者不需要直接输出,可以把它取模后缩小数值再输出。

定义取模运算为 a 除以 m 的余数[①],记为:

$$a \bmod m = a \ \% \ m$$

取模的结果满足 $0 \leqslant a \bmod m \leqslant m-1$,题目用给定的 m 限制计算结果的范围。例如 $m=10$,就是取计算结果的个位数,参考 hdu 1061 题,求 n^n,$n \leqslant 10^9$,输出结果的个位数。

取模操作满足以下性质。

加:$(a+b) \bmod m = ((a \bmod m)+(b \bmod m)) \bmod m$

减:$(a-b) \bmod m = ((a \bmod m)-(b \bmod m)) \bmod m$

乘:$(a \times b) \bmod m = ((a \bmod m) \times (b \bmod m)) \bmod m$

然而,对除法取模进行下面的类似操作是错误的:

$$(a/b) \bmod m = ((a \bmod m)/(b \bmod m)) \bmod m$$

例如,$(100/50) \bmod 20 = 2$,$(100 \bmod 20)/(50 \bmod 20) \bmod 20 = 0$,两者不相等。

除法的取模需要用到逆元,将在"同余与逆元"这一节中介绍。

8.2.2 快速幂

1. 快速幂概念

快速幂以及扩展的矩阵快速幂,由于应用场景比较常见,也是竞赛中常见的题型。

幂运算 a^n 即 n 个 a 相乘。快速幂就是高效地算出 a^n。当 n 很大时,例如 $n=10^9$,计算 a^n 这样大的数 Java 也不能处理,一是数字太大,二是计算时间很长。下面先考虑如何缩短计算时间,如果用暴力的方法直接算 a^n,即逐个做乘法,复杂度是 $O(n)$,即使能算出来,也会超时。

读者很容易想到快速幂的办法:先算 a^2,然后继续算平方 $(a^2)^2$,一直算到 n 次幂。这是分治法的思想,复杂度为 $O(\log_2 n)$。下面是代码,请读者自己理解:

```
int fastPow(int a, int n){
    if(n == 1)   return a;
    int temp = fastPow(a, n/2);          //分治
    if(n % 2 == 1)                       //奇数个 a,此处也可以写为 if(n &1)
        return temp * temp * a;
    else                                 //偶数个 a
        return temp * temp;
}
```

程序中的递归,层数只有 $\log_2 n$,不用担心溢出的问题。

上面的程序非常好,不过还有一种更好的方法,是用位运算做快速幂,时间复杂度也是 $O(\log_2 n)$。下面以 a^{11} 为例说明快速幂的原理。

① 注意,此时要求 a 和 m 的正负号一致,都为正数或都为负数。如果正负不同,取模和求余的结果是不同的。

先把 a^{11} 分解成 a^8、a^2、a^1 的乘积，即 $a^{11}=a^{8+2+1}=a^8\times a^2\times a^1$。

如何求 a^8、a^2、a^1 的值，需要分别计算吗？并不需要。读者可以容易地发现，$a^1\times a^1=a^2$，$a^2\times a^2=a^4$，$a^4\times a^4=a^8$，等等，都是 2 的倍数，产生的 a^i 都是倍乘关系，逐级递推就可以了。在下面的程序中，这个功能用"base *= base;"实现。

那么如何把 n 分解成 $11=8+2+1$ 这样的倍乘关系？用二进制就能理解了。把 n 转为二进制数，二进制数中每一位的权值都是低一位的两倍，对应的 a^i 是倍乘的关系，例如 $n=11_{10}=1011_2=2^3+2^1+2^0=8+2+1$，所以只需要把 n 按二进制处理就可以了。

另外还有一个需要处理的问题：如何跳过那些不需要的？例如求 a^{11}，因为 $11=8+2+1$，需要跳过 a^4。这里做个判断即可，1011 中的 0 就是需要跳过的。这个判断，利用二进制的位运算很容易实现：

(1) n & 1，取 n 的最后一位，并且判断这一位是否需要跳过。

(2) n >>=1，把 n 右移一位，目的是把刚处理过的 n 的最后一位去掉。

```
int fastPow(int a, int n){
    int base = a;                   //不定义 base,直接用 a 进行计算也行
    int res = 1;                    //用 res 返回结果
    while(n) {
        if(n & 1)                   //如果 n 的最后一位是 1,表示这个地方需要乘
            res * = base;
        base * = base;              //推算乘积,a² --> a⁴ --> a⁸ --> a¹⁶ …
        n >> = 1;                   //n 右移一位,把刚处理过的 n 的最后一位去掉
    }
    return res;
}
```

对照上面的程序，执行步骤如表 8.1 所示。

表 8.1 执行步骤

	n	res(res *= base)	base(base *= base)
第 1 轮	1011	a^1	a^2
第 2 轮	101	$a^1\times a^2$	a^4
第 3 轮	10	是 0，res 不变	a^8
第 4 轮	1	$a^1\times a^2\times a^8$	a^{16}
结束	0		

2. 快速幂取模

由于幂运算的结果非常大，常常会超过变量类型的最大值，甚至超过内存所能存放的最大数，所以涉及快速幂的题目，通常都要做取模操作，缩小结果。

根据模运算的性质，在快速幂中做取模操作，对 a^n 取模，和先对 a 取模再做幂运算的结果是一样的，即：

$$a^n \bmod m=(a \bmod m)^n \bmod m$$

下面修改位运算 fastPow()函数，加上取模操作。以 hdu 2817 题为例，取模操作如下：

```
const int mod = 200907;
...
```

```
    if(n & 1)
        res = (base * res) % mod;
    base = (base * base) % mod;
    ...
```

对于分治法 fastPow()函数的取模操作,请读者自己做类似的修改。

3. 矩阵快速幂

给定一个 $m\times m$ 的矩阵 $\boldsymbol{A}$,求它的 n 次幂 $\boldsymbol{A}^n$,这也是常见的计算。同样有矩阵快速幂的算法,原理是把矩阵当作变量来操作,程序和上面的很相似。

首先需要定义矩阵的结构体,并且定义矩阵相乘的操作。注意矩阵相乘也需要取模。

```
const int MAXN = 2;                    //根据题目要求定义矩阵的阶,本例中是 2
const int MOD = 1e4;                   //根据题目要求定义模
struct Matrix{                         //定义矩阵
   int m[MAXN][MAXN];
   Matrix() {
      memset(m, 0, sizeof(m));
   }
};
Matrix Multi(Matrix a, Matrix b) {     //矩阵的乘法
   Matrix res;
   for(int i = 0; i < MAXN; i++)
      for(int j = 0; j < MAXN; j++)
         for(int k = 0; k < MAXN; k++)
            res.m[i][j] = (res.m[i][j] + a.m[i][k] * b.m[k][j]) % MOD;
   return res;
}
```

下面是矩阵快速幂的程序代码,和前面单变量的快速幂的代码非常相似。

```
Matrix fastm(Matrix a, int n){
   Matrix res;
   for(int i = 0; i < MAXN; i++)
               //初始化为单位矩阵,相当于前面程序中的"int res = 1;"
     res.m[i][i] = 1;
   while(n) {
      if(n&1)
         res = Multi(res, a);
      a = Multi(a, a);
      n >>= 1;
   }
   return res;
}
```

矩阵快速幂的复杂度:上面求 $\boldsymbol{A}^n$,$\boldsymbol{A}$ 是 $m\times m$ 的方阵,其中矩阵乘法的复杂度是 $O(m^3)$,快速幂的复杂度是 $O(\log_2 n)$,合起来是 $O(m^3\log_2 n)$。

应用矩阵快速幂的难点在于如何把递推关系转换为矩阵。

【习题】

hdu 2817。

hdu 1061，求 n^n 的末尾数字，$n\leqslant 10^9$。

hdu 5392，快速幂取模、LCM。

poj 3070、hdu 3117。矩阵快速幂的经典题目，算 Fibonacci 数列。求第 10^9 个 Fibonacci 数，因为直接递推无法完成，所以先用矩阵表示 Fibonacci 数列的递推关系，然后把问题转换为求这个矩阵的 10^9 幂。

hdu 6030，把递推关系转换为矩阵。

hdu 5895，有难度的矩阵快速幂。

hdu 5564，数位 DP、矩阵快速幂。

hdu 2243，AC 自动机、矩阵快速幂。

8.2.3 GCD、LCM

最大公约数 GCD 和最小公倍数 LCM 是竞赛中常见的知识点，虽然这两个知识点很容易理解，但往往会与其他知识点结合起来出综合题，并不容易。

1. 最大公约数 GCD

整数 a 和 b 的最大公约数记为 $\gcd(a,b)$。在编程时有两种做法。

(1) 经典的欧几里得算法，用辗转相除法求最大公约数，模板如下：

```
int gcd(int a, int b) {
    return b == 0 ? a : gcd(b, a % b);
}
```

时间复杂度差不多是 $O(\log_2 n)$ 的[①]，非常快。

(2) 或者直接用 C++的内置函数求 GCD：

```
std::__gcd(a, b)
```

2. 最小公倍数 LCM

整数 a 和 b 的最小公倍数记为 $\mathrm{lcm}(a,b)$，模板如下：

```
int lcm(int a, int b) {
    return a/gcd(a, b) * b;
}
```

8.2.4 扩展欧几里得算法与二元一次方程的整数解

读者可能还记得中学接触过的一个问题：给出整数 a、b、n，问方程 $ax+by=n$ 什么时

① 严格的复杂度分析参考《初等数论及其应用》第 6 版，Kenneth H. Rosen 著，夏鸿刚译，机械出版社，3.4 节的欧几里得算法。

候有整数解？如何求所有的整数解？

有解的充分必要条件是 gcd(a,b)可以整除 n。简单解释如下：

令 $a=\gcd(a,b)a'$、$b=\gcd(a,b)b'$，有 $ax+by=\gcd(a,b)(a'x+b'y)=n$；如果 x、y、a'、b'都是整数，那么 n 必须是 gcd(a,b)的倍数才有整数解。

例如 $4x+6y=8$、$2x+3y=4$ 有整数解，$4x+6y=7$ 则没有整数解。

如果确定有解，一种解题方法是先找到一个解(x_0,y_0)，那么通解公式如下：

$$x = x_0 + (b/\gcd(a,b))t$$

$$y = y_0 - (a/\gcd(a,b))t, \quad t\text{ 是任意整数}$$

所以，问题转化为如何求(x_0,y_0)。利用扩展欧几里得算法可以求出这个特解。

1. 扩展欧几里得算法

当方程符合 $ax+by=\gcd(a,b)$时，可以用扩展欧几里得算法求(x_0,y_0)。程序如下[①]：

```
void extend_gcd(int a, int b, int &x, int &y){        //返回 x,y,即一个特解(x0,y0)
   if(b == 0) {
      x = 1, y = 0;
      return;
   }
   extend_gcd(b, a % b, x, y);
   int tmp = x;
   x = y;
   y = tmp - (a/b) * y;
}
```

有时候为了简化描述，在 $ax+by=\gcd(a,b)$两边除以 gcd(a,b)，得到 $cx+dy=1$，其中 $c=a/\gcd(c,b)$，$d=b/\gcd(a,b)$。很明显，c、d 是互质的。$cx+dy=1$ 的通解如下：

$$x = x_0 + dt$$

$$y = y_0 - ct, \quad t\text{ 是任意整数}$$

2. 求任意方程 $ax+by=n$ 的一个整数解

用扩展欧几里得算法求解 $ax+by=\gcd(a,b)$后，利用它可以进一步解任意方程 $ax+by=n$，得到一个整数解。其步骤如下：

(1) 判断方程 $ax+by=n$ 是否有整数解，有解的条件是 gcd(a,b)可以整除 n；

(2) 用扩展欧几里得算法求 $ax+by=\gcd(a,b)$的一个解(x_0,y_0)；

(3) 在 $ax_0+by_0=\gcd(a,b)$两边同时乘以 $n/\gcd(a,b)$，得：

$$ax_0n/\gcd(a,b) + by_0n/\gcd(a,b) = n$$

(4) 对照 $ax+by=n$，得到它的一个解(x_0',y_0')是：

$$x_0' = x_0n/\gcd(a,b)$$

$$y_0' = y_0n/\gcd(a,b)$$

3. 应用场合

扩展欧几里得算法是一个很有用的工具，在竞赛题目中常用于以下场合：

① 程序的执行过程参考《算法导论》，Thomas H. Cormen 等著，机械工业出版社，31.2 节。

(1) 求解不定方程；

(2) 求解模的逆元；

(3) 求解同余方程。

虽然用扩展欧几里得算法可以算 $ax+by=\gcd(a,b)$的通解，不过一般没有这个需求，而是用于求某些特殊的解，例如求解逆元，逆元是除法取模操作常用的工具。

【习题】

poj 1061，扩展欧几里得。

hdu 1019，LCM。

hdu 1576，扩展欧几里得。

hdu 2504，GCD，水题。

hdu 2588，GCD，欧拉函数。

hdu 5223，GCD，贪心。

hdu 5584，LCM。

hdu 5656，GCD，DP。

hdu 5902，GCD，暴力。

8.2.5 同余与逆元

同余在数论中非常有用，它用类似处理等式的方式来处理整除关系，非常简便。

1. 同余

两个整数 a、b 和一个正整数 m，如果 a 除以 m 所得的余数和 b 除以 m 所得的余数相等，即 $a \bmod m=b \bmod m$，称 a 和 b 对于 m 同余①，m 称为同余的模。同余的概念也可以这样理解：$m|(a-b)$，即 $a-b$ 是 m 的整数倍。例如 $6|(23-5)$，23 和 5 对模 6 同余。

同余的符号记为 $a\equiv b \pmod m$。

2. 一元线性同余方程

$ax\equiv b \pmod m$，即 ax 除以 m，b 除以 m，两者余数相同，这里 a、b、m 都是整数，求解 x 的值。

方程也可以这样理解：$ax-b$ 是 m 的整数倍。设 y 是倍数，那么 $ax-b=my$，移项得到 $ax-my=b$。因为 y 可以是负数，改写为 $ax+my=b$，这就是在扩展欧几里得算法中提到的二元一次不定方程。

当且仅当 $\gcd(a,m)$能整除 b 时有整数解。例如 $15x+6y=9$，有整数解 $x=1$，$y=-1$。

当 $\gcd(a,m)=b$ 时，可以直接用扩展欧几里得算法求解 $ax+my=b$。

如果不满足 $\gcd(a,m)=b$，还能用扩展欧几里得算法求解 $ax+my=b$ 吗？答案是肯定的，但是需要结合下面的逆元。

3. 逆元

给出 a 和 m，求解方程 $ax\equiv 1 \pmod m$，即 ax 除以 m 余数是 1。

① 《初等数论及其应用》第 6 版，Kenneth H. Rosen 著，夏鸿刚译，机械工业出版社，第 4 章“同余”。

根据前面的讨论，有解的条件是 $\gcd(a,m)=1$，即 a、m 互素。该问题等价于求解 $ax+my=1$，可以用上一节的扩展欧几里得算法求解。例如 $8x\equiv1 \pmod{31}$，等价于求解 $8x+31y=1$，用扩展欧几里得算法求得一个特解是 $x=4,y=-1$。

方程 $ax\equiv1 \pmod m$ 的一个解 x，称 x 为 a 模 m 的**逆**。注意，这样的 x 有很多，把它们都称为逆。

求逆元的代码如下：

```
int mod_inverse(int a, int m){
    int x, y;
    extend_gcd(a, m, x, y);
    return(m + x % m) % m;              //x 可能是负数,需要处理
}
```

另外，在某些情况下也可以用费马小定理求逆元。

4. 逆元与除法取模

逆元的一个重要应用是求除法的模。在后面讲 Catalan 数的时候有这样一个需求：求 $(a/b) \bmod m$，即 a 除以 b，然后对 m 取模。这里 a 和 b 都是很大的数，做除法后再取模会损失精度。由于除法不能做连续的取模操作，而大数的计算很麻烦，容易溢出，就损失了，所以需要用逆把除法转换为乘法。乘法就能做连续的取模操作了，因为取模后数比较小，也不需要用高精度。下面的方法可以避开除法计算。

设 b 的逆元是 k，有：

$$\left(\frac{a}{b}\right)\bmod m=\left(\left(\frac{a}{b}\right)\bmod m\right)((bk)\bmod m)=\left(\frac{a}{b}bk\right)\bmod m=(ak)\bmod m$$

上述推导过程把除法的模运算转换成了乘法模运算：$(a/b)\bmod m=(ak)\bmod m$

5. 逆元与求解二元一次方程 $ax+my=b$

如果得到了 a 的逆，可以来求解形如 $ax\equiv b \pmod m$ 的任何同余方程。方法如下：令 a' 是 a 模 m 的逆，则 $a'a\equiv1 \pmod m$；在 $ax\equiv b \pmod m$ 的两边同时乘以 a'，得到 $a'ax\equiv a'b \pmod m$，所以 $x\equiv a'b \pmod m$。

例如求 $8x\equiv24 \pmod{31}$ 的解。先求 8 模 31 的逆，是 4；然后在 $8x\equiv24 \pmod{31}$ 的两边乘以 4，得到 $8\times4x\equiv4\times24 \pmod{31}$，所以 $x\equiv96 \pmod{31}$。

前面讲解扩展欧几里得算法时曾求解了二元一次方程，这里再给出利用逆元的另一种方法，如表 8.2 所示。读者对照两种方法，可以加深对逆元的理解。

表 8.2　利用逆元的求解方法

步骤	求解方程 $ax+my=b$ 同余方程是 $ax\equiv b \pmod m$	例：求解 $8x+31y=24$ 同余方程是 $8x\equiv24 \pmod{31}$ $a=8,b=24,m=31$
1	有解的条件：$\gcd(a,m)$ 能整除 b	$\gcd(8,31)=1$ 能整除 24
2	求 $ax\equiv1 \pmod m$ 的逆元 a'，等价于用扩展欧几里得算法求解 $ax+my=1$	$8x+31y=1$ 的一个解是 $x=4,y=-1$ 即一个逆元是 $a'=4$
3	一个特解是 $x=a'b$	$x=a'b=4\times24=96$
4	代入方程 $ax+my=b$，求解 y	代入 $8x+31y=24$，得到 $y=-24$

【习题】

hdu 5976 "Detachment",乘法逆元。

8.2.6 素数

1. 用试除法判断素数

问题:输入一个很大的数 n,判断它是不是素数。

素数定义:一个数 n,如果不能被$[2,n-1]$内的所有数整除,n 就是素数。当然,并不需要把$[2,n-1]$内的数都试一遍,这个范围可以缩小到$[2,\sqrt{n}]$。

给定 n,如果它不能整除$[2,\sqrt{n}]$内的所有数,它就是素数。证明如下:

设 $n=a\times b$,有 $\min(a,b)\leqslant\sqrt{n}$,令 $a\leqslant b$。只要检查$[2,\sqrt{n}]$内的数,如果 n 不是素数,就能找到一个 a。如果不存在这个 a,那么$(\sqrt{n},n-1]$内也不存在 b。

以上判断的范围可以再缩小一点:$[2,\sqrt{n}]$内所有的**素数**。其原理很简单,读者在学过下文提到的埃式筛法之后更容易理解。

用试除法判断素数,复杂度是 $O(\sqrt{n})$,对于 $n\leqslant 10^{12}$ 的数是没有问题的。

下面是试除法判断素数的代码。

判断素数

```
bool is_prime(int n){
    if(n <= 1)    return false;              //1 不是素数
    for(int i = 2; i * i <= n; i++)          //比这样写更好: for(int i = 2;i <= sqrt(n);i++)
        if(n % i == 0)   return false;       //能整除,不是素数
    return true;
}
```

2. 巨大素数的判断

如果 n 非常大,例如 poj 1811 题,$1\leqslant n<2^{54}$,判断 n 是不是素数。如果用试除法,$\sqrt{n}=2^{27}\approx 10^8$,复杂度仍然太高。此时需要用到特殊而复杂的方法,如果读者有兴趣,可以自己查资料①。

3. 用埃式筛法求素数的数量

一个与素数相关的问题是求$[2,n]$内所有的素数。如果用上面的试除法,一个个单独进行判断,太慢了。

埃式筛法是一种古老而简单的方法,可以快速找到$[2,n]$内所有的素数。对于初始队列$\{2,3,4,5,6,7,8,9,10,11,12,13,\cdots,n\}$,操作步骤如下:

(1) 输出最小的素数 2,然后筛掉 2 的倍数,剩下$\{3,5,7,9,11,13,\cdots\}$;

① 《ACM/ICPC 算法训练教程》,余立功,清华大学出版社,127 页。

(2) 输出最小的素数 3,然后筛掉 3 的倍数,剩下{5,7,11,13,…};

(3) 输出最小的素数 5,然后筛掉 5 的倍数,剩下{7,11,13,…}。

继续以上步骤,直到队列为空。

下面是程序,其中 visit[i]记录数 i 的状态,如果 visit[i]=true,表示它被筛掉了,不是素数。用 prime[]存放素数,例如 prime[0]是第 1 个素数 2。

```
const int MAXN = 1e7;                          //定义空间大小,1e7 约 10MB
int prime[MAXN + 1];                           //存放素数,它记录 visit[i] = false 的项
bool visit[MAXN + 1];                          //true 表示被筛掉,不是素数
int E_sieve(int n)  {                          //埃式筛法,计算[2, n]内的素数
    int k = 0;                                 //统计素数的个数
    for(int i = 0; i <= n; i++)  visit[i] = false;    //初始化
    for(int i = 2; i <= n; i++) {              //从第 1 个素数 2 开始.可优化(1)
        if(!visit[i]) {
            prime[k++] = i;                    //i 是素数,存储到 prime[]中
            for(int j = 2 * i; j <= n; j += i) //i 的倍数都不是素数。可优化(2)
                visit[j] = true;               //标记为非素数,筛掉
        }
    }
    return k;                                  //返回素数的个数
}
```

计算复杂度:2 的倍数被筛掉,计算 $n/2$ 次;3 的倍数被筛掉,计算 $n/3$ 次;5 的倍数被筛掉,计算 $n/5$ 次,依此类推。总次数是 $O(n/2+n/3+n/5+\cdots)$,这里直接给出结果,即 $O(n\log\log_2 n)$。

空间复杂度:程序用到了 bool visit[MAXN+1]数组,当 MAXN$=10^7$ 时约 10MB。一般题目会限制空间为 65MB,所以 n 不能再大了。

上述代码有两处可以优化:

(1) 用来做筛除的数为 2、3、5 等,最多到$\sqrt{n}$就可以了。例如求 $n=100$ 以内的素数,用 2、3、5、7 筛就足够了。其原理和试除法一样:非素数 k 必定可以被一个小于等于$\sqrt{k}$的素数整除。

(2) for(int j=2*i; j<=n; j+=i)中的 $j=2*i$ 优化为 $j=i*i$。例如 $i=5$ 时,2*5、3*5、4*5 已经在前面 $i=2,3,4$ 的时候筛过了。

优化后的代码如下:

```
int E_sieve(int n) {
    for(int i = 0; i <= n; i++)  visit[i] = false;
    for(int i = 2; i * i <= n; i++)            //筛掉非素数
        if(!visit[i])
            for(int j = i * i; j <= n; j += i)
                visit[j] = true;               //标记为非素数
    //下面记录素数
    int  k = 0;                                //统计素数的个数
    for(int i = 2; i <= n; i++)
        if(!visit[i])
```

```
        prime[k++] = i;                  //存储素数
    return k;
}
```

埃式筛法虽然还不错，但其实做了一些无用功，某个数会被筛几次，比如 12，被 2 和 3 筛了两次。另一种欧拉筛选法，时间复杂度仅为 $O(n)$，如果读者有兴趣可以查资料。不过，埃式筛法可以近似看成 $O(n)$的，一般也够用了。

4. 埃式筛法应用于大区间素数

用埃式筛法求$[2,n]$内的素数，只能解决规模 $n\leqslant 10^7$ 的问题。如果 n 更大，在某些情况下可以用埃式筛法来处理，这就是大区间素数的计算。

如果把$[2,n]$看成一个区间，那么可以把埃式筛法扩展到求区间$[a,b]$的素数，$a<b\leqslant 10^{12}$，$b-a\leqslant 10^6$。

前文提到，用试除法判断 n 是不是素数，原理为：如果它不能整除 $2\sim\sqrt{n}$内所有的**素数**，它就是素数。根据埃式筛法很容易理解这个原理：$2\sim\sqrt{n}$内的非素数 b 肯定对应一个比它小的素数 a。在用试除法的时候，如果 n 能整除 a，已经证明了 n 不是素数，b 就不用再试了。

这个原理可以用来理解大区间求素数问题。先用埃式筛法求$[2,\sqrt{b}]$内的素数，然后用这些素数来筛$[a,b]$区间的素数即可。

(1) 计算复杂度：$O(\sqrt{b}\log\log\sqrt{b})+O((b-a)\sqrt{b-a})$；

(2) 空间复杂度：需要定义两个数组，一个用于处理$[2,\sqrt{b}]$内的素数，另一个用于处理$[a,b]$内的素数，空间复杂度是 $O(\sqrt{b})+O(b-a)$。

习题：poj 2689，求$[L,R]$内的素数，$1\leqslant L<R\leqslant 2\ 147\ 483\ 647$)，$R-L\leqslant 10^6$。

5. 更大的素数

上面埃式筛法的限制条件是 $n\leqslant 10^7$。如果要统计更大范围内的素数个数，例如 $n=10^{11}$时有 40 多亿个素数①，此时需要用到更复杂的数学方法。如果读者有兴趣可以研究 hdu 5901 Count primes 一题，求 $1\leqslant n\leqslant 10^{11}$范围内的素数个数。

【习题】

hdu 1262，寻找素数对。

hdu 2710，筛法求素数。

hdu 3792，素数打表。

hdu 3826，分解质因子。

hdu 6069，区间素数。

① $[2,n]$内素数的数量：https://en.wikipedia.org/wiki/Prime-counting_function（永久网址：perma.cc/MSN6-F4AM）。

8.3 组合数学

人们在生活中经常会遇到排列组合问题。简单的，例如在5个礼物中选两个，问有多少种选取方法？复杂一点的，例如一串手环，用不同颜色的珠子串成，问有多少种不同的排列方法？

组合数学就是研究一个集合内满足一定规则的排列问题。这类问题如下：

(1) 存在问题，即判断这些排列是否存在；

(2) 计数问题，计算出有多少种排列，并构造出来；

(3) 优化问题，如果有最优解，给出最优解。

组合数学涉及的内容很多，包括[①]：

(1) 基本计数规则，例如乘法规则、加法规则、生成排列组合、多项式系数、鸽巢(抽屉)原理等。

(2) 计数问题，例如母函数(普通型、指数型、概率型等)、二项式定理、递推关系、容斥定理、Pólya定理等。

(3) 存在问题，例如编码、组合设计、图论中的存在问题等。

(4) 组合优化，例如匹配和覆盖、图和网络的优化问题。

本书的内容涉及前两部分，即计数规则和计数问题。

8.3.1 鸽巢原理

鸽巢原理(Pigeonhole Principle)，或称抽屉原理(Drawer Principle)，内容非常简单：把$n+1$个物体放进n个盒子，至少有一个盒子包含两个或更多的物体。

鸽巢原理是很基本的组合原理，但是可以解决许多有趣的问题，得到一些有趣的结论。例如：在1500人中，至少有5人生日相同；n个人互相握手，一定有两个人握手的次数相同。

hdu 1205“吃糖果”

Gardon有K种糖果，每种数量已知，Gardon不喜欢连续两次吃同样的糖果，问有没有可行的吃糖方案。

该题是非常典型的鸽巢原理问题，可以用“隔板法”求解。找出最多的一种糖果，把它的数量N看成N个隔板，隔成N个空间(把每个隔板的右边看成一个空间)；其他所有糖果的数量为S。

(1) 如果$S<N-1$，把S个糖果放到隔板之间，这N个隔板不够放，必然至少有两个隔

① 参考《应用组合数学》，Fred S. Roberts、Barry Tesman著，冯速译，机械工业出版社。这本书几乎包罗了所有的组合数学知识。这类书的特点是过于详细，读者不可能通读所有内容，也不太容易提炼出一些知识点的算法思想。建议读者边做竞赛题边查阅有关知识，这样能很快地把知识与应用结合起来。

板之间没有糖果，由于这两个隔板是同一种糖果，所以无解。

(2) 当 $S \geqslant N-1$ 时，肯定有解。其中一个解是把 S 个糖果排成一个长队，注意同种类的糖果是挨在一起的，然后每次取 N 个糖果，按顺序一个一个地放进 N 个空间。由于隔板的数量比每一种糖果的数量都多，所以不可能有两个同样的糖果被放进一个空间里。把 S 个糖果放完，就是一个解，一些隔板里面可能放几种糖果。

鸽巢原理是 Ramsey 定理的一个特例。读者可以通过这两题来了解 Ramsey 定理，即 hdu 5917/6152，它们是 2016、2017 年的比赛题。

【习题】

poj 2356/3370。

hdu 1808/3183/5776。

8.3.2 杨辉三角和二项式系数

读者一定非常熟悉排列和组合公式。

排列：$A_n^k = \frac{n!}{(n-k)!}$

组合：$C_n^k = \binom{n}{k} = \frac{A_n^k}{k!} = \frac{n!}{k!(n-k)!}$

这里把组合数 C_n^k 用符号 $\binom{n}{k}$ 表示，称为二项式系数(Binomial Coefficient)。

杨辉三角(国外称帕斯卡三角)是二项式系数 $\binom{n}{r}$ 的典型应用。

杨辉三角是排列成如下三角形的数字：

$$
\begin{array}{c}
1 \\
1 \quad 1 \\
1 \quad 2 \quad 1 \\
1 \quad 3 \quad 3 \quad 1 \\
1 \quad 4 \quad 6 \quad 4 \quad 1 \\
1 \quad 5 \quad 10 \quad 10 \quad 5 \quad 1
\end{array}
$$

每一行从上一行推导而来。如果编程求杨辉三角第 n 行的数字，可以模拟这个推导过程，逐级递推，复杂度是 $O(n^2)$。不过，若改用数学公式计算，则可以直接得到结果，比用递推快多了，这个公式就是 $(1+x)^n$。

观察 $(1+x)^n$ 的展开：

$$
\begin{aligned}
(1+x)^0 &= 1 \\
(1+x)^1 &= 1+x \\
(1+x)^2 &= 1+2x+x^2 \\
(1+x)^3 &= 1+3x+3x^2+x^3
\end{aligned}
$$

每一行展开的系数刚好对应杨辉三角每一行的数字。也就是说，杨辉三角可以用

$(1+x)^n$ 来定义和计算。

那么如何计算 $(1+x)^n$？真的需要展开算系数吗？并不需要，二项式系数 $\binom{n}{k}=\frac{n!}{k!(n-k)!}$ 就是 $(1+x)^n$ 展开后的系数。它们的关系可以这样理解：$(1+x)^n$ 的第 k 项，实际上就是从 n 个 x 中选出 k 个，这就是组合数 $\binom{n}{k}$ 的定义。所以：

$$(1+x)^n = \sum_{k=1}^{n}\binom{n}{k}x^k$$

这个公式称为二项式定理。

有了这个公式，在求杨辉三角第 n 行的数字时就可以用公式直接计算了，复杂度为 $O(1)$。不过，该公式中有 $n!$，如果直接计算 $n!$，由于太大，有可能溢出。例如 hdu 2032 题，$n=30$，30！超过了 long long 的范围。此时可以利用 $\binom{n}{k-1}$ 和 $\binom{n}{k}$ 的递推关系 $\frac{\binom{n}{k}}{\binom{n}{k-1}}=\frac{n-k+1}{k}$ 逐个推导，避免计算阶乘。

8.3.3 容斥原理

容斥原理(Inclusion-Exclusion Principle)是常见的思维方法。在计数时，有时情况比较多，相互有重叠。为了使重叠部分不被重复计算，可以这样处理：先不考虑重叠的情况，把所有对象的数目计算出来，然后减去重复计算的数目。这种计数方法称为容斥原理。

例如一根长为 60m 的绳子，每隔 3m 做一个记号，每隔 4m 也做一个记号，然后把有记号的地方剪断，问绳子共被剪成了多少段？容斥原理的解题思路是：3 的倍数有 20 个，不算绳子两头，有 20－1＝19 个记号；4 的倍数有 15 个；既是 3 的倍数又是 4 的倍数的，有 60÷(3×4)＝5 个。所以记号的总数量是(20－1)＋(15－1)－(5－1)＝29，绳子被剪成 30 段。

【习题】

hdu 2841/4135/4497/5155。

8.3.4 Fibonacci 数列

Fibonacci 数列是一个很常见的递推数列，在小学奥数中被称为“兔子数列”。Fibonacci 数列也是一个被“神话”的数列，人们常常提到的“黄金分割”就蕴含在 Fibonacci 数列中。

1. Fibonacci 数列的递推公式

$$f(1) = f(2) = 1$$
$$f(n) = f(n-1) + f(n-2)$$

从第 3 项开始，每一项都等于前 2 项之和，前一部分数是 1,1,2,3,5,8,13…

当 n 趋于无穷大时，相邻两个数的比值 $f(n)/f(n-1)\to 0.6180339887\cdots$ 这就是有名的黄金分割数[①]。

2. 计算 Fibonacci 数列

视频讲解

这里有两个问题：①如何更快地计算第 n 个 Fibonacci 数；②Fibonacci 数增长太快了，需要处理大数。

那么如何计算 Fibonacci 数列？如果只计算到第 10^6 个数，用上面的递推公式就可以，复杂度是 $O(n)$。如果更大，例如算第 1 亿个数，这样就比较慢。对于这么大的 Fibonacci 数，需要用一种巧妙的方法：把递推关系转换成矩阵，并用前面讲过的矩阵快速幂进行处理。请读者自己做 poj 3070 题和 hdu 3117 题，求第 1 亿个 Fibonacci 数，这是一个**必做题**。

另外，Fibonacci 数的值增长非常快，近似于 $O(2^n)$，例如第 40 个数是 102 334 155，已经非常大，所以常常需要处理大数，或者做取模操作。由于这些知识在前面讲过，这里不再赘述。

3. 应用模型

Fibonacci 数列看起来很简单，但是应用却非常广泛。例如在排列组合问题中，很多场景的数学模型就是 Fibonacci 数列。下面是两个常见的例子。

1）楼梯问题

hdu 2041 题。有一楼梯共 M 级，刚开始时人在第一级，若每次只能跨上一级或两级，要走上第 M 级，共有多少种走法？

假设到第 n 级总共的走法为 $f(n)$。如何到达第 n 级？可以分成两种情况：①第一次跳 1 级，剩下 $n-1$ 个台阶，跳法是 $f(n-1)$；②第一次跳 2 级，剩下 $n-2$ 个台阶，跳法是 $f(n-2)$，所以 $f(n)=f(n-1)+f(n-2)$。这是一个 Fibonacci 数列。

2）矩形覆盖问题

用 2×1 的小矩形覆盖 $2n$ 的大矩形，总共有多少种方法？

假设方法总共有 $f(n)$，分成两种情况：①第一次放 1 格，剩下 $n-1$ 个格子，方法有 $f(n-1)$ 种；②第一次放 2 格，剩下 $n-2$ 个格子，方法有 $f(n-2)$ 种。这也是一个 Fibonacci 数列。

8.3.5 母函数

本节介绍一种求解递推关系的特殊思路——母函数。母函数（Generating Function，又译为生成函数）是算法竞赛中经常使用的一种解题方法，它用代数方法解决组合计数问题，是数学与应用的有趣结合。

本节尝试引导读者理解母函数，并用来解决一些算法问题。不过，读者仍然需要进一步深入地学习母函数的数学思想，这样才能更好地应用它。建议读者阅读一些组合数学方面的书籍，做一些习题，以加强理解[②]。

① 很多人说“黄金分割美学”其实是夸大其词。

② 《组合数学》，Richard A. Brualdi 著，冯舜玺译，机械工业出版社。

1. 整数划分

在讲解母函数之前先思考一个经典问题——整数划分。整数划分是指把一个正整数 n 分解成多个整数的和，这些数大于等于 1、小于等于 n。不同划分法的总数叫作划分数。例如 $n=4$ 时有 5 种划分，即{1,1,1,1}、{1,1,2}、{2,2}、{1,3}、{4}。

这个问题有很多扩展[1]，例如将 n 划分成最大数不超过 m 的划分数，$m \leqslant n$。当 $n=4$，$m=2$ 时有 3 种划分，即{1,1,1,1}、{1,1,2}、{2,2}。

> **hdu 1028 "Ignatius and the Princess III"**
>
> 求整数 n 有多少种划分，$1 \leqslant n \leqslant 120$。
>
> 输入一个数字 n，输出划分数。

在引入母函数方法之前先用递归求解，代码如下，其中函数 part(n,n)返回对 n 划分的结果。

递归求整数划分

```
#include <bits/stdc++.h>
using namespace std;
int part(int n,int m) {                              //将 n 划分成最大数不超过 m 的划分数
    if(n == 1||m == 1)    return (1);
    else if(n < m)        return part(n,n);
    else if(n == m)       return 1 + part(n,n - 1);
    else          return part(n - m, m) + part(n, m - 1);   //这一行导致 TLE
}
int main(){
    int n;
    while(cin >> n)
     cout << part(n, n) << endl;
    return 0;
}
```

函数 part()的最后一行有两种情况。

(1) part($n-m$,m)：划分中有一个数为 m，那么从 n 中减去 m，继续对 $n-m$ 进行划分；

(2) part(n,$m-1$)：划分中每个数都小于 m，即每个数不大于 $m-1$，继续划分。

但是，用上面的递归代码提交 hdu 1028 题，结果是 TLE。观察程序的最后一行，发现递归翻倍，是 $O(2^n)$的复杂度。

用 DP 可以显著降低复杂度。把递归程序中的逻辑改写成递推式，在函数 part()中提前预计算出所有 n 的划分数。程序的计算复杂度是 $O(n^2)$。

用 DP 求整数划分

```
const int MAXN = 200;
int dp[MAXN + 1][MAXN + 1];              //dp[n][m]: 将 n 划分成最大数不超过 m 的划分数
```

① 扩展的划分问题：http://www.cnblogs.com/radiumlrb/p/5797168.html(永久网址：perma.cc/92XR-N9DF)。

```
void part() {                      //预计算 dp[n][m],求出所有 n 的划分
    for(int n = 1; n <= MAXN; n++)
        for(int m = 1; m <= MAXN; m++){
            if((n == 1)||(m == 1))      dp[n][m] = 1;
            else if(n < m)              dp[n][m] = dp[n][n];
            else if(n == m)             dp[n][m] = dp[n][m - 1] + 1;
            Else                        dp[n][m] = dp[n][m - 1] + dp[n - m][m];
        }
}
```

下面用母函数方法求解整数划分问题。

2. 母函数的概念

在解决整数划分问题之前先通过一个更简单的问题介绍母函数的概念。

问题：从数字 1、2、3、4 中取出一个或多个相加(每个数最多只能用一次)，能组合成几个数？每个数有几种组合？

视频讲解

在表 8.3 中，第 1 行是组合得到的数字，第 2 行是组合的情况，第 3 行是有几种组合。

表 8.3　数字组合问题

数字 S	1	2	3	4	5	6	7	8	9	10
组合	1	2	1+2 3	1+3 4	1+4 2+3	1+2+3 2+4	1+2+4 3+4	1+3+4	2+3+4	1+2+3+4
数量 N	1	1	2	2	2	2	2	1	1	1

下面引进一个公式，并把公式展开，这个公式能解决上面的数字组合问题。后文会介绍这个公式是怎么来的。

$$(1+x)(1+x^2)(1+x^3)(1+x^4) = 1+x+x^2+2x^3+2x^4+2x^5+2x^6+2x^7+x^8+x^9+x^{10}$$

读者仔细观察，可以发现公式和上面的表是有关系的：

(1) 公式左边的 x 的幂与组合用到的数字 1、2、3、4 相对应。观察公式左边，包括 4 个部分，$(1+x)$中的 x 是 1 次幂，$(1+x^2)$中的 x^2 是 2 次幂，依此类推，刚好是数字 1、2、3、4。

(2) 公式右边 x 的幂与表格中的组合数 S 是对应的。公式右边 x 的幂从 1 到 10，组合数 S 也从 1 到 10。

(3) 公式右边的系数与表格中的数量 N 相对应，都是 1、1、2、2、2、2、2、1、1、1。

因此，用这个公式可以计算上面的组合数问题。

这就是母函数的原理：**“把组合问题的加法与幂级数的乘幂对应起来”**。

那么，这个公式是如何得到的？

为了更容易理解，把公式左边写成以下的形式：

$$\begin{aligned}&(1+x)(1+x^2)(1+x^3)(1+x^4)\\=&(x^{0\times1}+x^{1\times1})(x^{0\times2}+x^{1\times2})(x^{0\times3}+x^{1\times3})(x^{0\times4}+x^{1\times4})\end{aligned}$$

其含义以公式右边的$(x^{0\times1}+x^{1\times1})$为例，$x^{0\times1}$表示不用数字 1，$x^{1\times1}$表示用数字 1。

所以，这个公式实际上就是组合问题的反映：**用或者不用数字1、用或者不用数字2、用或者不用数字3**，依此类推，公式就是这样构造出来的。公式构造出来后，把它展开后的结果就是组合问题的答案。

母函数的定义：对于序列 $a_0,a_1,a_2,\cdots$，构造函数 $G(x)=a_0+a_1x+a_2x^2\cdots$，称 $G(x)$ 为序列 $a_0,a_1,a_2,\cdots$ 的母函数。

简单地说，母函数是一种幂级数，其中每一项的系数反映了这个序列的信息。在本例中，a_kx^k 的 a_k 是数 k 的组合数量。

3. 用母函数解决整数划分问题

整数划分比上面的数字组合问题复杂一些，因为整数划分的数字是可以重复的。可以这样设计整数划分的母函数：

$$(x^{0\times1}+x^{1\times1}+x^{2\times1}+\cdots)(x^{0\times2}+x^{1\times2}+x^{2\times2}+\cdots)(x^{0\times3}+x^{1\times3}+x^{2\times3}+\cdots)\cdots$$
$$=(1+x+x^2+\cdots)(1+x^2+x^4+\cdots)(1+x^3+x^6+\cdots)\cdots$$

其中，$(x^{0\times1}+x^{1\times1}+x^{2\times1}+\cdots)$ 的含义是**不用数字1、用一次1、用两次1**，依此类推。

母函数展开后，第 x^n 项的系数就是数字 n 的划分数。

那么，如何编程计算母函数展开后的系数？模拟手工计算过程就可以了。首先把前两部分 $(1+x+x^2+\cdots)$ 和 $(1+x^2+x^4+\cdots)$ 相乘并展开；展开的结果再与第3部分 $(1+x^3+x^6+\cdots)$ 相乘并展开；继续这个过程直到完成。

用母函数求整数划分(hdu 1028)

```
const int MAXN = 200;
int c1[MAXN + 1], c2[MAXN + 1];
void part() {
    int i, j, k;
    for(i = 0; i <= MAXN; i++){           //初始化,即第 1 部分(1 + x + x² + …)的系数,都是 1
        c1[i] = 1;  c2[i] = 0;
    }
    for(k = 2; k <= MAXN; k++){           //从第 2 部分(1 + x² + x⁴ + …)开始展开
        for(i = 0; i <= MAXN; i++)
        //k = 2 时,i 循环第 1 部分(1 + x + x² + …),j 循环第 2 部分(1 + x² + x⁴ + …)
            for(j = 0; j + i <= MAXN; j += k)
                c2[i + j]  += c1[i];
        for(i = 0; i <= MAXN; i++) {      //更新本次展开的结果
            c1[i] = c2[i];  c2[i] = 0;
        }
    }
}
```

数组第 c1[n]项用来记录每次展开后第 x^n 项的系数，计算结束后，c1[n]就是整数 n 的划分数。数组 c2[]用于记录临时计算结果。

上面的代码可以当成模板，请读者仔细理解细节。虽然不同的问题有不同的母函数，但都是方程式的展开，代码和上面的差不多，只要做相应的修改即可。

本节讲解的是"普通型"母函数，可用于求组合方案数；还有一种"指数型"母函数，用于求排列数。例如{1,2,3,4}，要求每个数字用且只用一次，那么组合方案只有1种，而排列有

4!=24 种。

求组合方案的题目,如果能用普通型母函数求解①,一般也能用 DP 求解。但是,众所周知,DP 的难点在于递推关系,想不到就做不出来;而母函数的思路是很直观的,容易理解。比如整数划分问题,母函数的方法要比 DP 简单一些。

4. 指数型母函数

先看一个典型的例题——hdu 1521 题。

hdu 1521"排列组合"

有 n 种物品,并且知道每种物品的数量,求从中选出 m 件物品的排列数。例如有两种物品 A、B,并且数量都是 1,从中选两件物品,则排列有"AB"和"BA"两种。

输入:每组输入数据有两行,第 1 行是两个数 n 和 m($1\leqslant m,n\leqslant 10$),表示物品数;第 2 行有 n 个数,分别表示这 n 件物品的数量。

输出:对应每组数据输出排列数(任何运算不会超出 2^31 的范围)。

分析题目,假设有 3 种物品 A、B、C,数量分别是 2、3、1,即{A,A,B,B,B,C},从中选两件物品,则排列是{AA,AB,BA,AC,CA,BB,BC,CB},共 8 种。

针对这个例子,直接给出指数型母函数的解决方案。下面表达式的第 1 行是母函数公式,第 2 行展开,第 3 行整理:

$$
\begin{aligned}
G(x) &= \left(1+\frac{x}{1!}+\frac{x^2}{2!}\right)\left(1+\frac{x}{1!}+\frac{x^2}{2!}+\frac{x^3}{3!}\right)\left(1+\frac{x}{1!}\right)\\
&= 1+3x+4x^2+\frac{19}{6}x^3+\frac{19}{12}x^4+\frac{1}{2}x^5+\frac{1}{12}x^6\\
&= 1+\frac{3x}{1!}+\frac{8x^2}{2!}+\frac{19}{3!}x^3+\frac{38}{4!}x^4+\frac{60}{5!}x^5+\frac{60}{6!}x^6
\end{aligned}
$$

第 1 行的 3 个括号内分别代表两个 A、3 个 B、1 个 C。

答案就隐含在最后一行中。例如$\frac{19}{3!}x^3$,x^3 的幂 3 表示选 3 件物品,系数 19 表示有 19 种排列。这一行给出了所有的答案:物品 A、B、C,数量分别有 2、3、1 个,那么选一件物品的排列有 3 种、选两件有 8 种、选 3 件有 19 种、选 4 件有 38 种、选 5 件有 60 种、选 6 件有 60 种。

是不是很神奇?下面分析母函数公式。

把公式写成$\frac{x}{1!}$、$\frac{x^2}{2!}$、$\frac{x^3}{3!}$这样的形式,实际上是在处理排列。例如,第 1 行的第 1 部分$\left(1+\frac{x}{1!}+\frac{x^2}{2!}\right)$是对物品 A(有两个 A)的排列。为了容易理解,可以改写成$\left(\frac{1x^0}{0!}+\frac{1x^1}{1!}+\frac{1x^2}{2!}\right)$,意思如下:

$\frac{1x^0}{0!}$,不选 A 的排列有 1 种,即{ϕ};

$\frac{1x^1}{1!}$,选 1 件 A 的排列有 1 种,即{A};

① 这里对整数划分给出了有趣的解释:《组合数学》,Richard A. Brualdi 著,机械工业出版社,8.3 节,分拆数。

$\frac{1x^2}{2!}$，选两件 A 的排列有 1 种，即{AA}。

同理，选 B 物品(有 3 个 B)时计算公式是$\left(1+\frac{x}{1!}+\frac{x^2}{2!}+\frac{x^3}{3!}\right)$，选 C 物品(有 1 个 C)时计算公式是$\left(1+\frac{x}{1!}\right)$。

当同时选多个物品时，把公式相乘，其展开项就是排列情况。例如选 A、B 两种物品，A 的$\frac{x}{1!}$与 B 的$\frac{x^3}{3!}$相乘，表示选 1 个 A，再选 3 个 B 的排列数量，计算得到$\frac{x}{1!}\times\frac{x^3}{3!}=\frac{x^4}{6}=\frac{4x^4}{4!}$，分子系数是 4，表示有 4 种排列，它们是{ABBB，BABB，BBAB，BBBA}。

为什么要将分母写成 1!、2!、3! 这样的形式？它体现了排列和组合的关系：k 个物品的排列和 k 个物品的组合相差 $k!$ 倍。在选多个物品时，利用这个特点可以处理多重组合的排列问题。

例如 A 有两个、B 有 3 个，组合只有一种，是{A，A，B，B，B}，下面求排列数。

(1) 两个 A 的排列公式是$\frac{x^2}{2!}$，分母的 2! 处理了排列的问题：如果是两个不同的 A_1、A_2，应该有两种排列，即{A_1A_2，A_2A_1}，但是 A_1、A_2 相同，所以需要除以 2!，得到一种排列{AA}。

(2) 3 个 B 的排列公式是$\frac{x^3}{3!}$，分析是一样的，分母除以 3!，剔除重复的排列，得到一种排列{BBB}。

(3) 合起来排列公式是$\frac{x^2}{2!}\times\frac{x^3}{3!}=\frac{x^5}{12}=\frac{10x^5}{5!}$，分子的系数是 10，表示有 10 种排列{AABBB，ABABB，ABBAB，…}。

现在给出指数型母函数的定义：对序列 $a_0,a_1,a_2,\cdots$，构造函数 $G(x)=a_0+\frac{a_1}{1!}x+\frac{a_2}{2!}x^2+\frac{a_3}{3!}x^3\cdots$，称 $G(x)$为序列 $a_0,a_1,a_2,\cdots$的指数型母函数。

指数型母函数的程序和普通型母函数的程序非常相似，只多了对分母 $k!$ 的处理。

hdu 1521 题的程序留给读者自己编写。

8.3.6 特殊计数

1. Catalan 数

1) 定义

Catalan 数是一个数列，它的一种定义如下：

$$C_n=\frac{1}{n+1}\binom{2n}{n},\quad n=0,1,2,\cdots$$

前一部分 Catalan 数是 1，1，2，5，14，42，132，429，1430，4862，16796，58786，208012，742900，2674440，9694845，35357670…Catalan 数的增长速度极快。

Catalan 数看起来有点奇怪，但是观察它的公式，其中有组合计数。实际上，Catalan 数是很多组合计数应用问题的数学模型，是一个很常见的数列①。

Catalan 数有以下两种基本模型。

模型Ⅰ：$C_n=\frac{1}{n+1}\binom{2n}{n}=\binom{2n}{n}-\binom{2n}{n+1}=\binom{2n}{n}-\binom{2n}{n-1}$

其中，$\binom{2n}{n}$是在 $2n$ 种情况中选 n 个的组合数；$\binom{2n}{n-1}$是在 $2n$ 种情况中选 $n-1$ 个的组合数。注意，$\binom{2n}{n-1}$和$\binom{2n}{n+1}$等价。

模型Ⅰ的公式可以从一个**基本模型**推导出来：把 n 个 1 和 n 个 0 排成一行，使这一行的任意前 k 个数中 1 的数量总是大于或等于 0 的数量(或者 0 的数量大于等于 1 的数量，二者等价)。这样的排列有多少个？答案是这样的排列一共有 C_n 个，即 Catalan 数。

模型Ⅱ：第Ⅱ种模型是递推。

$$C_n = C_0C_{n-1} + C_1C_{n-2} + \cdots + C_{n-2}C_1 + C_{n-1}C_0 = \sum C_kC_{n-k}, \quad C_0 = 1$$

下面几个应用场景可以按上面两个模型进行解释。

2）棋盘问题

hdu 2067 题。

hdu 2067“小兔的棋盘”

小兔的叔叔从外面旅游回来给它带来了一个礼物，小兔高兴地跑回自己的房间，拆开一看是一个棋盘，小兔有所失望。不过没过几天它发现了棋盘的好玩之处，从起点(0,0)走到终点(n,n)的最短路径数是 $C(2n,n)$，现在小兔想如果不穿过对角线(但可接触对角线上的格点)，这样的路径数有多少？

题目的意思是一个 n 行 n 列的棋盘，从左下角走到右上角，一直在对角线右下方走，不穿过主对角线，走法有多少种？例如 $n=4$ 时有 14 种走法。

这个问题就是上面的基本模型(Ⅰ)，下面进行分析。

对方向编号，向上是 0，向右是 1，那么从左下角走到右上角一定会经过 n 个 1 和 n 个 0。满足要求的路线是走到任意一步 k，前 k 步中向右的步数(1 的个数)大于或等于向上的步数(0 的个数)，否则就穿过对角线了。

设从左下角走到右上角的总路线有 X 条，分成 3 个部分：对角线下面的 A 条路线，对角线上面的 B 条路线，穿过对角线的 C 条路线。不过，这 3 个部分可以简化为两个部分，即对角线下面的 A、穿过对角线的 Y(包括 B 和 C)。$A=X-Y$ 就是答案。

总路线 $X=\binom{2n}{n}$，它的意思是在 $2n$ 个位置放 n 个 1(剩下的 n 个肯定是 0)，这样的数有$\binom{2n}{n}$个。

① 这里列出了很多 Catalan 数的应用，注意看其中的棋盘问题：https://en.wikipedia.org/wiki/Catalan_number (短网址：t.cn/R1TgbAG)。

对于 Y,需要用到一种叫作 André's reflection method 的方法。图 8.1(a)给出了一条穿过对角线的路线(即 C 路线；或者给出一条在斜对角上方并不穿过对角线的路线,即 B 路线,分析和 C 路线一样)。在图 8.1(b)中,画一条新的对角线,把它画在原来对角线的上面一格。

视频讲解

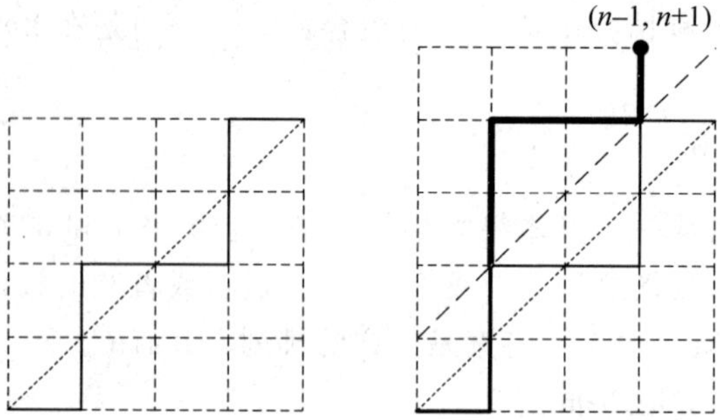

(a) 一条穿过对角线的路线　　(b) 按新对角线映射

图 8.1　André's reflection method

下面开始操作：原来的路线,从左下角出发,第一次接触到这条新对角线后,把剩下的部分以新对角线为轴进行映射,得到新的路线。这条新的路线即图 8.1 中加粗的黑线。加粗黑线下面的一部分黑线是原来的,保持不变；上面一部分是新的,与原来那一部分对称。整个路线仍然是连续的,但是路线的终点变为 $(n-1,n+1)$。注意,"在原对角线右下方不穿过主对角线的走法",即前文提到的 A 部分,与新对角线无交集,无法映射,被排除在外。

新的路线和原来的路线是一一对应的。这些新路线有多少个？此时有 $n+1$ 个 0、$n-1$ 个 1,共 $2n$ 个；选出 $n-1$ 个 1(等价于选出 $n+1$ 个 0)的排列有 $Y=\binom{2n}{n-1}$个。

因此 $A=X-Y=\binom{2n}{n}-\binom{2n}{n-1}$。

3) 括号问题

括号问题；用 n 个左括号和 n 个右括号组成一串字符串有多少种合法的组合？例如,"( ) ( ) (( ))"是合法的,而"( )) (( )"是非法的。显然,合法的括号组合是：任意前 k 个括号组合,左括号的数量大于等于右括号的数量。

定义左括号为 0、右括号为 1。问题转化为 n 个 0 和 n 个 1 组成的序列,在任意前 k 个序列中 0 的数量都大于等于 1 的数量。模型和上面的棋盘问题一样。

读者可以练习 hdu 5184 题：给定初始的括号序列,再给定 n 表示序列的总长度,问一共有多少种括号组成方式？

4) 出栈序列问题

给定一个以字符串形式表示的入栈序列,求出一共有多少种可能的出栈顺序？比如入栈序列为{1 2 3},则出栈序列一共有 5 种,即{1 2 3}、{1 3 2}、{2 1 3}、{2 3 1}、{3 2 1}。

分析可知,合法的序列是对于出栈序列中的每一个数字,在它后面的比它小的所有数字一定是按递减顺序排列的。例如,{3 2 1}是合法的,3 出栈之后,比它小的后面的数字是{2 1},且这个顺序是递减顺序；而{3 1 2}是不合法的,因为在 3 后面的数字{1 2}是一个递增的顺序。

对于每一个数来说,必须进栈一次、出栈一次。定义进栈操作为 0、出栈操作为 1。n 个数的所有状态对应 n 个 0 和 n 个 1 组成的序列。出栈序列,即要求进栈的操作数大于等于出栈的操作数。问题转化为由 n 个 1 和 n 个 0 组成的 $2n$ 位二进制数,任意前 k 个序列中 0 的数量大于或等于 1 的数量。结果仍然是 Catalan 数。

hdu 1023 题:火车进站、出站,模拟进栈和出栈操作。由于要计算第 100 个 Catalan 数,这个数非常大,需要用大数计算,读者可以用 Java 编程。

5) 二叉树问题

n 个结点构成的二叉树共有多少种情况?

例如有 3 个结点(图中的黑点)的二叉树,可以构成 5 种二叉树,如图 8.2 所示。

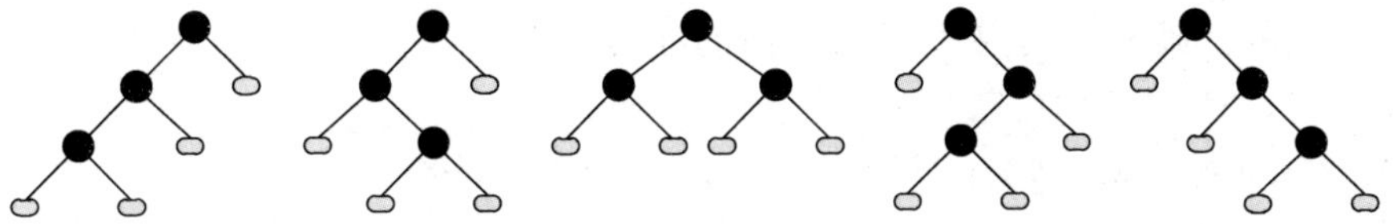

图 8.2 包括 3 个结点的二叉树

这个问题符合模型Ⅱ:

$$C_n = C_0C_{n-1} + C_1C_{n-2} + \cdots + C_{n-2}C_1 + C_{n-1}C_0 = \sum C_kC_{n-k}, \quad C_0 = 1$$

其含义如下:

C_0C_{n-1}:右子树有 0 个结点+左子树有 $n-1$ 个结点;

C_1C_{n-2}:右子树有 1 个结点+左子树有 $n-2$ 个结点;

⋮

$C_{n-1}C_0$:右子树有 $n-1$ 个结点+左子树有 0 个结点。

读者可以练习 hdu 1130/3240 题。

6) 其他问题

买票找零问题。

三角剖分问题:把一个凸多边形内部划分成多个三角形有多少种方法?

7) 编程计算 Catalan 数

有多种计算方法:

(1) $C_n = C_0C_{n-1} + C_1C_{n-2} + \cdots + C_{n-2}C_1 + C_{n-1}C_0 = \sum C_kC_{n-k}, \quad C_0 = 1$

(2) $C_n = \dfrac{4n-2}{n+1}C_{n-1}, \quad C_0 = 1$

(3) $C_n = \dfrac{1}{n+1}\dbinom{2n}{n} = \dfrac{(2n)!}{(n+1)!n!}$

从公式(2)可知,当 n 很大时,$C_n/C_{n-1} \approx 4$。所以 Catalan 数是以约 4^n 递增的,增长极快。

这 3 个公式的应用场合不同。

用公式(1)的场合:需要输出 Catalan 数的值。此时 n 较小,例如算 $n \leqslant 100$ 内的 Catalan 数,不过 Catalan 数仍然是一个超级大的数。此时用公式(1)比用公式(2)好。因为公式(2)需要算大数的乘/除法,它比公式(1)的递推公式更容易溢出。例如 hdu 2067 题"小兔的棋盘”，读者可以分别用两种方法编程。可以发现，如果只是简单地用 int64 来定义 Catalan 数，当计算到第 34 个 Catalan 数时公式(2)计算出错，而公式(1)仍然正确。对于更大的 Catalan 数，需要进行高精度计算，例如 hdu 1023/1130 题，计算第 100 个 Catalan 数。

用公式(2)、(3)的场合：n 非常大，不能直接输出 Catalan 数，而是做取模操作。例如 hdu 5184，需要算第 10 万个 Catalan 数，用公式(1)算太慢了。此时用公式(2)是很好的选择。不过，(2)和(3)都有大数除法，对大数做除法会损失精度，所以需要转换为逆元，然后再取模。如果用公式(3)算，注意先预计算 n 的阶乘(算阶乘的同时对阶乘取模)，然后再用公式计算。

【习题】

除了上面的基础题外，读者可练习下面的题目：

hdu 4828，卡特兰数，逆元。

hdu 5673，卡特兰数，逆元。

hdu 5177，$n \leqslant 10^{18}$ 的卡特兰数。

2. Stirling 数

Stirling 数也是解决特定组合问题的数学工具，包括两种，即第一类 Stirling 数和第二类 Stirling 数，它们有相似的地方。

首先通过一个经典的仓库钥匙问题来了解第一类 Stirling 数。

问题描述：有 n 个仓库，每个仓库有两把钥匙，共 $2n$ 把钥匙，有 n 位保管员。

问题 1：如何放钥匙使得保管员都能够打开所有仓库？

问题 2：保管员分别属于 k 个不同的部，部中的保管员数量和他们管理的仓库数量一样多，例如第 i 个部有 m 个管理员，管 m 个仓库。如何放钥匙，使得同部的所有保管员能打开本部的所有仓库，但是无法打开其他的仓库？

问题 1 很好解答。1 号仓库放 2 号仓库的钥匙，2 号仓库放 3 号仓库的钥匙，依此类推，n 号仓库放 1 号仓库的钥匙，相当于 n 个仓库形成了一个闭环的圆；然后每个保管员拿一把钥匙即可，他打开一个仓库后就能拿到下一把钥匙，继续打开其他所有的仓库。

问题 2 是问题 1 的扩展：把 n 个仓库分成 k 个圆排列，每个圆内部按问题 1 处理。这里的麻烦问题是：把 n 个仓库分配到 k 个圆里，不能有空的圆，共有多少种分法？答案就是第一类 Stirling 数。

1) 第一类 Stirling 数

定义第一类 Stirling 数 $s(n,k)$：把 n 个不同的元素分配到 k 个圆排列里，圆不能为空。问有多少种分法？

下面直接给出第一类 Stirling 数的递推公式①：

$$s(n,k) = s(n-1,k-1) + (n-1)s(n-1,k), \quad 1 \leqslant k \leqslant n$$

$$s(0,0) = 1, \quad s(k,0) = 0, \quad 1 \leqslant k \leqslant n$$

① 《组合数学》，Richard A. Brualdi 著，机械工业出版社。第 8 章，定理 8.2.9，推导了第一类 Stirling 数的递推公式。

根据递推公式计算部分 Stirling 数，如表 8.4 所示。

表 8.4 第一类 Stirling 数 $s(n,k)$ 的值

n \ k	0	1	2	3	4	5	6	…
0	1							
1	0	1						
2	0	1	1					
3	0	2	3	1				
4	0	6	11	6	1			
5	0	24	50	35	10	1		
6	0	120	274	225	85	15	1	
…								

例如：

$s(2,1)=1$，两个物体 a、b 放在 1 个圆圈里，有 1 种方案，即{(ab)}；

$s(3,1)=2$，3 个物体 a、b、c 放在 1 个圆圈里，有两种方案，即{(abc)}和{(acb)}；

$s(3,2)=3$，3 个物体 a、b、c 放在两个圆圈里，有 3 种方案，即{(ab)，(c)}、{(ac)，b}、{(a)，(bc)}。

2) 第二类 Stirling 数

定义第二类 Stirling 数 $S(n,k)$：把 n 个不同的球分配到 k 个相同的盒子里①，不能有空盒子。问有多少种分法？

$S(n,k)$ 的递推公式如下：

$$S(n,k) = kS(n-1,k) + S(n-1,k-1), \quad 1 \leqslant k \leqslant n$$

$$S(0,0) = 1, \quad S(i,0) = 0, \quad 1 \leqslant i \leqslant n$$

根据递推公式计算部分 Stirling 数，如表 8.5 所示。

表 8.5 第二类 Stirling 数 $S(n,k)$ 的值

n \ k	0	1	2	3	4	5	6	…
0	1							
1	0	1						
2	0	1	1					
3	0	1	3	1				
4	0	1	7	6	1			
5	0	1	15	25	10	1		
6	0	1	31	90	65	15	1	
…								

① 读者自然能想到，根据球是否一样、盒子是否相同、盒子是否可为空可以组合成各种类似的问题，例如把 n 个一样的球分配到 k 个相同的盒子里、把 n 个一样的球分配到 k 个不同的盒子里，等等。在这些问题中，第二类 Stirling 数比较复杂，但它是很基本的问题。所有的情况参考《应用组合数学》，Fred S. Roberts、Barry Tesman 著，冯速译，机械工业出版社，2.10 节，分装问题；公式的推导见 5.5.3 节。

例如：

$S(2,1)=1$，两个球 a、b 放在 1 个盒子里，有 1 种方案，即{(ab)}；

$S(3,1)=1$，3 个球 a、b、c 放在 1 个盒子里，有 1 种方案，即{(abc)}；

$S(3,2)=3$，3 个球 a、b、c 放在两个相同的盒子里，有 3 种方案，即{(ab)，(c)}、{(ac)，b}、{(a)，(bc)}。

【习题】

hdu 4372 "Count the Buildings"，第一类 Stirling 数。

hdu 2643 "Rank"，第二类 Stirling 数。

8.4 概率和数学期望

概率和数学期望是概率论和统计学中的数学概念。设有随机变量 X，出现取值 x_i 的概率是 p_i，把它们的乘积之和称为数学期望(Expected Value，或者均值 mean)，记为 $E(X)$：

$$E(X)=\sum_{i=1}^{n}x_ip_i$$

$E(X)$是基本的数学特征之一，它反映了随机变量平均值的大小。

以妇女的生育率为例，假设某国有 2000 万个育龄妇女，不生育妇女有 277 万，一孩 724 万，二孩 883 万，三孩 116 万。记一个妇女的孩子数量是 X，取值 0、1、2、3，概率分别是 277/2000＝0.1385、724/2000＝0.362、883/2000＝0.4415、116/2000＝0.058。那么平均每个妇女生育的孩子数量如下：

$$E(X)=0\times0.1385+1\times0.362+2\times0.4415+3\times0.058=1.419$$

数学期望具有线性性质。有限个随机变量之和的数学期望等于每个变量的数学期望之和：

$$E(X+Y)=E(X)+E(Y)$$

竞赛中求数学期望的题目一般都会用到它的线性性质。由于线性性质和 DP 的状态转移思想很相似，所以常常用 DP 来实现。

1. 例题 1

首先看一个简单的例题。

poj 2096 "Collecting Bugs"

一个软件有 s 个子系统，会产生 n 种 bug。现在要找出所有种类的 bug。假设某人一天发现一个 bug。一个 bug 属于某个子系统的概率是 $1/s$，属于某种分类的概率是 $1/n$。问发现 n 种 bug，且每个子系统都发现 bug 的天数的期望。$0<n,s\leqslant1000$。

输入：n 和 s；

输出：数学期望。

输入样例：
1 2
输出样例：
3.0000

定义状态 dp[i][j]，它表示已经找到 i 种 bug，并存在于 j 个子系统中，要达到目标状态还需要的期望天数。其中，dp[n][s]表示已经找到 n 种 bug，且存在于 s 个子系统，说明已经达到了目标，还需要 0 天，所以 dp[n][s]=0。从 dp[n][s]倒推回 dp[0][0]，就是本题的答案，即还没有找到任何 bug 的情况下到达 dp[n][s]时需要的期望天数。

从 dp[i][j]开始：后面 1 天找到 1 个 bug，可能有以下 4 种情况。

(1) dp[i][j]：发现一个 bug，属于已经有的 i 个分类和 j 个系统，概率为 p1=(i/n) * (j/s)。这一天相当于浪费了。

(2) dp[i+1][j]：发现一个 bug，不属于已有分类、属于已有系统，概率为 p2=(1−i/n) * (j/s)。

(3) dp[i][j+1]：发现一个 bug，属于已有分类、不属于已有系统，概率为 p3=(i/n) * (1−j/s)。

(4) dp[i+1][j+1]：发现一个 bug，不属于已有系统、不属于已有分类，概率 p4=(1−i/n) * (1−j/s)。

可以验证：p1+p2+p3+p4=1。

状态转移方程如下：

$$dp[i][j] = p1 * dp[i][j] + p2 * dp[i+1][j] + p3 * dp[i][j+1] + p4 * dp[i+1][j+1] + 1 \quad // 末尾加上 1 天$$

整理得到：

$$\begin{aligned} dp[i][j] &= (p2 * dp[i+1][j] + p3 * dp[i][j+1] + p4 * dp[i+1][j+1] + 1)/(1-p1) \\ &= (n*s + (n-i)*j*dp[i+1][j] + i*(s-j)*dp[i][j+1] + \\ &\quad (n-i)*(s-j)*dp[i+1][j+1])/(n*s - i*j) \end{aligned}$$

在写程序时，从 dp[n][s]倒推到 dp[0][0]，dp[0][0]就是答案。

poj 2096 部分程序

```
cin >> n >> s;
for (int i = n; i >= 0; i-- )
  for (int j = s; j >= 0; j-- ){
    if ( i == n && j == s )
      dp[n][s] = 0.0;
    else
      dp[i][j] = (n * s + (n - i) * j * dp[i + 1][j] + i * (s - j) * dp[i][j + 1]
                    + (n - i) * (s - j) * dp[i + 1][j + 1]) /(n * s - i * j);
  }
```

2. 例题 2

hdu 4035 是经典的迷宫概率问题，综合了图、数学期望、DP 等内容。

hdu 4035 "Maze"

一个迷宫有 n 个房间，用 $n-1$ 条隧道连通起来。每个房间里都有陷阱和逃生口。某人的起点在房间 1，在每个房间都有 3 种可能：

(1) 落入陷阱被杀死，回到房间 1，概率为 k_i；

(2) 找到逃生口，走出迷宫，概率为 e_i；

(3) 在该房间连接的隧道中随机走一条，进入下一个房间。

求逃出迷宫所要走的隧道数量的期望值。

首先分析这个迷宫，它是一棵树。

一个有 n 个点、$n-1$ 条边的无向连通图，图上肯定没有回路，这样的图是一棵树。证明如下：用反证法，假设有一个回路，那么在这个回路上可以删除一条边而不影响整体的连通；删除之后，还有 n 个点、$n-2$ 条边，这是不可能连通的。

要使有 n 个点的图是连通的，至少需要 $n-1$ 条边。生成一个连通图，可以用扩大路径法，从一个点开始，每加入一个新的点，至少需要一条边来连接，所以 n 个点至少需要 $n-1$ 条边才能连通。

下面是推导过程和编程思路。

1) 定义 DP 状态 $E[i]$

在结点 i 处，逃出迷宫所要走的边数的期望。

$E[1]$就是所求的答案。

根据树的特点，分析 $E[i]$：

i 是叶子结点，即 i 没有子结点。在结点 i 有 3 种情况，即被杀、逃出、回到父结点。

$$E[i] = k_i * E[1] + e_i * 0 + (1 - k_i - e_i) * (E[\text{father}[i]] + 1) \tag{8-1}$$

i 是非叶子结点，设 i 连接的边数是 m，有 3 种情况，即被杀、逃出、转到其他结点。

$$E[i] = k_i * E[1] + e_i * 0 + (1 - k_i - e_i)/m * (E[\text{father}[i]] + 1 + \sum(E[\text{child}[i]] + 1)) \tag{8-2}$$

2) 计算过程

设对于每个结点：

$$E[i] = A_i * E[1] + B_i * E[\text{father}[i]] + C_i$$

目标是求 $E[1]$，$E[1]=A_1 * E[1]+B_1 * 0+C_1$，即 $E[1]=C_1/(1-A_1)$。

在叶子结点上有：

$$A_i = k_i$$
$$B_i = 1 - k_i - e_i$$
$$C_i = 1 - k_i - e_i$$

在非叶子结点上，设 j 为 i 的子结点，则：

$$\begin{aligned}\sum(E[\text{child}[i]]) &= \sum E[j] \\ &= \sum(A_j * E[1] + B_j * E[\text{father}[j]] + C_j) \\ &= \sum(A_j * E[1] + B_j * E[i] + C_j)\end{aligned}$$

代入式(8-1)和式(8-2)中，消去 $E[child[i]]$ 和 $E[father[j]]$，可以得到非叶子结点的 A_i、B_i、C_i 的表达式。

3）编程思路

从上面的推导过程可知，计算过程是从叶子结点开始算，再算它们的父结点，直到算出根结点的 A_1、B_1、C_1，得到 $E[1]$。在编程时，需要按从叶子结点到根结点的顺序遍历每个点。

这个过程用 DFS 编程是最合适的。从根结点 1 出发，用 DFS 遍历整棵树；DFS 到最底层的叶子结点时，计算叶子结点的 A_i、B_i、C_i，然后逐步回退，再计算非叶子结点的 A_i、B_i、C_i。

在题目中，图的规模 $n \leqslant 10\,000$，需要用邻接表存储。请读者在学习第 10 章的相关内容后再回头做这一题。

【习题】

hdu 3853 “LOOPS”，基础题。
hdu 4405 “Aeroplane chess”，简单题。
poj 3071 “Football”，简单概率 DP。
poj 3744 “Scout YYF I”，用矩阵优化求概率。
hdu 4089 “Activation”，2011 年北京区域赛题目，概率 DP，较难。

8.5 公平组合游戏

本节讨论的公平组合游戏(Impartial Combinatorial Game，ICG)①是满足以下特征的一类问题：

视频讲解

(1) 有两个玩家，游戏规则对两人是公平的；

(2) 游戏的状态有限，能走的步数也有限；

(3) 两人轮流走步，当一个玩家不能走步时游戏结束；

(4) 游戏的局势不能区分玩家身份，像围棋这样有黑、白两方的游戏就不属于此类问题。

ICG 问题有一个特征：给定初始局势，并且指定先手玩家，如果双方都采取最优策略，那么获胜者就已经确定了。也就是说，ICG 问题存在必胜策略。

本节讲解 ICG 问题的必胜策略，有关的知识点有 P-position、N-position、Nim Game、Sprague-Grundy 函数、威佐夫游戏等。ICG 很早就得到了研究，例如对于 Nim Game 问题，1902 年 C. Bouton 在一本著作中进行了分析；对于 Sprague-Grundy 函数，由数学家 Grundy 和 Sprague 在 1930 年分别独立发现。

① 在算法竞赛中，常常称这类问题是“博弈论”问题。虽然 Nim Game、Sprague-Grundy 函数也属于博弈论的范畴，不过在普通的博弈论教材中并不能找到有关内容。在一些应用组合数学书中会提到有关知识，请参考《应用组合数学》，Alan Tucker 著，冯速译，人民邮电出版社，第 11 章。

Sprague-Grundy 函数是本节最重要的内容。

8.5.1 巴什游戏与 P-position、N-position

首先给出一个简单的例题。小学奥数中有这样的题目。

1. 巴什游戏(Bash Game)

> **hdu 1846 "Brave Game"**
>
> 有 n 颗石子,甲先取,乙后取,每次可以拿 1~m 颗石子,轮流拿下去,拿到最后一颗的人获胜。
>
> 输入:n 和 m,$1\leqslant n,m\leqslant 1000$。
>
> 输出:如果先拿的甲赢了,输出"first",否则输出"second"。

程序非常简单,若 $n\%(m+1)==0$,则先手败,否则先手胜。

```
cin >> n >> m;
if(n % (m+1) == 0)     printf("second\n");
else                   printf("first\n");
```

分析如下:

(1) 当 $n\leqslant m$ 时,由于一次最少拿 1 个、最多拿 m 个,甲可以一次拿完,先手赢。

(2) 当 $n=m+1$ 时,无论甲拿走多少个(1~m 个),剩下的都多于 1 个、少于等于 m 个,乙都能一次拿走剩余的石子,后手取胜。

上面两种情况可以扩展为以下两种情况:

(Ⅰ) 如果 $n\%(m+1)=0$,即 n 是 $m+1$ 的整数倍,那么不管甲拿多少,例如 k 个,乙都拿 $m+1-k$ 个,使得剩下的永远是 $m+1$ 的整数倍,直到最后的 $m+1$ 个,所以后拿的乙一定赢。

(Ⅱ) 如果 $n\%(m+1)!=0$,即 n 不是 $m+1$ 的整数倍,还有余数 r,那么甲拿走 r 个,剩下的是 $m+1$ 的倍数,这样就转移到了情况(Ⅰ),相当于甲、乙互换,结果是甲赢。

在这个拿石子的游戏里,对于后拿的乙来说是很不利的,只有在 $n\%(m+1)=0$ 的情况下乙才能赢,在其他情况下都是甲赢。

2. P-position、N-position 与动态规划

视频讲解

上面对巴什游戏的解答虽然很好理解,但是如果稍作扩展,就不那么容易了。例如取石子的数量,不是 1~m 内的连续数字,而是只能在$\{a_1,a_2,\cdots,a_k\}$中选。对于此类问题,有必要研究一种通用的方法。

定义 P-position 为前一个玩家(Previous Player,即刚走过一步的玩家)的必胜位置、N-position 为下一个玩家(Next Player)的必胜位置。

当前状态是 N-position,表示马上走下一步的先手必胜;P-position 表示先手必败。

设只能拿数量为{1,4}的石头。在表 8.6 中,x 是石头的数量,pos 是对应的 position。

表 8.6 只能拿数量为{1,4}的石头

x	0	1	2	3	4	5	6	7	8	9	10	11	12	13	…
pos	P	N	P	N	N	P	N	P	N	N	P	N	P	N	…

表中的 pos 是这样计算的：

(1) $x=0,1,2,3,4$ 时，pos=P,N,P,N,N。特别注意 $x=0$，即没有石头的情况，可以看成下一个玩家(先手玩家)没有石头可拿，输了，pos=P。$x=1$ 时，先手玩家必赢，pos=N。$x=2$ 时，先手只能拿 1 个，后手拿剩下的 1 个，后手赢，pos=P。

(2) $x=5$ 时分两种情况：如果先手玩家拿 1 个，退回到 $x=5-1=4$ 的情况，此时后手玩家处于 N，即后手处于赢的位置；如果先手拿 4 个，退回到 $x=5-4=1$ 的情况，此时后手仍然处于 N。在两种情况下后手都赢了。所以 $x=5$ 时，pos=P，即先手必输。

(3) $x=6$ 时，分别退回到 $x=6-1=5$ 和 $x=6-4=2$ 的情况，后手都处于 P。在两种情况下，后手都输了。所以 $x=6$ 时 pos=N，先手必赢。

(4) $x=7$ 时略。

(5) $x=8$ 时：退回到 $x=8-1=7$，后手处于 P；退回到 $x=8-4=4$，后手处于 N。在后手有输有赢的情况下，先手肯定选让对方必败的方案，所以 $x=8$ 时 pos=N。

可以观察到 pos 值是周期性变化的，周期为 5。

下面再举一个例子，设只能拿数量为{1,3,4}的石头，请读者验证表 8.7。

表 8.7 只能拿数量为{1,3,4}的石头

x	0	1	2	3	4	5	6	7	8	9	10	11	12	13	14
pos	P	N	P	N	N	N	N	P	N	P	N	N	N	N	P

pos 仍然是周期变化的，周期是 7。

上面的计算过程符合**动态规划**的思路。在编程时可以用动态规划，也可以直接按周期性变化规律做求余计算，hdu 1846 是一种最简单的情况，用求余编程计算就可以了。

巴什游戏有一些变形。例如 hdu 2147 "kiki's game"，给出一个 $n\times m$ 的矩阵，从右上角走到左下角，看谁先到终点。画出 P-N 图，找到规律即可。

8.5.2 尼姆游戏

巴什游戏只有一堆石头，如果扩展到多堆石头，情况将复杂得多，这就是尼姆游戏(Nim Game)[①]。

尼姆游戏的规则：有 n 堆石子，数量分别是$\{a_1,a_2,a_3,\cdots,a_n\}$，两个玩家轮流拿石子，每次从任意一堆中拿走任意数量的石子，拿到最后一个石子的玩家获胜。

以 3 堆石头为例，简单情况的胜负如下。

$\{0,0,0\}$、$\{0,1,1\}$、$\{0,k,k\}$：先手必败。

$\{1,1,1\}$、$\{1,1,2\}$、$\{1,1,3\}$：先手必胜。

① https://en.wikipedia.org/wiki/Nim。

对于任意的$\{a_1,a_2,a_3,\cdots,a_n\}$，尼姆游戏有一个极为简单的判断胜负的方法，即做异或运算。

定理 8.1：

若 $a_1 \oplus a_2 \oplus a_3 \oplus \cdots \oplus a_n \neq 0$，则先手必胜，记此时的状态为 N-position；

若 $a_1 \oplus a_2 \oplus a_3 \oplus \cdots \oplus a_n = 0$，则先手必败，记此时的状态为 P-position。

例如 3 堆石头的数量分别是{5,7,9}，转化为二进制数后做异或运算，结果如下：

$$\begin{array}{c} 0101 \\ 0111 \\ 1001 \\ \hline 1011 \end{array}$$

异或运算的结果不等于 0，先手必胜。

在数学中，二进制的异或运算也可以看成是统计每一位上 1 的总个数的奇偶性：如果这一位上有偶数个 1，那么这一位的计算结果为 0；如果有奇数个，计算结果为 1。所以，尼姆游戏中的异或运算也被称为 **Nim-sum 运算**。

下面对定理 8.1 做简单的证明。

(1) 必定能够从 N-position 转化到 P-position。也就是说，先手处于必胜点 N-position 时可以拿走一些石子，让后手必败。读者可以先自己思考如何转化。下面是具体方法：任选一堆，例如第 i 堆，石头数量是 k；对剩下的 $n-1$ 堆做异或运算，设结果为 H；如果 H 比 k 小，就把第 i 堆石头减少到 H；这样操作之后，因为 $H \oplus H = 0$，所以 n 堆石头的异或等于 0。可以证明，总会存在这样的第 i 堆石头，而且可能有多种转化方案。下面例题 hdu 1850 的程序中的"if((sum ^ a[i])<=a[i])"统计了所有方案。

(2) 进入 P-position 后，轮到的下一个玩家，不管拿多少石子都会转移到 N-position。因为任何一堆的数量变化，都会使得这一堆的二进制数至少有一位发生变化，导致异或运算的结果不等于 0。也就是说，这一个玩家不管怎么拿石子都必败。

(3) 在游戏过程中，按上述(1)和(2)的步骤在 N-position 和 P-position 之间交替转化，直到所有堆的石头都是 0，即终止于 P-position。

上述证明过程也说明了玩家该如何进行游戏。

hdu 1850 "Being a Good Boy in Spring Festival"

两人小游戏：桌子上有 n 堆扑克牌；每堆牌的数量分别为 a_i；两人轮流进行；每走一步可以从任意一堆中取走任意张牌；桌子上的扑克牌全部取光，则游戏结束；最后一次取牌的人为胜者。问先手的人如果想赢，第一步有几种选择？

输入：n 表示扑克牌的堆数；$a_i(i=1\sim n)$表示每堆扑克牌的数量。

输出：如果先手能赢，输出他第一步可行的方案数，否则输出 0。

主要代码如下：

```
int sum = 0, ans = 0;                              //sum 是 Nim - sum,ans 是第一步可行的方案数
for(int i = 0; i < n; i++)    sum ^ = a[i];        //异或计算,求 Nim - sum
```

```
    if(sum == 0)    cout << 0 << endl;                  //开始局面是 P - position,先手必败
    else{                                               //开始局面是 N - position,先手胜
      for(int i = 0; i < n; i++)
        if((sum ^ a[i]) <= a[i])                        //计算第一步所有的可能方案
          ans++;
      cout << ans << endl;
    }
```

程序中的"if((sum ^ a[i]) <= a[i])"计算第一步的方案数,它利用了异或运算的原理: $A \oplus B \oplus B = A$。设 H 等于除了 $a[i]$ 之外其他所有数的异或,有:

$$\text{sum} = H \,\hat{}\, a[i]$$

$$\text{sum} \,\hat{}\, a[i] = H \,\hat{}\, a[i] \,\hat{}\, a[i] = H$$

所以,(sum ^ $a[i]$)<=$a[i]$就是 H<=$a[i]$。把 $a[i]$减少到 H,就是一种可行的方案。

8.5.3 图游戏与 Sprague-Grundy 函数

前面讲解的巴什游戏、尼姆游戏用 P-position 和 N-position 做分析工具,如果遇到更复杂的游戏,很难分析。有一种高级的分析方法,即 Sprague-Grundy 函数,是巴什游戏、尼姆游戏这类问题的通用方法,该方法用图作为分析工具。

图游戏的规则是:给定一个有向无环图,在一个起点上放一枚棋子,两个玩家交替将这枚棋子沿有向边进行移动,无法移动者判负。图是有向无环图的,不会有环路,保证游戏有终点。

像巴什游戏、尼姆游戏这样的 ICG 问题都可以转化为基于图的游戏。把 ICG 中的每个局势看成图上的一个结点,在每个局势和它的后继局势之间连一条有向边,就抽象成了图游戏。下面给出图游戏的严格定义。

1. 图游戏

定义:一个有向无环图 $G(X,F)$,X 是点(局势)的非空集合,F 是 X 上的函数,对于 $x \in X$,有 $F(x) \subset X$;对于给定的 $x \in X$,$F(x)$表示玩家从 x 出发能够移动到的位置;如果 $F(x)$为空,说明无法继续移动,称 x 是终点位置。

两个玩家的游戏过程按以下规则进行:一个玩家先走,起点是 x_0,然后两人交替走步;在位置 x,玩家可以选择移动到 y 点,$y \in F(x)$;位于终点位置的玩家,判负。

例如在巴什游戏中,设一次可以拿的石头是{1,2},结点集合是 $X=\{0,1,2,\cdots,n\}$。$F(0)$为空,因为石子数量是 0,已经到达终点,无法再转移;$F(1)=\{0\}$,表示从 1 可以转移到 0;$F(2)=\{0,1\}$,表示从 2 可以转移到 0 或 1;等等。这里以 $n=6$ 为例画出游戏图,如图 8.3 所示。

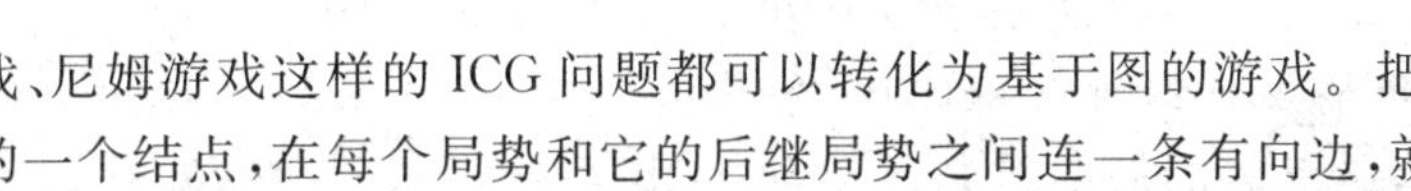

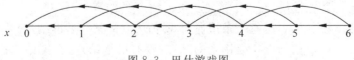

图 8.3 巴什游戏图

图 8.3 中的每个点表示一个可能的局势,箭头表示局势的转移方向。玩家的所有步骤都在这个图上。图上有一些是先手必胜点(N-position),例如 1、2、4、5 等,以及先手必败点

(P-position),例如 3、6 等。确定了这些关键的点,就能得到解决方案。

但是,在大部分情况下游戏图是很复杂的,例如尼姆游戏,给定 3 堆石头{5,7,9},图上的每个点是一个局势,如{0,0,0}、{0,1,1}等,可能的局势有 6×8×10=480 个,点与点之间的转移关系也很复杂。

利用 Sprague-Grundy 函数这个工具可以轻松地找到这些关键点。

2. Sprague-Grundy 函数

定义:在一个图 $G(X,F)$中,把结点 x 的 Sprague-Grundy 函数定义为 sg(x),它等于没有指定给它的任意后继结点的 sg 值的最小非负整数。

上述定义有些拗口,下面的例子清晰地说明了它的含义。图 8.3 中每个结点的 sg 值如图 8.4 所示。

视频讲解

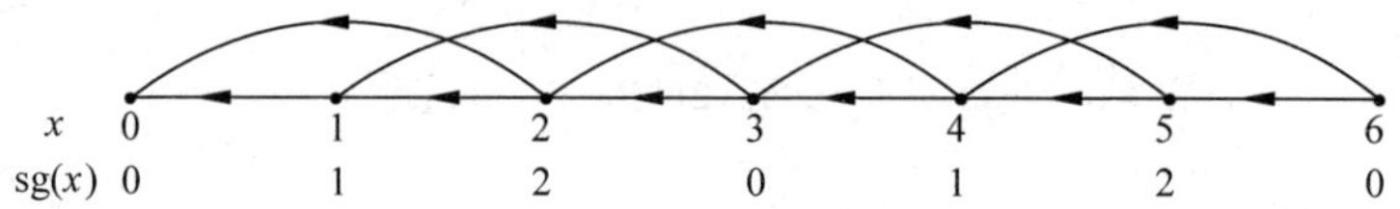

图 8.4 结点 x 和 sg(x)

当 $x=0$ 时,sg(0)=0,因为结点 0 没有后继点,0 是最小的非负整数;

当 $x=1$ 时,结点 1 的后继是结点 0,由于 sg(0)=0,不等于 sg(0)的最小非负整数是 1,所以 sg(1)=1;

当 $x=2$ 时,结点 2 的后继是结点 0 和 1,由于 sg(0)=0、sg(1)=1,不等于 sg(0)和 sg(1)的最小非负整数是 2,所以 sg(2)=2;

当 $x=3$ 时,结点 3 的后继是结点 1 和 2,由于 sg(1)=1、sg(2)=2,不等于 sg(1)和 sg(2)的最小非负整数是 0,所以 sg(3)=0;

当 $x=4$ 时,结点 4 的后继是结点 2 和 3,由于 sg(2)=2、sg(3)=0,不等于 sg(2)和 sg(3)的最小非负整数是 1,所以 sg(4)=1;

等等。

上面的说明也给出了求每个点的 sg 值的过程,和前面提到的用动态规划思路求 P-position、N-position 的过程差不多,复杂度是 $O(nm)$,其中 n 是石子数量,m 是一次最多可拿的石子数。

3. 用 Sprague-Grundy 函数求解巴什游戏

在只有一堆石子的巴什游戏中,以下判断成立:

sg(x)=0 的结点 x 是必败点,即 P-position 点。

证明如下:

(1) 根据 sg 函数的性质,有以下推论:sg(x)=0 的结点 x,没有 sg 值等于 0 的后继结点;sg(y)>0 的任意结点 y,必有一条边通向 sg 值为 0 的某个后继结点。

(2) 如果 sg(x)=0 的结点 x 是图上的终点(没有后继结点,在图论中称这个点的出度为 0),显然有 $x=0$,它是一个 P-position 点;如果 x 有后继结点,那么这些后续结点都能通向某个 sg 值为 0 的结点。当玩家甲处于 sg(x)=0 的结点时,它只能转移到 sg(x)≠0 的结点,下一个玩家乙必然转移到 sg(x)=0 的点,从而再次让甲处于不利的局势。所以 sg(x)=0

的点是必败点。

仍然以 hdu 1846 为例，用 Sprague-Grundy 函数的方法编程实现。

hdu 1846 程序(sg 函数)

```
#include <bits/stdc++.h>
using namespace std;
const int MAX = 1001;
int n, m, sg[MAX], s[MAX];
void getSG(){
    memset(sg, 0, sizeof(sg));
    for (int i = 1; i <= n; i++){
        memset(s, 0, sizeof(s));
        for (int j = 1; j <= m && i - j >= 0; j++)
            s[sg[i-j]] = 1;              //把 i 的后继结点放到集合 s 中
        for (int j = 0; j <= n; j++)     //计算 sg[i]
            if(!s[j]){sg[i] = j; break;}
    }
}
int main(){
    int c;  cin>>c;
    while (c--){
        cin>>n>>m;
        getSG();
        if (sg[n])  cout<<"first\n";     //sg != 0,先手胜
        else        cout<<"second\n";    //sg == 0,后手胜
    }
    return 0;
}
```

4. 用 Sprague-Grundy 函数求解尼姆游戏

尼姆游戏中有多堆石头，也可以用 Sprague-Grundy 函数求解。其步骤如下：

(1) 计算每一堆石头的 sg 值；

(2) 求所有石头堆的 sg 值的异或，其结论是：

若 $sg(x_1)\oplus sg(x_2)\oplus sg(x_3)\oplus\cdots\oplus sg(x_n)\neq 0$，先手必胜；

若 $sg(x_1)\oplus sg(x_2)\oplus sg(x_3)\oplus\cdots\oplus sg(x_n)=0$，先手必败。

请读者根据前面对尼姆游戏的说明以及 Sprague-Grundy 函数的特征证明其正确性。

下面用 Sprague-Grundy 函数求解 hdu 1848。

hdu 1848 "Fibonacci again and again"

两人小游戏，定义如下：一共有 3 堆石子，数量分别是 m、n、p；两人轮流走；每走一步可以选择任意一堆石子，然后取走 f 个；f 只能是菲波那契数列中的元素(即每次只能取 1、2、3、5、8 等数量)；最先取光所有石子的人为胜者。

输入：3 个整数 m、n、$p(1\leqslant m,n,p\leqslant 1000)$，$m=n=p=0$ 表示输入结束。

输出：如果先手的人能赢，输出"Fibo"，否则输出"Nacci"。

这一题属于典型的尼姆游戏，程序如下：

hdu 1848 程序(sg 函数)

```
#include <bits/stdc++.h>
using namespace std;
const int MAX = 1001;
int sg[MAX], s[MAX];
int fibo[15] = {1, 2, 3, 5, 8, 13, 21, 34, 55, 89, 144, 233, 377, 610, 987};
void getSG(){                                    //计算每一堆的 sg 值
    for(int i = 0;i <= MAX;i++){
      sg[i] = i;
      memset(s, 0, sizeof(s));
      for(int j = 0; j < 15 && fibo[j]<= i; j++){
         s[sg[i - fibo[j]]] = 1;
         for(int j = 0; j <= i; j++)
            if(!s[j]) {sg[i] = j; break;}
      }
    }
}
int main(){
   getSG();                                      //预计算 sg 值
   int n,m,p;
   while(cin >> n >> m >> p && n + m + p){
      if(sg[n]^ sg[m]^ sg[p])  cout << "Fibo" << endl;
      else                     cout << "Nacci"<< endl;
   }
   return 0;
}
```

【习题】

hdu 1907 “John”,尼姆游戏。

hdu 2999 “Stone Game,Why are you always there?”,sg 函数。

hdu 1524 “A Chess Game”,sg 函数。

hdu 4111 “Alice and Bob”,sg 函数,记忆化搜索。

hdu 4203 “Doubloon Game”,数据规模大,找规律。

8.5.4 威佐夫游戏

威佐夫游戏(Wythoff's Game)是一种结论非常有趣的游戏,其原型见 hdu 1527 的描述。

hdu 1527 “取石子游戏”

有两堆石子,数量任意,可以不同。游戏开始由两个人轮流取石子。

游戏规定每次有两种不同的取法,一是可以从任意的一堆中取走任意多的石子;二是可以从两堆中同时取走相同数量的石子。最后把石子全部取完者为胜者。

现在给出初始的两堆石子的数目 a 和 b,问先手玩家是不是最后的胜者?

分析两堆石子的数量(a,b),使先手必输的局势有(0,0)、(1,2)、(3,5)、(4,7)、(6,10)、(8,13)、(9,15),等等,称这些局势为“奇异局势”①。

观察发现,奇异局势有两个特征:①差值是递增的,分别是0,1,2,3,4,…;②每个局势的第一个值是未在前面出现过的最小的自然数。经过分析可以发现,每个奇异局势的第一个值总是等于这个局势的差值乘上黄金分割比例1.618,然后取整。

需要注意的是,在推导奇异局势时用到的黄金分割数需要较高的精度,直接用1.618这个估值是不行的。在程序中,用以下公式计算高精度黄金分割数:

```
double gold = (1 + sqrt(5))/2;
```

下面是hdu 1527的代码。

hdu 1527 代码

```
#include <bits/stdc++.h>
using namespace std;
int main(){
    int n, m;
    double gold = (1 + sqrt(5))/2;               //黄金分割 = 1.618 033 98…
    while(cin >> n >> m){
        int a = min(n, m), b = max(n, m);
        double k = (double)(b - a);
        int test = (int)(k * gold);              //乘以黄金分割数,然后取整
        if(test == a)  cout << 0 << endl;        //先手败
        else           cout << 1 << endl;        //先手胜
    }
    return 0;
}
```

8.6 小　　结

数学题是算法竞赛中的重点内容,包含的内容也相当广泛。本章讲解了一些竞赛中基本的和常用的知识点,还有很多大类没有涉及,例如积分、线性规划、傅里叶变换等。

有一些比较基础的知识点本章没有提到,但是需要读者掌握,例如高斯消元、中国剩余定理、Polya原理、欧拉函数、莫比乌斯函数等。

在一个竞赛队中,所有队员都需要掌握本章的内容,并且至少应该有一个队员深入钻研数学类题目。

① 威佐夫游戏的奇异局势和黄金分割数有关,Fibonacci数列也和黄金分割数有关,两者在这里发生了联系。关于威佐夫游戏的奇异局势和黄金分割数之间关系的证明,请参考“http://www.matrix67.com/blog/archives/6784”(永久网址:perma.cc/BCX4-9XXJ)。

第9章 字 符 串

☑ 常用字符串函数
☑ 字符串哈希
☑ 字典树
☑ KMP
☑ AC 自动机
☑ 后缀树和后缀数组

字符串处理是竞赛中的常见题目，除了简单的字符串查找、替换、匹配等问题以外，还有比较复杂的字符串算法，其中应用广泛的有字符串哈希、KMP、字典树(Trie Tree)、AC 自动机和后缀数组等。

9.1 字符串的基本操作

字符串的基本操作有读入、查找、替换、截取、数字和字符串转换等。下面用一个例题介绍字符串的读入、查找和替换操作。

poj 3981 "字符串替换"

读取一个字符串，把其中所有的"you"替换成"we"。

下面的程序一次读取一个完整的字符串，用 gets()函数实现。

C 程序 1

```
#include <stdio.h>
char str[1002];
int main(){
  int i;
  while(gets(str) != NULL) {
    for(int i = 0; str[i]!= '\0'; i++)
        if(str[i] == 'y' && str[i + 1] == 'o' && str[i + 2] == 'u') {
           printf("we");
           i += 2;
        }
        else
           printf(" % c",str[i]);
    printf("\n");
  }
```

```
  return 0;
}
```

下面的程序一次只读一个字符，用 getchar()函数实现。这个程序比上一个程序要好，因为它不需要定义一个字符串数组，当然也不用考虑数组的大小。

C 程序 2

```
#include <stdio.h>
int main(void){
    char ch1, ch2, ch3;
    while((ch1 = getchar()) != EOF) {
    if(ch1 == 'y') {
      if((ch2 = getchar()) == 'o')  {
          if((ch3 = getchar()) == 'u')
             printf("we");
          else
             printf("yo%c",ch3);
      }
      else
          printf("y%c",ch2);
    }
    else
      putchar(ch1);
}
return 0;
}
```

下面的程序用到 string 类、getline()函数。

C++程序

```
#include <bits/stdc++.h>
using namespace std;
int main(){
   string str;
   int pos;
   while(getline(cin, str)){
      while((pos = str.find("you")) != -1)
         str.replace(pos, 3, "we");
      cout << str << endl;
   }
   return 0;
}
```

【习题】

hdu 1062，字符串反转。

hdu 6103，字符串反转，尺取法。

hdu 5007,子串查找。

hdu 1238,求多个字符串的最大公共子串,用暴力法做。

hdu 4054,输出字符的 ASCII 码。

hdu 2055,字符串和数字转换。

hdu 5938,字符串和数字转换。

9.2 字符串哈希

首先看一个比较特殊的字符串匹配问题:在很多字符串中尽快操作某个字符串。如果字符串的规模很大,访问速度很关键,具体例子参考 hdu 2648 题。在本书第 3 章的"3.1.7 map"中曾以 hdu 2648 为例讲解了用 map 容器匹配字符串的方法。这里用字符串哈希的方法重新编程处理。

这个问题用哈希(hash)方法解决是最快的。用哈希函数对每个子串进行哈希,分别映射到不同的数字,即一个整数哈希值,然后就可以根据哈希值找到子串,接下来配合使用数据结构或 STL 完成判重、统计、查询等操作。

哈希函数是其中的核心。理论上,任意函数 $h(x)$都可以是哈希函数,不过一个好的哈希函数应该尽量避免冲突。这个字符串哈希函数最好是完美哈希函数。完美哈希函数是指没有冲突的哈希函数:把 n 个子串的 key 值映射到 m 个整数上,如果对任意的 $\text{key1} \neq \text{key2}$,都有 $h(\text{key1}) \neq h(\text{key2})$,这就是完美哈希函数。此时必然有 $n \leqslant m$。更进一步,如果 $n=m$,称为最小完美哈希函数。

那么如何找到一个接近完美的字符串哈希函数?有一些经典的字符串哈希函数,例如 BKDRHash、APHash、DJBHash、JSHash 等。一般使用 BKDRHash,求得的哈希值几乎不会冲突碰撞。但在实际应用时由于得到的哈希值都很大,不能直接映射到一个巨大的空间上,所以一般需要限制空间。方法是取余:把得到的哈希值对一个设定的空间大小取余数,以余数作为索引地址。当然,这样做会产生冲突问题。

下面用字符串哈希方法重新求解 hdu 2648。

在下面的程序中,哈希函数 BKDRHash()计算字符串的 hash 值,返回一个 unsigned int 数。根据上面的讨论可知,由于这个数可能很大,不能直接分配空间,程序用一个较小的 N 取余,分配到大小为 N 的空间。这样做会产生冲突,所以程序的大部分代码是解决冲突问题。

视频讲解

hdu 2648 的字符串哈希程序

```
#include <bits/stdc++.h>
using namespace std;
const int N = 10005;
struct node{
    char name[35];
    int price;
};
vector<node> List[N];                    //用于解决冲突
```

```
unsigned int BKDRHash(char * str)  {                //哈希函数
    unsigned int seed = 31,key = 0;
    while( * str)
        key = key * seed + ( * str++);
    return key & 0x7fffffff;
}
int main(){
    int n, m, key, add, memory_price, rank, len;
    int p[N];
    char s[35];
    node t;
    while(cin >> n){
        for(int i = 0; i < N; i++)
            List[i].clear();
        for(int i = 0;i < n;i++){
            cin >> t.name;
            key = BKDRHash(t.name) % N;            //计算 hash 值,并求余
            List[key].push_back(t);                //hash 值可能冲突,把冲突的哈希值都存起来
        }
        cin >> m;
        while(m--){
            rank = len = 0;
            for(int i = 0; i < n; i++){
                cin >> add >> s;
                key = BKDRHash(s) % N;             //计算 hash 值
                for(int j = 0; j < List[key].size(); j++)       //处理冲突问题
                    if(strcmp(List[key][j].name, s) == 0){
                        List[key][j].price += add;
                        if(strcmp(s,"memory") == 0)
                            memory_price = List[key][j].price;
                        else
                            p[len++] = List[key][j].price;
                        break;
                    }
            }
            for(int i = 0; i < len; i++)
                if(memory_price < p[i])
                    rank++;
            cout << rank + 1 << endl;
        }
    }
    return 0;
}
```

【习题】

hdu 4821 “String”。

hdu 4080 “Stammering Aliens”。

hdu 4622 “Reincarnation”。

hdu 4622,字符串哈希,较难。

9.3 字 典 树

再次回顾一个常见的字符串匹配问题：在 n 个字符串中查找某个字符串。

如果用暴力的方法，需要逐个匹配每个字符串，复杂度是 $O(nm)$，m 是字符串的平均长度。这个操作的效率十分低。

那么有没有很快的方法？大家都有查英语字典的经验，例如查找单词"dog"，先翻到字典的 d 部分，再翻到第 2 个字母 o、第 3 个字母 g，一共找 3 次即可。查找任意单词，查找次数最多只需要这个单词的字母个数。

字典树就是模拟这个操作的数据结构，它的时间复杂度和空间复杂度都很好。

(1) 时间复杂度：插入和查找单词的复杂度都是 $O(m)$，其中 m 是待插入/查询字符串的长度。

(2) 空间复杂度：有公共前缀的单词只需要存一次公共前缀，节省了空间。

图 9.1 所示为单词 be、bee、may、man、mom、he 的字典树。

从图 9.1 可以归纳出字典树的基本性质：根结点不包含字符，除根结点外的每个子结点都包含一个字符；从根结点到某一个结点，路径上经过的字符连接起来，为该结点对应的字符串；每个结点的所有子结点包含的字符互不相同。

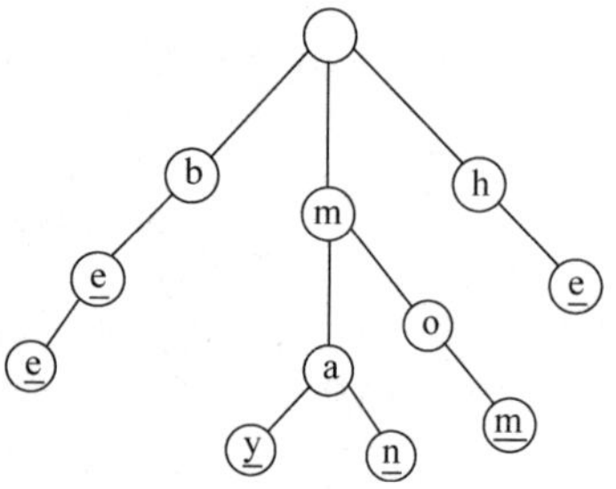

图 9.1 字典树

通常在实现的时候会在结点设置一个标志，标记该结点是否为单词的末尾，例如图中画线的字符。

字典树有以下常见的应用：

(1) 字符串检索。检索、查询功能是字典树的基本功能。

(2) 词频统计。统计一个单词出现了多少次。

(3) 字符串排序。在插入的时候，在树的平级按字母表的顺序插入。字典树建好之后，用先序遍历，就得到了字典树的排序。

(4) 前缀匹配。字典树是按公共前缀来建树的，很适合用于搜索提示。例如 Linux 的行命令，输入一个命令的前面几个字母，系统会自动补全命令后面的字符。

字典树在本书"9.5 AC 自动机"中也有应用。

下面的例题给出了字典树的具体实现。

> **hdu 1251"字典树"**
>
> 很多单词只由小写字母组成，不会有重复的单词出现，统计出以某个字符串为前缀的单词数量。

该题有多种方法。

1. 用 map 实现

这一题用 map 来做非常简单，代码如下：

```
#include <bits/stdc++.h>
using namespace std;
int main(){
    char str[10];
    map<string, int> m;
    while(gets(str)){
        int len = strlen(str);
        if (!len)  break;                    //输入了一个空行
        for(int i = len; i > 0; i--){
            str[i] = '\0';                   //从后往前删除这个字符串的字符,得到前缀
            m[str]++;                        //统计前缀的数量
        }
    }
    while(gets(str))  cout << m[str] << endl;
    return 0;
}
```

2. 用字典树实现

首先用正规的字典树实现,定义字典树的数据结构,并用指针指向下一层子树,代码很清晰。不过,由于本题的空间要求较高,Insert()内用 new Trie 分配的空间超过了题目的限制,代码会 MLE。

空间超额(MLE)的代码

```
#include <bits/stdc++.h>
using namespace std;
struct Trie{                                 //字典树的定义
    Trie* next[26];
    int num;                                 //以当前字符串为前缀的单词的数量
    Trie() {                                 //构造函数
       for(int i=0;i<26;i++) next[i] = NULL;
       num=0;
    }
};
Trie root;
void Insert(char str[]){                     //将字符串插入到字典树中
    Trie *p = &root;
    for(int i=0;str[i];i++){                 //遍历每一个字符
        if(p->next[str[i]-'a']==NULL)        //如果该字符没有对应的结点
           p->next[str[i]-'a'] = new Trie;   //创建一个
        p = p->next[str[i]-'a'];
        p->num++;
    }
}
int Find(char str[]){                        //返回以字符串为前缀的单词的数量
    Trie *p = &root;
    for(int i=0;str[i];i++){                 //在字典树中找到该单词的结尾位置
        if(p->next[str[i]-'a']==NULL)
           return 0;
        p = p->next[str[i]-'a'];
    }
```

```
    return p->num;
}
int main(){
    char str[11];
    while(gets(str)){
        if (!strlen(str))  break;              //输入了一个空行
        Insert(str);
    }
    while(gets(str))  cout << Find(str) << endl;
    return 0;
}
```

更好、更紧凑的存储方法是用数组来实现字典树的数据结构，在竞赛中用这种方法更加保险。相关代码如下：

用数组实现字典树

```
int trie[1000010][26];                  //用数组定义字典树,存储下一个字符的位置
int num[1000010] = {0};                 //以某一字符串为前缀的单词的数量
int pos = 1;                            //当前新分配的存储位置
void Insert(char str[]){                //在字典树中插入某个单词
    int p = 0;
    for(int i = 0;str[i];i++){
        int n = str[i] - 'a';
        if(trie[p][n] == 0)             //如果对应字符还没有值
           trie[p][n] = pos++;
        p = trie[p][n];
        num[p]++;
    }
}
int Find(char str[]){                   //返回以某个字符串为前缀的单词的数量
    int p = 0;
    for(int i = 0;str[i];i++){
        int n = str[i] - 'a';
        if(trie[p][n] == 0)
           return 0;
        p = trie[p][n];
    }
    return num[p];
}
```

视频讲解

9.4 KMP

KMP 是单模匹配算法，即在一个长度为 n 的文本串中查找一个长度为 m 的模式串。它的复杂度是 $O(m+n)$，差不多是此类算法能达到的最优复杂度。

视频讲解

1. 朴素的模式匹配算法

在前面讲字符串哈希时曾用哈希解决了特定字符子串的匹配问题，下面

讨论更一般性的问题。

模式匹配(Pattern Matching)：在一篇长度为 n 的文本 S 中，找某个长度为 m 的关键词 P。P 可能多次出现，都需要找到。这个一般性问题用哈希算法不合适，很麻烦。

最优的模式匹配算法复杂度能达到多好？由于至少需要检索文本 S 的 n 个字符和关键词 P 的 m 个字符，所以复杂度至少是 $O(m+n)$。

先考虑暴力方法(即朴素的模式匹配算法)：在 S 的所有字符中逐个匹配 P 的每个字符。例如，S="abcxyz123"，P="123"。第 1 次匹配，$P[0]\neq S[0]$，后面的 $P[1]$、$P[2]$就不用比较了。一共比较 6+3=9 次就好了，其中前 6 次对比 P 的第 1 个字符，第 7 次对比 P 的 3 个字符，如图 9.2 所示。

这个例子比较特殊，P 和 S 的字符基本上都不一样。在每次匹配时，往往第 1 个字符就对不上，用不着继续匹配 P 后面的字符。复杂度差不多是 $O(n+m)$，这已经是字符串匹配能达到的最优复杂度了。所以，如果字符串 S、P 符合这个特征，**用暴力法是不错的选择**。

但是，如果情况比较坏，例如 P 的前 $m-1$ 个都容易找到匹配，只有最后一个不匹配，那么复杂度就退化成 $O(nm)$。例如 S= "aaaaaaaab"，P="aab"，需要尝试 6×3+3=21 次，如图 9.3 所示，远远超过上面例子中的 9 次。

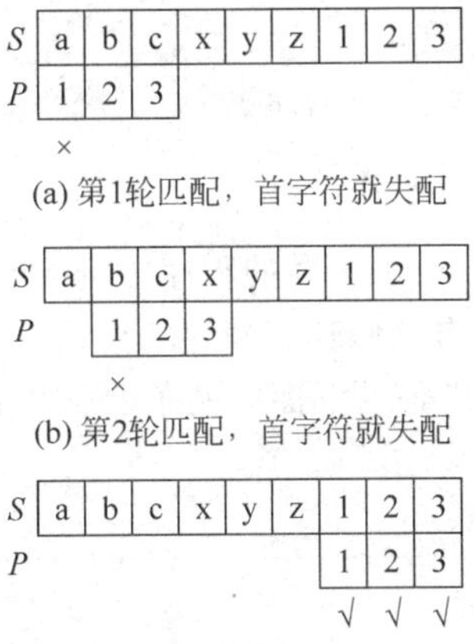

(a) 第1轮匹配，首字符就失配

(b) 第2轮匹配，首字符就失配

(c) 第7轮匹配，成功

图 9.2　匹配示意

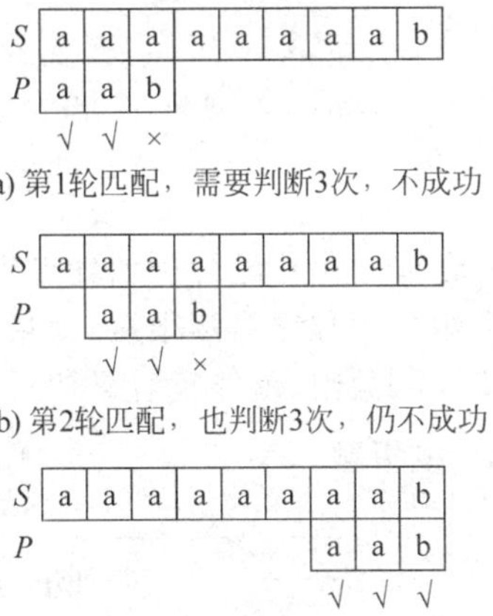

(a) 第1轮匹配，需要判断3次，不成功

(b) 第2轮匹配，也判断3次，仍不成功

(c) 第7轮匹配，成功

图 9.3　情况比较坏时的匹配

2. KMP 算法

KMP 是一种在任何情况下都能达到 $O(n+m)$复杂度的算法。它是如何做到的？简单地说，它通过分析 P 的特征对 P 进行预处理，从而在与 S 匹配的时候能够跳过一些字符串，达到快速匹配的目的。

下面简单图解 KMP 的操作过程，如图 9.4 所示。$S[]$="abcabcabcd"，$P[]$="abcd"。图中的 i 指向 $S[i]$，j 指向 $P[j]$，$0\leqslant i<n$，$0\leqslant j<m$。

图 9.4(c)说明，在用 KMP 算法时，指向 S 的 i 指针不会回溯，而是一直往后走到底。与图 9.4(b)的朴素方法相比，大大减少了匹配次数。请读者自己分析复杂度是否为 $O(n+m)$。

那么 KMP 是如何让 i 不回溯，只回溯 j 的呢？这就是 KMP 的核心——Next[]数组(也有写成 shift 或者 fail 的)。当出现失配后，进行下一次匹配时，用 Next[]指出 j 回溯的位置。

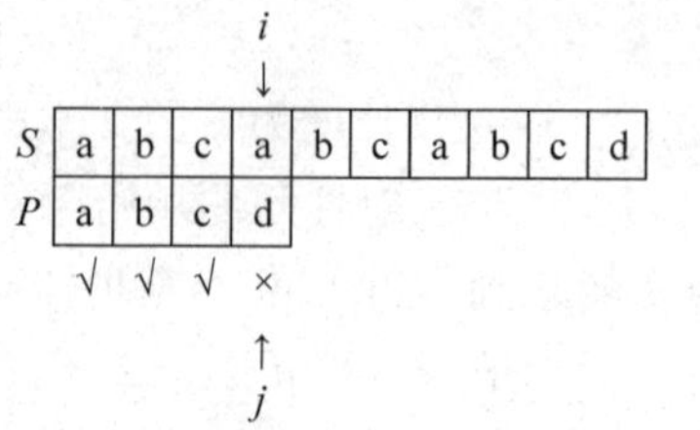

(a) 第1轮匹配后，在i=3，j=3的位置失配

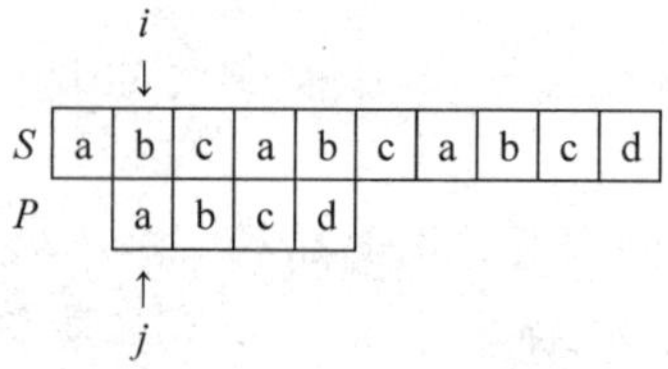

(b) 第2轮匹配，如果用朴素方法，i和j回到i=1，j=0的位置重新开始

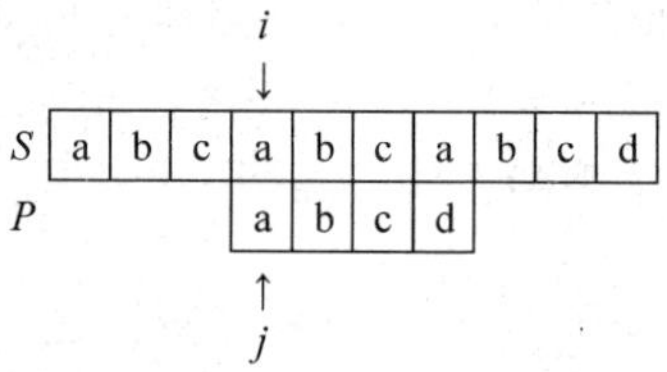

(c) 第2轮匹配，采用KMP算法，i=3不变，j回到j=0的位置重新开始

图 9.4　简单图解 KMP 的操作过程

Next[]是通过对 P 进行预处理得到的。在下面 hdu 2087 题的程序中用 getFail()函数求 Next[]数组。该程序虽然很短，却复杂难解，请读者自己阅读资料[①]。

有了 Next[]数组，就能很容易地写出 KMP 程序，代码见下面的例子。

3. KMP 模板题

hdu 2087“剪花布条”

一块花布条，上面印有一些图案，另有一块直接可用的小饰条，也印有一些图案。对于给定的花布条和小饰条，计算一下能从花布条中尽可能剪出几块小饰条。

输入：每一行是成对出现的花布条和小饰条。#表示结束。

输出：输出能从花纹布中剪出的小饰条的最多个数。

输入样例：

```
abcde a3
aaaaaa  aa
#
```

输出样例：

```
0
3
```

① “从头到尾彻底理解 KMP”，网址为“https://blog.csdn.net/v_july_v/article/details/7041827(永久网址：perma.cc/FY2G-6P67)”。

本题可以完全套用 KMP 的模板。KMP 算法的模板有两部分，即 getFail()和 kmp()。getFail()预计算 Next[]数组；kmp()函数实现在 S 中找 P，注意每次匹配到的起始位置是 $s[i+1-\text{plen}]$，末尾是 $s[i]$。

找到的匹配可能有很多个，而且可能重合，例如"aaaaaa"中包含了 3 个"aa"。但在本题中需要找到能分开的子串，即剪出不同的小饰条。这个问题容易解决，只需要在程序中加一句 if(i－last >= plen)进行判断即可。

KMP 程序

```
#include<bits/stdc++.h>
using namespace std;
const int MAXN = 1000+5;
char str[MAXN], pattern[MAXN];
int Next[MAXN];
int cnt;
int getFail(char *p, int plen){
            //预计算 Next[],用于在失配的情况下得到 j 回溯的位置
    Next[0]=0; Next[1]=0;
    for(int i=1; i<plen; i++){
        int j = Next[i];
        while(j && p[i] != p[j])   j = Next[j];
        Next[i+1] = (p[i]==p[j]) ? j+1 : 0;
    }
}
int kmp(char *s, char *p) {                    //在 S 中找 P
   int last = -1;
    int slen=strlen(s), plen=strlen(p);
    getFail(p, plen);                          //预计算 Next[]数组
    int j=0;
    for(int i=0; i<slen; i++) {                //匹配 S 和 P 的每个字符
        while(j && s[i]!=p[j])  j=Next[j];     //失配了,用 Next[]找 j 的回溯位置
        if(s[i]==p[j])  j++;                   //当前位置的字符匹配,继续
        if(j == plen) {                        //完全匹配
            //这个匹配,在 S 中的起点是 i+1-plen,末尾是 i,如有需要可以打印
            //printf("at location=%d, %s\n", i+1-plen,&s[i+1-plen]);
          //--------------------下面是与本题相关的工作
          if(i-last>=plen) {                   //判断新的匹配和上一个匹配是否能分开
              cnt++;
              last=i;                          //last 指向上一次匹配的末尾位置
          }
          //--------------------
        }
    }
}
int main(){
    while(~scanf("%s", str)){                  //读串
        if(str[0] == '#')  break;
        scanf("%s", pattern);                  //读模式串
        cnt = 0;
```

```
        kmp(str, pattern);
        printf("%d\n", cnt);
    }
    return 0;
}
```

【习题】

hdu 1686/1711/2222/2896/3065/3336。

hdu 2594"Simpsons' Hidden Talents"，扩展 KMP 算法，求原串 S 的每一个后缀子串与模式串 P 的最长公共前缀。

9.5 AC 自动机

AC 自动机(Aho-Corasick automaton)是 KMP 的升级版。KMP 是单模匹配算法，处理在一个文本串中查找一个模式串的问题；AC 自动机是多模匹配算法，能在一个文本串中同时查找多个不同的模式串。

多模匹配问题：给定一个长度为 n 的文本 S，以及 k 个平均长度为 m 的模式串 $P_1,P_2,\cdots,P_k$，要求搜索这些模式串出现的位置。

其实用 KMP 也能解决多模匹配问题，缺点是复杂度较高，需要对每个 $P_1,P_2,\cdots,P_k$ 分别做一次 KMP，总复杂度是 $O((n+m)k)$。

AC 自动机算法并不需要对 S 做多次 KMP，而是只搜索一遍 S，在搜索时匹配所有的模式串。

如何同时匹配所有的 P？如果读者能结合前面介绍过的字典树就恍然大悟了。

KMP 是通过查找 P 对应的 Next[]数组实现快速匹配的。如果把所有的 P 做成一个字典树，然后在匹配的时候查找这个 P 对应的 Next[]数组，不就实现了快速匹配的效果吗？

复杂度分析：k 个模式串，平均长度为 m；文本串长度为 n。建立字典树 $O(km)$；建立 fail 指针 $O(km)$；模式匹配 $O(nm)$，乘 m 的原因是在统计的时候需要顺着链回溯到 root 结点。总时间复杂度是 $O(km+km+nm)=O(km+nm)$。

对比简单使用 KMP 的复杂度 $O((n+m)k)$，当 $m \ll k$ 时，$(k+n)m \ll (n+m)k$。AC 自动机优势非常大。

hdu 2222 题是一道模板题。

hdu 2222 "Keywords Search"

有多个关键词，在一个文本中找到它们。

输入：第 1 行是测试用例个数。每个用例包括一个整数 N，表示关键词个数，下面有 N 个关键词，$N \leqslant 10\,000$。每个关键词只包括小写字母，长度不超过 50。最后一行是文本，长度不大于 1 000 000。

输出：在输出文本中能找到多少关键词。重复的关键词只需要统计一次。

下面是代码①。

```
#include <bits/stdc++.h>
using namespace std;
const int maxn = 1000000 + 100;
const int SIGMA_SIZE = 26;
const int maxnode = 1000000 + 100;
int n, ans;
bool vis[maxn];
map<string, int> ms;
int ch[maxnode][SIGMA_SIZE + 5];
int val[maxnode];
int idx(char c) {return c - 'a';}
struct Trie {
   int sz;
   Trie() { sz = 1; memset(ch[0], 0, sizeof(ch[0])); memset(vis, 0, sizeof(vis)); }
   void insert(char *s) {
      int u = 0, n = strlen(s);
      for(int i = 0; i < n; i++) {
          int c = idx(s[i]);
          if(!ch[u][c]) {
             memset(ch[sz], 0, sizeof(ch[sz]));
             val[sz] = 0;
             ch[u][c] = sz++;
          }
          u = ch[u][c];
      }
      val[u]++;
   }
};
//AC 自动机
int last[maxn], f[maxn];
void print(int j) {
 if(j && !vis[j]) {
    ans += val[j]; vis[j] = 1;
    print(last[j]);
 }
}
int getFail() {
  queue<int> q;
  f[0] = 0;
  for(int c = 0; c < SIGMA_SIZE; c++) {
      int u = ch[0][c];
      if(u) {f[u] = 0; q.push(u); last[u] = 0;}
  }
  while(!q.empty()) {
      int r = q.front(); q.pop();
      for(int c = 0; c < SIGMA_SIZE; c++) {
         int u = ch[r][c];
         if(!u) {
             ch[r][c] = ch[f[r]][c];
```

① 其中,getFail()来自《算法竞赛入门经典训练指南》,刘汝佳,陈锋,清华大学出版社,3.3.3 节,214 页。

```
                continue;
            }
            q.push(u);
            int v = f[r];
            while(v && !ch[v][c]) v = f[v];
            f[u] = ch[v][c];
            last[u] = val[f[u]] ? f[u] : last[f[u]];
        }
    }
}
void find_T(char * T) {
 int n = strlen(T);
 int j = 0;
 for(int i = 0; i < n; i++) {
     int c = idx(T[i]);
     j = ch[j][c];
     if(val[j]) print(j);
     else if(last[j]) print(last[j]);
 }
}
char tmp[105];
char text[1000000 + 1000];
int main() {
 int T; cin >> T;
 while(T--) {
     scanf("%d", &n);
     Trie trie;
     ans = 0;
     for(int i = 0; i < n; i++) {
         scanf("%s", tmp);
         trie.insert(tmp);
     }
     getFail();
     scanf("%s", text);
     find_T(text);
     cout << ans << endl;
   }
     return 0;
}
```

【习题】

hdu 2243/2825/2296，AC 自动机＋DP 状态压缩。

9.6 后缀树和后缀数组

后缀树和后缀数组理解起来比较难，但是可以解决大部分字符串问题，前面提到的字符串匹配问题，例如查找子串、最长重复子串、最长公共子串等，都可以用后缀数组解决，这类题目是编程竞赛的常见题型。

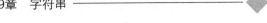

本节首先讲解后缀树和后缀数组的概念，然后用后缀数组解决一些经典字符串问题。

9.6.1　概念

后缀(suffix)：一个字符串，它的一个后缀是指从某个位置开始到末尾的一个子串。例如字符串 string s＝"vamamadn"，它的后缀有 8 个，即 s[0]＝"vamamadn"、s[1]＝"amamadn"、s[2]＝"mamadn"等。具体见表 9.1 的左半部分。

表 9.1　后缀

后缀 $s[i]$	下标 i		字典序	后缀数组 sa[j]	下标 j
vamamadn	0		adn	5	0
amamadn	1		amadn	3	1
mamadn	2		amamadn	1	2
amadn	3		dn	6	3
madn	4		madn	4	4
adn	5		mamadn	2	5
dn	6		n	7	6
n	7		vamamadn	0	7

后缀树(suffix tree)：就是把所有的后缀子串用字典树的方法建立的一棵树，如图 9.5 所示。

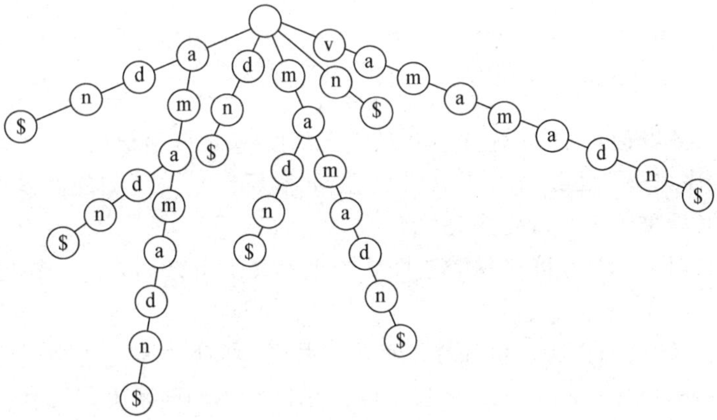

图 9.5　后缀树

其中，根结点为空，符号 $ 表示一个后缀子串的末尾。用 $ 的原因是它比较特殊，不会在字符串中出现，适合用来做标识。如果要利用后缀树查找某个子串，例如"mam"，只需要从根结点出发查 3 次即可，这就是后缀树的优势。

由于直接对后缀树进行构造和编程不太方便，所以用后缀数组(suffix array)这种简单的方法来替代。在表 9.1 中，后缀数组就是按字典序对应的后缀下标：int sa[]＝{5,3,1,6,4,2,7,0}。很明显，后缀数组的数字顺序就是后缀子串的字典顺序，记录了子串的有序排列。例如 sa[0]＝5，意思是：排名 0(即字典序最小)的子串，是原字符串中从第 5 个位置开始的后缀子串，即"adn"。

如果得到了后缀数组，可以很方便地解决一些字符串问题。下面介绍查找子串（单模匹配）问题，即在母串 s 中查找子串 t。只需要在后缀数组 sa[]上做二分搜索，就能很快地找到子串。比如查找子串 t="ad"，程序如下：

```
#include <bits/stdc++.h>
using namespace std;
int find(string s, string t, int * sa){            //在 s 中查找子串 t; sa 是 s 的后缀数组
    int i = 0, j = s.length();
    while(j - i > 1) {
        int k = (i + j)/2;                         //二分法,操作 O(logn)次
        if(s.compare(sa[k], t.length(), t)< 0)     //匹配一次,复杂度是 O(m)
            i = k;
        else j = k;
    }
    if(s.compare(sa[j], t.length(), t) == 0)       //找到了,返回 t 在 s 中的位置
        return sa[j];
    if(s.compare(sa[i], t.length(), t) == 0)
        return sa[i];
    return -1;                                     //没找到
}
int main(){
    string s = "vamamadn", t = "ad";               //母串和子串
    int sa[] = {5, 3, 1, 6, 4, 2, 7, 0};           //sa[]是 s 的后缀数组,假设已经得到了
    int location = find(s, t, sa);
    cout << location <<":"<< &s[location]<< endl << endl; //打印 t 在 s 中的位置
}
```

每次查找，复杂度都是 $O(m\log_2 n)$，m 是子串长度，n 是母串长度。

在上面的程序里事先已经算好了后缀数组 sa[]，所以最关键的问题是如何高效地求后缀数组，即如何对后缀子串进行排序。

常用的一种排序方法为倍增法，它的复杂度是 $O(n\log_2 n)$，下一节将详细介绍这个方法。

后缀数组是很高效的方法。例如在上面的查找子串问题中先求后缀数组，再找子串，总复杂度是 $O(n\log_2 n+m\log_2 n)$。对比经典的字符串匹配 KMP 算法，复杂度是 $O(n+m)$，前缀数组已经很接近了。如果直接用后缀树，速度更快：建树的复杂度是 $O(mn)$，在树上查找一个子串只需要比较 m 次，复杂度是 $O(m)$。

对比后缀数组和后缀树，根据前面的讲解可以知道，后缀树用空间换时间，复杂度很好；后缀数组虽然复杂度稍微差一点，但是使用的空间小，编码简单，所以在竞赛中一般使用后缀数组。

9.6.2 用倍增法求后缀数组

在讲解倍增法之前先考虑常见的排序方法，例如快速排序。快速排序，所有元素的比较次数是 $O(n\log_2 n)$，在应用到字符串排序时，每两个字符串还有 $O(n)$ 的比较，所以总复杂度是 $O(n^2\log_2 n)$，显然不够好。

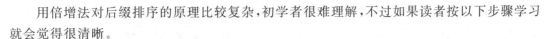

用倍增法对后缀排序的原理比较复杂，初学者很难理解，不过如果读者按以下步骤学习就会觉得很清晰。

例：求字符串"vamamadn"的后缀数组。

第 1 步：用数字代表字母，例如 a 最小，记为 0；v 最大，记为 4。这个转换对后缀子串的排序没有影响(这一步操作实际上是对所有的后缀子串的最高位进行大小判定，不过因为很多子串的最高位相同，对应的数字也相同，所以还不能比较大小)。

第 2 步：连续两个数字的组合，相当于连续两个字符。例如 40 代表"va"、02 代表"am"等。最后一个 3 没有后续，在尾部加上 0，组成 30。这并不影响字符的比较，因为字符是从头到尾比较大小的(这一步操作是取后缀子串的最高两位，数字的大小代表子串的最高两位的大小)。

第 3 步：连续 4 个数字的组合，相当于连续 4 个字符。例如 4020 代表"vama"、0202 代表"amam"等。最后的 30 没有后续，加上 00，组成 3000(这一步操作是用数字代表后缀子串的高 4 位)。

特别需要注意的是，并没有进行连续 3 个数字的组合。原因有两个，一是不方便操作，二是并不影响后缀子串的大小比较。

在第 3 步操作后产生的 8 个数字已经全部不一样，能区分大小了。结束，并进行排序，得到 rk[]={7,2,5,1,4,0,3,6}。rk 是 rank 的缩写，表示“名次数组”。rk[]是字符串"vamamadn"的 8 个后缀子串的排序。在得到 rk[]后，可以求得后缀数组 sa[]={5,3,1,6,4,2,7,0}，如图 9.6 所示。

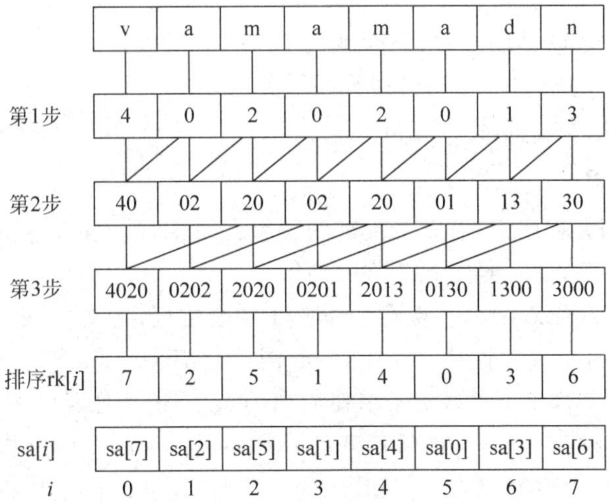

视频讲解

图 9.6　名次数组和后缀数组

上述操作，因为每一步都递增两倍，所以总步骤一共有 log(n)步，非常少。

虽然上述过程看起来很不错，但是却并不实用。因为字符串可能很长，例如包含 1 万个字符，那么在最后一步产生的每个数字都有 10 000 位，是个天文数字，根本无法存储和排序。

那么能不能在每一步中缩小产生的组合数字的大小，而且还能保持顺序呢？答案是能。方法是在每一步操作后就对组合数字进行排序，用序号产生一个新数字，然后用新数字进行下一步操作,过程如图 9.7 所示。

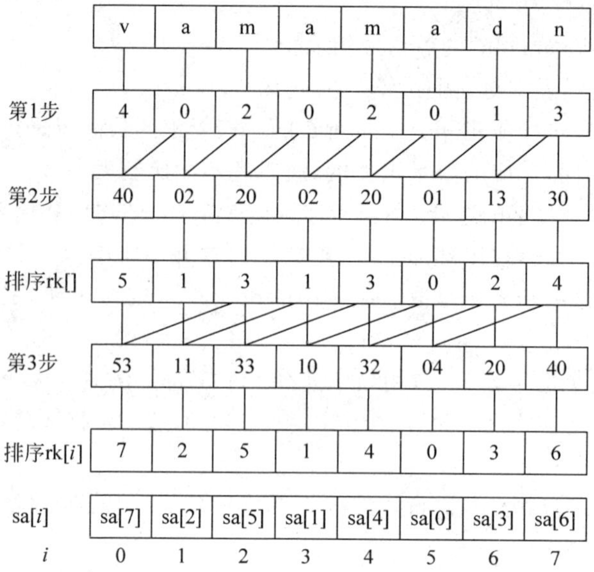

图 9.7　改进后的名次数组和后缀数组

可以发现,每一步排序后产生的新数字实际上仍然是对后缀子串的高位的排序。所以,最后的结果和图 9.6 是一样的。

产生的新数字有多大?假设字符串长度 $n=1$ 万,即每一步处理 1 万个数,那么产生的新数字是对这 1 万个数的排序结果,最大就是 10 000。所以,每一步的排序只是对 1 万个大小在 1～10 000 的数字进行排序,这是很容易做到的。

在这个过程中,核心是处理 rk[]和 sa[]。

1. sa[]、rk[]数组

在后缀数组的相关程序中,有 3 个关键的数组:sa[]、rk[]和 height[]。下面给出 sa[]、rk[]的概念和相互关系,请对照图 9.7 进行理解。

sa[]:后缀数组 suffix array。保存 0～$n-1$ 的全排列,含义是,把所有后缀按字典序排序后,后缀在原串中的位置。性质:suffix(sa[i])< suffix(sa[$i+1$])。sa[]记录"位置":"排第 i 的是谁?"——"排第 i 的后缀子串在原串的 sa[i]这个位置。"

rk[]:名次数组 rank array。最后得到的 rk[]也是 0～$n-1$ 的全排列,保存 suffix(i)在所有后缀中按字典序排序的"名次"。rk[]记录"排名":第 i 个后缀子串排第几?"——"原串从头数第 i 个后缀子串,排名是 rk[i]。"

rk[]和 sa[]是一一对应关系,互为逆运算,可以互相推导:

(1) 用 rk[]推导 sa[]:

```
for(int i = 0; i<n; i++)   sa[rk[i]] = i;
```

(2) 用 sa[]推导 rk[]:

```
for(int i = 0; i<n; i++)  rk[sa[i]] = i;
```

2. 用 sort()函数求后缀数组 sa[]

下面用 STL 的 sort()函数对 rk[]排序,并求得后缀数组。程序的核心就是上面两个推导,读者需要透彻理解才能看懂下面的代码。

比较函数 comp_sa()判断每一步中得到的组合数的大小。在图 9.7 所示的原理图中,例如从第 1 步到第 2 步,把 4、0 组合成 40,把 0、2 组合成 02,等等,然后再用于比较。comp_sa()省去了组合过程,直接进行比较:首先比较 40 和 02 的高位,再比较低位。

程序的逻辑如下:

(1) 用 sort()在每一步根据当前的 rk[]计算出当前的 sa[],请读者认真体会细节。

(2) 用 sa[]更新下一步用到的 rk[]。注意每一步的 sa[],其中任意两个 sa[i]和 sa[j]都不同,但是下一步的 rk[]中有一些是相同的,所以 sa[]和 rk[]还不是一一对应的。此时需要先用 sa[]根据原来的 rk[]中的记录推导新的 rk[],这需要用一个临时 tmp[]存放新值,然后再赋值给 rk[]。只有到了最后,sa[]和 rk[]才是一一对应的。

计算后缀数组 sa[]的模板[①]

```
#include <bits/stdc++.h>
using namespace std;
const int MAXN = 200005;                  //字符串的长度
char s[MAXN];                             //输入字符串
int sa[MAXN], rk[MAXN], tmp[MAXN + 1];
int n, k;

bool comp_sa(int i, int j){               //组合数有两个部分,高位是 rk[i],低位是 rk[i+k]
    if(rk[i] != rk[j])                    //先比较高位: rk[i]和 rk[j]
        return rk[i] < rk[j];
    else{                                 //高位相等,再比较低位的 rk[i+k]和 rk[j+k]
        int ri = i+k <= n? rk[i+k] : -1;
        int rj = j+k <= n? rk[j+k] : -1;
        return ri < rj;
    }
}
void calc_sa() {                          //计算字符串 s 的后缀数组
    for(int i = 0; i <= n; i++)    {
        rk[i] = s[i];                     //字符串的原始数值
        sa[i] = i;                        //后缀数组,在每一步记录当前排序后的结果
    }
    for(k = 1; k <= n; k = k * 2){        //开始一步步操作,每一步递增两倍进行组合
        sort(sa, sa + n, comp_sa);        //排序,结果记录在 sa[]中
        tmp[sa[0]] = 0;
        for(int i = 0; i < n; i++)        //用 sa[]倒推组合数,并记录在 tmp[]中
          tmp[sa[i+1]] = tmp[sa[i]] + (comp_sa(sa[i],sa[i+1]) ? 1: 0);
        for(int i = 0; i < n; i++)        //把 tmp[]复制给 rk[],用于下一步操作
          rk[i] = tmp[i];
    }
```

① 参考《挑战程序设计竞赛》,秋叶拓哉,379 页,"4.7.3 后缀数组"。

```
}
int main(){
    while(scanf("%s",s)!= EOF){              //读字符串
        n = strlen(s);
        calc_sa();                            //求后缀数组 sa[]
        for(int i = 0;i < n;i++)              //打印后缀数组
            cout << sa[i]<<" ";
    }
    return 0;
}
```

上面的程序用到的 sort()实际是快速排序,每一步排序的复杂度是 $O(n\log_2 n)$,一共有 $\log_2 n$ 个步骤,总复杂度是 $O(n(\log_2 n)^2)$。虽然已经很好了,不过还有一种更快的排序方法——基数排序,总复杂度只有 $O(n\log_2 n)$。在下一节的问题 hdu 1403 中分别提交用 sort()和基数排序两种方案的倍增法程序,执行时间分别是 1000ms 和 80ms。

3. 基数排序

基数排序是一种不太符合常识的排序方法,它不是先比较高位再比较低位,而是反过来,先比较低位再比较高位。

例如排序{47,23,19,17,31}:

第 1 步:先按个位大小排序,得到{31,23,47,17,19};

第 2 步:再按十位大小排序,得到{17,19,23,31,47},结束,得到有序排列。

更特别的是,上述操作并不是用比较的方法得到的,而是用"哈希"的思路:直接把数字放到对应的"格子"里,第 1 步按个位放,第 2 步按十位放。表 9.2 中第 2 步得到的序列就是结果。

表 9.2 把数字放到对应的"格子"里

格　　子	0	1	2	3	4	5	6	7	8	9
第 1 步		**31**		**23**				**47、17**		**19**
第 2 步		**17、19**	**23**	**31**	**47**					

基数排序的复杂度:n 个数,每个数有 d 位(例如上面例子中的 17~47 都是两位数),每一位有 k 种可能(十进制,0~9 共 10 种情况),复杂度是 $O(d(n+k))$,存储空间是 $O(n+k)$。对长度 10 000 的字符串进行一次排序,$n=10\ 000$,$d\leqslant 5$,$k=10$,复杂度 $d(n+k)\leqslant 10\ 000\times 5$,而一次快排的复杂度 $n\log_2 n\approx 10\ 000\times 13$。

对比快速排序等排序方法,基数排序在 d 比较小的情况下(即所有的数字差不多大时)是更好的方法。如果 d 比较大,基数排序并不比快速排序更好。

下面的程序用基数排序求后缀数组①。

```
//程序的 main()部分和上面用 sort()时的一样
char s[MAXN];
int sa[MAXN],cnt[MAXN],t1[MAXN],t2[MAXN],rk[MAXN],height[MAXN];
```

① 代码改编自《算法竞赛入门经典训练指南》,刘汝佳,陈锋,清华大学出版社,3.4.1 节。

```
int n;
void calc_sa() {        //void build_sa(int n, int m)      //n 是字符串长度
    int m = 127;                                  //m 是小写字母的 ASCII 码值范围.构造字符串 s 的后
                                                  //缀数组,每个字符的值必须为 0～m-1
    int i, *x = t1, *y = t2;
    for(i = 0;i < m;i++)   cnt[i] = 0;
    for(i = 0;i < n;i++)   cnt[x[i] = s[i]]++;
    for(i = 1;i < m;i++)   cnt[i] += cnt[i - 1];
    for(i = n - 1;i >= 0;i--)   sa[--cnt[x[i]]] = i;
    //sa[]: 从 0 到 n-1
    for(int k = 1;k <= n;k = k * 2){              //利用对长度为 k 的排序的结果对长度为 2k 的排序
        int p = 0;
        //2nd
        for(i = n - k;i < n;i++)   y[p++] = i;
        for(i = 0;i < n;i++)     if(sa[i]>= k) y[p++] = sa[i] - k;
        //1st
        for(i = 0;i < m;i++)   cnt[i] = 0;
        for(i = 0;i < n;i++)   cnt[x[y[i]]]++;
        for(i = 1;i < m;i++)   cnt[i] += cnt[i - 1];
        for(i = n - 1;i >= 0;i--)   sa[--cnt[x[y[i]]]] = y[i];
        swap(x,y);
        p = 1; x[sa[0]] = 0;
        for(i = 1;i < n;i++)
            x[sa[i]] =
              y[sa[i - 1]] == y[sa[i]]&&y[sa[i - 1] + k] == y[sa[i] + k]?p - 1:p++;
        if(p >= n) break;
        m = p;
    }
}
```

4. 高度数组 height[]

height[]是一个辅助数组，和最长公共前缀(Longest Common Prefix，LCP)相关。height[]数组非常重要，很多使用后缀数组解决的题目都依赖 height[]数组完成。

LCP(i,j)：suffix(sa[i])与 suffix[sa[j]]的最长公共前缀长度，即排序后第 i 个后缀和第 j 个后缀的最长公共前缀长度。

LCP(i,j)=min{LCP(k-1,k)}，$i<k\leqslant j$

定义 height[i]为 sa[i-1]和 sa[i]，也就是排名相邻的两个后缀的最长公共前缀长度。例如前面的"vamamadn"中，sa[1]表示"amadn"，sa[2]表示"amamadn"，那么 height[2]=3，表示 sa[1]和 sa[2]这两个后缀的前 3 个字符相同。

用暴力的方法可以推导 height[]数组，即比较所有相邻的 sa[]，然而复杂度是 $O(n^2)$。下面给出复杂度为 $O(n)$的代码：

```
void getheight(int n){                            //n 是字符串长度
    int i, j, k = 0;
    for(i = 0 ;i < n; i++)   rk[sa[i]] = i;    //用 sa[]推导 rk[]
    for(i = 0; i < n; i++) {
        if(k)   k--;
```

```
        int j = sa[rk[i] - 1];
        while(s[i + k] == s[j + k])  k++;
        height[rk[i]] = k;
    }
}
```

height[]数组的应用非常广泛，其中最直接的应用是求最长重复子串问题、求最长公共子串问题，见下一节的讨论。

9.6.3 用后缀数组解决经典问题

在字符串问题中有这样一些经典问题，可以用后缀数组解决：

(1) 在字符串 s 中查找子串 t，具体操作见 9.6.1 节。

(2) 在字符串 s 中找最长重复子串。先求 height[]数组，其中的最大值 height[i]就是最长重复子串的长度。如果需要打印最长重复子串，它就是后缀子串 sa[$i-1$]和 sa[i]的最长公共前缀。

(3) 找字符串 s_1 和 s_2 的最长公共子串，以及扩展到求多个字符串的最长公共子串。最长公共子串（Longest Common Substring）和最长公共子序列（Longest Common Subsequence）不同。子串是串的一个连续的部分，子序列则不必连续。比如字符串"abcf"和"bcef"的最长公共子串为"bc"，而最长公共子序列是"bcf"。这两个问题，在数据规模小的情况下都可以用动态规划求解，设 s_1、s_2 的长度分别是 m、n，则复杂度是 $O(mn)$。然而动态规划并不够好，如果 $m,n>10\,000$，动态规划就不能用了，需要用后缀数组。

这个问题实际上和上一个问题"最长重复子串"类似：合并 s_1 和 s_2，得到一个大字符串 s，就变成了上一个问题。技巧是在合并的时候需要在 s_1 和 s_2 之间插入一个未出现过的特殊字符，例如'$'，进行分隔，避免合并产生更长的子串。

具体操作：首先计算 height[]数组，然后查找最大的 height[i]，而且它对应的 sa[$i-1$]和 sa[i]分别属于被'$'分隔的前后两个字符串时，就是解。

hdu 1403 题是最长公共子串问题。

hdu 1403 "最长公共子串"

求两个字符串的最长公共子串。

输入：每个测试用例包含两个字符串，每个字符串最多有 100 000 个字符。所有的字符都是小写的。

输出：输出最长公共子串的长度。

输入样例：

banana

cianaic

输出样例：

3

在样例中，最长公共子串是"ana"，长度是 3。由于字符串长度是 100 000，程序的复杂

度不能大于 $O(n\log_2 n)$。

下面给出用后缀数组实现的程序。其中用到的 calc_sa()、getheight()函数已经在前文给出。读者可以分别用 sort()和基数排序实现的 calc_sa()提交，经验证，sort()版程序的执行时间是 1000ms，基数排序版的是 80ms。

最长公共子串程序

```
//省略了 calc_sa()、getheight()函数，已在上一节给出
int main(){
   int len1, ans;
   while(scanf("%s", s)!= EOF) {              //读第 1 个字符串
      n = strlen(s);
      len1 = n;
      s[n] = '$';                             //用'$'分隔两个字符串
      scanf("%s", s+n+1);                     //读第 2 个字符串,与第 1 个合并
      n = strlen(s);
      calc_sa();                              //求后缀数组 sa[]
      getheight(n);                           //求 height[]数组
      ans = 0;
      for(int i = 1; i<n; i++)
       //找最大的 height[i],并且它对应的 sa[i-1]和 sa[i]分别属于前后两个字符串
         if(height[i]> ans &&
         ((sa[i-1]< len1 &&sa[i]>= len1) || (sa[i-1]>= len1&&sa[i]< len1)))
             ans = height[i];
      printf("%d\n",ans);
   }
   return 0;
}
```

(4) 找字符串 s 的最长回文子串。例如"helpsoshelp"的最长回文子串是"sos"。回文串一般用 Manacher 算法。

【习题】

hdu 5769，后缀数组。

hdu 3948，回文串。

hdu 4691，最长公共前缀。

hdu 5008，第 k 小子串。

hdu 4416，后缀自动机。

9.7 小　结

本章讲解的 KMP、AC 自动机、后缀数组等知识点都比较复杂，并且在应用中经常结合 DP 等其他算法。字符串算法也是算法竞赛中的难点。

第10章　图　　论

☑ 图的概念和存储
☑ 图的遍历和连通性
☑ 拓扑排序
☑ 欧拉路
☑ 无向图和有向图的连通性
☑ 2-SAT 问题
☑ 最短路径
☑ 最小生成树
☑ 最大流：残留网络、增广路
☑ 最小割
☑ 最小费用最大流
☑ 二分图匹配

图是一种很常见的模型，能描述事物或状态的关系，很多问题可以抽象为图论问题。图论的算法十分丰富，常见的问题或算法有 60 多个。在算法竞赛中，图论属于比较难的内容。

本章讲解图论的基本概念、图论常用的数据结构、常见的图论、网络流算法，并通过经典题目分析建模过程，给出标准程序。

10.1　图的基本概念

图是常见的抽象模型，由点(node，或者 vertex)和连接点的边(edge)组成。图是点和边构成的网。图描述了事物之间的连接。图最典型的应用场景是地图，地图由地点和道路组成，它的特征如下。

(1) 地点：可能是十字路口，也可能是三岔路口，或者仅仅是一个连接点。在图论中，把地点抽象为点。

(2) 道路：可能是单行道或双行道。抽象成有向边或无向边。

(3) 道路有过路费：抽象成边的权值。

(4) 求两点间的最短道路，即图论里的最短路径算法。

(5) 在城市群之间如何修最短的连通道路，即图论中的最小生成树问题。

地图的这些问题都是图论研究的对象。

计算机网络也是典型的图问题，和地图非常相似。

人际关系也可以抽象成图，即社交网络。例如著名的"六度空间理论"，世界上任意两个人，最多通过 5 个中间人就能联系到。把人看成点，把人和人之间的关系看成边，这就是一个图的连通性问题。

树，即连通无环图，它是一种特殊的图。树的结点从根开始，层层扩展子树，是一种层次关系，这种层次关系保证了树上的结点不会出现环路。在图的算法中，经常需要在图上生成一棵树，再进行操作。

根据边有无方向、有无权值、有无环路，可以把图分成很多种，例如：

(1) 无向无权图，边没有权值、没有方向；

(2) 有向无权图，边有方向、无权值；

(3) 加权无向图，边有权值，但没有方向；

(4) 加权有向图；

(5) 有向无环图(Directed Acyclic Graph，DAG)。

图算法的复杂度显然和边的数量 E、点的数量 V 相关。如果一个算法的复杂度是线性时间 $O(V+E)$，这几乎是图问题中能达到的最好程度了。如果能达到 $O(V\log_2 E)$、$O(E\log_2 V)$或类似的复杂度，则是很好的算法。如果是 $O(V^2)$、$O(E^2)$或更高，在图问题中不算是好的算法。

10.2　图的存储

对图的任何操作都需要基于一个存储好的图。图的存储结构必须是一种有序的存储，能让程序很快定位结点 u 和 v 的边(u,v)，最好能在 $O(1)$的时间内只用一次或几次就定位到。

一般用 3 种数据结构存储图，即邻接矩阵、邻接表、链式前向星。

以图 10.1 所示的有向图为例，图中有 6 个结点、11 条边。

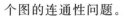

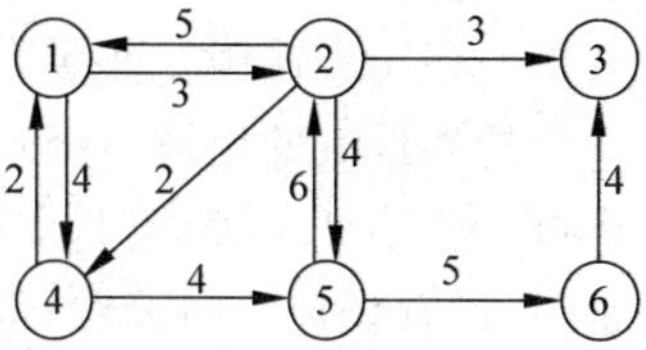

图 10.1　有向图

1. 邻接矩阵

用二维数组存储即可：int graph[NUM][NUM]。

无向图：graph[i][j]=graph[j][i]。

有向图：graph[i][j]!=graph[j][i]。

权值：graph[i][j]存结点 i 到 j 的边的权值，例如 graph[1][2]=3、graph[2][1]=5 等。用 graph[i][j]=INF 表示 i 和 j 之间无边。

优点：适合稠密图；编码非常简短；对边的存储、查询、更新等操作又快又简单，只需要一步就能访问和修改。

缺点：

(1) 存储复杂度 $O(V^2)$太高。如果用来存稀疏图，大量空间会被浪费。例如上面的图，6 个点，只有 11 条边，但是 graph[6][6]的空间是 36。当 V=10 000 个结点时，空间为 100MB，已经超过了常见 ACM 竞赛题的空间限制，而一百万个点的图在 ACM 题中是很常见的。

(2) 一般情况下不能存储重边。(u,v)之间可能有两条或更多的边，这些边的费用不同、容量不同，是不能合并的。有向边(u,v)在矩阵中只能存储一个参数，矩阵本身的局限性使它不能存储重边。不过,如果这个参数值只是用来表示边的数量,也算是存储了重边。

2. 邻接表

邻接表的概念请阅读《数据结构》教材,规模大的稀疏图一般用邻接表存储。它的优点是存储效率非常高,只需要与边数成正比的空间,存储复杂度为 $O(V+E)$,几乎已经达到了最优的复杂度,而且能存储重边;缺点是编程比邻接矩阵麻烦一些,访问和修改也慢一些。

在本章“10.9.3 SPFA”这一节中用 STL 的 vector 实现了邻接表,有关代码如下:

```
//定义边
    struct edge{
        int from, to, w;                                   //边: 起点 from,终点 to,权值 w
        edge(int a, int b,int c){from = a; to = b; w = c;} //对边赋值
    };
    vector < edge > e[NUM];                                //e[i]: 存第 i 个结点连接的所有边
//初始化
    for(int i = 1; i < = n; i++)
        e[i].clear();
//存边
     e[a].push_back(edge(a,b,c));                          //把边(a,b)存到结点 a 的邻接表中
//检索结点 u 的所有邻居
     for(int i = 0; i < e[u].size(); i++){                 //结点 u 的邻居有 e[u].size()个
        …
     }
```

例如,在上面的图 10.1 中,结点 2 的邻接表是(2 1 5)→(2 3 3)→(2 4 2)→(2 5 4)。

3. 链式前向星

用邻接表存图非常节省空间,一般的大图也够用了。然而,如果空间极其紧张,有没有更紧凑的存图方法呢?邻接表有没有改进的空间?

分析邻接表的组成,存储一个结点 u 的邻接边,其方法的关键是先定位第 1 个边,第 1 个边再指向第 2 个边,第 2 个边再指向第 3 个边,依此类推,根据这个分析,可以设计一种极为紧凑、没有任何空间浪费、编码非常简单的存图方法。图 10.2 是对前面的图 10.1 生成的存储空间,其中,head[NUM]是一个静态数组,struct edge 是一个结构的静态数组。

视频讲解

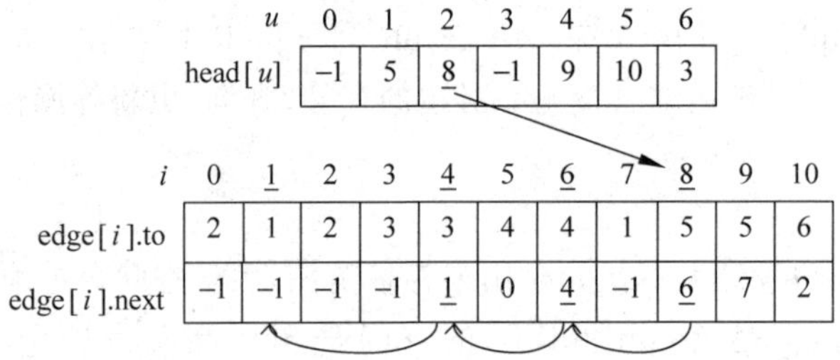

图 10.2 链式前向星存图

以结点 2 为例,从点 2 出发的边有 4 条,即(2,1)、(2,3)、(2,4)、(2,5),邻居是 1、3、4、5。

(1) 定位第 1 个边。用 head[]数组实现,例如 head[2]指向结点 2 的第 1 个边,head[2]=8,它存储在 edge[8]这个位置。

(2) 定位其他边。用 struct edge 的 next 参数指向下一个边。edge[8].next=6,指向下一个边在 edge[6]这个位置,然后 edge[6].next=4,edge[4].next=1,最后 edge[1].next=-1,-1 表示结束。

struct edge 的 to 参数记录这个边的邻居结点。例如 edge[8].to=5,第一个邻居是点 5;然后 edge[6].to=4,edge[4].to=3,edge[1].to=1,得到邻居是 1、3、4、5。

上述存储方法被称为**"链式前向星"**,它是空间效率最高的存储方法,因为它用静态数组模拟邻接表,没有任何浪费。

那么如何生成上述的存储结果?下面的程序片段来自后面 SPFA 这一节的例子。每执行一次 addedge(),就把一个新的边存入空间。

按以下顺序处理图中所有的边(u,v):(1,2)、(2,1)、(5,2)、(6,3)、(2,3)、(1,4)、(2,4)、(4,1)、(2,5)、(4,5)、(5,6),得到图 10.2。输入的顺序会影响结果。

从执行过程可知,每加入一个新的边,都是直接加在整个 edge[]的末尾,而与这个边的特征毫无关系。

下面是程序。

```
const int NUM = 1000005;                //一百万个点,一百万个边
struct Edge{
  int to, next, w;                      //边:终点 to、权值 w、下一个边 next.起点放在 head[ ]中
}edge[NUM];
int head[NUM];                          //head[u]指向结点 u 的第一个边的存储位置
int cnt;                                //记录 edge[ ]的末尾位置,新加入的边放在末尾
void init(){                            //初始化
   for(int i = 0; i < NUM; ++i){
      edge[i].next = -1;                //-1:结束,没有下一个边
      head[i] = -1;                     //-1:不存在从结点 i 出发的边
   }
   cnt = 0;
}
void addedge(int u, int v, int w){
  edge[cnt].to = v;
  edge[cnt].w = w;
  edge[cnt].next = head[u];             //指向结点 u 上一次存的边的位置
  head[u] = cnt++;                      //更新结点 u 最新边的存放位置:就是 edge 的末尾
}
//遍历结点 i 的所有邻居
for(int i = head[u]; ~i; i = edge[i].next)  //~i 也可以写成 i!= -1
{  …   }
```

链式前向星的优点是存储效率高、程序简单、能存储重边;缺点是不方便做删除操作。作为练习,读者可以自己编写删除的程序。

链式前向星的例程见 10.9 节。

10.3 图的遍历和连通性

图的基本特征是点和边,图的基本算法是用搜索来处理点和边的关系。第 4 章介绍了用 BFS 和 DFS 遍历一个图,在遍历的同时也解决了图的连通性问题。BFS 和 DFS 是图论

的基本算法，本章大部分内容是基于它们的。这些算法，或者直接用 BFS 和 DFS 来解决问题，或者用其思想建立新的算法。请读者回顾 BFS 和 DFS 的内容，透彻理解并能熟练写出程序。

特别是 DFS，用递归来搜索图，比 BFS 更难理解；但是一旦理解之后，编程将十分便利。图论中的很多算法，例如拓扑排序、强连通分量等，都建立在 DFS 之上。

下面是 DFS 的示例程序，其中用 vector 邻接表来存图。用矩阵存图的 DFS 示例见第 4 章。

```
vector<int> G[N];                                //G[u][i]: 第 u 个结点直连的第 i 个结点
int vis[N];                                      //点的访问标志，vis = 0 表示未访问过
                                                 //vis = 1 表示已经被正常处理过
                                                 //vis = -1 表示正在被访问中，这在有些判断中有用
                                                 //例如在拓扑排序中，用于判断跳出死循环
bool dfs(int u) {                                //以 u 为起点开始 DFS 搜索
    vis[u] = 1;                                  //在本次递归中被正常访问
    {… ; return true;}                           //出现目标状态，正确返回
    {… ; return false;}                          //做相应处理，返回错误
    for(int i = 0; i < G[u].size(); i++ ) {      //u 的邻居有 G[u].size()个
        int v = G[u][i];                         //v 是第 i 个邻居
        if(!vis[v])                              //如果 v 没有访问过
            return dfs(v);                       //递归访问第 v 个邻居
    }
    {… ; }                                       //事后处理，返回正确或错误
}
```

下面用图 10.3 所示的例子来帮助读者理解 DFS 在图中的应用。这个例子故意设计成非连通图，所以从一个点出发并不能访问到所有点。

1. 求某个点的连通性

对需要的点执行 dfs()，就能找到它连通的点。例如找图 10.3 中 e 点的连通性，执行 dfs(e)，访问过程见图 10.4 结点上面的数字，顺序是 *ebdca*。

递归返回的结果见结点下面画线的数字，顺序是 *acdbe*。虚线指向的结点表示不再访问，因为前面已经被访问过。

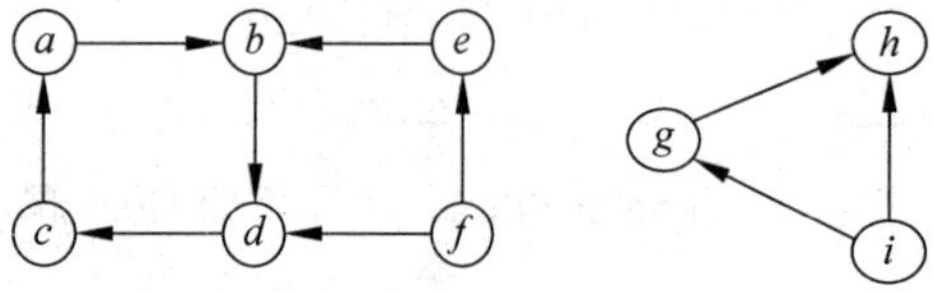

图 10.3　一个有向图例子

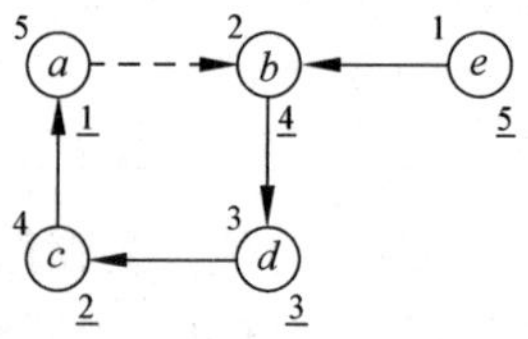

图 10.4　dfs()的访问顺序

2. 重要概念

深搜优先生成树：上面 DFS 的结果生成了一棵树，称为深搜优先生成树(depth-first spanning tree)。

树边：树上的边称为树边(tree edge)。

回退边：虚线表示的边(a,b)称为回退边(back edge)，它不在树上。

在这棵树上，从起点到其他任何一个点**只有**一条路径。如果是无向图生成的树，那么任意两个点之间只有一条路径。

3. 用 dfs()处理所有点

题目经常需要处理所有的点，也可以用 dfs()实现。其思路是想象有一个虚拟结点 v，它连接了所有的点，那么在主程序中这样进行 dfs()：

```
for(int i = 0; i<n; i++)
    dfs(i);
```

读者先自己思考，写出对图 10.3 做 dfs()的过程，然后与下面的答案对照。

视频讲解

按字母顺序执行 dfs()，访问过程见图 10.5 结点上面的数字，顺序是 *abdcefghi*。虚线指向的结点表示不再访问。

递归返回的结果见结点下面画线的数字，顺序是 *cdbaefhgi*。

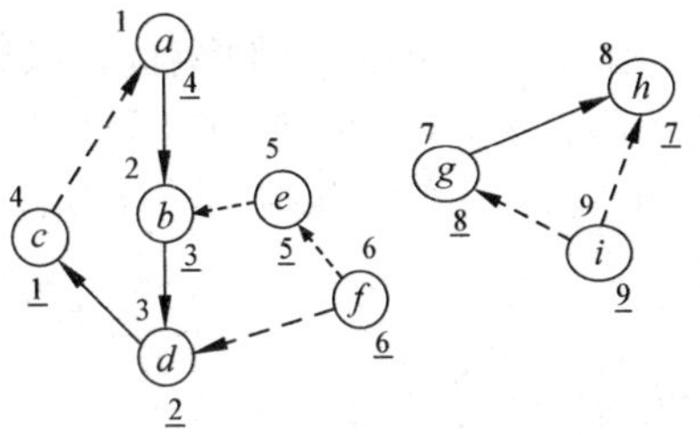

图 10.5 dfs()访问所有点的顺序

请读者彻底掌握本节的内容，这是本章后面内容的基础。

10.4 拓扑排序

BFS 和 DFS 的一个直接应用是拓扑排序。

在现实生活中，人们经常要做一连串事情，这些事情之间有顺序关系或者有依赖关系，在做一件事情之前必须先做另一件事，比如安排客人的座位、穿衣服的先后、课程学习的先后等。这些事情都可以抽象为图论中的拓扑排序。

1. 拓扑排序的概念

设有 a、b、c、d 等事情，其中 a 有最高优先级，b、c 优先级相同，d 是最低优先级，表示为 $a \rightarrow (b,c) \rightarrow d$，那么 $abcd$ 或 $acbd$ 都是可行的排序。把事情看成图的点，把先后关系看成有向边，问题转化为在图中求一个有先后关系的排序，这就是拓扑排序，如图 10.6 所示。

显然，一个图能进行拓扑排序的充要条件是它是一个有向无环图(DAG)。有环图不能进行拓扑排序。

2. 图的入度和出度

拓扑排序需要用到点的入度和出度的概念。

出度：以点 u 为起点的边的数量称为 u 的出度。

入度：以点 v 为终点的边的数量称为 v 的入度。

一个点的入度和出度体现了这个点的先后关系。如果一个点的入度等于 0，则说明它是起点，是排在最前面的；如果它的出度等于 0，则说明它是排在最后面的。例如在图 10.7 中，点 a、c 的入度为 0，它们都是优先级最高的事情；d 的出度为 0，它的优先级最低。

拓扑排序可以有多个,例如图 10.7 中的 a 和 c,谁排在前面都可以,b 和 c 也是。

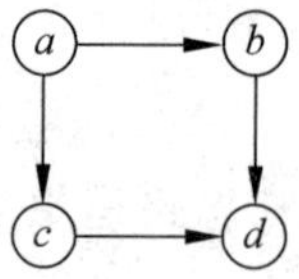

图 10.6　用图表示先后关系

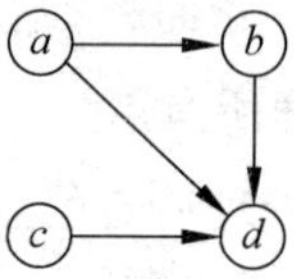

图 10.7　入度和出度

拓扑排序用 BFS 或者 DFS 都能实现。

3. 基于 BFS 的拓扑排序

基于 BFS 的拓扑排序有两种思路,即无前驱的顶点优先、无后继的顶点优先。

下面先讲解无前驱的顶点优先拓扑排序。其方法是先输出入度为 0(无前驱,优先级最高)的点,具体操作如图 10.8 所示,其中 Q 是 BFS 的队列:

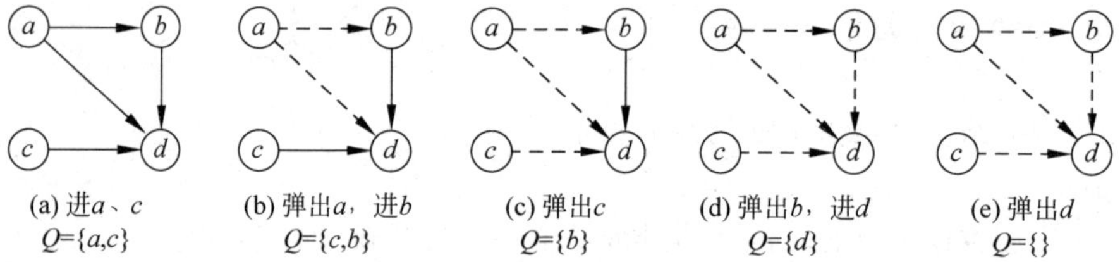

图 10.8　无前驱的顶点优先拓扑排序

步骤简述如下:

(1) 找到所有入度为 0 的点,放进队列,作为起点,这些点谁先谁后没有关系。如果找不到入度为 0 的点,说明这个图不是 DAG,不存在拓扑排序。图 10.8(a)中 a、c 的入度为 0,进队列。

(2) 弹出队首 a,a 的所有邻居点,入度减 1,把入度减为 0 的邻居点 b 放进队列,没有减为 0 的点不能放进队列。内容见图 10.8(b)。

(3) 继续上述操作,直到队列为空。内容见图 10.8(c)、(d)、(e)。

队列输出 $acbd$,而且包含了所有的点,这就是一个拓扑排序。

拓扑排序无解的判断:如果队列已空,但是还有点未进入队列,那么这些点的入度都不是 0,说明图不是 DAG,不存在拓扑排序。

以上是"无前驱"的思路。读者很容易发现,这个过程可以反过来执行,即"无后继的顶点优先":从出度为 0(无后继,优先级最低)的点开始,逐步倒推。其示意图如图 10.9 所示,请读者自己分析过程。最后输出的是逆序 $dbca$。

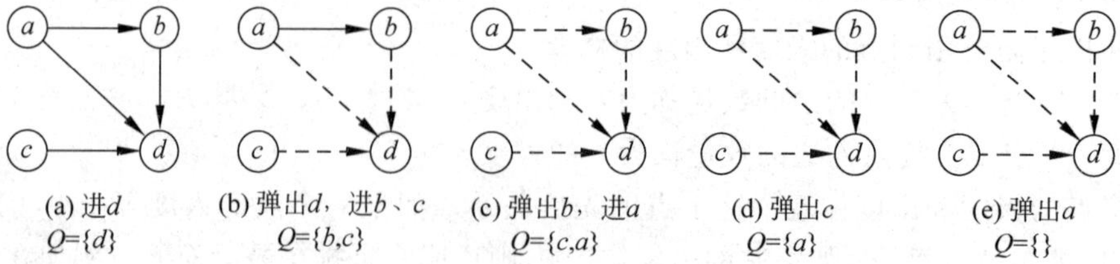

图 10.9　无后继的顶点优先拓扑排序

复杂度分析。在初始化时，查找入度为 0 的点，需要检查每个边，复杂度为 $O(E)$；在队列操作中，每个点进出队列一次，需要检查它直接连接的所有邻居，复杂度是 $O(V+E)$。其总复杂度是 $O(V+E)$。

4. 基于 DFS 搜索的拓扑排序

DFS 天然适合拓扑排序。

回顾 DFS 深度搜索的原理，是沿着一条路径一直搜索到最底层，然后逐层回退。这个过程正好体现了点和点的先后关系，天然符合拓扑排序的原理。事实上，在 DFS 上加一点点处理就能解决拓扑排序问题。

一个有向无环 DAG 图，如果只有一个点 u 是 0 入度的，那么从 u 开始 DFS，DFS 递归**返回**的顺序就是拓扑排序（是一个**逆序**）。DFS 递归返回的首先是最底层的点，它一定是 0 出度点，没有后续点，是拓扑排序的最后一个点；然后逐步回退，最后输出的是起点 u；输出的顺序是一个**逆序**。

以图 10.10 为例，从 a 开始，递归返回的顺序见点旁边画线的数字，即 $cdba$，是拓扑排序的逆序。

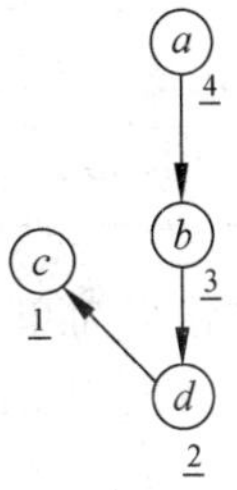

图 10.10 递归和拓扑排序

为了按正确的顺序打印出拓扑排序，编程时的处理是定义一个拓扑排序队列 list，每次递归输出的时候把它插到当前 list 的最前面，最后从头到尾打印 list，就是拓扑排序。这实际上是一个**栈**，**直接用** STL 的 stack<int>定义栈也行。

读者可以自己画个 DAG 图，体会 DFS 和拓扑排序的关系。

但是还有一些细节需要处理。

(1) 应该以入度为 0 的点为起点开始 DFS。如何找到它？需要找到它吗？如果有多个入度为 0 的点呢？

这几个问题其实并不用特别处理。10.3 节已介绍了这个做法：**想象**有一个虚拟的点 v，它单向连接到所有其他点。这个点就是图中唯一的 0 入度点，图中所有其他的点都是它的下一层递归，而且它不会把原图变成环路。从这个虚拟点开始 DFS 就完成了拓扑排序。例如图 10.11(a)有两个 0 入度点 a 和 f；图 10.11(b)想象有个虚拟点 v，那么递归返回的顺序见点旁边画线的数字，返回的是拓扑排序的逆序。

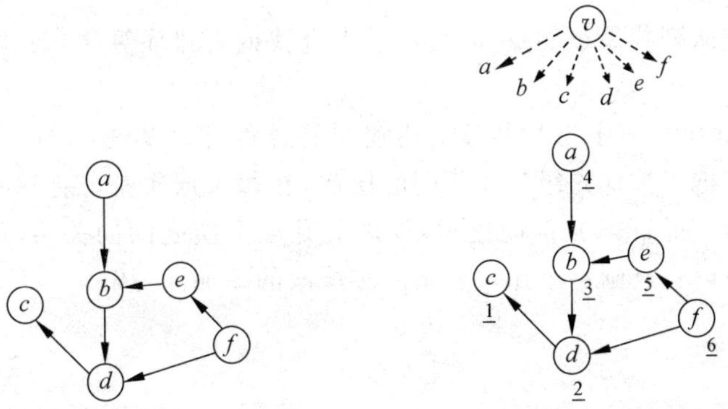

(a) 有多个0入度点的图　　(b) 递归返回的顺序

图 10.11 有多个 0 入度点的图及递归返回的顺序

在实际编程的时候并不需要处理这个虚拟点，只要在主程序中把每个点轮流执行一遍DFS即可。这样做相当于显式地递归了虚拟点的所有下一层点。

(2) 如果图不是DAG，能判断吗？

图不是DAG，说明图是有环图，不存在拓扑排序。那么在递归的时候会出现**回退边**。如果读者不理解这一点，请回顾上一节的内容。

在程序中这样发现回退边：记录每个点的状态，如果dfs()递归到某个点时发现它仍在前面的递归中没有处理完毕，说明存在回退边，不存在拓扑排序。

5. 输出字典序最小的拓扑排序

由于一个图的拓扑排序有很多，题目一般不会要求输出所有的，而是输出字典序最小的那一个。

> **hdu 1285 "确定比赛名次"**
>
> 有 N 个比赛队进行比赛，编号依次为 $1,2,\cdots,N,1\leqslant N\leqslant 500$。比赛结束后，只知道每场比赛的结果。请编程确定排名。由于可能有多种结果，输出按队伍编号排序最小的那个排名。

思路很简单：在当前步骤，在所有入度为0的点中输出编号最小的。

先考虑用BFS实现。

修改BFS的拓扑排序程序，把普通队列改为**优先队列** Q。在 Q 中放进入度为0的点，每次输出编号最小的结点，然后把它的后续结点的入度减一，入度减为0的再放进 Q。这样就能输出一个字典序最小的拓扑排序。图10.12是示例。

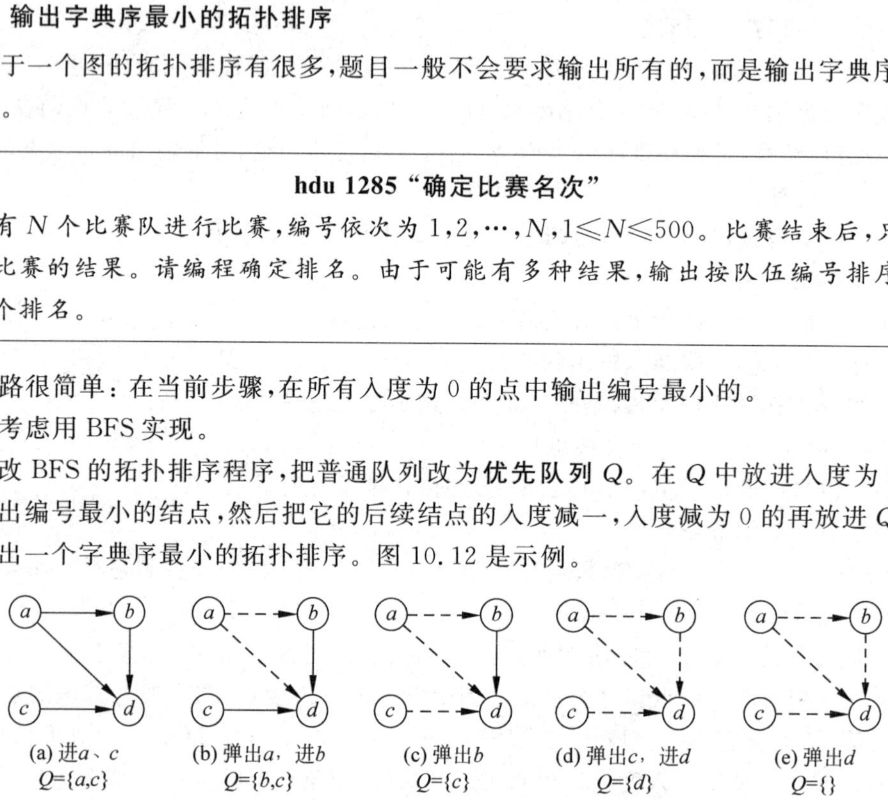

图 10.12 输出字典序的拓扑排序

如果不用优先队列找最小的点，而是用暴力查找或者排序算法，效率会比较低，读者可以试一试。

用DFS可以输出字典序吗？思考上述解题的过程可以发现，用DFS是不行的。上面处理的过程相当于把点按优先级分成不同的层次，在每个层次都要把这一层入度减为0的点按大小顺序输出；而DFS是深度搜索，处理的是上下层之间的关系，不能处理这种同层次的关系。读者可以自己画一个比较复杂的多层次的图加深理解。

【习题】

poj 1270 "Following Orders"，按字典序从小到大输出所有拓扑排序。这一题很重要。

hdu 3342 "Legal or Not"，hdu 2647 "Reward"、hdu 5695 "Gym Class"，简单拓扑排序。

hdu 4857"逃生",反向建图。

hdu 1811"Rank of Tetris",并查集+拓扑排序。

10.5 欧拉路

欧拉路是简单的图问题,和拓扑排序一样,也用 DFS 直接实现。

读者小时候可能玩过"一笔画"游戏:给一个图,要求一笔连续地画出整个图,必须经过每条边,并且只能经过一次,点可以重复经过。

这个问题来自于中世纪数学家欧拉的七桥问题。这条一笔画路线称为欧拉路。如果还要求起点和终点相同,则称为欧拉回路。

欧拉路:从图中某个点出发遍历整个图,图中的每条边通过且只通过一次。

欧拉回路:起点和终点相同的欧拉路。

欧拉路问题主要有两个,即是否存在欧拉路和打印出欧拉路。问题的解决主要通过处理度(degree)。一个点上连接的边的数量称为这个点的度数。在无向图中,如果度数是奇数,这个点称为奇点,否则称为偶点。在有向图中有出度和入度。

1. 欧拉路和欧拉回路是否存在

首先,图应该是连通图。在编程时用 DFS 或者并查集来判断连通性。

其次,判断图是否存在欧拉路或欧拉回路:

(1) 无向连通图的判断条件。如果图中的点全都是偶点,则存在欧拉回路;任意一点都可以作为起点和终点。如果只有两个奇点,则存在欧拉路,其中一个奇点是起点,另一个是终点。不可能出现有奇数个奇点的无向图,请读者思考。

(2) 有向连通图的判断条件。把一个点上的出度记为1、入度记为−1,这个点上所有的出度和入度相加就是它的度数。一个有向图存在欧拉回路,当且仅当该图所有点的度数为0。如果只有一个度数为1的点、一个度数为−1的点,其他所有点的度数为0,那么存在欧拉路径,其中度数为1的是起点、度数为−1的是终点。

下面用一个简单题讲解欧拉路的判断。

uva 10054 "The Necklace"

有 n 个珠子。每个珠子有两种颜色,分布在珠子的两边。一共有50种不同的颜色。把这些珠子串起来,要求两个相邻的珠子接触的那部分颜色相同。问是否能连成一个珠串项链?如果能,打印一种连法。

这一题是典型的无向图求欧拉回路。

首先,判断所有的点是否为偶点,如果存在奇点,则没有欧拉回路;其次,判断所给的图是否连通,不连通也不是欧拉回路。

下面的程序只判断了有无欧拉回路。关于连通性,读者可以自己用 DFS 或者并查集实现(此题很简单,没用到 DFS 和并查集)。

这一题需要注意的是可能有重边,即邻居点 u、v 之间可能有多个边。

uva 10054 题：判断欧拉回路

```
for(i = 1; i <= n; i++) {                //输入图,用邻接矩阵 G[][]存图
    scanf(" %d %d", &u, &v);
    degree[u]++;
    degree[v]++;                         //记录点的度
    G[u][v]++;
    G[v][u]++;                           //0: 不连接; 1: 连接; >1: 有重边
}
for(i = 1; i <= n; i++)
    if(d[i] % 2)  break;                 //存在奇点,退出; 无欧拉回路
```

2. 输出一个欧拉回路

对一个无向连通图做 DFS 就输出了一个欧拉回路。

uva 10054 题：输出一个欧拉回路

```
void euler(int u){                       //从 u 开始 DFS
    int v;
    for(v = 1; v <= 50; v++)             //深搜 u 的所有邻居
      if(G[u][v]) {
        G[u][v] -- ; G[v][u] -- ;        //可能有重边
        euler(v);
        printf(" %d  %d\n", v, u);       //请思考为什么在 euler(v)后面打印
      }
}
```

图 10.13 可以帮助读者理解上面的程序。

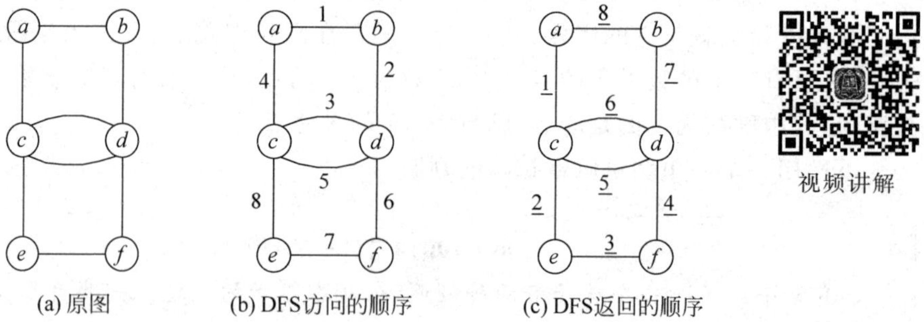

图 10.13　输出一个欧拉回路

从图 10.13(a)中的 a 点开始 DFS,DFS 的对象是边。图 10.13(b)边上的数字是 DFS 访问的顺序,也可以有别的顺序,图中为了帮助读者理解,特意选了一个不太“好”的顺序。图 10.13(c)边上画线的数字是 DFS 返回的顺序,它正好是一个欧拉回路。

程序中输出的路径实际上是从终点到起点的一条路径,对于无向图来说,因为起点和终点都是一个点,所以并没有关系。

如果是有向图,那么输出的是一个逆序的路径,可以用栈把逆序按正序打印出来,参考“拓扑排序”中打印路径时对栈的使用。

在上面的程序中，图是用邻接矩阵表示的。作为练习，读者可以用邻接表重写程序。

3. 用非递归 DFS 输出欧拉回路

上面用递归实现的 DFS 输出欧拉回路。递归常见的问题是爆栈，如果数据很大，就不能直接用递归，需要自己写个栈模拟递归。请读者练习下面的题目。

视频讲解

(1) poj 1780"code"。输入数字位数 n，输出一串数字，其中包含所有可能的 n 位数字序列，而且只包含一次；用字典序输出。

分析：欧拉回路问题。但是 $n=10^6$，会爆栈。

(2) hdu 4850"Wow! Such String!"。用 26 个小写字母构造一个长度为 n 的串，其中任意长度为 4 的子串都不相同；$n \leqslant 500\ 000$。

分析：本题可能有 4^{26} 个子串。这一题有不同解法，如果用 DFS，也容易爆栈。

4. 混合图欧拉路问题

有的图不是单纯的有向图或无向图，而是二者的混合，同时存在有向边和无向边。这是一个比较困难的问题，需要用最大流求解，具体内容见"10.11.3 Dinic 算法和 ISAP 算法"。

【习题】

hdu 1878 "欧拉回路"。判断是否存在回路，无向图。

hdu 1116 "Play on Words"。首尾连单词，有向图，可以分别用 DFS 和并查集判断连通性。

hdu 5883 "The Best Path"。无向图欧拉路。

10.6 无向图的连通性

10.6.1 割点和割边

在无向图中，所有能互通的点组成了一个"连通分量"。在一个连通分量中有一些关键的点，如果删除它，会把这个连通分量分成两个或更多，这种点称为割点(Cut vertex)。

类似的有割边(Cut edge，又称为桥，bridge)问题。在一个连通分量中，如果删除一个边，把这个连通分量分成了两个，这个边称为割边。

研究割点和割边是很有意义的。从割点、割边扩展出**双连通**问题，即如何实现一个没有割点和割边的图。例如在计算机网络中，可靠性是重要的问题，希望能在某些网络结点出故障的情况下不影响整个网络的通畅。那么，应该如何布置网络才能不出现割点，并且部署的结点最少？

本节先研究一个基本问题：在一个无向连通图 G 中有多少个割点？

暴力方法：删除每个点，然后用 DFS 求连通性，如果连通分量变多，那么就是割点。其复杂度是 $O(V(V+E))$，不是好算法。

下面介绍用 DFS 求割点的算法，即利用"深搜优先生成树"求割点。请读者先回顾 10.3 节的概念。

在一个连通分量 G 中，对任意一个点 s 做 DFS，能访问到所有点，产生一棵“深搜优先生成树”T。那么对 G 求割点，和 T 有什么关系呢？

定理 10.1：T 的根结点 s 是割点，当且仅当 s 有两个或更多的子结点。这个定理很容易理解，如果 s 是割点，它会把图分成不相连的几部分，这几个部分都会生成子树；如果 s 不是割点，它只会连接一个子树。

读者可以验证图 10.14。图(b)是 a 的生成树，a 点是割点，它有子结点 b 和 c。图中点上面的数字是递归的顺序，下面画线的数字是递归返回的顺序。

视频讲解

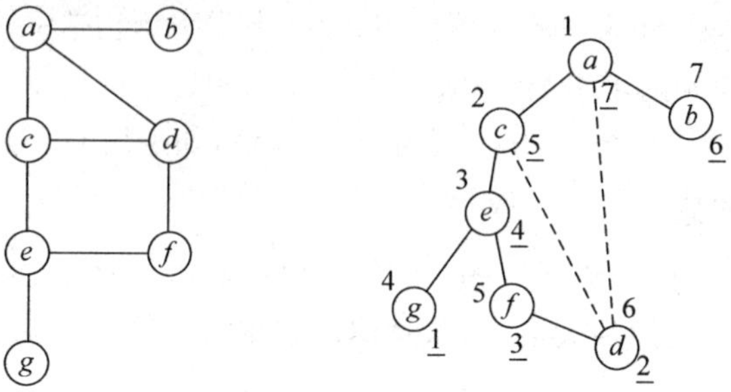

(a) 原图　　(b) 点a的生成树

图 10.14　根结点是割点的判断

b 不是割点，如果用 b 生成树，只有一个子结点 a。

定理 10.2：T 的非根结点 u 是割点，当且仅当 u 存在一个子结点 v，v 及其后代都没有回退边连回 u 的祖先。这个定理也容易理解，如果 u 是割点，它会把图分成两部分或更多，其中至少一个后代肯定没有通过其他边(回退边，即绕过 u 回去的边)连回 u 的祖先，否则图就不会被分开了。

例如图 10.14(b)中的 c 点，它的子结点只有一个 e，而 e 后面有个子结点 d 有回退边连回了根结点 a，所以 c 不是割点。再看 e 点，有一个子结点 g，没有回退边连回 e 的祖先，所以 e 是割点。

如何编程实现定理 10.2?

设 u 的一个直接后代是 v。

定义 num[u]，记录 DFS 对每个点的访问顺序，num 值随着递推深度增加而变大。

定义 low[v]，记录 v 和 v 的后代能连回到的祖先的 num。

只要 low[v]$\geqslant$num[u]，就说明在 v 这个支路上没有回退边连回 u 的祖先，最多退到 u 本身。这就是定理 10.2。

下面的图 10.15 是例子，low[u]的初始值等于 num[u]，即连到自己。图 10.15(a)没有回退边。b 的后代是 c，low[c]=3，num[b]=2，有 low[c]$\geqslant$num[b]，说明 b 的支路 c 上没有回退边连回去，所以 b 是割点。

在图 10.15(b)中，观察 low[]是如何更新的。最后访问的 d 是递归最深处的点，它的 num[d]=4，它有回退边连到 b，low[d]的初始值是 4，更新为 low[d]=num[b]=2，表示有回退边到 b。然后 d 递归回到 c，low[c]更新为 low[c]=low[d]=2，表示 c 通过后代能回退到 b。以上是 low[]的更新过程。继续考察 c：由于 low[d]=2，num[c]=3，说明 c 的后代 d 有回退边连到了 c 的祖先，所以 c 不是割点。

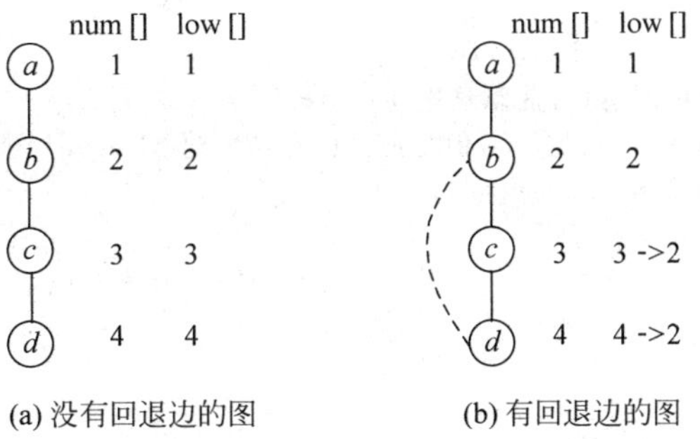

图 10.15 非根结点是割点的判断

特别有意思的是，上述判断割点的条件 low[v]≥num[u]只要改为 low[v]>num[u]就能用于**判断割边**。这表示 u 的支路 v 以及 v 的后代只能回退到 v，而到不了 u，那么边(u,v)肯定就是割边。例如图 10.15(b)中的 b 点，有 low[c]=2，num[b]=2，说明(b,c)不是割边；再看 a 点，有 low[b]=2，num[a]=1，low[b]>num[a]，所以(a,b)是割边。

poj 1144 "network"

输入一个无向图，求割点的数量。

一个电话线公司正在建立一个电话线缆网络。他们用线缆连接了若干个地点，这些线是双向的，每个地点都有一个电话交换机。从每个地点都能通过线缆到达其他任意的地点，并不一定直接连接，可以通过若干个交换机来到达目的地。有时候某个地点供电出问题，交换机会停止工作。工作人员意识到，除非这个地点是不可达的，否则它还会导致一些其他的地点不能互相通信。称这个地点为关键点。工作人员想要写一个程序找到所有关键点的数量。

在下面的程序中，用 int dfn 记录进入递归的顺序(也称为时间戳)，然后赋值给这个递归中点 u 的 num[u]。

poj 1144 部分代码

```
const int N = 109;
int low[N], num[N], dfn;                //dfn 记录递归的顺序,用于给 num 赋值
bool iscut[N];
vector<int> G[N];                       //存图
void dfs(int u, int fa){                //u 的父结点是 fa
low[u] = num[u] = ++dfn;                //初始值
int child = 0;                          //孩子数目
for (int i = 0;i < G[u].size(); i++){   //处理 u 的所有子结点
    int v = G[u][i];
    if (!num[v]) {                      //v 没访问过
        child++;
        dfs(v, u);
        low[u] = min(low[v], low[u]);   //用后代的返回值更新 low 值
        if (low[v] >= num[u] && u != 1)
            iscut[u] = true;            //标记割点
```

```
    }
    else if(num[v] < num[u] && v != fa)
                //处理回退边,注意这里 v != fa,fa 是 u 的父结点
                //fa 也是 u 的邻居,但是前面已经访问过,不需要处理它
        low[u] = min(low[u], num[v]);
}
if (u == 1 && child >= 2)                    //根结点,有两个以上不相连的子树
    iscut[1] = true;
}
int main(){
    int ans, n;
    //在这里输入图,程序略
    memset(low, 0, sizeof(low));
    memset(num, 0, sizeof(num));
    dfn = 0;
    memset(iscut, false, sizeof(iscut));
    ans = 0;
    dfs(1, -1);                              //DFS 的起点是 1
    for(int i = 1;i <= n;i++)  ans += iscut[i];
    printf("%d\n", ans);
}
```

判断割边。把程序中的 if (low[v] >= num[u] && u != 1)改为 if (low[v] > num[u] && u != 1),其他程序不变,就是求割边的数量。

10.6.2 双连通分量

在一个连通图中选任意两点,如果它们之间至少存在两条“点不重复”的路径,称为点双连通。一个图中的点双连通极大子图称为“点双连通分量”(block,或者 2-connected component)。点双连通分量是一个“可靠”的图,去掉任意一个点,其他点仍然是连通的。也就是说,点双连通分量中没有割点。

类似地有“边双连通分量”,如果任意两点之间至少存在两条“边不重复”的路径,称为“边双连通”。在边双连通图中去掉任意一个边,图仍然是连通的。也就是说,边双连通图中没有割边。

1. 点双连通分量

在一个无向图 G 中有多少个点双连通分量?

求解点双连通分量和求割点密切相关。不同的点双连通分量最多只有一个公共点,即某一个割点;任意一个割点都是至少两个点双连通分量的公共点。

计算点双连通分量一般用 Tarjan 算法[①],下面是算法的思路。

前面讲解了如何用 DFS 进行割点的计算,可以发现,在找到一个割点的时候已经完成了一次对某个极大点双连通子图的访问。那么,在进行 DFS 的过程中,把遍历过的点保存起来,就可以得到这个点双连通分量。

① Tarjan 提出了很多算法,这是其中之一。

DFS 的访问过程用栈来保存是最合理的，所以，在求解割点的过程中，用一个栈保存遍历过的边，然后每当找到一个割点，即满足关系 low[v] >= num[u]的点 u，就将栈里的边拿出来。

注意，放入栈中的不是点，而是边。因为一个边只属于一个点双连通分量，而一个割点属于多个点双连通分量，如果进入栈中的是点，这个割点弹出来之后就只能给一个点双连通分量了，它连接的其他点双连通分量就会少了这个点。

练习题：poj 1523 "SPF"，一个图中有多少个割点？每个割点能把网络分成几个点双连通分量？

2. 边双连通分量

给定一个图 G，它有多少个边双连通分量？至少应该添加多少条边，才能使任意两个边双连通分量之间都是双连通的，也就是使图 G 是双连通的？

> **poj 3352 "Road Construction"**
>
> 给定一个无向图 G，图中没有重边。问添加几条边才能使无向图变成边双连通图。

边双连通分量的计算用到了"缩点"的技术。

(1) 首先找出图 G 的所有边双连通分量。

在 DFS 过程中，图 G 所有的点都生成一个 low 值，low 值相同的点必定在同一个边双连通分量中。DFS 结束后，有多少 low 值就有多少个边双连通分量。

(2) 把每一个边双连通分量都看作一个点，即把那些 low 值相同的点合并为一个"缩点"。这些缩点形成了一棵树，例如图 10.16。

(3) 问题被转化为：至少在缩点树上增加多少条边才能使这棵树变为一个边双连通图。容易推导出：至少增加的边数=(总度数为 1 的结点数+1)/2。例如图 10.16(b)有两个度数为 1 的点 A、C，至少增加的边数=(2+1)/2=1。

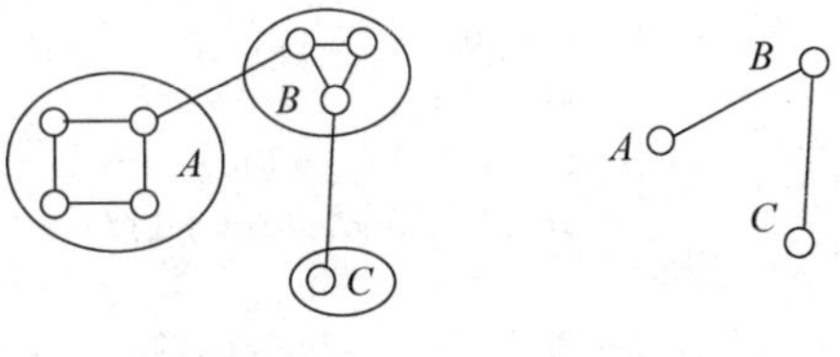

图 10.16 边双连通分量的缩点

poj 3352 程序

```
#include <cstring>
#include <vector>
#include <stdio.h>
using namespace std;
const int N = 1005;
int n, m, low[N], dfn;
vector<int> G[N];                          //存图
void dfs(int u,int fa){                    //计算每个点的 low 值
    low[u] = ++dfn;
    for(int i = 0;i<G[u].size();i++){
        int v = G[u][i];
        if(v == fa) continue;
        if(!low[v])
```

```
            dfs(v,u);
        low[u] = min(low[u], low[v]);
    }
}
int tarjan(){
    int degree[N];                                    //计算每个缩点的度数
    memset(degree,0,sizeof(degree));
    for(int i = 1; i <= n; i++)                       //把有相同 low 值的点看成一个缩点
        for(int j = 0; j < G[i].size(); j++)
            if(low[i] != low[G[i][j]])
                degree[low[i]]++;
    int res = 0;
    for(int i = 1;i <= n;i++)                         //统计度数为 1 的缩点的个数
        if(degree[i] == 1) res++;
    return res;
}
int main(){
    while(~scanf("%d%d", &n, &m)){
        memset(low, 0, sizeof(low));
        for(int i = 0; i <= n; i++)   G[i].clear();
        for(int i = 1; i <= m; i++){
            int a, b;
            scanf("%d%d", &a, &b);
            G[a].push_back(b);  G[b].push_back(a);
        }
        dfn = 0;
        dfs(1, -1);
        int ans = tarjan();
        printf("%d\n",(ans + 1)/2);
    }
    return 0;
}
```

【习题】

hdu 3394 “Railway”,点双连通分量。

hdu 3749 “Financial Crisis”,点双连通分量。

hdu 2460 “Network”,边双连通分量。

hdu 4587 “TWO NODES”,无向图求割点。

10.7 有向图的连通性

本节的内容与拓扑排序的思想有关,读者在阅读之前请先认真学习本章“10.4 拓扑排序”的内容。

强连通。在有向图 G 中,如果两个点 u、v 是互相可达的,即从 u 出发可以到达 v,从 v

出发也能到达 u，则称 u 和 v 是强连通的。如果 G 中的任意两个点都是互相可达的，称 G 是强连通图。

强连通分量。如果一个有向图 G 不是强连通图，那么可以把它分成多个子图，其中每个子图的内部是强连通的，而且这些子图已经扩展到最大，不能与子图外的任意点强连通，称这样的一个"极大强连通"子图是 G 的一个强连通分量(Strongly Connected Component，SCC)。

一个常见的问题：G 中有多少个 SCC？在解决这个问题之前需要研究 SCC 的特征。

(1) 出度和入度。一个点必须有出发的边，也有到达的边，这样才会与其他点强连通。

(2) 把一个 SCC 从 G 中挖掉，不影响其他点的强连通性。可以把图上的一个个 SCC 想象成一个个岛，岛内部是强连通的；岛之间只有单向道路连接，不会形成环路。把每个岛虚拟成一个点，那么所有这些虚拟点构成的虚拟图是一个有向无环图 DAG；这个虚拟 DAG 图中的点与其他点都不是强连通的，DAG 中的虚拟点的数量就是 SCC 的数量，如图 10.17 所示。可以推论出，每个岛都可以挖掉，而不会影响其他岛内部的连通性。

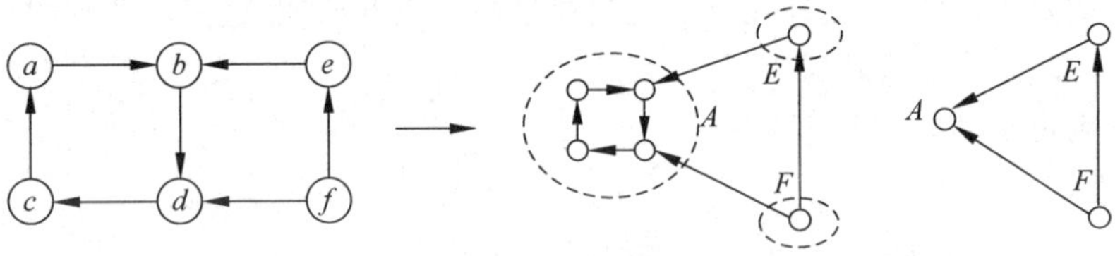

(a) 原图　　(b) 虚拟成DAG图

图 10.17　SCC 的虚拟图

用暴力的方法求 SCC 是对每个点求连通性，然后进行比较，那些互相连通的点就组成了 SCC。这可以通过对每个点都进行 DFS 或者 BFS 搜索得到，例如对图 10.17(a)进行搜索的结果如下：

分别从 a、b、c、d 点出发，可以到达：$\{a,b,c,d\}$；

从 e 点出发可以到达：$\{a,b,c,d,e\}$；

从 f 点出发可以到达：$\{a,b,c,d,e,f\}$。

最少的$\{a,b,c,d\}$是一个强连通分量，从整个图中挖掉它，剩下最小的是$\{e\}$，再挖掉它，最后是$\{f\}$，得到 3 个 SCC，即$\{a,b,c,d\}$、$\{e\}$、$\{f\}$。

暴力法的复杂度是 $O(V^2+E)$。

求 SCC 有 3 种高效算法，即 Kosaraju、Tarjan、Garbow，它们的复杂度都是 $O(V+E)$，但 Kosaraju 要差一些。下面介绍 Kosaraju、Tarjan 算法。

10.7.1 Kosaraju 算法

Kosaraju 算法用到了"反图"的技术，基于下面两个原理：

(1) 一个有向图 G，把 G 所有的边反向，建立反图 rG，反图 rG 不会改变原图 G 的强连通性。也就是说，图 G 的 SCC 数量与 rG 的 SCC 数量相同。这里直接用上面的虚拟 DAG 图做例子，图 10.18(a)中的 A、E、F 是 3 个 SCC，内部的点都是强连通的。

(2) 对原图 G 和反图 rG 各做一次 DFS，可以确定 SCC 数量。

对原图 G 做 DFS 是为了确定点的先后顺序。可以发现，对生成的虚拟 DAG 图，可以用 DFS 做拓扑排序，排序结果是 F、E、A（不过，此时并没有确定哪些点是属于 A、E、F 的）。而且，F 内部优先级最高的那个点，优先级高于 E、A 内部所有的点；E 内部优先级最高的那个点，优先级高于 A 内部所有的点。这个有用的结果将用于下面的步骤。

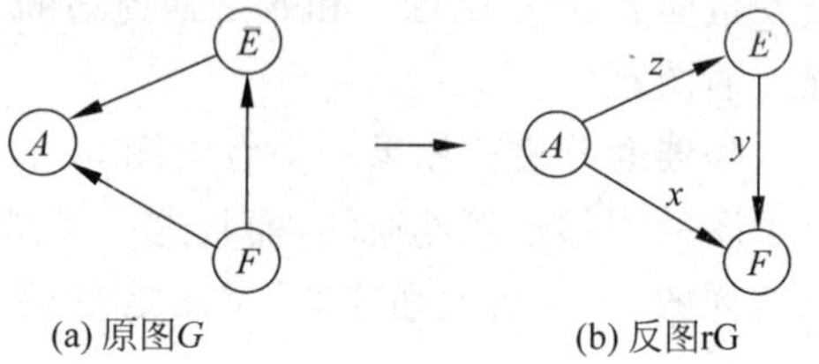

图 10.18 原图与反图

确定了顺序，然后从优先级最高的点（这个点属于 F）开始，在反图上做 DFS。为什么要在反图上做 DFS？这样做可以求得被隔离的“岛”。例如求 F 包含哪些点，想办法把 F 和其他点隔离就好了；原图中 F 是只有出度的点，改成反图后，F 变成了只有入度的点，那么从 F 出发做 DFS，就会被反边 $\boldsymbol{x}$、$\boldsymbol{y}$ **堵住**，DFS 搜索到的点被限制在 F 内。显然，只能搜到并且能全部搜到 F 内部的点，而无法到达 A、E，这样就确定了 F，也就是确定了第 1 个 SCC。

下一步，删除 F，然后继续在剩下的优先级最高的点开始搜，这一步搜到的点属于 E，而 E 也被反边 z **堵住**，只能搜到属于 E 的点，确定了第 2 个 SCC。最后，删除 E，确定属于 A 的点，也就是确定了第 3 个 SCC。

算法步骤如下：

（1）在 G 上做一次 DFS，标记点的先后顺序。在 DFS 的过程中标记所有经过的点，把递归到最底层的那个点标记为最小，然后在回退的过程中，其他点的标记逐个递增。和上节拓扑排序中的 DFS 操作一样，并不需要找一个特殊的点作为起点，可以想象有一个起点 v，v 连接所有的结点，从 v 开始 DFS。

在图 10.19(a)中，从虚拟的点 v 出发，按 a、b、c、d、e、f 的顺序执行 DFS，DFS 返回的结果是 c、d、b、a、e、f；每个点的大小标记见图中的数字。如果搜索顺序不同，结果也会不同；但是，不管是什么顺序，$\boldsymbol{f}$ **的标记肯定最大**，这是拓扑排序的原理。读者可以试试其他顺序，验证这个结论。

视频讲解

（2）在反图 rG 上再做一次 DFS，顺序从标记最大的点开始到最小的点。首先是点 f，记录所有它能到达的点，这些点组成了第 1 个 SCC，图 10.19(b)中点 f 只能到达自己，这是第 1 个 SCC；然后删除 f，从剩下的最大的点继续 DFS，这次是点 e，是第 2 个 SCC；最后从点 a 开始搜，返回 $\{c,d,b,a\}$，这是第 3 个 SCC。

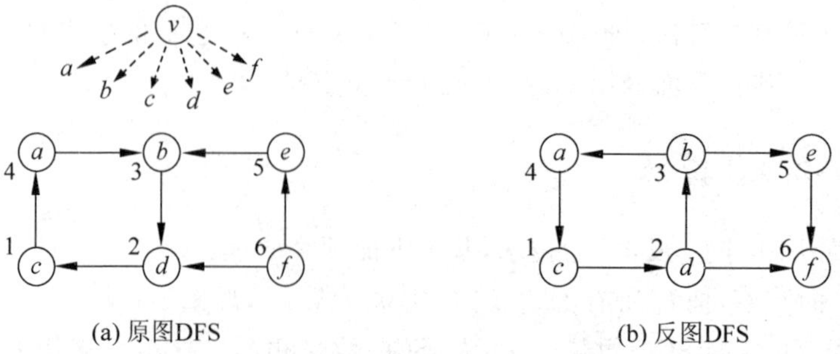

图 10.19 原图和反图的 DFS

hdu 1269 "迷宫城堡"

一个有向图，有 n 个点($n \leqslant 10\,000$)和 m 条边($m \leqslant 100\,000$)。判断整个图是否强连通，如果是，输出 Yes，否则输出 No。

hdu 1269 的 Kosaraju 算法代码[①]

```
include < bits/stdc++.h >
using namespace std;
const int NUM = 10005;
vector < int > G[NUM], rG[NUM];
vector < int > S;                          //存第一次 dfs1()的结果: 标记点的先后顺序
int vis[NUM], sccno[NUM], cnt;             //cnt: 强连通分量的个数
void dfs1(int u) {
    if(vis[u]) return;
    vis[u] = 1;
    for(int i = 0; i < G[u].size(); i++)   dfs1(G[u][i]);
    S.push_back(u);                        //记录点的先后顺序,标记大的放在 S 的后面
}
void dfs2(int u) {
    if(sccno[u]) return;
    sccno[u] = cnt;
    for(int i = 0; i < rG[u].size(); i++)   dfs2(rG[u][i]);
}
void Kosaraju(int n) {
    cnt = 0;
    S.clear();
    memset(sccno, 0, sizeof(sccno));
    memset(vis, 0, sizeof(vis));
    for(int i = 1; i <= n; i++)  dfs1(i);  //点的编号: 1~n.递归所有点
    for(int i = n - 1; i >= 0; i -- )
        if(! sccno[S[i]]) {cnt++; dfs2(S[i]);}
}
int main(){
    int n, m, u, v;
    while(scanf("%d%d", &n, &m), n != 0 || m != 0) {
        for(int i = 0; i < n; i++) {G[i].clear(); rG[i].clear();}
        for(int i = 0; i < m; i++){
            scanf("%d%d", &u, &v);
            G[u].push_back(v);             //原图
            rG[v].push_back(u);            //反图
        }
        Kosaraju(n);
        printf("%s\n", cnt == 1 ? "Yes" : "No");
    }
    return 0;
}
```

① 部分代码参考《算法竞赛入门经典训练指南》，刘汝佳，清华大学出版社，320 页。

该程序用 cnt 记录 SCC 的数量，并且统计了每个点所属的 SCC，sccno[i]是第 i 个点所属的 SCC。在 dfs2()中，sccno[i]也被用于记录点 i 是否被访问，如果 sccno[i]不等于 0，说明它已经被处理过；在 dfs1()中，用 vis[i]记录点 i 是否被访问。

Kosaraju 算法的复杂度是 $O(V+E)$。

10.7.2 Tarjan 算法

上面的 Kosaraju 算法，其做法是从图中一个一个地把 SCC“挖”出来。Tarjan 算法能在一次 DFS 中把所有点都按 SCC 分开。这并不是不可思议的，它利用了 SCC 的如下特点。

定理 10.3：一个 SCC，从其中任何一个点出发，都至少有一条路径能绕回到自己。

在继续讲解之前，请读者先回顾无向图 DFS 中求割点的 low[]和 num[]操作。Tarjan 算法用到了同样的技术，这个技术结合定理 10.3 就是 Tarjan 算法。

下面是例子，图 10.20 中有 3 个 SCC，即$\{a,b,d,c\}$、$\{e\}$、$\{f\}$。

视频讲解

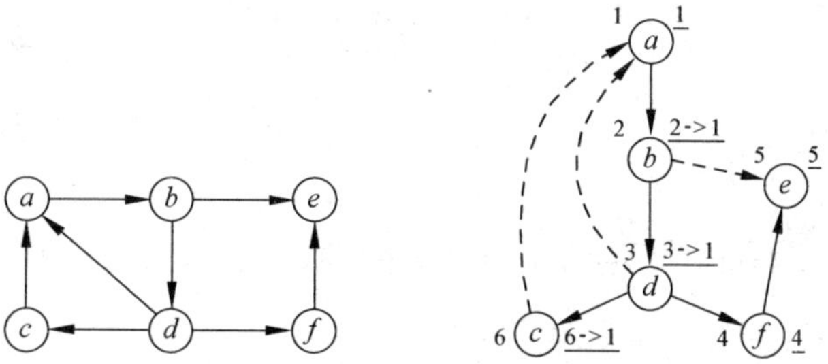

(a) 原图　　(b) 对图做DFS

图 10.20　SCC 的 low[]和 num[]操作

图 10.20(a)是原图。图(b)对它做 DFS，每个点左边的数字标记了 DFS 访问它的顺序，即 num[]值，右边的画线数字是 low[]值，即能返回到的最远祖先。每个点的 low[]初始值等于 num[]，即连到自己。观察 c 的 low[]值是如何更新的：它的初始值是 6，然后有一个回退边到 a，所以更新为 1；它的递归祖先 d、b 的 low[]值也跟着更新为 1。e 和 f 的 low[]值不能更新。

图 10.20(b)是从 a 开始 DFS 的，a 成为$\{a,b,d,c\}$这个 SCC 的共同祖先。其实，从$\{a,b,d,c\}$中任意一个点开始 DFS，这个点都会成为这个 SCC 的祖先。认识到这些，可以帮助读者理解后面的解释：可以用栈分离不同的 SCC。

图 10.20(b)中的 low[]值有 3 个部分，即等于 1 的$\{a,b,d,c\}$、等于 4 的$\{f\}$、等于 5 的$\{e\}$。这就是 3 个 SCC。

完成以上步骤，似乎已经解决了问题。每个点都有了自己的 low[]值，相同 low[]值的点属于一个 SCC。那么只要再对所有点做一个查询，按 low[]值分开就行了，其复杂度是 $O(V)$。其实有更好的办法，即在 DFS 的同时把点按 SCC(有相同的 low[]值)分开。

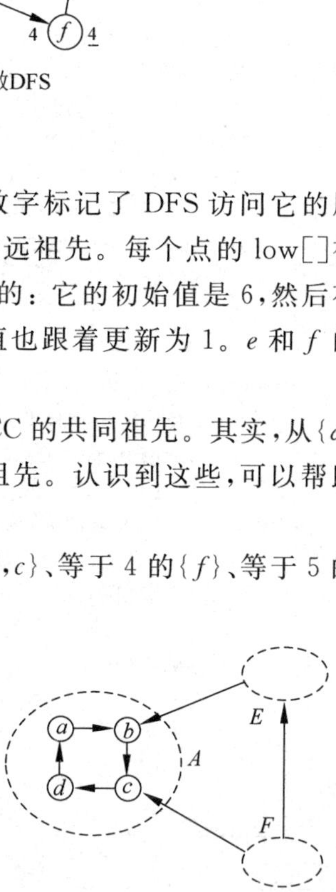

图 10.21　把图分成多个 SCC

以图 10.21 为例，其中有 3 个 SCC，即 A、E、F。假设从 F 中的一个点开始 DFS，DFS 过程可能会中途跳出 F，转入 A

或者 E，总之，最后会进入一个 SCC。

(1) 假设 DFS 过程是 $F \to E \to A$，最后进入 A。

(2) 在 A 这个 SCC 中将完成 A 内所有点的 DFS 过程，也就是说，最后的几步 DFS 会集中在 A 中的点 a、b、c、d。这几个点会计算得到相同的 low[]值，标记为一个 SCC，这样就好了。

(3) DFS 递归从 A 回到 E，并在 E 中完成 E 内部点的 DFS 过程。

(4) 回到 F，在 F 内完成递归过程。

以上过程如何编程？读者能想起来，DFS 搜索是用递归实现的，而递归和栈这种数据结构在本质上是一致的。所以，可以**用栈来帮助处理**：

(1) 从 F 开始递归搜索，访问到的某些点进入栈；

(2) E 中的某些点进入栈；

(3) 在 DFS 的最底层，A 的所有点将被访问到并进入栈，当前栈顶的几个元素就是 A 的点，标记为同一个 SCC，并弹出栈；

(4) DFS 回到 E，在 E 中完成所有点的搜索并且入栈，当前栈顶的几个元素就是 E 的点，标记为同一个 SCC，并弹出栈；

(5) 回到 F，完成 F 的所有点的搜索并且入栈，当前栈顶的几个元素就是 F 的点，标记为同一个 SCC，并弹出栈。结束。

为加深对上述过程中栈的理解，读者可以思考最先进入栈的点。每进入一个新的 SCC，访问并入栈的第一个点都是这个 SCC 的祖先，它的 num[]值等于 low[]值，这个 SCC 中所有点的 low[]值都等于它。

仍然以 hdu 1269 题为例，给出 Tarjan 算法代码。程序中用一个数组 int stack[N]模拟栈，读者可以尝试直接用 STL 的 stack<int>定义栈。

hdu 1269 的 Tarjan 算法代码

```
include <bits/stdc++.h>
using namespace std;
const int N = 10005;
int cnt;                                        //强连通分量的个数
int low[N], num[N], dfn;
int sccno[N], stack[N], top;                    //用 stack[]处理栈,top 是栈顶
vector<int> G[N];
void dfs(int u){
    stack[top++] = u;                           //u 进栈
    low[u] = num[u] = ++dfn;
    for(int i = 0; i < G[u].size(); ++i){
        int v = G[u][i];
        if(!num[v]){                            //未访问过的点,继续 DFS
            dfs(v);                             //DFS 的最底层,是最后一个 SCC
            low[u] = min(low[v], low[u]);
        }
        else if(!sccno[v])                      //处理回退边
            low[u] = min(low[u], num[v]);
    }
    if(low[u] == num[u]){                       //栈底的点是 SCC 的祖先,它的 low = num
```

```
            cnt++;
            while(1){
                int v = stack[ -- top];             //v 弹出栈
                sccno[v] = cnt;
                if(u == v) break;                   //栈底的点是 SCC 的祖先
            }
        }
    }
    void Tarjan(int n){
          cnt = top = dfn = 0;
          memset(sccno,0,sizeof(sccno));
          memset(num,0,sizeof(num));
          memset(low,0,sizeof(low));
          for(int i = 1; i <= n; i++)
              if(!num[i])
                dfs(i);
    }
    int main(){
        int n,m,u,v;
        while(scanf("%d%d", &n, &m), n != 0 || m != 0) {
            for(int i = 1; i <= n; i++){G[i].clear();}
            for(int i = 0; i < m; i++){
                scanf("%d%d", &u, &v);
                G[u].push_back(v);
            }
            Tarjan(n);
            printf("%s\n", cnt == 1 ? "Yes" : "No");
        }
        return 0;
    }
```

Tarjan 算法的复杂度也是 $O(V+E)$，但是它只做了一次 DFS，比 Kosaraju 算法快。

【习题】

hdu 1827 "Summer Holiday"，Tarjan 缩点。

hdu 3072 "Intelligence System"，Tarjan＋贪心。

hdu 3836 "Equivalent Sets"，给定有向图，至少要添加多少条边才能成为强连通图？

hdu 3639 "Hawk-and-Chicken"，强连通分量＋缩点。

hdu 3861 "The King's Problem"，Tarjan＋最小路径覆盖。

hdu 1530 "Maximum Clique"，最大团简单题目。强连通分量的一个应用是最大团问题（Maximum Clique Problem，MCP）。

10.8 2-SAT 问题

2-SAT 问题可以用强连通分量和拓扑排序解决。

先用一个例子说明什么是 2-SAT 问题。

hdu 3062 “Party”

有 n 对夫妻被邀请参加一个聚会，每对夫妻中只有 1 人可以列席。在 $2n$ 个人中，某些人（不包括夫妻）之间有着很大的矛盾，有矛盾的两个人不会同时出现在聚会上。问有没有可能让 n 个人同时列席？

1. 数字逻辑的解法

如果学过计算机系的大二课程“数字逻辑”，可以用卡诺图帮助理解这个题目。

视频讲解

输入样例：有 3 对夫妻 A（包括 A 男和 A 女，B 和 C 也是）、B、C，其中 A 男和 B 女有矛盾，A 女和 C 女有矛盾，A 男和 C 男有矛盾。

输出：所有合法的出席情况。

分析如下：

(1) 夫妻不同时出席。例如，第 A 对夫妻，丈夫是 A，妻子是 $\overline{A}$，因为夫妻不同时出席，所以互为反变量①。

(2) 不同夫妻的限制条件。例如，A 男和 B 女（B 女用 $\overline{B}$ 表示）有矛盾，即 A 和 $\overline{B}$ 不会同时出现，有 $A\overline{B}=0$。一共有 3 个限制：$A\overline{B}=0$，$\overline{AC}=0$，$AC=0$。用卡诺图表示，图 10.22(a)中的 5 个 0 是 3 个限制填图的结果。

AB \ C	0	1
00	0	
01	0	
11		0
10	0	0

(a) 限制条件

AB \ C	0	1
00	0	1
01	0	1
11	1	0
10	0	0

(b) 完整卡诺图

图 10.22　用卡诺图求解 2-SAT 问题

图 10.22(b)中等于 1 的方格就是可行的答案，一共有 3 个 1：$\overline{A}\overline{B}C$、$\overline{A}BC$、$AB\overline{C}$。也就是 3 个合法出席方案：$A$ 女＋B 女＋C 男，A 女＋B 男＋C 男，A 男＋B 男＋C 女。

2-SAT 的可行解有多少个？在上面卡诺图的图解中可以发现，卡诺图的方格有 2^n 个，也就是说，可行解的数量是 $O(2^n)$的，复杂度很高，所以一般不会要求输出所有的解，只需要判断序列是否存在，或者只输出一个可行解。

2. 2-SAT 问题的定义

根据上面的例子，给出 SAT 问题的定义，它本身是一个数字逻辑问题：有 n 个布尔变量（布尔变量的特点是只有 0、1 两个值），其中一些布尔变量之间有限制关系；用所有 n 个布尔变量组成序列，使得其满足所有限制关系；判断序列是否存在。这就是 SAT (Satisfiability)问题。如果每个限制关系只涉及两个变量，则是 2-SAT 问题。

3. 用图论的方法解决 2-SAT 问题

(1) 首先，把矛盾关系用图来表示。

举一个简单例子。有两对夫妻 A、B，有两个限制：A、B 矛盾，A、$\overline{B}$ 矛盾。

先看 A、B 的矛盾，有两个推论：如果 A 确定出席，那么只能 $\overline{B}$ 出席，用 $A\rightarrow\overline{B}$ 表示，表

① 在数字逻辑中有 3 种基本逻辑操作，即与、或、非。非：$\overline{A}$ 是 A 的反变量。或：$A+\overline{A}=1$。与：$A\overline{A}=0$。

示“有 A 必有 $\overline{B}$”；如果 B 确定出席，只能 $\overline{A}$ 出席，用 $B \rightarrow \overline{A}$ 表示。

A、B 这一对矛盾，推出了两个结果，这是因为 A、B 是对等的，所以产生的关系是**对称**的。见下面的有向图 10.23(a)。

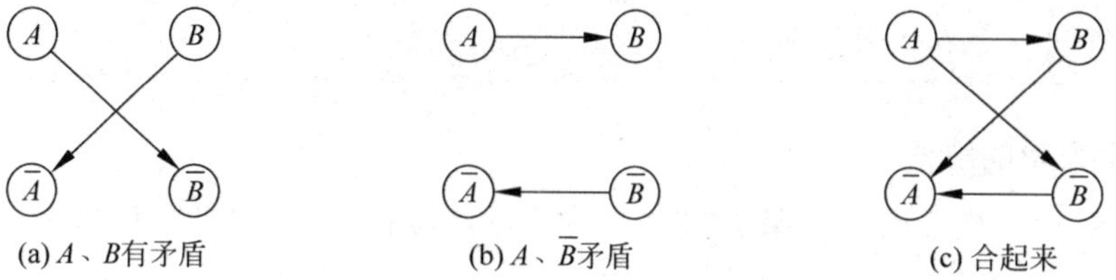

图 10.23　用图表示 A、B 的矛盾关系

同样，A、$\overline{B}$ 矛盾，推论是 $A \rightarrow B$、$\overline{B} \rightarrow \overline{A}$，见有向图 10.23(b)（可以观察到，这里推论出 A、B 同时出席，和前一个限制正好矛盾）。

两个限制合起来的有向图是图 10.23(c)。这个有向图的点包含了所有人，有向边说明了依赖关系。

(2) 合法的出席组合和强连通分量 SCC 的关系。

在最后的图 10.23(c)中，形成了多个强连通分量 SCC。一个 SCC 内部的点都是互相依赖的，也就是说，如果有一个出席，那么这个 SCC 内部的所有人都要出席。所以，一个 SCC 内部不应该有夫妻关系，因为夫妻只能出席一人。只要所有的 SCC 内部都没有夫妻，就会有合法的出席组合。为深入理解这一点，读者可以观察图 10.23(c)，所有的点都不是强连通的，每个点都是独立的 SCC，所以这个图有合法的解。特别要注意其中有 $A \rightarrow B \rightarrow \overline{A}$，但 A 和 $\overline{A}$ 并不是强连通的。

所以，程序的步骤是根据给定的限制条件建图，计算 SCC，如果每个 SCC 内都没有夫妻，就说明有合法的出席组合。

(3) 在图上求解一个合法组合。作为参照，读者可以先用上面卡诺图的方法得出有 $\overline{A}B$、$\overline{A}\overline{B}$ 两种出席组合。

读者可能觉得，只要在图 10.23(c)中沿着一条路径按顺序找，就能找到一个合法组合，因为一条路径上前后的点都是相互依赖的。但是，其实这个从前到后的顺序是不对的，应该按反序找，即从最后的点开始往前，这才是对的。这是因为最后的点是依赖性最大的，例如图 10.23(c)中的 $\overline{A}$，它被前面的 B 和 $\overline{B}$ 所依赖。

把每个 SCC 看成一个点，构成了一个 DAG 图，进行反图的拓扑排序，在选中点的时候同时排除图中相矛盾的点，就能找到合法的组合。

在编程时并不需要再做一次拓扑排序。在求 SCC 时已经得到了每个点所属的 SCC，SCC 的序号就是一个拓扑排序。

【习题】

hdu 3062 “Party”，2-SAT 简单题。

hdu 1824 “Let's go home”，简单题。

hdu 4115 “Eliminate the Conflict”。

hdu 4421 “Bit Magic”。

10.9 最 短 路

最短路径是图论中最为人们熟知的问题。

1. 最短路径问题

在一个图中有 n 个点、m 条边。边有权值,例如费用、长度等,权值可正可负。边可能是有向的,也可能是无向的。给定两个点,起点是 s,终点是 t,在所有能连接 s 和 t 的路径中寻找边的权值之和最小的路径,这就是最短路径问题。

2. 可加性参数和最小性参数

这两种参数区分了最短路径问题和网络流问题。

在最短路径问题中,是计算"路径上边的权值之和"。边的权值是"可加性参数",例如费用、长度等,它们是"可加的",一条路径上的总权值是这条路径上所有边的权值之和。下一节的"最小生成树"问题,边的权值也是"可加性参数"。

但是,在网络流问题中是找"路径上权值最小的边"。例如"最大流"问题,边的权值是"最小性参数"。比如水流,一条路径上的能流过的水流取决于这条路径上容量最小的那条边。再比如网络的带宽,一条网络路径上的整体带宽是这条路径上带宽最小的那条边的带宽。

3. 用 DFS 搜索所有的路径

在一般的图中,求图中任意两点间的最短路径,首先需要遍历所有可能经过的结点和边,不能有遗漏;其次,在所有可能的路径中查找最短的一条。如果用暴力法找所有路径,最简单的方法是把 n 个结点进行全排列,然后从中找到最短的。但是共有 $n!$ 个排列,是天文数字,无法求解。更好的办法是用 DFS 输出所有存在的路径,这显然比 $n!$ 要少得多,不过,其复杂度仍然是指数级的。

4. 用 BFS 求最短路径

在特殊的地图中,所有的边都是无权的,可以把每个边的权值都设成 1,那么 BFS 也是很好的最短路径算法,这些内容在 4.3.3 节中已经提到,请读者回顾有关内容。

下面讲解常见的 4 个最短路径算法。这几种方法差别很大,如果读者不能理解其思想,学起来容易头晕。为清晰地讲解这些算法,本书从 3 个方面展开:先结合现实中的模型讲解算法的思想;然后解释编程的逻辑过程;最后给出标准程序,这些程序结合了不同的数据结构和 STL 库。

最短路径的 4 个常用算法是 Floyd、Bellman-Ford、SPFA、Dijkstra。在不同的应用场景下,用户应该有选择地使用它们:

(1) 图的规模小,用 Floyd。如果边的权值有负数,需要判断负圈。

(2) 图的规模大,且边的权值非负,用 Dijkstra。

(3) 图的规模大,且边的权值有负数,用 SPFA。需要判断负圈。

再具体一点,可以总结出表 10.1。

表 10.1 对比 4 种常用算法

结点 n、边 m	边权值	选用算法	数据结构
$n<200$	允许有负	Floyd	邻接矩阵
$n\times m<10^7$	允许有负	Bellman-Ford	邻接表
更大	有负	SPFA	邻接表、前向星
	无负数	Dijkstra	邻接表、前向星

本节后面的讲解都以基础题 hdu 2544 为例，讲解不同算法的思想，并给出模板代码。

> **hdu 2544“最短路径”**
>
> 把衣服从商店运到赛场，寻找从商店到赛场的最短路径线。
>
> 有 N 个路口，标号为 1 的路口是商店所在地，标号为 N 的路口是赛场所在地。有 M 条路，每条路的数据包括 3 个整数 A、B、C，表示路口 A 与路口 B 之间有一条路，需要 C 分钟的时间走过这条路。

作为预习，读者可以尝试用 DFS 做这一题，暴力搜索出所有可能的路径。在编程时注意用剪枝技术进行优化，如果新路径搜到一半已经比以前得到的最短路径更长，就停止搜这个路径，重新开始搜下一个。

10.9.1 Floyd-Warshall

1. 所有点对间的最短路径

如何一次性求所有结点之间的最短距离？Floyd 可以完成这一工作，其他 3 种算法都不行。而且 Floyd 是最简单的最短路径算法，程序比暴力的 DFS 更简单。需要提醒的是，Floyd 的复杂度很高，只能用于小规模的图。

Floyd 用到了**动态规划**的思想：求两点 i、j 之间的最短距离，可以分两种情况考虑，即经过图中某个点 k 的路径和不经过点 k 的路径，取两者中的最短路径。

动态规划的过程可以描述为：

(1) 令 $k=1$，计算所有结点之间（经过结点 1、不经过结点 1）的最短路径。

(2) 令 $k=2$，计算所有结点之间（经过结点 2、不经过结点 2）的最短路径，这一次计算利用了 $k=1$ 时的计算结果。

(3) 令 $k=3$，……

读者可以这样想象这个过程：

(1) 图上有 n 个结点，m 条边。

(2) 把图上的每个点看成一个灯，初始时灯都是灭的，大部分结点之间的距离被初始化为无穷大 INF，除了 m 条边连接的那些结点以外。

(3) 从结点 $k=1$ 开始操作，想象点亮了这个灯，并以 $k=1$ 为中转点，计算和调整图上所有点之间的最短距离。很显然，对这个灯的邻居进行的计算是有效的，而对远离它的那些点的计算基本是无效的。

(4) 逐步点亮所有的灯，每次点灯，就用这个灯中转，重新计算和调整所有灯之间的最短距离，这些计算用到了以前点灯时得到的计算结果。

(5) 灯逐渐点亮，直到图上的点全亮，计算结束。

在这个过程中，由于很多计算是无效的，所以算法的效率不高。

复杂度。在下面的程序中，函数 floyd()有 3 重循环，复杂度是 $O(n^3)$，只能用于计算规模很小的图，即 $n<200$ 的情况。

hdu 2544 的 Floyd 算法代码(邻接矩阵)

```
include<bits/stdc++.h>
using namespace std;
const int INF = 1e6;                          //路口之间的初始距离,看成无穷大,相当于断开
const int NUM = 105;
int graph[NUM][NUM];                          //邻接矩阵存图
int n, m;
void floyd() {
    int s = 1;                                //定义起点
    for(int k = 1; k <= n; k++)               //floyd()的 3 重循环
        for(int i = 1; i <= n; i++)
            if(graph[i][k]! = INF)            //一个小优化,在 hdu 1704 题中很必要
            for(int j = 1; j <= n; j++)       //请思考: 把 k 循环放到 i、j 之后行不行
                if(graph[i][j] > graph[i][k] + graph[k][j])
                   graph[i][j] = graph[i][k] + graph[k][j];
//graph[i][j] = min(graph[i][j], graph[i][k] + graph[k][j]);
//上面两句这样写也行,但是 min()比较慢,如果图大,可能会超时.读者可以试试 poj 3259
    printf("%d\n", graph[s][n]);              //输出结果
}
int main() {
    while(~scanf("%d%d", &n, &m)) {
                              //如果图的数据很大,不能用 cin 这种慢的输入
        if(n == 0 && m == 0)  return 0;
        for(int i = 1; i <= n; i++)           //邻接矩阵初始化
            for(int j = 1; j <= n; j++)
                graph[i][j] = INF;            //任意两点间的初始距离为无穷大
        while(m -- ) {
            int a, b, c;
            scanf("%d%d%d", &a, &b, &c);
            graph[a][b] = graph[b][a] = c;  //邻接矩阵存图
        }
        floyd();
    }
    return 0;
}
```

Floyd 算法虽然低效，但是也有优点：

(1) 程序很简单；

(2) 可以一次求出所有结点之间的最短路径；

(3) 能处理有负权边的图。

2. 判断负圈

程序中有一个有趣的地方。在程序中，结点 i 到自己的距离 graph[i][i]并没有置初值

为 0，而是 INF，读者可能觉得很奇怪；并且在计算结束之后，graph[i][i]也不是 0，而是 graph[i][i]=graph[i][u]+…+graph[v][i]，即到外面绕一圈回来的最小路径。这一点可用于判断**负圈**。

负圈是这样产生的：如果某些边的权值为负数，那么图中可能有这样的环路，环路上边的权值之和为负数，这样的环路就是负圈。每走一次这个负圈，总权值就会更小，导致陷在这个圈里出不来。

利用 Floyd 算法很容易判断负圈，只要在 floyd()中判断是否存在某个 graph[i][i]<0 就行了。因为 graph[i][i]是 i 到外面绕一圈回来的最小路径，如果小于 0，说明存在负圈。此时可置 graph[i][i]的初值为 0，这样能加快判断过程。请读者练习 poj 3259 "Wormholes"题。

3. Floyd 与邻接矩阵

上面的程序用邻接矩阵存图，实现 Floyd。邻接矩阵十分浪费空间，那么用邻接表是否会更好呢？答案是在 Floyd 算法中邻接表并不比邻接矩阵好，除非两点之间有多个边，导致不能用邻接矩阵表示。因为 Floyd 的计算过程是用动态规划求所有点之间的最短距离，必须用一个 $n\times n$ 的矩阵记录状态，空间无法节省。存图的邻接矩阵可以同时用来记录状态。

4. 打印路径

有时候题目需要打印路径，请读者练习 hdu 1385 "Minimum Transport Cost"。如果有疑问，可以先学习下面的几个算法，本书都给出了打印路径的方法。

【习题】

hdu 1599 “find the mincost route”，求最小环。

hdu 3631 “Shortest Path”，Floyd 变形。

hdu 1704 “rank”，需要在 floyd()中加一个优化：if(graph[i][k]!=INF)。

10.9.2 Bellman-Ford

1. Bellman-Ford 算法

Bellman-Ford① 算法用来解决单源最短路径问题：给定一个起点 s，求它到图中所有 n 个结点的最短路径。

Bellman-Ford 算法的特点是只对相邻结点进行计算，可以避免 Floyd 那种大撒网式的无效计算，大大提高了效率。为理解这个算法，可以想象图上的每个点都站着一个人，初始时，所有人到 s 的距离设为 INF，即无限大。用下面的步骤求最短路径：

(1) 第一轮，给所有的 n 个人每人一次机会，问他的邻居到 s 的最短距离是多少？如果他的邻居到 s 的距离不是 INF，他就能借道这个邻居到 s 去，并且把自己原来的 INF 更新为较短的距离。显然，开始的时候，起点 s 的直连邻居(例如 u)肯定能更新距离，而 u 的邻居(例如 v)，如果在 u 更新之后问 v，那么 v 有机会更新，否则就只能保持 INF 不变。特别地，在第一轮更新中，存在一个与 s 最近的邻居 t，t 到 s 的直连距离就是全图中 t 到 s 的最短距

① Bellman-Ford 的历史与改进：https://en.wikipedia.org/wiki/Bellman-Ford_algorithm(短网址：t.cn/RSrredV)。

离。因为它通过别的邻居绕路到 s，肯定更远。t 的最短距离已经得到，后面不会再更新。在很多教材中把一轮更新称为一次“**松弛(relax)**”，这个概念也用在 Dijkstra 算法中。

(2) 第二轮，重复第一轮的操作，再给每个人一次问邻居的机会。这一轮操作之后，至少存在一个 s 或 t 的邻居 v，可以算出它到 s 的最短距离。v 要么与 s 直连，要么是通过 t 到达 s 的。v 的最短距离也得到了，后面不会再更新。

(3) 第三轮，再给每个人一次机会……

继续以上操作，直到所有人都不能再更新最短距离为止。

一共需要几轮操作呢？每一轮操作都至少有一个新的结点得到了到 s 的最短路径。所以，最多只需要 n 轮操作就能完成 n 个结点。在每一轮操作中，需要检查所有 m 个边，更新最短距离。根据以上分析，**Bellman-Ford 算法的复杂度是 $O(nm)$**。

以上过程，每个结点可以独立进行计算，所以这个算法符合并行计算的思想，可以用在并行计算上。例如计算机网络的 BGP 路由协议，每个路由器是一个结点，它根据与邻居的信息交换，独自计算到网络中其他路由器的最短距离。BGP 是 Bellman-Ford 算法(更准确地说，是下面的 SPFA 算法)的一个典型应用。

Bellman-Ford 有现实的模型，即问路。每个十字路口站着一个警察；在某个路口，路人问一个警察，怎么走到 s 最近？如果这个警察不知道，他会问相邻几个路口的警察：“从你这个路口走，能到 s 吗？有多远？”这些警察可能也不知道，他们会继续问新的邻居。这样传递下去，最后肯定有个警察是 s 路口的警察，他会把 s 的信息返回给他的邻居，邻居再返回给邻居。最后所有的警察都知道怎么走到 s，而且是最短的路：从 s 返回信息到所有其他点的过程就像在一个平静的池塘中从 s 丢下一个石头，荡起的涟漪一圈圈向外扩散，这一圈圈涟漪经过的路径肯定是最短的。

视频讲解

问路模型里有趣的一点，并且能体现 Bellman-Ford 思想的是警察并不需要知道到 s 的完整的路径，他只需要知道从自己的路口出发往哪个方向走能到达 s，并且路最近。

下面是 hdu 2544 的 Bellman-Ford 程序，用 bellman()替换上一节的 floyd()即可。

hdu 2544 的 Bellman-Ford 算法代码(邻接矩阵)

```
void bellman(){
    int s = 1;                          //定义起点
    int d[NUM];                         //d[i]记录结点 i 到起点 s 的最短距离.本题 s = 1
    for(int i = 1; i <= n; i++)
        d[i] = INF;                     //所有结点到 s 的距离初始化为无穷大
    d[s] = 0;                           //以上是初始化 d[]
    for(int k = 1; k <= n; k++)         //n 轮操作
        for(int i = 1; i <= n; i++)
            //i 和 j: 处理图中存在的边,即 graph[i][j]不等于 INF 的边
        for(int j = 1; j <= n; j++)
          if(d[j] > d[i] + graph[i][j])
                //j 通过 i 到达起点 s: 如果距离更短,更新
             d[j] = d[i] + graph[i][j];
    printf("%d\n",d[n]);                //输出结果
}
```

但是上面的代码并没有实用价值。由于使用了邻接矩阵这种不合适的数据结构，它没有发挥出 Bellman-Ford 的威力。Bellman-Ford 的每一轮操作只需要检查存在的 m 条边。在 $n \times n$ 的邻接矩阵中，这 m 条边是那些不等于 INF 的边，但是上面的程序却不得不检查所有 $n \times n$ 条边。

下面的程序对存储进行了优化，用 struct edge e[10005]数组来存 m 条边，避免了存储那些不存在的边。这种简单的存储方法不是邻接表，不能快速搜一个结点的所有邻居，不过正适合 Bellman-Ford 这种简单的算法。

hdu 2544 的 Bellman-Ford 算法代码(数组存边)

```
include <bits/stdc++.h>
using namespace std;
const int INF = 1e6;
const int NUM = 105;
struct edge { int u, v, w; } e[10005];          //边：起点 u,终点 v,权值 w
int n, m, cnt;
int pre[NUM];
    //记录前驱结点.pre[x] = y,在最短路径上,结点 x 的前一个结点是 y
void print_path(int s, int t) {                 //打印从 s 到 t 的最短路径
  if(s == t){ printf("%d ", s); return; }       //打印起点
  print_path(s, pre[t]);                        //先打印前一个点
  printf("%d ", t);                             //后打印当前点.最后打印的是终点 t
}
void bellman(){
    int s = 1;                                  //定义起点
    int d[NUM];                                 //d[i]记录第 i 个结点到起点 s 的最短距离
    for (int i = 1; i <= n; i++)     d[i] = INF; //初始化为无穷大
    d[s] = 0;
    for (int k = 1; k <= n; k++)                //一共有 n 轮操作
        for (int i = 0; i < cnt; i++){          //检查每条边
            int x = e[i].u,  y = e[i].v;
            if (d[x] > d[y] + e[i].w){
                    //x 通过 y 到达起点 s: 如果距离更短,更新
                d[x] = d[y] + e[i].w;
                pre[x] = y;                     //如果有需要,记录路径
            }
        }
        printf("%d\n", d[n]);
        //print_path(s,n);                      //如果有需要,打印路径
}
int main() {
    while(~scanf("%d%d", &n, &m)) {
        if(n == 0 && m == 0) return 0;
        cnt = 0;                                //记录边的数量.本题的边是双向的,共有 2m 条
        while (m--) {
            int a,b,c;
            scanf("%d%d%d",&a,&b,&c);
            e[cnt].u = a;  e[cnt].v = b;  e[cnt].w = c;  cnt++;
            e[cnt].u = b;  e[cnt].v = a;  e[cnt].w = c;  cnt++;
```

```
        }
        bellman();
    }
    return 0;
}
```

2. 打印最短路径

计算出最短距离后，如果要打印整个路径，十分容易。

对于单源最短路径算法 Bellman-Ford（以及后面讲到的 Dijkstra），在连通图中，从起点 s 到任意一个结点 t 都有一条最短路径（如果有多条最短路径，就简单地选其中一条，其他的丢弃）；反过来看，从任意一个结点 t 往前追溯，沿着最短路径，一个结点一个结点往回走，就能到达起点 s。所以，只要在每个结点上记录它的前驱结点就行了。

定义 pre[]记录前驱结点。pre[x]=y 的意思是在最短路径上结点 x 的前一个结点是 y。然后用 print_path()打印整个路径。

3. 判断负圈

Bellman-Ford 也能判断负圈。当没有负圈时，只需要 n 轮就结束。如果超过 n 轮，最短路径还有变化，那么肯定有负圈。

判断负圈的程序可以写在两个 for 循环结束后。检查所有的边，如果存在某个边 (u,v)，有 $d(u)>d(v)+w(u,v)$，说明 $d(u)$ 的更新未结束，还能更新为更小的值。这只能是负圈引起的。

更紧凑的程序可以这样写：在循环内部判断是不是超过了 n 轮。程序如下：

hdu 2544 的 Bellman-Ford 算法代码（有判断负圈的功能）

```
void bellman(){
        int d[NUM];
        for (int i = 2;i <= n;i++)
            d[i] = INF;
        d[1] = 0;
        int k = 0;                                    //记录有几轮操作
        bool update = true;                           //判断是否有更新
        while(update) {
            k++;
            update = false;
            if(k > n) {printf("有负圈"); return;}       //有负圈,停止
            for (int i = 0; i < cnt; i++){
                int x = e[i].u, y = e[i].v;
                if (d[x] > d[y] + e[i].w){
                    update = true;
                    d[x] = d[y] + e[i].w;
                }
            }
        }
        printf("%d\n",d[n]);
}
```

10.9.3 SPFA

视频讲解

用队列处理 Bellman-Ford 算法可以很好地优化，这种方法叫作 SPFA。SPFA 的效率很高，在算法竞赛中的应用很广泛。

Bellman-Ford 算法有很多低效或无效的操作。分析 Bellman-Ford 算法，其核心部分是在每一轮操作中更新**所有**结点到起点 s 的最短距离。根据前面的讨论可知，计算和调整一个结点 u 到 s 的最短距离后，如果紧接着调整 u 的**邻居**结点，这些邻居肯定有新的计算结果；而如果漫无目的地计算不与 u 相邻的结点，很可能毫无变化，所以这些操作是低效的。

因此，在计算结点 u 之后，下一步只计算和调整它的邻居，这样能加快收敛的过程。这些步骤可以用队列进行操作，这就是 SPFA。

SPFA 很像 BFS：

(1) 起点 s 入队，计算它所有邻居到 s 的最短距离(当前最短距离，不是全局最短距离。在下文中，把计算一个结点到起点 s 的最短路径简称为更新状态。最后的“状态”就是 SPFA 的计算结果)。把 s 出队，状态有更新的邻居入队，没更新的不入队。也就是说，队列中都是状态有变化的结点，只有这些结点才会影响最短路径的计算。

(2) 现在队列的头部是 s 的一个邻居 u。弹出 u，更新其所有邻居的状态，把其中有状态变化的邻居入队列。

(3) 这里有一个问题，弹出 u 之后，在后面的计算中 u 可能会再次更新状态(后来发现，u 借道其他结点去 s，路更近)。所以，u 可能需要重新入队列。这一点很容易做到：在处理一个新的结点 v 时，它的邻居可能就是以前处理过的 u，如果 u 的状态变化了，把 u 重新加入队列就行了。

(4) 继续以上过程，直到队列空。这也意味着所有结点的状态都不再更新。最后的状态就是到起点 s 的最短路径。

上面第(3)点决定了 SPFA 的效率。有可能只有很少结点重新进入队列，也有可能很多。这取决于图的特征，即使两个图的结点和边的数量一样，但是边的权值不同，它们的 SPFA 队列也可能差别很大。所以，**SPFA 是不稳定的**。

在比赛时，有的题目可能故意卡 SPFA 的不稳定性：如果一个题目的规模很大，并且边的权值为非负数，它很可能故意设置了不利于 SPFA 的测试数据。此时不能冒险用 SPFA，而是用下一节的 Dijkstra 算法。Dijkstra 是一种稳定的算法，一次迭代至少能找到一个结点到 s 的最短路径，最多只需要 m(边数)次迭代即可完成。

1. 基于邻接表的 SPFA

在这个程序中，存图最合适的方法是邻接表。上面第(2)步是更新 u 的所有邻居结点的状态，而邻接表可以很快地检索一个结点的所有邻居，正符合算法的需要。程序 main()输入图时，每执行一次 e[a].push_back(edge(a,b,c))，就把边(a,b)存到了结点 a 的邻接表中；在 spfa()中，执行 for(int i=0; i<e[u].size(); i++)，就检索了结点 u 的所有邻居。

hdu 2544 的 SPFA 算法代码(邻接表+队列)

```
include <bits/stdc++.h>
```

```
using namespace std;
const int INF = 1e6;
const int NUM = 105;
struct edge{
   int from, to, w;
//边：起点 from，终点 to，权值 w.from 并没有用到，e[i]的 i 就是 from
   edge(int a, int b,int c){from = a; to = b; w = c;}
};
vector < edge > e[NUM];                         //e[i]：存第 i 个结点连接的所有边
int n, m;
int pre[NUM];
 //记录前驱结点.pre[x] = y，在最短路径上，结点 x 的前一个结点是 y
void print_path(int s,int t) {                  //打印从 s 到 t 的最短路径
   ;                                       //内容与 Bellman - Ford 程序中的 print_path()完全一样
}
int spfa(int s){
   int dis[NUM];                                //记录所有结点到起点的距离
   bool inq[NUM];                               //inq[i] = true 表示结点 i 在队列中
   int Neg[NUM];                                //判断负圈(Negative loop)
   memset(Neg, 0, sizeof(Neg));
   Neg[s] = 1;
   for(int i = 1;i <= n;i++) { dis[i] = INF;  inq[i] = false; }    //初始化
   dis[s] = 0;                                  //起点到自己的距离是 0
   queue < int > Q;
   Q.push(s);
   inq[s] = true;                               //起点进队列
   while(!Q.empty()) {
      int u = Q.front();
      Q.pop();                                  //队头出队
      inq[u] = false;
      for(int i = 0; i < e[u].size(); i++) {    //检查结点 u 的所有邻居
          int v = e[u][i].to, w = e[u][i].w;
          if (dis[u] + w < dis[v])   {
                //u 的第 i 个邻居 v，它借道 u，到 s 更近
            dis[v] = dis[u] + w;                //更新第 i 个邻居到 s 的距离
            pre[v] = u;                         //如果有需要，记录路径
            if(!inq[v]) {
      //第 i 个邻居更新状态了，但是它不在队列中，把它放进队列
                   inq[v] = true;
                   Q.push(v);
                   Neg[v]++;
                   if(Neg[v] > n) return 1;     //出现负圈
                }
            }
        }
    }
    printf("%d\n",dis[n]);
    //print_path(s,n);                          //如果有需要，打印路径
    return 0;
}
int main(){
```

```
    while(~scanf("%d%d",&n,&m)) {
        if(n == 0 && m == 0)      return 0;
        for(int i = 1; i <= n; i++)    e[i].clear();
        while(m -- ) {
            int a,b,c;
            scanf("%d%d%d", &a, &b, &c);
            e[a].push_back(edge(a,b,c));
                    //结点 a 的邻居,都放在 node[a]里
            e[b].push_back(edge(b,a,c));
        }
        spfa(1);                              //起点是 1
    }
    return 0;
}
```

前面在讲 Bellman-Ford 的时候,曾提到它适合并行计算。读者可以发现,SPFA 比 Bellman-Ford 能更有效率地进行并行计算。例如前面提到的问路的例子,每个警察只需要在某个邻居警察通知有路径变化之后才进行计算,并把变化传递给别的邻居;如果没有收到邻居发来的变化信息,警察不需要做任何动作。这正是 SPFA 的思想。

判断负圈。SPFA 也适用于有负权值的图,也能判断负圈。如果有一个点进队列超过 n 次,那就说明图中存在负圈。具体见程序中与 Neg[]有关的部分。

打印最短路径。和前面 Bellman-Ford 打印最短路径非常相似。定义 pre[]记录前驱结点,然后用 print_path()打印整个路径。具体内容见程序。

2. 基于链式前向星的 SPFA

上面的基于邻接表的代码已经很好了,不过,在极端的情况下,图特别大,用邻接表也会超空间限制,此时就需要用到前面提到的链式前向星来存图。

建议读者认真消化下面的代码,内容包括链式前向星存图、SPFA 算法、打印最短距离、打印路径、判断负圈。这是本书精心整理的一套模板。

读者可以套用这个模板,试试 hdu 1535 "Invitation Cards"题。hdu 1535 题的图有 100 万个点,如果不用链式前向星,用别的数据结构很容易发生 MLE 错误。

hdu 2544 的 SPFA 算法代码(链式前向星)

```
include <bits/stdc++.h>
using namespace std;
const int INF = INT_MAX / 10;
const int NUM = 1000005;                //一百万个点,一百万个边
struct Edge{                            //边: edge[i]的 i 就是起点,终点 to,权值 w.下一个边 next
    int to, next, w;
}edge[NUM];
int n, m, cnt;
int head[NUM];
int dis[NUM];                           //记录所有结点到起点的距离
bool inq[NUM];                          //inq[i] = true 表示结点 i 在队列中
int Neg[NUM];                           //判断负圈(Negative loop)
int pre[NUM];                           //记录前驱结点
```

```
void print_path(int s,int t) {          //打印从 s 到 t 的最短路径
    ;                                   //内容与 Bellman - Ford 程序中的 print_path()完全一样
}
void init(){
    for(int i = 0; i < NUM; ++i){
        edge[i].next = -1;
        head[i] = -1;
    }
    cnt = 0;
}
void addedge(int u, int v, int w){      //前向星存图
    edge[cnt].to = v;
    edge[cnt].w = w;
    edge[cnt].next = head[u];
    head[u] = cnt++;
}
int spfa(int s) {
    memset(Neg, 0, sizeof(Neg));
    Neg[s] = 1;
    for(int i=1; i<=n; i++) { dis[i] = INF;  inq[i] = false; }//初始化
    dis[s] = 0;                                         //起点到自己的距离是 0
    queue<int> Q;
    Q.push(s);
    inq[s] = true;                                      //起点进队列

    while(!Q.empty()) {
        int u = Q.front(); Q.pop();                     //队头出队
        inq[u] = false;
        for(int i=head[u]; ~i; i = edge[i].next) {      //~i 也可以写成 i!= -1
            int v = edge[i].to, w = edge[i].w;
            if (dis[u] + w < dis[v]) {
                            //u 的第 i 个邻居 v,它借道 u,到 s 更近
                dis[v] = dis[u] + w;                    //更新第 i 个邻居到 s 的距离
                pre[v] = u;                             //如果有需要,记录路径
                if(!inq[v]) {
                  //邻居 v 更新状态了,但是它不在队列中,把它放进队列
                  inq[v] = true;
                  Q.push(v);
                  Neg[v]++;
                  if(Neg[v] > n) return 1;              //出现负圈
                }
            }
        }
    }
    printf("%d\n",dis[n]);                              //从 s 到 n 的最短距离
    //print_path(s,n);                                  //如果有需要,打印路径
    return 0;
}
int main() {
    while(~scanf("%d%d",&n,&m)) {
        init();
```

```
        if(n == 0 && m == 0) return 0;
        while(m-- ) {
            int u,v,w;
            scanf("%d%d%d", &u, &v, &w);
            addedge(u,v,w);
            addedge(v,u,w);
        }
        spfa(1);
    }
    return 0;
}
```

视频讲解

10.9.4 Dijkstra

Dijkstra 算法也用来解决单源最短路径问题。Dijkstra 是非常高效而且稳定的算法，它比前面提到的最短路径算法都复杂一些，下面先介绍它的思想。

前面在讲 Bellman-Ford 算法时，提到它在现实中的模型是找警察问路。在现实中，Dijkstra 有另外的模型，例如多米诺骨牌，读者可以想象下面的场景。

在图中所有的边上排满多米诺骨牌，相当于把骨牌看成图的边。一条边上的多米诺骨牌数量和边的权值(例如长度或费用)成正比。规定所有骨牌倒下的速度都是一样的。如果在一个结点上推倒骨牌，会导致这个结点上的所有骨牌都往后面倒下去。

在起点 s 推倒骨牌，可以观察到，从 s 开始，它连接的边上的骨牌都逐渐倒下，并到达所有能达到的结点。在某个结点 t，可能先后从不同的线路倒骨牌过来；先倒过来的骨牌，其经过的路径肯定就是从 s 到达 t 的最短路径；后倒过来的骨牌，对确定结点 t 的最短路径没有贡献，不用管它。

从整体看，这就是一个从起点 s 扩散到整个图的过程。

在这个过程中，观察所有结点的最短路径是这样得到的：

(1) 在 s 的所有直连邻居中，最近的邻居 u，骨牌首先到达。u 是第一个确定最短路径的结点。从 u 直连到 s 的路径肯定是最短的，因为如果 u 绕道别的结点到 s，必然更远。

(2) 然后，把后面骨牌的倒下分成两个部分，一部分是从 s 继续倒下到 s 的其他的直连邻居，另一部分是从 u 出发倒下到 u 的直连邻居。那么下一个到达的结点 v 必然是 s 或者 u 的一个直连邻居。v 是第二个确定最短路径的结点。

(3) 继续以上步骤，在每一次迭代过程中都能确定一个结点的最短路径。

Dijkstra 算法应用了**贪心法**的思想，即"抄近路走，肯定能找到最短路径"。

在上述步骤中可以发现：Dijkstra 的每次迭代，只需要检查上次已经确定最短路径的那些结点的邻居，检查范围很小，算法是**高效**的；每次迭代，都能得到至少一个结点的最短路径，算法是**稳定**的。

与 Bellman-Ford 对比：Bellman-Ford 是分布式的思想；而 Dijkstra 必须从起点 s 开始扩散和计算，是集中式的思想。读者可以试试在多米诺骨牌模型中运用 Bellman-Ford，看看行不行。

那么如何编程实现呢？程序的主要内容是维护两个集合，即已确定最短路径的结点集

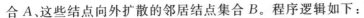

合 A、这些结点向外扩散的邻居结点集合 B。程序逻辑如下：

(1) 把起点 s 放到 A 中，把 s 所有的邻居放到 B 中。此时，邻居到 s 的距离就是直连距离。

(2) 从 B 中找出距离起点 s 最短的结点 u，放到 A 中。

(3) 把 u 所有的新邻居放到 B 中。显然，u 的每一条边都连接了一个邻居，每个新邻居都要加进去。其中 u 的一个新邻居 v，它到 s 的距离 $\text{dis}(s,v)$ 等于 $\text{dis}(s,u)+\text{dis}(u,v)$。

(4) 重复(2)、(3)，直到 B 为空时结束。

计算结束后，可以得到从起点 s 到其他所有点的最短距离。

下面举例说明，如图 10.24 所示。

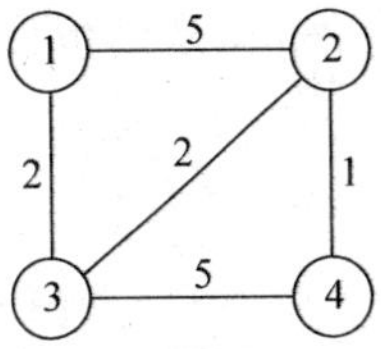

图 10.24 无向图

在图 10.24 中，起点是 1，求 1 到其他所有结点的最短路径。

(1) 1 到自己的距离最短，把 1 放到集合 A 里：$A=\{1\}$。把 1 的邻居放到集合 B 里：$B=\{(2-\underline{5}),(3-\underline{2})\}$。其中 $(2-\underline{5})$ 表示结点 2 到起点的距离是 5。

(2) 从 B 中找到离集合 A 最近的结点，是结点 3。在 A 中加上 3，现在 $A=\{1,3\}$，也就是说得到了从 1 到 3 的最短距离；从 B 中拿走 $(3-\underline{2})$，现在 $B=\{(2-\underline{5})\}$。

(3) 对结点 3 的每条边，扩展它的新邻居，放到 B 中。3 的新邻居是 2 和 4，那么 $B=\{(2-\underline{5}),(2-\underline{4}),(4-\underline{7})\}$。其中 $(2-\underline{4})$ 是指新邻居 2 通过 3 到起点 1，距离是 4。由于 $(2-\underline{4})$ 比 $(2-\underline{5})$ 更好，丢弃 $(2-\underline{5})$，$B=\{(2-\underline{4}),(4-\underline{7})\}$。

(4) 重复步骤(2)、(3)。从 B 中找到离起点最近的结点，是结点 2。在 A 中加上 2，并从 B 中拿走 $(2-\underline{4})$；扩展 2 的邻居放到 B 中。现在 $A=\{1,3,2\}$，$B=\{(4-\underline{7}),(4-\underline{5})\}$。由于 $(4-\underline{5})$ 比 $(4-\underline{7})$ 更好，丢弃 $(4-\underline{7})$，$B=\{(4-\underline{5})\}$。

(5) 从 B 中找到离起点最近的结点，是结点 4。在 A 中加上 4，并从 B 中拿走 $(4-\underline{5})$。此时已经没有新邻居可以扩展。现在 $A=\{1,3,2,4\}$，B 为空，结束。

下面讨论上述步骤的复杂度。图的边共有 m 个，需要往集合 B 中扩展 m 次。在每次扩展后，需要找集合 B 中距离起点最小的结点。集合 B 最多可能有 n 个结点。把问题抽象为每次往集合 B 中放一个数据，在 B 中的 n 个数中找最小值，如何快速完成？如果往 B 中放数据是乱放，找最小值也是用类似冒泡的简单方法，复杂度是 n，那么总复杂度是 $O(nm)$，和 Bellman-Ford 一样。

上述方法可以改进，得到更好的复杂度。改进的方法如下：

(1) 每次往 B 中放新数据时按从小到大的顺序放，用二分法的思路，复杂度是 $O(\log_2 n)$，保证最小的数总在最前面。

(2) 找最小值，直接取 B 的第一个数，复杂度是 $O(1)$。

此时 Dijkstra 算法总的复杂度是 $O(m\log_2 n)$，是最高效的最短路径算法。

在编程时，一般不用自己写上面的程序，直接用 STL 的优先队列就行了，完成数据的插入和提取。

下面的程序代码中有两个关键技术：

(1) 用邻接表存图和查找邻居。对邻居的查找和扩展是通过动态数组 vector < edge > e[NUM]实现的邻接表，和上一节的 SPFA 一样。其中 $e[i]$ 存储第 i 个结点上所有的边，边的一头是它的邻居，即 struct edge 的参数 to。在需要扩展结点 i 的邻居的时候，查找 $e[i]$ 即可。

已经放到集合 A 中的结点不要扩展；程序中用 bool done[NUM]记录集合 A，当 done[i]=true 时，表示它在集合 A 中，已经找到了最短路径。

(2) 在集合 B 中找距离起点最短的结点。直接用 STL 的优先队列实现，在程序中是 priority_queue < s_node > Q。但是有关丢弃的动作，STL 的优先队列无法做到。例如步骤(3)中，需要在 B={(2−5)，(2−4)，(4−7)}中丢弃(2−5)，但是 STL 没有这种操作。在程序中也是用 bool done[NUM]协助解决这个问题。从优先队列 pop 出(2−4)时，记录 done[2]= true，表示结点 2 已经处理好。下次从优先队列 pop 出(2−5)时，判断 done[2]是 true，丢弃。

下面是模板代码。

hdu 2544 的 Dijkstra 算法代码(邻接表+优先队列)

```
include <bits/stdc++.h>
using namespace std;
const int INF = 1e6;
const int NUM = 105;
struct edge{
    int from, to, w;
//边: 起点,终点,权值.起点 from 并没有用到,e[i]的 i 就是 from
    edge(int a, int b,int c){from = a; to = b; w = c;}
};
vector < edge > e[NUM];              //用于存储图
struct s_node{
    int id, n_dis;                   //id: 结点; n_dis: 这个结点到起点的距离
    s_node(int b,int c){id = b; n_dis = c;}
    bool operator < (const s_node & a) const
    { return n_dis > a.n_dis;}
};
int n,m;
int pre[NUM];                        //记录前驱结点
void print_path(int s,int t)  {      //打印从 s 到 t 的最短路径
    ;                                //内容与 Bellman - Ford 程序中的 print_path()完全一样
}
void dijkstra(){
    int s = 1;                       //起点 s 是 1
    int  dis[NUM];                   //记录所有结点到起点的距离
    bool done[NUM];                  //done[i] = true 表示到结点 i 的最短路径已经找到
    for (int i = 1;i <= n;i++) {dis[i] = INF; done[i] = false; }  //初始化
    dis[s] = 0;                      //起点到自己的距离是 0
    priority_queue < s_node > Q;     //优先队列,存结点信息
    Q.push(s_node(s, dis[s]));       //起点进队列
    while (!Q.empty()  {
        s_node u = Q.top();          //pop 出距起点 s 距离最小的结点 u
        Q.pop();
        if(done[u.id])
            //丢弃已经找到最短路径的结点,即集合 A 中的结点
           continue;
        done[u.id] = true;
        for (int i = 0; i<e[u.id].size(); i++) {     //检查结点 u 的所有邻居
```

```
            edge y = e[u.id][i];                    //u.id的第 i 个邻居是 y.to
            if(done[y.to])                          //丢弃已经找到最短路径的邻居结点
                continue;
            if (dis[y.to] > y.w + u.n_dis) {
                dis[y.to] = y.w + u.n_dis;
                Q.push(s_node(y.to, dis[y.to]));
                                                    //扩展新的邻居,放到优先队列中
                pre[y.to] = u.id;                   //如果有需要,记录路径
            }
        }
    }
    printf("%d\n", dis[n]);
    //print_path(s,n);                              //如果有需要,打印路径
}
int main(){
    while(~scanf("%d%d",&n,&m)) {
        if(n == 0 && m == 0) return 0;
        for (int i = 1;i <= n;i++)
            e[i].clear();
        while (m-- ) {
            int a,b,c;
            scanf("%d%d%d",&a,&b,&c);
            e[a].push_back(edge(a,b,c));
                    //结点 a 的邻居,都放在 node[a]里
            e[b].push_back(edge(b,a,c));
        }
        dijkstra();
    }
}
```

打印最短路径。和前面的 Bellman-Ford 算法一样,Dijkstra 打印最短路径也非常容易,原理和 Bellman-Ford 完全一样。首先定义 pre[]记录前驱结点,然后用 print_path()打印整个路径。具体内容见程序。

链式前向星。当图十分巨大时,需要用链式前向星存图。请读者自己总结模板,并做 hdu 1535 题。

【习题】

最短路径的题目很多,下面列出了一些训练题。

poj 1860/3259/1062/3037/3615/1511/3159(把差分约束转换为最短路径)。

hdu 1874/1596/2433/2680/4889/4568(最短路径+状态压缩 DP)。

10.10 最小生成树

最小生成树是无向图中的一个问题,也很常见。

在无向图中,连通而且不含有圈(环路)的图称为树。最小生成树(Minimal Spanning Tree,MST)的基本模型可以用下面的题目描述:

hdu 1233“还是畅通工程”

有 n 个村庄需要修通道路，已知每两个村庄之间的距离，问怎么修路，使得所有村庄都连通(但不一定有直接的公路相连，只要能间接通过公路到达即可)，并且道路总长度最小？请计算最小的公路总长度。

图的两个基本元素是点和边，与此对应，有两种方法可以构造最小生成树 T。这两种算法都基于贪心法，因为 MST 问题满足贪心法的“最优性原理”，即全局最优包含局部最优。prim 算法的原理是“最近的邻居一定在 MST 上”，kruskal 算法的原理是“最短的边一定在 MST 上”。

(1) prim 算法：对点进行贪心操作。从任意一个点 u 开始，把距离它最近的点 v 加入到 T 中；下一步，把距离 $\{u,v\}$ 最近的点 w 加入到 T 中；继续这个过程，直到所有点都在 T 中。

(2) kruskal 算法：对边进行贪心操作。从最短的边开始，把它加入到 T 中；在剩下的边中找最短的边，加入到 T 中；继续这个过程，直到所有点都在 T 中。

在这两个算法中，重要的问题是判断圈。最小生成树显然不应该有圈，否则就不是“最小”了。所以，在新加入一个点或者边的时候要同时判断是否形成了圈。

10.10.1 prim 算法

视频讲解

图 10.25 说明了 prim 算法的步骤。设最小生成树中的点的集合是 U，开始时最小生成树为空，所以 U 为空。

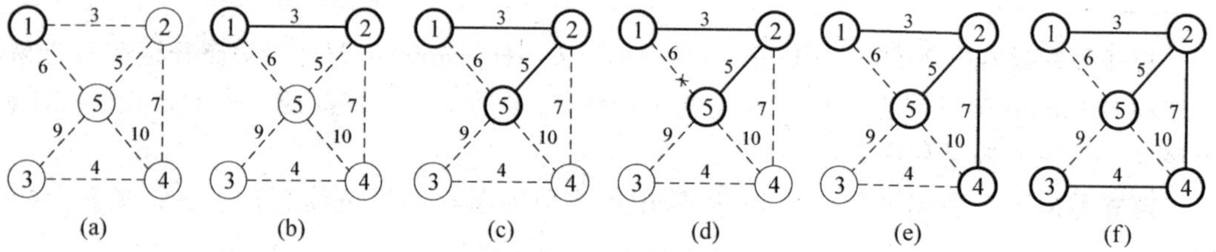

图 10.25 prim 算法

(1) 任取一点，例如点 1，放到 U 中，$U=\{1\}$，见图 10.25(a)。

(2) 找离集合 U 中的点最近的邻居，即 1 的邻居，是 2，放到 U 中，$U=\{1,2\}$，见图 10.25(b)。

(3) 找离 U 最近的点，是 5，$U=\{1,2,5\}$，见图 10.25(c)。

(4) 与 U 距离最短的是 1、5 之间的边，但是它没扩展新的点，不符合要求，见图 10.25(d)。

(5) 加入 4，$U=\{1,2,5,4\}$，见图 10.25(e)。

(6) 加入 3，$U=\{1,2,5,4,3\}$。所有点都在 U 中，结束，见图 10.25(f)。

上面的步骤和 Dijkstra 算法的步骤非常相似，不同的是 Dijkstra 需要更新 U 的所有邻居到起点的距离，即“松弛”，而 prim 不需要。所以，只要把 Dijkstra 的程序简化一些即可。

和 Dijkstra 一样，prim 程序如果用优先队列来查找距离 U 最近的点，能优化算法，此时复杂度是 $O(E\log_2 V)$。

prim 的编程比较麻烦，下面的 kruskal 算法是一种既简单又高效的算法。

10.10.2 kruskal 算法

视频讲解

kruskal 算法编程有以下两个关键技术：

(1) 对边进行排序。可以用 STL 的 sort()函数，排序后，依次把最短的边加入到 T 中。

(2) 判断圈，即处理连通性问题。这个问题用并查集简单而高效，并查集是 kruskal 算法的**绝配**。

仍以上面的图为例说明 kruskal 算法的操作步骤，如图 10.26 所示。

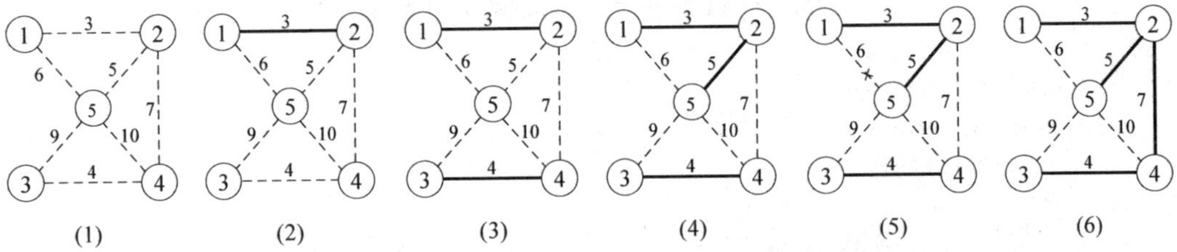

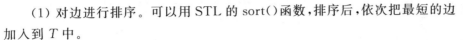

图 10.26 kruskal 算法

(1) 初始时最小生成树 T 为空，见图 10.26(1)。令 S 是以结点 i 为元素的并查集，在开始的时候，每个点属于独立的集(为了便于讲解，下表中区分了结点 i 和集 S，把集的编号加上了下画线)：

S	$\underline{1}$	$\underline{2}$	$\underline{3}$	$\underline{4}$	$\underline{5}$
i	1	2	3	4	5

(2) 加入第一个最短边(1-2)：$T=\{1\text{-}2\}$，见图 10.26(2)。在并查集 S 中，把结点 2 合并到结点 1，也就是把结点 2 的集$\underline{2}$ 改成结点 1 的集$\underline{1}$。

S	$\underline{1}$	$\underline{\boldsymbol{1}}$	$\underline{3}$	$\underline{4}$	$\underline{5}$
i	1	2	3	4	5

(3) 加入第二个最短边(3-4)：$T=\{1\text{-}2,3\text{-}4\}$，见图 10.26(3)。在并查集 S 中，结点 4 合并到结点 3。

S	$\underline{1}$	$\underline{1}$	$\underline{3}$	$\underline{\boldsymbol{3}}$	$\underline{5}$
i	1	2	3	4	5

(4) 加入第三个最短边(2-5)：$T=\{1\text{-}2,3\text{-}4,2\text{-}5\}$，见图 10.26(4)。在并查集 S 中，把结点 5 合并到结点 2，也就是把结点 5 的集$\underline{5}$ 改成结点 2 的集$\underline{1}$。在集$\underline{1}$ 中，所有结点都指向了根结点，这样做能避免并查集的**长链**问题。具体原理见 5.1 节的"路径压缩"的讲解。

S	$\underline{1}$	$\underline{1}$	$\underline{3}$	$\underline{3}$	$\underline{\boldsymbol{1}}$
i	1	2	3	4	5

(5) 第四个最短边(1-5)，见图 10.26(5)。检查并查集 S，发现 5 已经属于集$\underline{1}$，丢弃这个边。这一步实际上是发现了一个**圈**。并查集的作用就体现在这里。

(6) 加入第五个最短边(2-4),见图 10.26(6)。在并查集 S 中,把结点 4 的集并到结点 2 的集。注意这里结点 4 原来属于集3,实际上的修改是把结点 3 的集3 改成1。

S	1	1	**1**	3	1
i	1	2	3	4	5

(7) 对所有边执行上述操作,直到结束。读者可以练习加最后两个边(3-5)、(4-5),这两个边都会形成圈。

下面是 hdu 1233 题的程序。

hdu 1233 题代码：kruskal+并查集

```
#include <bits/stdc++.h>
using namespace std;
const int NUM = 103;
int S[NUM];                                              //并查集
struct Edge {int u, v, w;} edge[NUM * NUM];              //定义边
bool cmp(Edge a, Edge b)  { return a.w < b.w; }
int find(int u) { return S[u] == u ? u : find(S[u]); }
                 //查询并查集,返回 u 的根结点
int n, m;                                                //点,边
int kruskal() {
      int ans = 0;
      for(int i = 1; i <= n; i++)
          S[i] = i;                                      //初始化,开始时每个村庄都是单独的集
      sort(edge + 1, edge + 1 + m, cmp);
      for(int i = 1; i <= m; i++) {
         int b = find(edge[i].u);                        //边的前端点 u 属于哪个集
         int c = find(edge[i].v);                        //边的后端点 v 属于哪个集
         if(b == c) continue;                            //产生了圈,丢弃这个边
         S[c] = b;                                       //合并
         ans += edge[i].w;                               //计算 MST
      }
      return ans;
}
int main() {
    while(scanf("%d", &n), n) {
        m = n * (n - 1)/2;
        for(int i = 1; i <= m; i++)                      //在题目中,点的编号从 1 开始
            scanf("%d%d%d",&edge[i].u, &edge[i].v, &edge[i].w);
        printf("%d\n", kruskal());
    }
    return 0;
}
```

kruskal 算法的复杂度包括两部分,即对边的排序 $O(E\log_2 E)$、并查集的操作 $O(E)$,一共是 $O(E\log_2 E+E)$,约等于 $O(E\log_2 E)$,时间主要花在排序上。

与 prim 相比,kruskal 的编码更简单,复杂度也好,更受人们欢迎。不过,如果图的边很多,kruskal 的复杂度要差一些。简单地说,kruskal 适用于稀疏图,prim 适用于稠密图。

【习题】

最小生成树算法有一些扩展问题,例如最大生成树、次小生成树、最小瓶颈生成树等,见下面的习题。

hdu 1102,简单题。

hdu 3938,离线算法。

poj 2377,最大生成树。

hdu 5627,最大生成树。

hdu 4081,次小生成树。

hdu 4126/4756,次小生成树。用 kruskal 会超时,需要结合 prim 和树形 DP。

hdu 4750,最小瓶颈生成树。

10.11 最 大 流

最大流问题(Maximum Flow Problem)是网络流中的基本问题,它是基于有向图的。最大流问题的解决有助于解决其他网络流问题,例如最小割、二分图匹配等。

最大流问题在生活中常见的原型是水流问题。hdu 1532 题描述了这个模型。

> **hdu 1532 "Drainage Ditches"**
>
> 约翰在农场建造了一套排水沟,以便下雨时把池塘的水排放到附近的溪流中。约翰还在每个水沟的入口安装了调节器,可以控制水流入该水沟的速度。
>
> 约翰不仅知道每个水沟每分钟可以运输多少加仑的水,而且还知道水沟的确切布局,水在这些水沟里相互进入和流动。对于任何给定的水沟,水只沿一个方向流动。水可能在某些水沟里兜圈子。
>
> 求源点 1(就是水塘)到终点 M(就是溪流)的最大流速。

在计算机网络中有带宽的概念,即每秒可传送的数据流量,和水流这个模型是一样的。

另外一个最大流模型的例子是道路的宽度。道路有单车道、双车道、四车道,同时能开行的车辆数量不同。这些不同道路的运输能力是不同的。注意这里需要假设所有车的速度都一样。

在 10.9 节中曾提到**“可加性参数”**和**“最小性参数”**。最大流问题的水流、带宽和宽度都是“最小性参数”。例如,一条路径上的最大水流由这条路径上水流容量最小的那条边决定,也就是说,由这条路径上的“瓶颈”决定。

最大流问题就是求两点间(分别称为源点、汇点)的最大流速,图中的任何点都可以作为它们的中转。在求最大流时需要满足以下 3 个性质:

(1) 流量守恒。从源点 s 流出的流量和到达汇点 t 的流量相等;其他所有中转点,流入和流出相等。

(2) 反对称性。设从 u 到 v 的流量是 $f(u,v)$，v 到 u 的流量是 $f(v,u)$，那么 $f(u,v)=-f(v,u)$。

(3) 容量限制。每个边的实际流速不大于最大流速(把最大流速称为容量)。

算法需要搜索所有的点和边。

最大流算法有很多种，基本上分为两类：

(1) “增广路”算法。例如 Edmonds-Karp 算法、Dinic 算法。

(2) “预流推进”算法。例如 ISAP 算法。

Edmonds-Karp 算法比较容易，但是效率不高，在竞赛中一般使用 Dinic 算法和 ISAP 算法。

在学习有效的最大流算法之前，读者可以自己思考暴力法或者简单的贪心法。

10.11.1 Ford-Fulkerson 方法

Edmonds-Karp 算法是 Ford-Fulkerson 方法的一种实现。所谓 Ford-Fulkerson 方法，是一种非常容易理解的算法思想：

(1) 在初始的时候，所有边上的流量为 0。

(2) 找到一条从 s 到 t 的路径，按 3 个性质得到这条路径上的最大流，更新每个边的残留容量。残留容量在后续步骤中继续使用。

(3) 重复步骤(2)，直到找不到路径。

以图 10.27 为例[①]，图(a)中的斜体数字标出了每个边的容量，开始时每个边的流量是 0；图 10.27(b)是第 1 次迭代，找到了一条路径 $s \to a \to t$，画线数字是每个边的流量，斜体数字是残留容量；图 10.27(c)是第 2 次迭代，找到了一条路径 $s \to b \to t$，更新每个边的流量和残留容量。第 2 次迭代后没有新的路径，结束(注意：这里为了介绍思想，简化了过程；这实际上是**有错误**的，解释见下面的“残留网络”)。

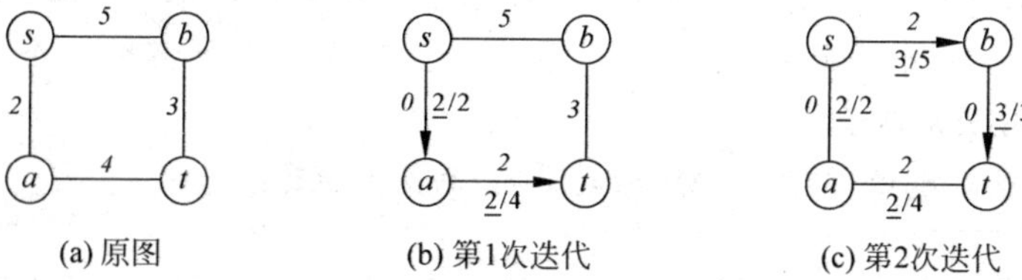

图 10.27　Ford-Fulkerson 方法示意

Ford-Fulkerson 方法基本上就是上述的思路。它有 3 个思想，也是后文将提到的“最大流最小割定理”的基础：

(1) 残留网络(residual network)。迭代后残留容量所产生的图，每次新的迭代在上一次的残留网络上进行。

但是，它实际上**并不是**图 10.27(a)、(b)、(c)中的斜体数字所表示的图，因为这个图在

① 这个例子过于简单，更完整的例子请参考《算法导论》，Thomas H. Cormen 等著，潘金贵等译，机械工业出版社，26.2 节，图 26-5。

迭代过程中损失了一些信息。请读者仔细分析图 10.28 所示的图解。

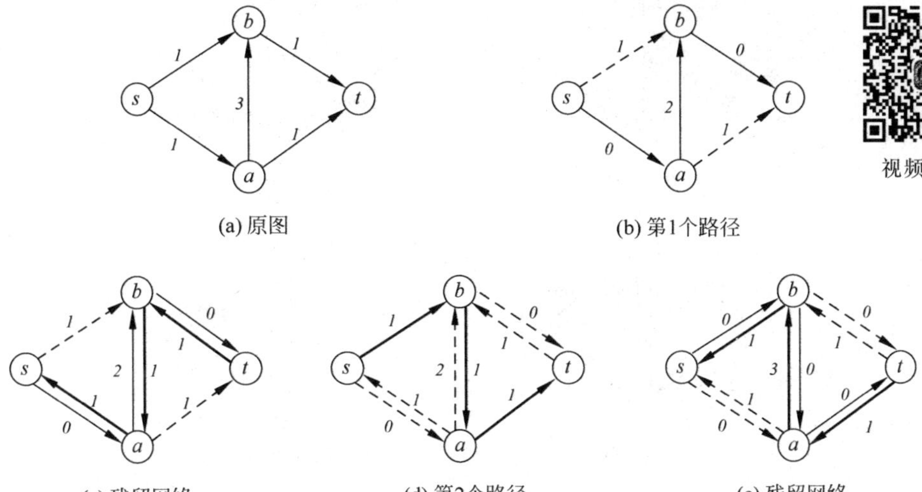

(a) 原图　(b) 第1个路径　(c) 残留网络　(d) 第2个路径　(e) 残留网络

视频讲解

图 10.28 残留网络

对于图 10.28(a)上的最大流,容易发现,在 *s-a-t*、*s-b-t* 这两条路径上最大流等于 2。

下面找一条路径。图 10.28(b)是搜到的第 1 个路径(读者可以想象 *s-b*、*a-t* 原来不存在水沟),产生的流量是 1;图上的数字是残留容量。如果在这个图上继续搜索路径,已经没有新路径。这显然是不对的。其原因是第 1 次搜索的结果影响了后续的路径搜索。那么如何消除这个影响?

图 10.28(c)是解决方法,在上一次的路径上补充反向路径,其值就是用过的流量 1,形成的新网络图就是残留网络。

残留网络的原理可以这样理解:在搜索新的增广路时,可能会经过以前的增广路使用过的水沟,而这个新路的水流可能与原来的水流相反,所以需要补上反向路径,让新的搜索有反向水流的机会。

图 10.28(d)是在图 10.28(c)的基础上搜到的第 2 个路径,这次结果是对的。

图 10.28(e)是最后的残留网络。此时,从 *s* 到 *t*,在残留网络上不存在新的路径,结束。为加深理解,请读者验证并思考:最后的残留网络,两点之间反向路径的值就是两点之间的实际流量。所以,可以利用残留网络输出最大流时各水沟中的实际流量。

残留网络和残留网络的反向路径是 Ford-Fulkerson 方法**最关键的技术**。

(2) 增广路(augmenting path)。在残留网络上找到的一条从 *s* 到 *t* 的路径。

(3) 割(cut)。Ford-Fulkerson 方法的正确性是最大流最小割定理的推论:一个流是最大流,当且仅当它的残留网络不包含增广路径时。

Ford-Fulkerson 方法的运行时间依赖于增广路径的搜索次数。虽然用 BFS 或者 DFS 都行,但是 DFS 这种深度搜索模式可能陷入长时间的迭代,图 10.29 是一个例子。

在图 10.29(b)和(c)中,很不幸地,DFS 选择了 *s-b-a-t* 和 *s-a-b-t* 这种绕路,接下来又反复选择这两个路径。在到达终点图 10.29(d)前,共迭代了约 200 次。

如果用 BFS,几次就够了。

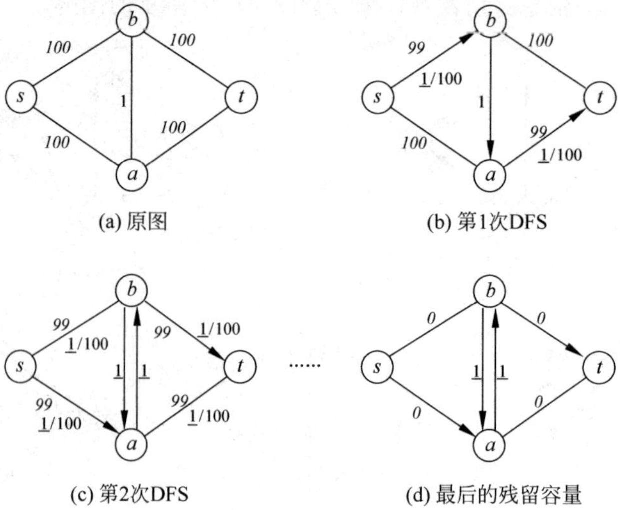

图 10.29　DFS 模式陷入长时间的迭代

10.11.2　Edmonds-Karp 算法

如果用 BFS 来计算增广路径，就是 Edmonds-Karp 算法。

复杂度：经过 $O(VE)$次 BFS 迭代，所有增广路被找到；一次 BFS 的时间是 $O(E)$，所以总时间是 $O(VE^2)$。

由于 Edmonds-Karp 算法的复杂度高，只能用于小图，所以用邻接矩阵存图就行了。

下面是 hdu 1532 题的代码，用矩阵 graph[][]存图，它同时也用于记录更新后的残留网络。

hdu 1532 题的代码

```
#include <bits/stdc++.h>
const int INF = 1e9;
const int maxn = 300;
using namespace std;
int n, m, graph[maxn][maxn], pre[maxn];
            //graph[][]不仅记录图，还是残留网络
int bfs(int s,int t){
    int flow[maxn];
    memset(pre, -1,sizeof pre);
    flow[s] = INF; pre[s] = 0;                  //初始化起点
    queue<int> Q;  Q.push(s);                   //起点入栈，开始 BFS
    while(!Q.empty()){
        int u = Q.front();  Q.pop();
        if(u == t) break;                       //搜到一个路径，这次 BFS 结束
        for(int i = 1; i <= m; i++){            //BFS 所有的点
            if(i!= s && graph[u][i]> 0 && pre[i] == -1){
                pre[i] = u;                     //记录路径
                Q.push(i);
```

```
                flow[i] = min(flow[u],graph[u][i]); //更新结点流量
            }
        }
    }
    if(pre[t] == -1) return -1;                          //没有找到新的增广路
    return flow[t];                                      //返回这个增广路的流量
}
int maxflow(int s, int t){
    int Maxflow = 0;
    while(1){
        int flow = bfs(s,t);
              //执行一次 BFS,找到一条路径,返回路径的流量
        if(flow == -1) break;                            //没有找到新的增广路,结束
        int cur = t;                                     //更新路径上的残留网络
        while(cur!= s){                                  //一直沿路径回溯到起点
            int father = pre[cur];                       //pre[]记录路径上的前一个点
            graph[father][cur] -= flow;                  //更新残留网络: 正向减
            graph[cur][father] += flow;                  //更新残留网络: 反向加
            cur = father;
        }
        Maxflow += flow;
    }
    return Maxflow;
}
int main(){
    while(~scanf("%d%d",&n,&m)){
        memset(graph,0,sizeof graph);
        for(int i=0; i<n; i++){
            int u,v,w;
            scanf("%d%d%d",&u,&v,&w);
            graph[u][v] += w;                            //可能有重边
        }
        printf("%d\n",maxflow(1,m));
    }
    return 0;
}
```

最大流的建模问题。前面最大流的模型是基于有向图的,而且只有一个源点和一个汇点,但是题目所给的条件不一定这么严格,此时需要转换为下面的模型。

(1) 无向图转换为有向图。如果给的是无向图,可以把 u、v 之间的无向边变为(u,v)、(v,u)两个有向边,容量一样。u、v 的实际流量为两者的实际流量之差,即互相**抵消**,例如从 u 到 v 的流量是 10,从 v 到 u 的流量是 4,那么从 u 到 v 的流量是 10−4=6。

(2) 多个源点和多个汇点。此时可以添加一个"超级源点"s 和一个"超级汇点"t。从 s 到每个源点都连一条有向边;从每个汇点都连一条边到 t。边的容量根据题目要求灵活指定。

在 10.13 节中,例题 poj 2135 "Farm Tour"就用到了这两个转换方法。在 10.14 节中有多源点、多汇点的情况。

10.11.3 Dinic 算法和 ISAP 算法

Edmonds-Karp 算法的效率低，在竞赛时若遇到规模较大的最大流问题，需要用高效的 Dinic 算法和 ISAP 算法。

Dinic 算法是对 Edmonds-Karp 算法的优化，时间复杂度理论上是 $O(V^2E)$，实际上更好，比 Edmonds-Karp 算法的 $O(VE^2)$ 强很多。

ISAP 算法的复杂度也是 $O(V^2E)$，但是比 Dinic 算法更好一些，更受欢迎。

Dinic 算法和 ISAP 算法①相当复杂，代码也比 Edmonds-Karp 算法长得多，在竞赛的时候靠自己写出来很困难。建议读者阅读有关资料，搞懂原理，学习其思想；然后找到合适的模板，特别是 ISAP 算法，学会使用它，在比赛的时候带上。

下面用最大流求解混合图的欧拉回路。

最大流算法是网络流算法的基础，它有很多应用。例如，最大流算法可用于判断和求解混合图的欧拉回路。请读者先回顾 10.5 节。

> **hdu 1956 "Sightseeing Tour"**
>
> 给定一个图，其中同时存在有向边和无向边，问该图是否存在欧拉回路。

有向图存在欧拉回路的充要条件是所有点的度数为 0。把每个点连接的无向边改成有向边，看度数是否为 0。但是无向边很多，情况复杂，不能直接用暴力的方法做。

读者可以先思考，尝试用最大流方法解决。然后阅读下面的解题思路。

把所有的无向边任意定个方向，把这个包括原来的有向边和设定了方向的无向边的图称为初始图 G，然后计算每个点的度数。点 i 的度数 degree[i]＝出度－入度，有以下两种情况：

(1) 存在一个 degree[i]为奇数。如果把 i 的一个无向边改个方向，那么 degree[i]变为 degree[i]＋2 或 degree[i]－2，仍然是奇数，不会等于 0，所以不存在欧拉回路。

(2) 所有的 degree[i]全是偶数。可以把某个 i 的一个无向边改个方向，degree[i]变为 0。那么是否**所有的点的度数都能变为 0** 呢？可以借助最大流来判断。

下面用初始图 G 建一个新图 G'，在 G 中计算得到的 degree[i]也用于建图。首先把初始图 G 中原来的有向边删除，保留定向了的无向边。然后建一个源点 s，连接**所有的** degree[i]＞0 的点，边的容量为 degree[i]/2。建一个汇点 t，把所有 degree[i]＜0 的点连接到 t，容量为 degree[i]/2。其他 degree[i]＝0 的点就不用连接 s 和 t 了。所有没有连接 s 和 t 的边，容量都为 1。

求新网络 G' 的最大流。如果从 s 出发的所有边都满流，则存在欧拉回路。把所有的有流的边全部反向，把原图中的有向边再重新加入，就得到了一个有向欧拉回路。

上述算法正确吗？或者说，上述算法的结果能使得所有点的度数为 0 吗？

分 3 种情况观察：

---

① Dinic 算法和 ISAP 算法的对比：https://www.cnblogs.com/zhsl/archive/2012/12/03/2800092.html（永久网址：https://perma.cc/LAP9-QH83）。

（1）观察源点 s 所连接的点 v，是否能得到 degree(v)＝0 的结果。在图 10.30 所示的例子中，图 10.30(a)是初始图 G 的局部，v 在 G 中有 4 个边，degree[v]＝4，其中虚线是有向边，在 G' 中被删除了，剩下的 3 个实线边是原来的无向边，把方向定为出度。在图 10.30(b)中，加上源点 s，边(s,v)的容量是 degree[v]/2＝2，v 的其他边的容量是 1。经过最大流的计算，如果(s,v)是满流 2，生成了图 10.30(c)中粗线条表示的流。把有流的边**反向**，得到图 10.30(d)，可以发现，degree(v)＝0，符合欧拉回路的要求。从这个图也能理解为什么把边(s,v)的容量设定为 degree[v]/2。

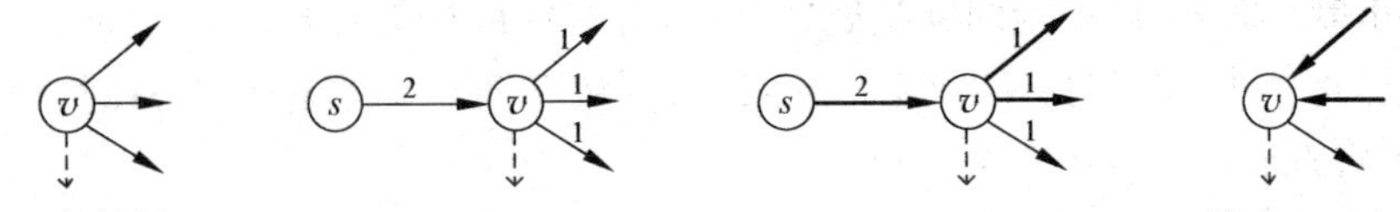

图 10.30　源点 s 连接的点 v

（2）与汇点 t 连接的点，分析同上。

（3）不与 s 和 t 连接的点 i，是否最后也有 degree(i)＝0 的结果？这些点在初始图 G 中有 degree(i)＝0。在 G' 中计算最大流的路径时，如果增广路经过了点 i，那么肯定有一个进边的流和一个出边的流，把这两个边同时反向，仍然是一个进边和一个出边，仍保持 degree(i)＝0。

hdu 1956 的数据比较大，需要用 Dinic 或 ISAP 算法。

【习题】

hdu 3549 "Flow Problem"，最大流入门题。

hdu 4280 "Island Transport"，数据规模为 $2 \leqslant N, M \leqslant 100\,000$。ISAP 模板题，用 Dinic 有可能超时。

hdu 3472 "HS BDC"。有 n 个单词，有的可以前后颠倒，看是否可以将 n 个单词首尾相连。混合图欧拉回路。

10.12　最　小　割

s-t 最小割是最大流的一个直接应用。

割(cut)和 s-t 割的概念：在有向图流网络 $G=(V,E)$ 中，割把图分成 S 和 $T=V-S$ 两部分，源点 $s \in S$，汇点 $t \in T$，这称为 s-t 割。

在图 10.31 中，边上的数字标出了流量和容量，s 和 t 之间的流量是 14。图中的虚线是一个割，把图分成了 S、T 两部分。

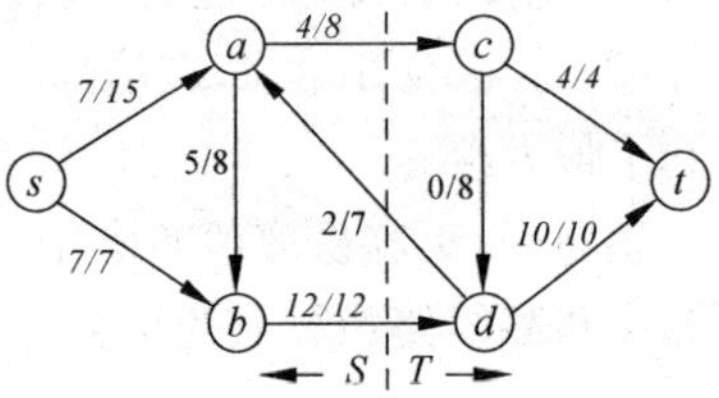

图 10.31　s-t 割

从 S 到 T，穿过割的净流量是 $4+12-2=14$。显然，在 s、t 之间做任意割，流经这个割的净流量都相等。

S 经过这个割到 T 的容量是 $8+12=20$，分别是边 ac 和 bd。也就是说，如果把边 ac 和 bd 去掉，S 中的水就

不能流到 T。注意在计算 S 到 T 的容量时不要算从 T 到 S 的反向容量。图中的虚线并不是一个最小割,读者可以观察最小割在哪里。

s-t 最小割问题是针对容量的,就是找到源点 s 和汇点 t 之间容量最小的割。

最小割问题可以形象地理解为:为了不让水从 s 流向 t,怎么破坏水沟代价最小?被破坏的水沟必然是从 s 到 t 的单向水沟。

最大流最小割定理:源点 s 和汇点 t 之间的最小割等于 s 和 t 之间的最大流[①]。

需要注意的是,定理中的最大流是指流量,而最小割是指容量。

全局最小割:把 s-t 最小割问题扩展到全局,有全局最小割问题。

简单的思路:可以利用最小割最大流定理,即枚举每个点当作汇点,计算出它的最大流,然后在所有点的最大流中取最小值。

但是这样做的复杂度很高,枚举汇点要 $O(V)$,Dinic 或 ISAP 算法的复杂度是 $O(V^2E)$,总复杂度是 $O(V^3E)$。

解决此类问题需要用 Stoer-Wagner 算法,由于题目比较罕见,本书不展开介绍。读者可以通过 poj 2914 "Minimum Cut"来了解。

【习题】

普通最小割问题的编码就是最大流算法。在对问题正确建模之后,用最大流的算法思路解决。

hdu 3251 "Being a Hero",最小割。

poj 1815 "Friendship",最小割。

10.13 最小费用最大流

在最大流网络中,每条边只有一个限制条件,例如容量、带宽等,这是"最小性参数",现在加上一个新的限制条件,例如费用,这是"可加性参数"。在两个限制条件的基础上引出了最小费用最大流问题:当流量为 F 时,求费用最小的流;如果没有指定 F,就是求最大流时的最小费用。

有两种思路:

(1) 先求一个最大流,然后不断优化得到最小费用流。首先用最大流算法得到一个最大流,然后检查边的情况,看是否有费用更小同时也能满足最大流的边,如果有,就进行调整,得到一个新的最大流。经过多次迭代,直到所有边都无法调整,就得到了最小费用最大流。

(2) 从零流开始,每次增加一个最小费用路径,经过多次增广,直到无法再增加路径,就得到了最大流。

思路(2)更容易理解和操作,它是网络流问题和最短路径问题的结合,其算法也是最大流算法和最短路径算法的结合。

---

① 证明见《算法导论》,Thomas H. Cormen 等著,潘金贵等译,机械工业出版社,定理 26.7。

最短路径算法有 Bellman-Ford 算法、Dijkstra 算法等，是否都能用？如果边的费用权值有负数，只能选择 Bellman-Ford 算法（或 SPFA 算法）。在最小费用最大流算法中，由于残留网络用到了反向边，所以肯定会出现负权边①，在本节的例题中会说明这一问题。

最小费用最大流的解决方法是 Ford-Fulkerson 方法+Bellman-Ford 算法（SPFA 算法）。

回顾最大流的 Ford-Fulkerson 方法，它的主要操作是在残留网络上不断寻找增广路径。如果用 BFS 求增广路，就是 Edmonds-Karp 算法。BFS 求增广路是很盲目的，它不会区分增广路的“好坏”。

如何找一条“好”的增广路？如果不用 BFS，而是改用 Bellman-Ford 算法（SPFA 算法），每次在残留网络上找增广路时都找费用最小的路径，就会得到一条“好”的、费用最低的路径。不断用 Bellman-Ford 算法（SPFA 算法）求增广路，直到满足题目要求的流量 F，最后得到一个流量为 F 并且费用最小的流。

上述的算法思想是否正确？可以简单思考如下：如果经过上述步骤得到的不是最小费用流，说明在残留网络上还存在费用更小的路径，这与前面步骤中已经计算了最小路径相矛盾②。

算法的复杂度是多少？找一次增广路，这个路径上至少有一个流量；总流量为 F，最多需要找 F 次增广路；每次使用 Bellman-Ford 算法找增广路，一次 Bellman-Ford 的时间是 $O(VE)$，所以总时间是 $O(FVE)$。

对于下面的例题，请读者先思考，再看答案。

poj 2135 “Farm Tour”

一个无向图，有 N 个地点、M 条边。一个人从 1 号点走到 N 号点，再从 N 号点走回 1 号点，每条路只能走一次。求来回的总长度最短的路线。

输入：第 1 行是两个整数 N、M；后面有 M 行，每行有 3 个整数，描述一个边的两个端点和边的长度。$1 \leqslant N \leqslant 1000$，$1 \leqslant M \leqslant 10\,000$。

输出：来回总长度最短的路径长度。

题目的测试数据确保存在来回的不重复路径。

根据题意分析，这是个无向图，从 1 走到 N 和从 N 走到 1 是一样的，那么题目转换为从 1 号点到 N 号点至少有两条不同路线，找其中两条，使它们的总长度最短。

刚看到这一题的时候，读者可能觉得很简单：先求第一个最短路径，然后把走过的路删除，再算一次最短路径。

然而这样做是错误的。例如图 10.32，找 a 到 d 的两条路。图中确实存在两条路，但是直接算两次最短路径却找不到这两条路：第一条最短路径是 a-c-b-d，有 3 个边，如果删除这 3 个边，图就断开了，无法继续找第二条路。

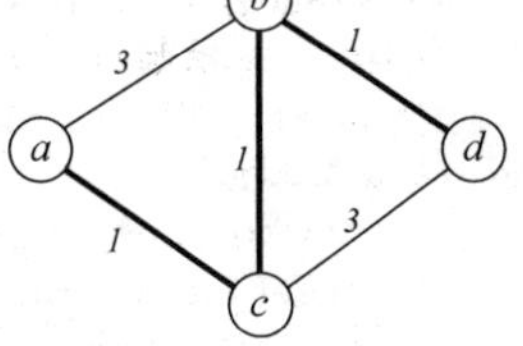

图 10.32 寻找 a 和 d 之间的两条路径

① 通过导入“势”的概念，可以在最小费用最大流算法中用 Dijkstra 算法，从而降低算法复杂度。请参考《挑战程序设计竞赛》（秋叶拓哉），225 页，“3.5.6 最小费用流”。

② 算法正确性的具体证明参考《挑战程序设计竞赛》（秋叶拓哉），225 页，“3.5.6 最小费用流”。

这个例子是从前面最大流的“残留网络”的例子引用过来的。这个例子说明本题和最大流有关系。

这一题实际上是一道最小费用最大流的裸题。建模如下：

把每条边的流量设为 1，表示每条边只能用 1 次，把边的长度看成每个边的费用。在图中添加一个“超级源点”s 和一个“超级汇点”t，s 到 1 有一个长度为 0、容量为 2 的边；N 到 t 有一个长度为 0、容量为 2 的边。在经过这个建模之后，原题中求两条最短路径的费用等价于求源点 s 和汇点 t 的最小费用最大流①。

分析复杂度，最小费用最大流的复杂度是 $O(FVE)$，$F=2$，$V=1000$，$E=10\,000$，$FVE=$ 2000 万，正好满足。

下面的最小费用最大流程序综合了 SPFA 算法和最大流算法，基本上套用了前面讲解过的模板。其中需要特别注意的是图的初始化，即如何把无向图转为有向图。

无向图的两个点(u,v)之间只有 1 个边，本题把它变成了 4 个边。

首先把无向边(u,v)分成有向边(u,v)和(v,u)。

然后把它们各分成两个边。例如有向边(u,v)变成了一个正向的费用为 cost、容量为 capacity 的边，以及一个反向的费用为－cost、容量为 0 的边。这样做和最大流中的残留网络是同样的道理，相当于一次增广之后生成的残留网络。如果读者不能理解，请回顾最大流中“反向路径”的相关内容。

从这个例子可以看出，边的权值会出现负数，所以不能用 Dijkstra 算最短路径，只能用 SPFA。

poj 2135 程序（邻接表存图＋SPFA＋最大流）

```
#include <stdio.h>
#include <algorithm>
#include <cstring>
#include <queue>
using namespace std;
const int INF = 0x3f3f3f3f;
const int N = 1010;
int dis[N], pre[N], preve[N];
//dis[i]记录起点到 i 的最短距离.pre 和 preve 见下面的注释
int n, m;
struct edge{
    int to, cost, capacity, rev;                    //rev 用于记录前驱点
    edge(int to_,int cost_,int c,int rev_){
          to = to_; cost = cost_; capacity = c; rev = rev_;}
};
vector<edge> e[N];                                  //e[i]: 存第 i 个结点连接的所有的边
void addedge(int from,int to,int cost,int capacity){  //把 1 个有向边再分为两个
    e[from].push_back(edge(to, cost, capacity, e[to].size()));
    e[to].push_back(edge(from, -cost, 0, e[from].size() - 1));
}
bool spfa(int s, int t, int cnt){                  //套 SPFA 模板
```

① 从这一题的建模过程可以看出，单源最短路径问题是费用流问题的一个特殊情况。把每个边的容量设为 1，添加一个源点 s，s 到起点的边容量是 1、费用是 0，那么 s 到终点的最小费用最大流就是最短路径。

```
    bool inq[N];
    memset(pre, -1, sizeof(pre));
    for(int i = 1; i <= cnt; ++i) { dis[i] = INF; inq[i] = false; }
    dis[s] = 0;
    queue <int> Q;
    Q.push(s);
    inq[s] = true;
    while(!Q.empty()){
        int u = Q.front();
        Q.pop();
        inq[u] = false;
        for(int i = 0; i < e[u].size(); i++)
            if(e[u][i].capacity > 0){
                int v = e[u][i].to, cost = e[u][i].cost;
                if(dis[u] + cost < dis[v]){
                    dis[v] = dis[u] + cost;
                    pre[v] = u;                   //v 的前驱点是 u
                    preve[v] = i;                 //u 的第 i 个边连接 v 点
                    if(!inq[v]){
                        inq[v] = true;
                        Q.push(v);
                    }
                }
            }
    }
    return dis[t] != INF;                         //s 到 t 的最短距离(或者最小费用)是 dis[t]
}
int mincost(int s, int t, int cnt){               //基本上是套最大流模板
    int cost = 0;
    while(spfa(s, t, cnt)){
        int v = t, flow = INF;                    //每次增加的流量
        while(pre[v] != -1){                      //回溯整个路径,计算路径的流
            int u = pre[v], i = preve[v];
                    //u 是 v 的前驱点,u 的第 i 个边连接 v
            flow = min(flow, e[u][i].capacity);
                    //所有边的最小容量就是这条路的流
            v = u;                                //回溯,直到源点
        }
        v = t;
        while(pre[v] != -1){                      //更新残留网络
            int u = pre[v], i = preve[v];
            e[u][i].capacity -= flow;             //正向减
            e[v][e[u][i].rev].capacity += flow;   //反向加,注意 rev 的作用
            v = u;                                //回退,直到源点
        }
        cost += dis[t] * flow;
                    //费用累加.如果程序需要输出最大流,在这里累加 flow
    }
    return cost;                                  //返回总费用
}
int main(){
    while(~scanf("%d%d", &n, &m)){
        for(int i = 0; i < N; i++)   e[i].clear(); //清空待用
        for(int i = 1; i <= m; ++i){
```

```
            int u, v, w;
            scanf("%d%d%d", &u, &v, &w);
            addedge(u, v, w, 1);                       //把 1 个无向边分为 2 个有向边
            addedge(v, u, w, 1);
        }
        int s = n+1, t = n+2;
        addedge(s, 1, 0, 2);                           //添加源点
        addedge(n, t, 0, 2);                           //添加汇点
        printf("%d\n", mincost(s, t, n+2));
    }
    return 0;
}
```

【习题】

hdu 3376 “Matrix Again”，费用流裸题。

hdu 3667 “Transportation”。

hdu 5520 “Number Link”。

10.14　二分图匹配

视频讲解

二分图：把无向图 $G=(V, E)$ 分为两个集合 V_1、V_2，所有的边都在 V_1 和 V_2 之间，而 V_1 或 V_2 的内部没有边。

一个图是否为二分图，一般用“染色法”进行判断。用两种颜色对所有顶点进行染色，要求一条边所连接的两个相邻顶点的颜色不相同。染色结束后，如果所有相邻顶点的颜色都不相同，它就是二分图。

一个图是二分图，当且仅当它不含边的数量为奇数的圈。读者可以画图理解这一点。

常见的二分图匹配问题有两种。

(1) 无权图，求包含边数最多的匹配，即二分图的最大匹配。本节讲解这个问题。

(2) 带权图，求边权之和尽量大的匹配。使用 KM 算法，本书没有涉及。

1. 二分图最大匹配问题

可以将二分图最大匹配问题转化为求最大流问题的思想来解决。不过在竞赛时一般不用标准的最大流模板，而是使用更简单的匈牙利算法。

二分图最大匹配的原型见下面的题目。

hdu 2063 “过山车”

大家去坐过山车。过山车的每一排只有两个座位，并且必须一男一女配对坐。但是，每个女孩有各自的想法，比如 Rabbit 只愿意和 XHD 或 PQK 坐，Grass 只愿意和 linle 或 LL 坐，等等。boss 刘决定，只让能配对的人坐过山车。当然，能配对的人越多越好。问最多有多少对组合可以坐上过山车？

2. 用最大流求解二分图匹配

二分图最大匹配问题可以转化为最大流问题：把每个边都改为有向边，流量都是1；在V_1上加一个人为的源点s，它连接V_1的所有点；在V_2上加一个人为的汇点t，它连接V_2的所有点，那么s、t之间的最大流就是最大二分图匹配。

原理很直观。在图10.33中，$V_1=\{a,b,c\}$是女生，$V_2=\{x,y,z\}$是男生。例如a点，流入a的流量是1，那么从a流出的只能是1，也就是说a只能匹配$\{x,y,z\}$中的一个。从V_1到V_2的流量和从s到t的流量相等。

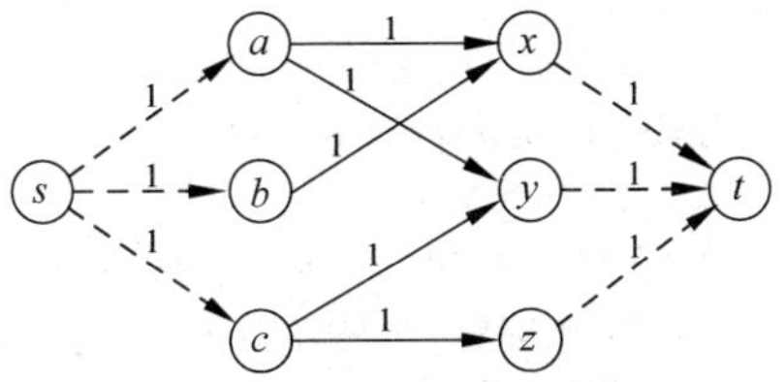

图10.33　二分图匹配和最大流

下面用最大流来求解。读者可以用图10.34复习最大流的Ford-Fulkerson方法，主要是对残留网络的操作。

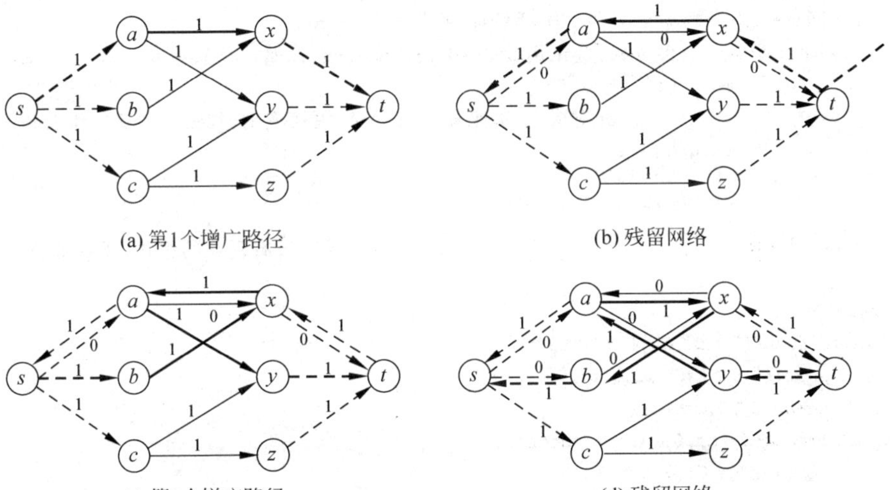

(a) 第1个增广路径　(b) 残留网络

(c) 第2个增广路径　(d) 残留网络

图10.34　用最大流来求解

(1) 找到第1个增广路径，找到匹配a-x，见图10.34(a)。

(2) 更新残留网络，见图10.34(b)。

(3) 找到第2个增广路径，找到匹配a-y、b-x。在这一步把原来的配对a-x改为a-y，以成全b-x的配对，这就是残留网络的作用，见图10.34(c)。

(4) 更新残留网络，见图10.34(d)。

后面的步骤请读者做练习。

3. 匈牙利算法

匈牙利算法可以看成最大流的一个特殊实现。

由于二分图是一个很简单的图，并不需要按上面的图解做标准的最大流，可以进行简化。

(1) 从上面的图解中发现对s和t的操作是多余的，直接从a、b、c开始找增广路径就可以了。

(2) 残留网络上的增广路需要覆盖完整的路径，如果在二分图中只进行$\{a,b,c\}$到$\{x,y,z\}$的局部操作，将简化很多。

下面是 hdu 2063 的程序。

hdu 2063 匈牙利算法(邻接矩阵)

```
#include<bits/stdc++.h>
using namespace std;
int G[510][510];
int match[510], reserve_boy[510];               //匹配结果在match[]中
int k, m_girl, n_boy;
bool dfs(int x){                                //找一个增广路径,即给女孩x找一个配对男孩
    for(int i=1; i<=n_boy; i++)
        if(!reserve_boy[i] && G[x][i]){
            reserve_boy[i] = 1;                 //预定男孩i,准备分给女孩x
            if(!match[i] || dfs(match[i])){
    //有两种情况:(1)如果男孩i还没配对,就分给女孩x;
    //(2)如果男孩i已经配对,尝试用dfs()更换原配女孩,以腾出位置给女孩x
                match[i] = x;
                        //配对成功.如果原来有配对,更换成功.现在男孩i属于女孩x
                return true;
            }
        }
    return false;                               //女孩x没有喜欢的男孩,或者更换不成功
}
int main(){
    while(scanf("%d",&k)!= EOF && k){
        scanf("%d%d",&m_girl,&n_boy);
        memset(G,0,sizeof(G));
        memset(match,0,sizeof(match));
        for(int i=0;i<k;i++){
            int a,b;
            scanf("%d%d",&a,&b);
            G[a][b]=1;
        }
        int sum=0;
        for(int i=1; i<=m_girl; i++){           //为每个女孩找配对
            memset(reserve_boy,0,sizeof(reserve_boy));
            if(dfs(i))  sum++;
                //第i个女孩配对成功,这个配对后面可能会更换,但是保证她能配对
        }
        printf("%d\n",sum);
    }
    return 0;
}
```

上述程序用邻接矩阵，找一次增广路径的时间复杂度为$O(V^2)$，总时间为$O(V^3)$；空间复杂度为$O(V^2)$。

改用邻接表存图可以加快搜索速度。找一次增广路径的时间复杂度为$O(V+E)$，总时

间为 $O(VE)$；空间复杂度为 $O(V+E)$。读者可以练习把上述程序改成用邻接表。

【习题】

hdu 1083 “Courses”，简单题。

hdu 3729 “I’m Telling the Truth”，简单题。

hdu 5727 “Necklace”。

hdu 3605 “Escape”，二分图多重匹配。

10.15 小　　结

本章讲解了很多图论问题，关键的知识点总结如下。

视频讲解

(1) 图的存储：牢固掌握图的邻接矩阵、邻接表、链式前向星 3 种存储方法。

(2) BFS 和 DFS 在图问题中的关键作用：DFS 对图的遍历过程。

(3) 拓扑排序：BFS 和 DFS 的直接应用。

(4) 欧拉路：DFS 的直接应用。

(5) 无向图连通性：缩点的方法。

(6) 有向图连通性：DFS 的深度应用。

(7) 2-SAT 问题：强连通分量和拓扑排序的应用。

(8) 最短路径：透彻掌握各种最短路径算法的思想、数据结构、编程、应用环境。

(9) 最小生成树：贪心法思想的应用。

(10) 最大流：网络流的基础问题；残留网络、增广路的方法。请读者透彻掌握。

(11) 最小割：问题建模。

(12) 最小费用最大流：最短路径和最大流的结合。

(13) 二分图匹配：最大流思想的应用。

第11章 计算几何

☑ 二维几何基础

☑ 圆

☑ 三维几何

☑ 几何模板

几何类题目是算法竞赛中的一个大类考点，涉及的知识点有平面几何、解析几何、计算几何等。

几何题的代码一般比较长，有时甚至有 200 多行，而且逻辑往往也比较复杂，是典型的考查参赛人员编码能力的题型。

如果要选出带到赛场的必备模板，其中一定会包括几何模板。很多有经验的老队员说："做几何题，模板很重要，要高度可靠！"因此，在平时的训练过程中认真总结模板，融会贯通，才能在赛场上灵活地使用它们。

11.1 二维几何基础

计算几何中的坐标值一般是实数，在编程时用 double 类型，不用精度较低的 float 类型。double 类型读入时用%lf 格式，输出时用%f 格式。

在进行浮点数运算时会产生精度误差，为了控制精度，可以设置一个偏差值 eps(epsilon)，eps 要大于浮点运算结果的不确定量，一般取 10^{-8}。如果 eps 取 10^{-10}，可能会有问题，例如 11.2.1 节中提到的 hdu 5572 题，用 10^{-10} 会返回 Wrong Answer。

视频讲解

判断一个浮点数是否等于 0，不能直接用"==0"来判断，而是用 sgn()函数判断是否小于 eps。在比较两个浮点数时，也不能直接用"=="判断是否相等，而是用 dcmp()函数判断是否相等。

```
const double pi = acos(-1.0);              //高精度圆周率
const double eps = 1e-8;                   //偏差值,有时用 1e-10
int sgn(double x){                         //判断 x 是否等于 0
    if(fabs(x) < eps)  return 0;
    else return x<0?-1:1;
}
int dcmp(double x, double y){              //比较两个浮点数: 0 为相等; -1 为小于; 1 为大于
    if(fabs(x - y) < eps) return 0;
    else return x<y ?-1:1;
}
```

11.1.1 点和向量

1. 点

二维平面中的点用坐标(x, y)来表示。

```
struct Point{
    double x,y;
    Point(){}
    Point(double x,double y):x(x),y(y){}
};
```

2. 两点之间的距离

(1) 把两点看成直角三角形的两个顶点,斜边就是两点的距离。用库函数 hypot()计算直角三角形的斜边长。

```
double Distance(Point A, Point B){return hypot(A.x - B.x,A.y - B.y);}
```

(2) 或者用 sqrt()函数计算。

```
double Dist(Point A,Point B){
    return sqrt((A.x - B.x) * (A.x - B.x) + (A.y - B.y) * (A.y - B.y));
}
```

3. 向量

有大小、有方向的量称为向量(矢量),只有大小没有方向的量称为标量。

用平面上的两个点可以确定一个向量,例如用起点 P_1 和终点 P_2 表示一个向量。不过,为了简化描述,可以把它平移到原点,把向量看成从原点(0,0)指向点(x,y)的一个有向线段,如图 11.1 所示。向量的表示在形式上与点的表示完全一样,可以用点的数据结构来表示向量:

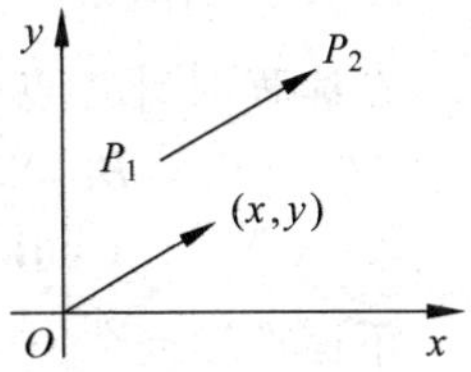

图 11.1 向量

```
typedef Point Vector;
```

注意,向量并不是一个有向线段,只是表示方向和大小,所以向量平移后仍然不变。

视频讲解

4. 向量的运算

在 struct Point 中,对向量运算重载运算符。

(1) 加:点与点的加法运算没有意义;点与向量相加得到另一个点;向量与向量相加得到另外一个向量。

```
Point operator + (Point B){return Point(x + B.x,y + B.y);}
```

(2) 减:两个点的差是一个向量;向量 **A** 减 **B** 得到由 **B** 指向 **A** 的向量。

```
Point operator - (Point B){return Point(x - B.x,y - B.y);}
```

向量的加法和减法示意图如图 11.2 所示。

图 11.2　向量的加法和减法

（3）乘：向量与实数相乘得到等比例放大的向量。

```
Point operator * (double k){return Point(x * k,y * k);}
```

（4）除：向量与实数相除得到等比例缩小的向量。

```
Point operator / (double k){return Point(x/k,y/k);}
```

（5）等于：

```
bool operator == (Point B){return sgn(x - B.x) == 0 && sgn(y - B.y) == 0;}
```

11.1.2　点积和叉积

向量的基本运算是点积和叉积，计算几何的各种操作几乎都基于这两种运算。

1. 点积(Dot product)

记向量 **A** 和 **B** 的点积为 $\boldsymbol{A}\cdot\boldsymbol{B}$，定义如下：

$$\boldsymbol{A}\cdot\boldsymbol{B}=|\boldsymbol{A}||\boldsymbol{B}|\cos\theta$$

其中 θ 为 **A**、**B** 之间的夹角。点积的几何意义为 **A** 在 **B** 上的投影长度乘以 **B** 的模长。点积的几何表示如图 11.3 所示。

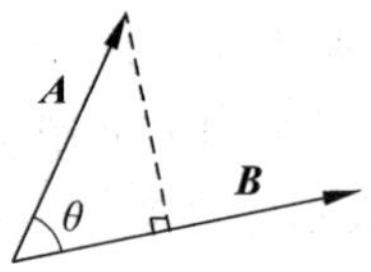

图 11.3　点积的几何表示

在编程时计算点积并不需要知道 θ。如果已知 $\boldsymbol{A}=(\boldsymbol{A}.\mathrm{x},\boldsymbol{A}.\mathrm{y})$，$\boldsymbol{B}=(\boldsymbol{B}.\mathrm{x},\boldsymbol{B}.\mathrm{y})$，那么有：

$$\boldsymbol{A}\cdot\boldsymbol{B}=\boldsymbol{A}.\mathrm{x}*\boldsymbol{B}.\mathrm{x}+\boldsymbol{A}.\mathrm{y}*\boldsymbol{B}.\mathrm{y}$$

下面推导这个公式。设 $\theta1$ 是 **A** 与 x 轴的夹角，$\theta2$ 是 **B** 与 x 轴的夹角，向量 **A** 与 **B** 的夹角 θ 等于 $\theta1-\theta2$，那么有：

$$\begin{aligned}&\boldsymbol{A}.\mathrm{x}*\boldsymbol{B}.\mathrm{x}+\boldsymbol{A}.\mathrm{y}*\boldsymbol{B}.\mathrm{y}\\&=(|\boldsymbol{A}|*\cos\theta1)*(|\boldsymbol{B}|*\cos\theta2)+(|\boldsymbol{A}|*\sin\theta1)*(|\boldsymbol{B}|*\sin\theta2)\\&=|\boldsymbol{A}||\boldsymbol{B}|(\cos\theta1*\cos\theta2+\sin\theta1*\sin\theta2)\\&=|\boldsymbol{A}||\boldsymbol{B}|(\cos(\theta1-\theta2))\\&=|\boldsymbol{A}||\boldsymbol{B}|\cos\theta\end{aligned}$$

求 **A**、**B** 点积的代码如下：

```
double Dot(Vector A,Vector B){return A.x * B.x + A.y * B.y;}
```

2. 点积的应用

1）判断 **A** 与 **B** 的夹角是钝角还是锐角

点积有正负，利用正负号可以判断向量的夹角：

若 dot(**A**,**B**)>0，**A** 与 **B** 的夹角为锐角；

若 dot(**A**,**B**)<0,**A** 与 **B** 的夹角为钝角;

若 dot(**A**,**B**)=0,**A** 与 **B** 的夹角为直角。

2) 求向量 **A** 的长度

```
double Len(Vector A){return sqrt(Dot(A,A));}
```

或者是求长度的平方,避免开方运算:

```
double Len2(Vector A){return Dot(A,A);}
```

3) 求向量 **A** 与 **B** 的夹角大小

```
double Angle(Vector A,Vector B){return acos(Dot(A,B)/Len(A)/Len(B));}
```

3. 叉积(Cross product)

叉积是比点积更常用的几何概念。它的计算公式如下:

$$\boldsymbol{A}\times\boldsymbol{B}=|\boldsymbol{A}||\boldsymbol{B}|\sin\theta$$

θ 表示向量 **A** 旋转到向量 **B** 所经过的夹角。

两个向量的叉积是一个带正负号的数值。**A**×**B** 的几何意义为向量 **A** 和 **B** 形成的平行四边形的"有向"面积,这个面积是有正负的。叉积的正负符合"右手定则",读者可以用图 11.4 中的正负情况帮助理解。

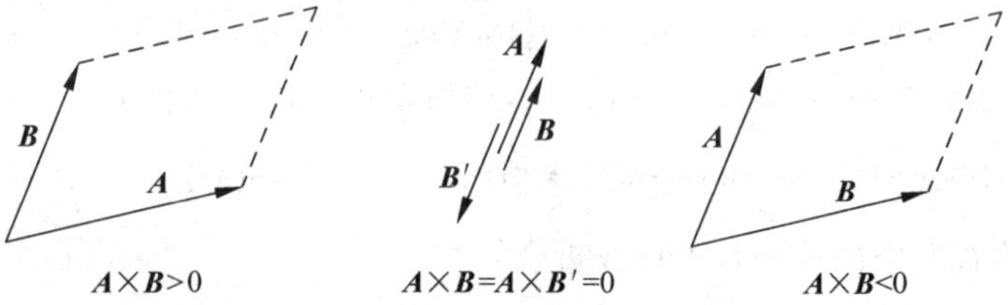

图 11.4 叉积与叉积的正负

用以下程序计算向量 **A**、**B** 的叉积 **A**×**B**:

```
double Cross(Vector A,Vector B){return A.x*B.y - A.y*B.x;}
```

对于其正确性,读者可以用前文证明点积的推导方法来证明。

注意函数 Cross()中的 **A**、**B** 是有顺序的,叉积有正负,**A**×**B** 与 **B**×**A** 相反。

叉积有正负,这个性质使得叉积能用于很多有用的场合。

4. 叉积的基本应用

下面给出叉积的几个基本应用。对于其他应用,例如求两个线段的方向关系、求多边形的面积等,将在后文讲解。

1) 判断向量 **A**、**B** 的方向关系

若 **A**×**B**>0,**B** 在 **A** 的逆时针方向;

若 **A**×**B**<0,**B** 在 **A** 的顺时针方向;

若 **A**×**B**=0,**B** 与 **A** 共线,可能是同方向的,也可能是反方向的。

2）计算两向量构成的平行四边形的有向面积

3个点 **A**、**B**、**C**，以 **A** 为公共点，得到两个向量 **B**−**A** 和 **C**−**A**，它们构成的平行四边形的面积如下：

```
double Area2(Point A,Point B,Point C){return Cross(B - A, C - A);}
```

如果以 **B** 或 **C** 为公共点构成平行四边形，面积是相等的，但是正负不一样。

3）计算3点构成的三角形的面积

3个点 **A**、**B**、**C** 构成的三角形的面积等于平行四边形面积 Area2(**A**,**B**,**C**)的1/2。

4）向量旋转

使向量(x,y)绕起点逆时针旋转，设旋转角度为θ，那么旋转后的向量(x',y')如下：

$$x' = x\cos\theta - y\sin\theta$$
$$y' = x\sin\theta + y\cos\theta$$

代码如下，向量 **A** 逆时针旋转的角度为 rad：

```
Vector Rotate(Vector A, double rad){
    return Vector(A.x * cos(rad) - A.y * sin(rad), A.x * sin(rad) + A.y * cos(rad));
}
```

特殊情况是旋转90°。

逆时针旋转90°：Rotate(A, pi/2)，返回 Vector($-A.y$, $A.x$)；

顺时针旋转90°：Rotate(A, $-$pi/2)，返回 Vector($A.y$,$-A.x$)。

有时需要求单位法向量，即逆时针转90°，然后取单位值。代码如下：

```
Vector Normal(Vector A){return Vector( - A.y/Len(A), A.x/Len(A));}
```

5）用叉积检查两个向量是否平行或重合

```
bool Parallel(Vector A, Vector B){return sgn(Cross(A,B)) == 0;}
```

11.1.3 点和线

1. 直线的表示

直线有多种表示方法，用户在编程时可以灵活使用这些方法：

(1) 用直线上的两个点来表示。

(2) $ax+by+c=0$，普通式。

(3) $y=kx+b$，斜截式。

(4) $P=P_0+vt$，点向式。也就是用 P_0 和 v 来表示直线 P，t 是变量，可以取任意值。$P_0(x_0,y_0)$是直线上的一个点；v 是方向向量，给定两个点 A、B，那么 $v=B-A$。

点向式非常便于计算机处理，也能方便地表示射线、线段：

如果 t 无限制，P 是直线；

如果 t 在[0,1]内，P 是 A、B 之间的线段；

如果 $t>0$，P 是射线。

```
struct Line{
```

```
    Point p1,p2;                          //线上的两个点
    Line(){}
    Line(Point p1,Point p2):p1(p1),p2(p2){}
    //根据一个点和倾斜角 angle 确定直线,0≤angle<pi
    Line(Point p,double angle){
        p1 = p;
        if(sgn(angle - pi/2) == 0){p2 = (p1 + Point(0,1));}
        else{p2 = (p1 + Point(1,tan(angle)));}
    }
    //ax + by + c = 0
    Line(double a,double b,double c){
        if(sgn(a) == 0){
            p1 = Point(0, - c/b);
            p2 = Point(1, - c/b);
        }
        else if(sgn(b) == 0){
            p1 = Point( - c/a,0);
            p2 = Point( - c/a,1);
        }
        else{
            p1 = Point(0, - c/b);
            p2 = Point(1,( - c - a)/b);
        }
    }
};
```

2. 线段的表示

可以用两个点表示线段,起点是 p_1,终点是 p_2。直接用直线的数据结构定义线段:

```
typedef Line Segment;
```

3. 点和直线的位置关系

在二维平面上,点和直线有 3 种位置关系,即点在直线左侧、在右侧、在直线上。用直线上的两点 p_1 和 p_2 与点 p 构成两个向量,用叉积的正负判断方向,就能得到位置关系。

```
int Point_line_relation(Point p, Line v){
    int c = sgn(Cross(p - v.p1,v.p2 - v.p1));
    if(c < 0)return 1;                    //1: p 在 v 的左边
    if(c > 0)return 2;                    //2: p 在 v 的右边
    return 0;                             //0: p 在 v 上
}
```

4. 点和线段的位置关系

判断点 p 是否在线段 v 上,先用叉积判断是否共线,然后用点积看 p 和 v 的两个端点产生的角是否为钝角(实际上应该是 180°角)。

```
bool Point_on_seg(Point p, Line v){       //点和线段: 0 为点不在线段 v 上; 1 为点在线段 v 上
    return sgn(Cross(p - v.p1, v.p2 - v.p1)) == 0 && sgn(Dot(p - v.p1,p - v.p2)) <= 0;
}
```

5. 点到直线的距离

已知点 p 和直线 $v(p_1,p_2)$，求 p 到 v 的距离。首先用叉积求 p、p_1、p_2 构成的平行四边形的面积，然后用面积除以平行四边形的底边长，也就是线段 (p_1, p_2) 的长度，就得到了平行四边形的高，即 p 点到直线的距离。

```
double Dis_point_line(Point p, Line v){
    return fabs(Cross(p - v.p1,v.p2 - v.p1))/Distance(v.p1,v.p2);
}
```

6. 点在直线上的投影

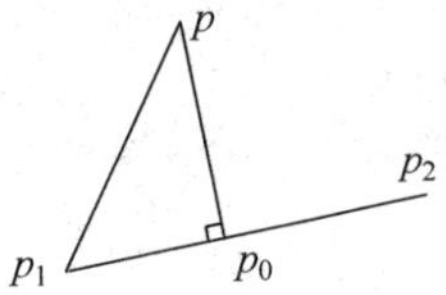

图 11.5 点在直线上的投影

已知直线上的两点 p_1、p_2 以及直线外的一点 p，求投影点 p_0，如图 11.5 所示。

令 $k=\frac{|p_0-p_1|}{|p_2-p_1|}$，即 k 是线段 p_0p_1 和 p_2p_1 长度的比值。因为 $p_0=p_1+k*(p_2-p_1)$，如果求得 k，就能得到 p_0。

根据点积的概念，有

$$(p-p_1)\cdot(p_2-p_1)=|p_2-p_1|*|p_0-p_1|$$

即 $|p_0-p_1|=\frac{(p-p_1)\cdot(p_2-p_1)}{|p_2-p_1|}$，代入得

$$k=\frac{|p_0-p_1|}{|p_2-p_1|}=\frac{(p-p_1)\cdot(p_2-p_1)}{|p_2-p_1|*|p_2-p_1|}$$

所以

$$p_0=p_1+k*(p_2-p_1)=p_1+\frac{(p-p_1)\cdot(p_2-p_1)}{|p_2-p_1|*|p_2-p_1|}*(p_2-p_1)$$

代码如下：

```
Point Point_line_proj(Point p, Line v){
    double k = Dot(v.p2 - v.p1,p - v.p1)/Len2(v.p2 - v.p1);
    return v.p1 + (v.p2 - v.p1) * k;
}
```

7. 点关于直线的对称点

求一个点 p 对一条直线 v 的镜像点。先求点 p 在直线上的投影 q，再求对称点 p'，如图 11.6 所示。

```
Point Point_line_symmetry(Point p, Line v){
    Point q = Point_line_proj(p,v);
    return Point(2 * q.x - p.x,2 * q.y - p.y);
}
```

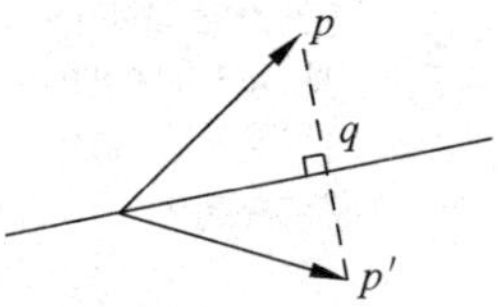

图 11.6 对称点

8. 点到线段的距离

对于点 p 到线段 AB 的距离，在以下 3 个距离中取最小值：从 p 出发对 AB 做垂线，如果交点在 AB 线段上，这个距离就是最小值；p 到 A 的距离；p 到 B 的距离。

```
double Dis_point_seg(Point p, Segment v){
```

```
    if(sgn(Dot(p - v.p1,v.p2 - v.p1))< 0 || sgn(Dot(p - v.p2,v.p1 - v.p2))< 0)
        return min(Distance(p,v.p1),Distance(p,v.p2));
    return Dis_point_line(p,v);              //点的投影在线段上
}
```

9. 两条直线的位置关系

```
int Line_relation(Line v1, Line v2){
    if(sgn(Cross(v1.p2 - v1.p1,v2.p2 - v2.p1)) == 0){
        if(Point_line_relation(v1.p1,v2) == 0) return 1;        //1:重合
        else return 0;                                            //0:平行
    }
    return 2;                                                     //2:相交
}
```

10. 求两条直线的交点

对于两直线的交点，可以通过 $a_1x+b_1y+c_1=0$ 与 $a_2x+b_2y+c_2=0$ 联立方程求解。不过，借助叉积有更简单的方法。

图 11.7 中有 4 个点 A、B、C、D，组成两条直线 AB 和 CD，交点是 P。以下两个关系成立：

$\frac{|DP|}{|CP|}=\frac{S_{\triangle ABD}}{S_{\triangle ABC}}=\frac{\overrightarrow{AD}\times\overrightarrow{AB}}{\overrightarrow{AB}\times\overrightarrow{AC}}$，其中 $S_{\triangle ABD}$、$S_{\triangle ABC}$ 表示三角形的面积。

$\frac{|DP|}{|CP|}=\frac{x_D-x_P}{x_P-x_C}=\frac{y_D-y_P}{y_P-y_C}$，其中 x_D、y_D 等表示点的坐标。

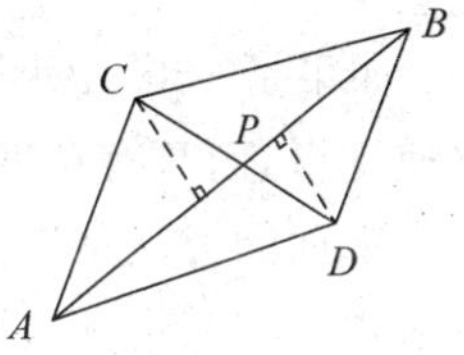

图 11.7 直线的交点

联立上面两个方程，得到交点 P 的坐标如下：

$$x_P=\frac{S_{\triangle ABD}\times x_C+S_{\triangle ABC}\times x_D}{S_{\triangle ABD}+S_{\triangle ABC}}$$

$$y_P=\frac{S_{\triangle ABD}\times y_C+S_{\triangle ABC}\times y_D}{S_{\triangle ABD}+S_{\triangle ABC}}$$

三角形的面积可以通过叉积求得：$S_{\triangle ABD}=\overrightarrow{AD}\times\overrightarrow{AB}$，$S_{\triangle ABC}=\overrightarrow{AB}\times\overrightarrow{AC}$。

程序如下：

```
Point Cross_point(Point a,Point b,Point c,Point d){      //Line1:ab, Line2:cd
    double s1 = Cross(b - a,c - a);
    double s2 = Cross(b - a,d - a);                        //叉积有正负
    return Point(c.x * s2 - d.x * s1,c.y * s2 - d.y * s1)/(s2 - s1);
}
```

注意：在 Cross_point()中要对(s2−s1)做除法，所以在调用 Cross_point()之前应该保证 s2−s1≠0，即直线 AB、CD 不共线，而且不平行。

11. 判断两个线段是否相交

这里仍然利用叉积有正负的特点。如果一条线段的两端在另一条线段的两侧，那么两个端点与另一线段产生的两个叉积正负相反，也就是说两个叉积相乘为负。如果两条线段互相满足这一点，那么就是相交的。

```
bool Cross_segment(Point a,Point b,Point c,Point d){    //Line1:ab;  Line2:cd
    double c1 = Cross(b - a,c - a),c2 = Cross(b - a,d - a);
    double d1 = Cross(d - c,a - c),d2 = Cross(d - c,b - c);
    return sgn(c1) * sgn(c2)<= 0 && sgn(d1) * sgn(d2)<= 0;    //1:相交; 0:不相交
}
```

12. 求两条线段的交点

先判断两条线段是否相交，若相交，问题转化成两条直线求交点。

11.1.4 多边形

1. 判断点在多边形内部

给定一个点 P 和一个多边形，判断 P 是否在多边形内部，有射线法和转角法两种方法。

射线法：从 P 引一条射线，穿过多边形，如果和多边形的边相交奇数次，说明 P 在内部；如果是偶数次，说明在外部。这种方法比较烦琐，很少使用。

转角法：把点 P 和多边形的每个点连接，逐个计算角度，绕多边形一周，看多边形相对于这个点总共转了多少度。如果是 360°，说明点在多边形内；如果是 0°，说明点在多边形外；如果是 180°，说明点在多边形边界上。但是，如果直接算角度，需要计算反三角函数，不仅速度慢，而且有精度问题。

下面的方法是转角法思想的另一种实现：以点 P 为起点引一条水平线，检查与多边形每条边的相交情况，例如沿着逆时针，检查 P 和每个边的相交情况，统计 P 穿过这些边的次数。见图 11.8 和图 11.9，检查以下 3 个参数：

$$c = \text{Cross}(P - j, i - j)$$
$$u = i.y - P.y$$
$$v = j.y - P.y$$

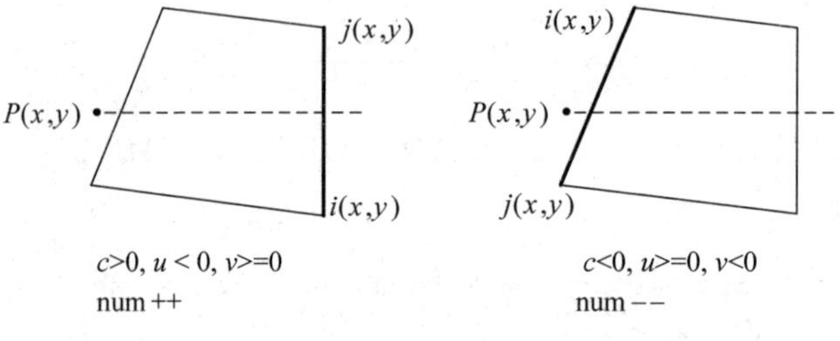

图 11.8 P 在多边形左侧

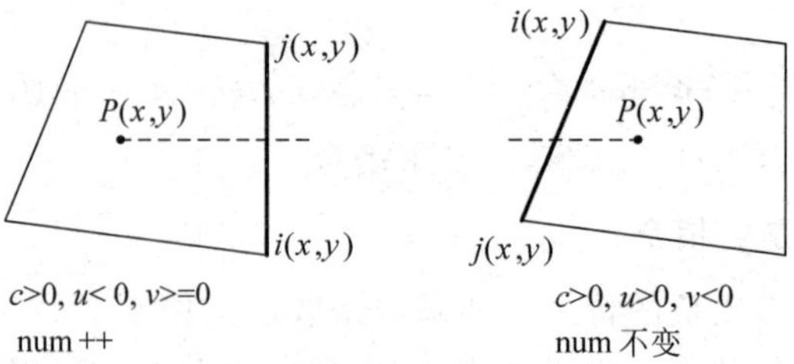

图 11.9 P 在多边形内部

叉积 c 用来检查 P 点在线段 ij 的左侧还是右侧，u、v 用来检查经过 P 的水平线是否穿过线段 ij。

用 num 计数：

```
if(c > 0 && u < 0 && v >= 0) num++;
if(c < 0 && u >= 0 && v < 0) num--;
```

当 num>0 时，P 在多边形内部。读者可以验证其他情况，例如 P 在多边形右侧、多边形是凹多边形，看上述判断是否成立。

下面是代码，注意多边形的形状是由各个顶点的排列顺序决定的。

```
int Point_in_polygon(Point pt,Point *p,int n){          //点 pt,多边形 Point *p
    for(int i = 0;i < n;i++){                            //3: 点在多边形的顶点上
        if(p[i] == pt)return 3;
    }
    for(int i = 0;i < n;i++){                            //2: 点在多边形的边上
        Line v = Line(p[i],p[(i + 1) % n]);
        if(Point_on_seg(pt,v)) return 2;
    }
    int num = 0;
    for(int i = 0;i < n;i++){
        int j = (i + 1) % n;
        int c = sgn(Cross(pt - p[j],p[i] - p[j]));
        int u = sgn(p[i].y - pt.y);
        int v = sgn(p[j].y - pt.y);
        if(c > 0 && u < 0 && v >= 0) num++;
        if(c < 0 && u >= 0 && v < 0) num--;
    }
    return num != 0;                                     //1: 点在内部; 0: 点在外部
}
```

2. 求多边形的面积

给定一个凸多边形，求它的面积。读者很容易想到，可以在凸多边形内部找一个点 P，然后以这个点为中心，与凸多边形的边结合，对多边形进行三角剖分，所有三角形的和就是凸多边形的面积。每个三角形的面积可以用叉积来求。

事实上，上述方法不仅可用于凸多边形，也适用于非凸多边形；而且点 P 并不需要在多边形内部，在任何位置都可以，例如以原点为 P，编程最简单。这是因为叉积是有正负的，它可以抵消多边形外部的面积，图 11.10 给出了各种情况。

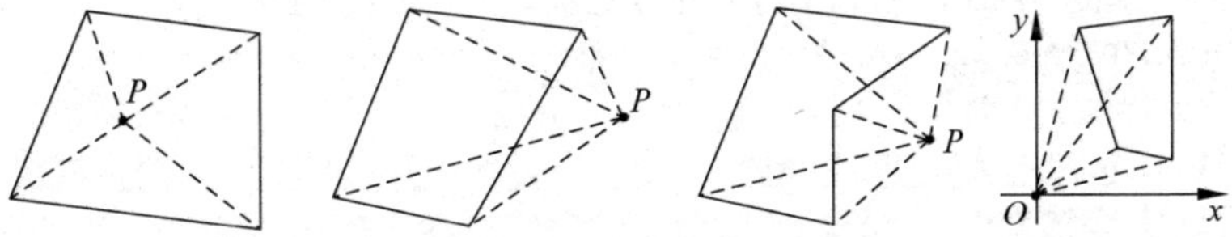

图 11.10　求任意多边形的面积

下面的程序以原点为中心点划分三角形，然后求多边形的面积。

```
double Polygon_area(Point *p, int n){                    //Point *p 表示多边形
    double area = 0;
```

```
    for(int i = 0;i < n;i++)
        area += Cross(p[i],p[(i + 1) % n]);
    return area/2;                              //面积有正负,这里不能简单地取绝对值
}
```

3. 求多边形的重心

将多边形三角剖分,算出每个三角形的重心,三角形的重心是 3 点坐标的平均值,然后对每个三角形的有向面积求加权平均。

下面用一个例题综合讲解前面一些模板的应用。代码中的 Polygon_center()是求多边形的重心。

> **hdu 1115 "Lifting the Stone"**
>
> 给定一个 N 多边形,$3 \leqslant N \leqslant 1\,000\,000$,求重心。

代码如下:

```
#include <bits/stdc++.h>
struct Point{
    double x,y;
    Point(double X = 0,double Y = 0){x = X,y = Y;}
    Point operator + (Point B){return Point (x + B.x,y + B.y);}
    Point operator - (Point B){return Point (x - B.x,y - B.y);}
    Point operator * (double k){return Point (x * k,y * k);}
    Point operator / (double k){return Point (x/k,y/k);}
};
typedef Point Vector;
double Cross(Vector A,Vector B){return A.x * B.y - A.y * B.x;}
double Polygon_area(Point * p, int n){              //求多边形的面积
    double area = 0;
    for(int i = 0;i < n;i++)
        area += Cross(p[i],p[(i + 1) % n]);
    return area/2;                                  //面积有正负,不能取绝对值
}
Point Polygon_center(Point * p, int n){             //求多边形的重心
    Point ans(0,0);
    if(Polygon_area(p,n) == 0) return ans;
    for(int i = 0;i < n;i++)
        ans = ans + (p[i] + p[(i + 1) % n]) * Cross(p[i],p[(i + 1) % n]);
    return ans/Polygon_area(p,n)/6;
}
int main(){
    int t,n,i;
    Point center;                                   //重心的坐标
    Point p[100000];
    scanf("%d",&t);
    while(t--){
        scanf("%d",&n);
        for(i = 0;i < n;i++) scanf("%lf %lf",&p[i].x,&p[i].y);
```

```
        center = Polygon_center(p,n);
        printf("%.2f %.2f\n",center.x,center.y);  //注意这里输出用%f,不是用%lf
    }
    return 0;
}
```

【习题】

hdu 1558,几何+并查集。

11.1.5 凸包

视频讲解

凸包(Convex hull)是计算几何中的著名问题,有非常广泛的应用①。

凸包问题:给定一些点,求能把所有这些点包含在内的面积最小的多边形。可以想象有一个很大的橡皮箍,它把所有的点都箍在里面,在橡皮箍收紧之后,绕着最外围的点形成的多边形就是凸包。

求凸包的常用算法有两种,一是 Graham 扫描法,其复杂度是 $O(n\log_2 n)$;二是 Jarvis 步进法,其复杂度是 $O(nh)$,h 是凸包上的顶点数。这两种算法的基本思路是"旋转扫除",设定一个参照顶点,逐个旋转到其他所有顶点,并判断这些顶点是否在凸包上。

这里介绍 Graham 扫描法的变种——Andrew 算法,它更快、更稳定。算法做两次扫描,先从最左边的点沿"下凸包"扫描到最右边,再从最右边的点沿"上凸包"扫描到最左边,"上凸包"和"下凸包"合起来就是完整的凸包。

具体步骤如下:

(1) 把所有点按照横坐标 x 从小到大进行排序,如果 x 相同,按 y 从小到大排序,并删除重复的点,得到序列$\{p_0, p_1, p_2, \cdots, p_m\}$。

(2) 从左到右扫描所有点,求"下凸包"。p_0 一定在凸包上,它是凸包最左边的顶点,从 p_0 开始,依次检查$\{p_1, p_2, \cdots, p_m\}$,扩展出"下凸包"。判断的依据是:如果新点在凸包"前进"方向的左边,说明在"下凸包"上,把它加入到凸包;如果在右边,说明拐弯了,删除最近加入下凸包的点。继续这个过程,直到检查完所有点。拐弯方向用叉积判断即可。例如图 11.11 所示,在检查 p_4 时发现 p_4p_3 对 p_3p_2 是右拐弯的,说明 p_3 不在下凸包上(有可能在"上凸包"上,在步骤(3)中会判断);退回到 p_2,发现 p_4p_2 对 p_2p_1 也是右拐弯的,退回到 p_1。

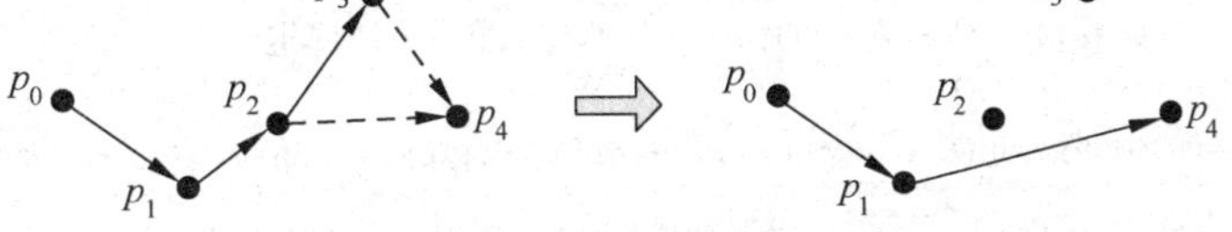

图 11.11 下凸包

① https://en.wikipedia.org/wiki/Convex_hull。

(3) 从右到左重新扫描所有点，求“上凸包”。和求“下凸包”的过程类似，最右边的点 p_m 一定在凸包上。

复杂度。算法先对点排序，复杂度是 $O(n\log_2 n)$[①]，然后扫描 $O(n)$ 次得到凸包。算法的总复杂度是 $O(n\log_2 n)$。

下面用一个例题讲解凸包模板的应用。代码中的 Convex_hull()是求凸包，注意其中用于去重的 unique()函数。

hdu 1392 “Surround the Trees”

输入 n 个点，求凸包的周长。

代码如下：

```
#include<bits/stdc++.h>
using namespace std;
const int maxn = 104;
const double eps = 1e-8;
int sgn(double x){                       //判断 x 是否等于 0
    if(fabs(x) < eps)  return 0;
    else return x<0?-1:1;
}
struct Point{
    double x,y;
    Point(){}
    Point(double x, double y):x(x),y(y){}
    Point operator + (Point B){return Point(x+B.x,y+B.y);}
    Point operator - (Point B){return Point(x-B.x,y-B.y);}
    bool operator == (Point B){return sgn(x-B.x) == 0 && sgn(y-B.y) == 0;}
    bool operator < (Point B){      //用于 sort()排序
        return sgn(x-B.x)<0 || (sgn(x-B.x) == 0 && sgn(y-B.y)<0);}
};
typedef Point Vector;
double Cross(Vector A,Vector B){return A.x*B.y - A.y*B.x;} //叉积
double Distance(Point A,Point B){return hypot(A.x-B.x,A.y-B.y);}
//Convex_hull()求凸包.凸包顶点放在 ch 中，返回值是凸包的顶点数
int Convex_hull(Point *p,int n,Point *ch){
    sort(p,p+n);                      //对点排序：按 x 从小到大排序，如果 x 相同，按 y 排序
    n=unique(p,p+n)-p;                //去除重复点
    int v=0;
    //求下凸包.如果 p[i]是右拐弯的，这个点不在凸包上，往回退
    for(int i=0;i<n;i++){
        while(v>1 && sgn(Cross(ch[v-1]-ch[v-2],p[i]-ch[v-2]))<=0)
            v--;
        ch[v++]=p[i];
    }
    int j=v;
```

① 证明见《计算几何算法与应用(第 3 版)》，Mark de Berg 等著，邓俊辉译，清华大学出版社，8 页。

```
    //求上凸包
    for(int i = n - 2;i >= 0;i -- ){
        while(v > j && sgn(Cross(ch[v - 1] - ch[v - 2],p[i] - ch[v - 2]))<= 0)
            v -- ;
        ch[v++] = p[i];
    }
    if(n > 1) v -- ;
    return v;                              //返回值 v 是凸包的顶点数
}
int main(){
    int n;
    Point p[maxn],ch[maxn];                //输入点是 p[],凸包顶点放在 ch[]中
    while(scanf(" %d",&n) && n){
        for(int i = 0;i < n;i++) scanf(" %lf %lf",&p[i].x,&p[i].y);
        int v = Convex_hull(p,n,ch);       //返回凸包的顶点数 v
        double ans = 0;
        if(v == 1) ans = 0;
        else if(v == 2) ans = Distance(ch[0],ch[1]);
        else
            for(int i = 0;i < v;i++)       //计算凸包的周长
                ans += Distance(ch[i],ch[(i + 1) % v]);
        printf(" %.2f\n",ans);
    }
    return 0;
}
```

【习题】

hdu 6325 “Interstellar Travel”。

11.1.6 最近点对

平面最近点对问题：给定平面上的 n 个点，找出距离最近的两个点。

先考虑暴力法，即列出所有的点对，然后比较每一对的距离，找出其中最短的。n 个点有 $c(n,2)$ 种组合，复杂度是 $O(n^2)$。

最近点对的标准算法是分治法，复杂度是 $O(n\log_2 n)$。下面是思路：

划分。把点的集合 S 平均分成两个子集 S_1 和 S_2（按点的 x 坐标排序，并按 x 的大小分成两半），然后每个子集再划分成更小的两个子集，递归这个过程，直到子集中只有一个点或两个点。

解决。在每个子集中递归地求最近点对。

合并。在求出子集 S_1 和 S_2 的最接近点对后，合并 S_1 和 S_2。合并时有以下两种情况：

(1) 集合 S 中的最近点对在子集 S_1 内部或者 S_2 内部，那么可以简单地直接合并 S_1 和 S_2。

(2) 这两个点一个在 S_1 中，一个在 S_2 中，不能简单合并。设 S_1 中的最短距离是 d_1，S_2 中的最短距离是 d_2，在 S_1 和 S_2 的中间点 p[mid]附近找到所有离它小于 d_1 和 d_2 的点（仍

然按 x 坐标值计算距离)，记录在点集 tmp_p[]中，这样那么最近点对就在这些点中。这样在这些点中找最近点对就行了。用分治法求最近点对应如图 11.12 所示。但是，仍然不能直接用暴力法列出点集 tmp_p[]中的所有点对，否则会 TLE。可以先按 y 坐标值对 tmp_p[]的点排序(这次不能按 x 坐标值排序，请思考为什么)，然后用剪枝把不符合条件的去掉。具体见下面例题的代码。

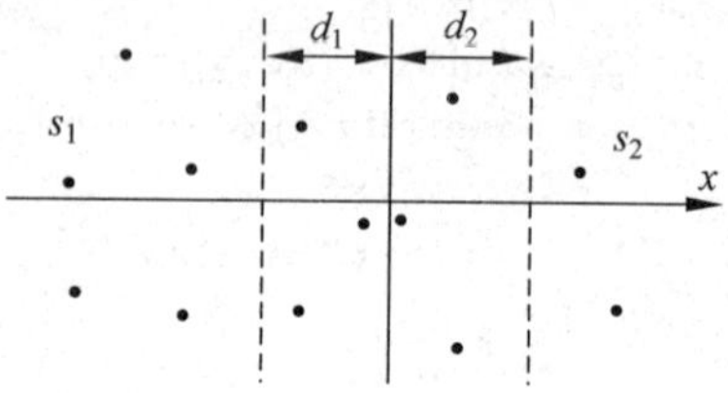

图 11.12　用分治法求最近点对

hdu 1007 "Quoit Design"

给定平面上的 n 个点，$2\leqslant n\leqslant 100\,000$。

找到最近点对，输出最近点对距离的一半。

下面是代码，注意其中分治法和剪枝的内容。程序比较简单，读者应该能自己写出来。

```
#include <bits/stdc++.h>
using namespace std;
const double eps = 1e-8;
const int MAXN = 100010;
const double INF = 1e20;
int sgn(double x){
    if(fabs(x) < eps)   return 0;
    else return x<0?-1:1;
}
struct Point{
    double x,y;
};
double Distance(Point A, Point B){return hypot(A.x-B.x,A.y-B.y);}
bool cmpxy(Point A,Point B){                         //排序: 先对横坐标 x 排序,再对 y 排序
  return sgn(A.x-B.x)<0 || (sgn(A.x-B.x) == 0 && sgn(A.y-B.y)<0);
}
bool cmpy(Point A,Point B){return sgn(A.y-B.y)<0;}   //只对 y 坐标排序
Point p[MAXN],tmp_p[MAXN];
double Closest_Pair(int left,int right){
    double dis = INF;
    if(left == right) return dis;                    //只剩一个点
    if(left + 1 == right)                            //只剩两个点
        return Distance(p[left], p[right]);
    int mid = (left+right)/2;                        //分治
    double d1 = Closest_Pair(left,mid);              //求 s1 内的最近点对
    double d2 = Closest_Pair(mid+1,right);           //求 s2 内的最近点对
    dis = min(d1,d2);
    int k = 0;
    for(int i=left;i<=right;i++)                     //在 s1 和 s2 中间附近找可能的最小点对
        if(fabs(p[mid].x - p[i].x) <= dis)           //按 x 坐标来找
            tmp_p[k++] = p[i];
  sort(tmp_p,tmp_p+k,cmpy);                  //按 y 坐标排序,用于剪枝.这里不能按 x 坐标排序
```

```
    for(int i = 0;i < k;i++)
        for(int j = i + 1;j < k;j++){
            if(tmp_p[j].y - tmp_p[i].y >= dis)  break;       //剪枝
            dis = min(dis,Distance(tmp_p[i],tmp_p[j]));
        }
  return dis;                                                //返回最小距离
}
int main(){
    int n;
    while(~scanf("%d",&n) && n){
        for(int i = 0;i < n;i++) scanf("%lf%lf",&p[i].x,&p[i].y);
        sort(p,p + n,cmpxy);                                 //先排序
        printf("%.2f\n",Closest_Pair(0,n - 1)/2);            //输出最短距离的一半
    }
    return 0;
}
```

【习题】

hdu 5721 “Palace”。

11.1.7 旋转卡壳

对于平面上的点集，可以用两条或更多平行线来“卡”住它们，从而解决很多问题。图 11.13 给出了一些应用场合。

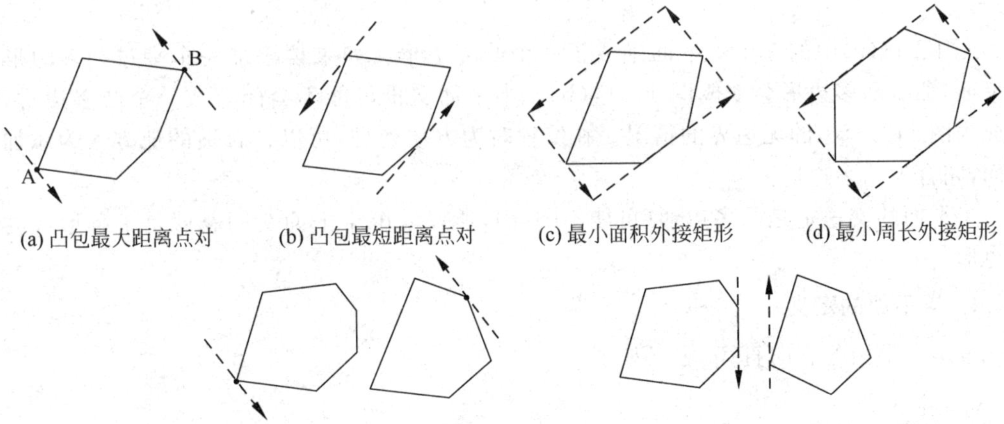

(a) 凸包最大距离点对　(b) 凸包最短距离点对　(c) 最小面积外接矩形　(d) 最小周长外接矩形

(e) 凸包间的最大距离　(f) 凸包间的最小距离

图 11.13 旋转卡壳的应用

两条平行线与凸包的交点称为对踵点对(antipodal pair)，例如图 11.13(a)中的 A、B 点。找对踵点对，可以使用被形象地称为旋转卡壳(rotating calipers)的方法。

旋转卡壳算法是这样操作的：

(1) 找初始的对踵点对和平行线。可以取 y 坐标最大和最小的两个点，经过这两个点做两条水平线，一条向左，一条向右。

(2) 同时逆时针旋转两条线，直到其中一条线与多边形的一条边重合。此时得到新的对踵点对。如果题目要求最大距离点对，可以计算新对踵点对的距离，并比较和更新。

(3) 重复(2)，直到回到初始对踵点。

【习题】

hdu 2202，凸包＋旋转卡壳。

hdu 2187/2823。

hdu 5251，凸包＋旋转卡壳求最小矩形覆盖。

11.1.8 半平面交

半平面就是平面的一半。

一个半平面用一条有向直线来定义。一条直线把平面分成两部分，为区分这两部分，这条直线应该是有向的，可以定义它左侧的平面是它代表的半平面。

给定一些半平面，它们相交会围成一片区域，例如图 11.14 所示的情况。

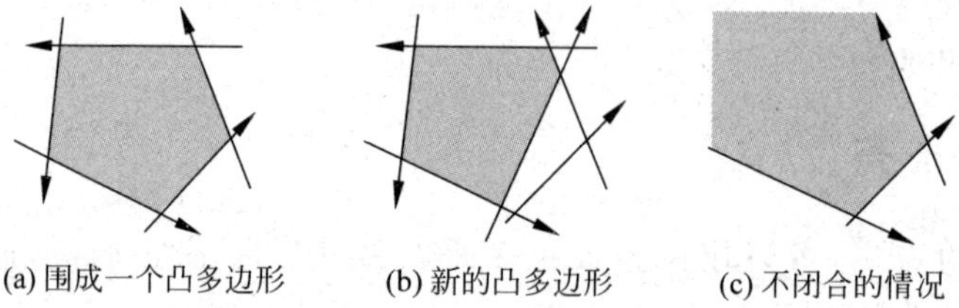

图 11.14　半平面交

图 11.14(a)中的 5 个半平面围成了一个凸多边形。如果再添加一个穿过凸多边形的半平面，那么凸多边形会变成图 11.14(b)。半平面交也可能不会闭合成一个凸多边形，而是成为图 11.14(c)的无边界的情况。在编程时为方便处理，可以在合适的地方人为添加半平面，闭合为凸多边形。

半平面的交一定是凸多边形(可能不闭合)，所以求解半平面交问题就是求解形成的凸多边形。

1. 半平面的定义

表示半平面的有向直线，定义如下：

```
struct Line{
    Point p;                                          //直线上的一个点
    Vector v;                                         //方向向量，它的左边是半平面
    double ang;                                       //极角，从 x 正半轴旋转到 v 的角度
    Line(){};
    Line(Point p, Vector v):p(p),v(v){ang = atan2(v.y, v.x);}
    bool operator < (Line &L){return ang < L.ang;}    //用于排序
};
```

2. 半平面交算法

半平面交有一个显而易见的算法，即增量法，描述如下：

(1) 初始凸包。先人为设定一个极大的矩形,作为初始凸多边形,它能把最后形成的凸多边形包含进来。

(2) 逐一添加半平面,更新凸多边形。例如添加半平面 K,如果它能切割当前的凸多边形,则保留 K 左边的点,删除它右边的点,并把 K 与原凸多边形的交点加入到新的凸多边形中。

增量法不太好,它的复杂度是 $O(n^2)$,即一共有 n 次切割,每次切割都是 $O(n)$的。在下一页的例题 hdu 2297 中,$0<n\leqslant 50\,000$,用增量法会 TLE。

下面介绍的算法,其复杂度为 $O(n\log_2 n)$。

思考半平面交最终形成的凸多边形,沿逆时针顺序看,它的边的极角(或者斜率)是单调递增的。那么,可以先按极角递增的顺序对半平面进行排序,然后逐个进行半平面交,最后就得到了凸多边形。在这个过程中,用一个双端队列记录构成凸多边形的半平面:队列的首部指向最早加入凸多边形的半平面,尾部指向新加入的半平面。

算法的具体步骤如下:

(1) 对所有半平面按极角排序。

(2) 初始时,加入第 1 个半平面,双端队列的首部和尾部都指向它。

(3) 逐个加入和处理半平面。图 11.15 演示了基本情况,原来半平面只有 1 和 2,加入半平面 3。注意,由于半平面已经排序,3 的极角比 1、2 大,所以有图 11.15 所示的 4 种情况。

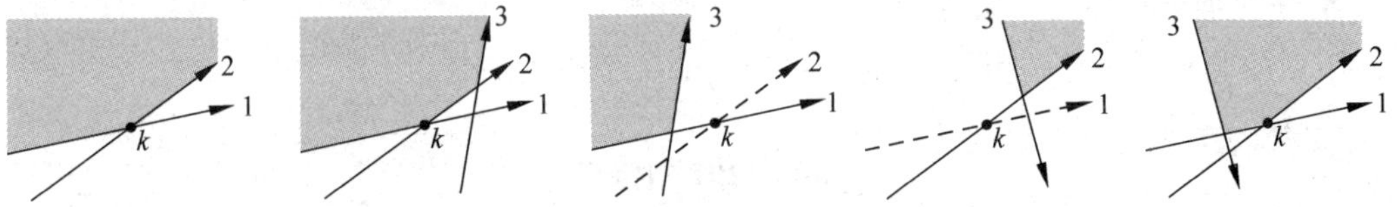

图 11.15 在半平面 1 和 2 上加入半平面 3 的 4 种情况

如果当前双端队列中不止有两个半平面,可以根据上面的讨论进行扩展。例如当前处理到半平面 L_i,有 4 种情况:L_i 可以直接加入队列;L_i 覆盖了原队尾;L_i 覆盖了原队首;L_i 不能加入到队列。下面讨论后面 3 种情况。

情况 1:L_i 覆盖原队尾。操作是:while 队尾的两个半平面的交点在 L_i 外面,那么删除队尾半平面。例如在图 11.16(a)中,队尾的两个半平面 L_2、L_3 的交点是 k。图(b)中新加入半平面 L_4,因为 k 在 L_4 的外面(点 k 在有向直线 L_4 的右边),删除队尾的半平面 L_3。

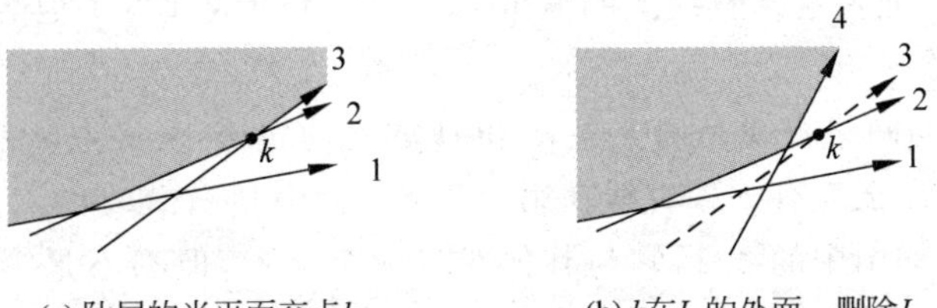

(a) 队尾的半平面交点 k (b) k在L_4的外面, 删除L_3

图 11.16 处理队尾

情况 2:L_i 覆盖原队首。操作是:while 队首的两个半平面的交点在 L_i 外面,那么删除队首的半平面。例如在图 11.17(a)中,队首 L_1、L_2 的两个半平面的交点是 z,图(b)中新加

入半平面 L_5，因为 z 在 L_5 的外面，删除队首的半平面 L_1。

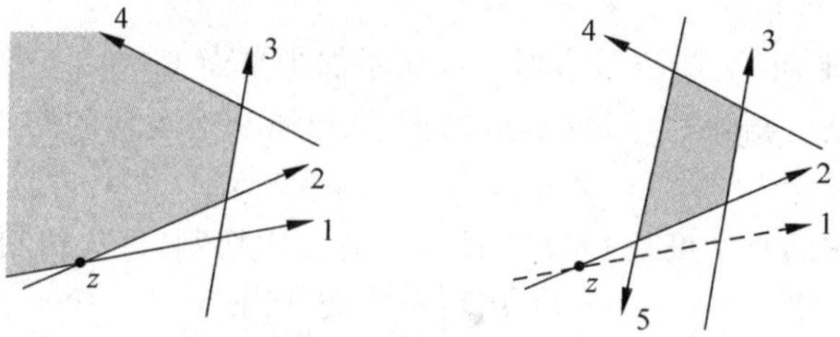

(a) 队首半的平面交点z　　(b) z在L_5的外面，删除L_1

图 11.17　处理队首

情况 3：L_i 不能加入到队列。例如图 11.18 所示的半平面 L_5，在步骤(3)中是合法的，但是它其实是无用的，不能加入到队列。判断条件是：尾部 L_4、L_5 的交点 r 在首部 L_1 的外面，则删除 L_5。

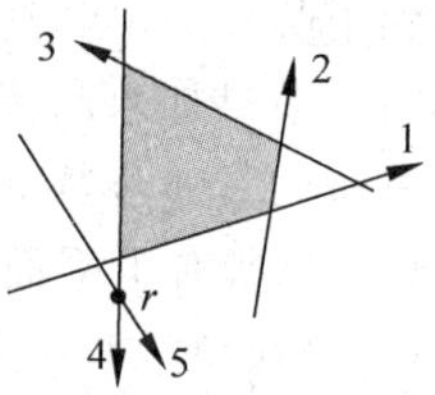

图 11.18　删除无用半平面 L_5

上述步骤的代码实现见下面的例题。

复杂度分析。排序，复杂度是 $O(n\log_2 n)$；逐个加入半平面，共检查 $O(n)$次，所以总复杂度是 $O(n\log_2 n)$。

3. 半平面的应用

下面的题目是很好的例子，它是半平面交的一个应用场景。

> **hdu 2297 "Run"**
>
> n 个人($0<n\leqslant 50\,000$)在一条笔直的路上跑马拉松。设初始时每个人处于不同的位置，然后每个人都以自己的恒定速度不停地往前跑。
>
> 给定这 n 个人的初始位置和速度，问有多少人可能在某时刻成为第一？

读者可以先思考：这一题如何建模为平面几何的半平面问题？

这一题实际上是半平面交的裸题，下面是建模过程。

以时间 t 为横轴，距离 s 为纵轴。设某人的初始位置在 A 点，从 A 出发画一条直线。他在某个时间段 Δt 内经过距离 Δs，两者的比值是直线的斜率，其物理意义正好是速度。他在某时刻 t'的位置就是他在这条直线上的纵坐标 s'。这条直线代表了他的运动轨迹。运动轨迹始终位于第一象限。

图 11.19(a)中的两条直线是两个人 A 和 B 的运动轨迹，交叉点 k 是 B 追上 A 的点。

如果有 n 个人，那么就有 n 条直线在第一象限，见图(b)。相交的点是追上的点，但追上后不一定排第一，例如图中的线 1，它与其他线有两个交点，但都不是第一。只有凸面上的点才是题目要求的排名第一的点。另外，由于这些直线的半平面交不是一个完整的凸多边形，为方便编程，可以加两个半平面 E 和 F，形成闭合的凸多边形，其中 E 是 y 值无穷大的向左的水平线，F 是反向的 y 轴。图中阴影是半平面交形成的凸多边形，凸多边形的顶点数量去掉最上面的两个黑点，就是题目要求的排过第一名的数量。

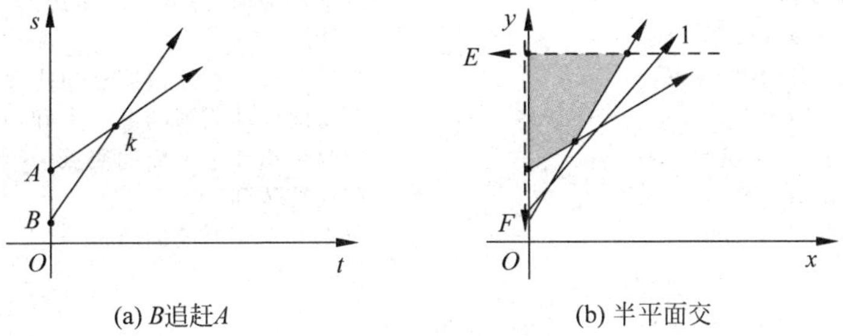

图 11.19 追赶问题

下面是 hdu 2297 的代码①。

```
#include<bits/stdc++.h>
using namespace std;
const double INF = 1e12;
const double pi = acos(-1.0);
const double eps = 1e-8;
int sgn(double x){
    if(fabs(x) < eps)  return 0;
    else return x<0?-1:1;
}
struct Point{
    double x,y;
    Point(){}
    Point(double x,double y):x(x),y(y){}
    Point operator + (Point B){return Point(x+B.x,y+B.y);}
    Point operator - (Point B){return Point(x-B.x,y-B.y);}
    Point operator * (double k){return Point(x*k,y*k);}
};
typedef Point Vector;
double Cross(Vector A,Vector B){return A.x*B.y - A.y*B.x;}  //叉积
struct Line{
    Point p;
    Vector v;
    double ang;
    Line(){};
    Line(Point p,Vector v):p(p),v(v){ang=atan2(v.y,v.x);}
    bool operator < (Line &L){return ang<L.ang;}                //用于极角排序
};
//点p在线L的左边,即点p在线L的外面
bool OnLeft(Line L,Point p){return sgn(Cross(L.v,p-L.p))>0;}
Point Cross_point(Line a,Line b){                                //两直线的交点
    Vector u=a.p-b.p;
    double t=Cross(b.v,u)/Cross(a.v,b.v);
    return a.p+a.v*t;
}
```

① 其中HPI()的代码改编自《算法竞赛入门经典训练指南》,刘汝佳、陈锋著,清华大学出版社,278页。

```
vector<Point> HPI(vector<Line> L){                    //求半平面交,返回凸多边形
    int n = L.size();
    sort(L.begin(),L.end());                          //将所有半平面按照极角排序
    int first,last;                                   //指向双端队列的第一个和最后一个元素
    vector<Point> p(n);                               //两个相邻半平面的交点
    vector<Line> q(n);                                //双端队列
    vector<Point> ans;                                //半平面交形成的凸包
    q[first = last = 0] = L[0];
    for(int i = 1;i < n;i++){
        //情况 1: 删除尾部的半平面
        while(first < last && !OnLeft(L[i], p[last - 1])) last--;
        //情况 2: 删除首部的半平面
        while(first < last && !OnLeft(L[i], p[first]))  first++;
        q[++last] = L[i];                             //将当前的半平面加入双端队列的尾部
        //极角相同的两个半平面保留左边
        if(fabs(Cross(q[last].v,q[last - 1].v)) < eps){
            last--;
            if(OnLeft(q[last],L[i].p)) q[last] = L[i];
        }
        //计算队列尾部的半平面交点
        if(first < last) p[last - 1] = Cross_point(q[last - 1],q[last]);
    }
    //情况 3: 删除队列尾部的无用半平面
    while(first < last && !OnLeft(q[first],p[last - 1])) last--;
    if(last - first <= 1) return ans;                 //空集
    p[last] = Cross_point(q[last],q[first]);          //计算队列首尾部的交点
    for(int i = first;i <= last;i++)  ans.push_back(p[i]);  //复制
    return ans;                                       //返回凸多边形
}
int main(){
    int T,n;
    cin >> T;
    while(T--){
        cin >> n;
        vector<Line> L;
        //加一个半平面 F:反向 y 轴
        L.push_back(Line(Point(0,0),Vector(0, -1)));
        //加一个半平面 E:y 极大的向左的直线
        L.push_back(Line(Point(0,INF),Vector(-1,0)));
        while(n--){
            double a,b;
            scanf("%lf%lf",&a,&b);
            L.push_back(Line(Point(0,a),Vector(1,b)));
        }
        vector<Point> ans = HPI(L);                   //得到凸多边形
        printf("%d\n",ans.size() - 2);                //去掉人为加的两个点
    }
    return 0;
}
```

【习题】

hdu 4316,凸包+半平面交。

hdu 3982,半平面交。

11.2　圆

11.2.1　基本计算

1. 圆的定义

用圆心和半径表示圆。

```
struct Circle{
    Point c;                                    //圆心
    double r;                                   //半径
    Circle(){}
    Circle(Point c,double r):c®,r®{}
    Circle(double x,double y,double _r){c = Point(x,y);r = _r;}
};
```

2. 点和圆的关系

点和圆的关系根据点到圆心的距离判断。

```
int Point_circle_relation(Point p, Circle C){
    double dst = Distance(p,C.c);
    if(sgn(dst - C.r) < 0) return 0;            //0: 点在圆内
    if(sgn(dst - C.r) == 0) return 1;           //1: 点在圆上
    return 2;                                   //2: 点在圆外
}
```

3. 直线和圆的关系

直线和圆的关系根据圆心到直线的距离判断。

```
int Line_circle_relation(Line v,Circle C){
    double dst = Dis_point_line(C.c,v);
    if(sgn(dst - C.r) < 0) return 0;            //0: 直线和圆相交
    if(sgn(dst - C.r) == 0) return 1;           //1: 直线和圆相切
    return 2;                                   //2: 直线在圆外
}
```

4. 线段和圆的关系

线段和圆的关系根据圆心到线段的距离判断。

```
int Seg_circle_relation(Segment v,Circle C){
    double dst = Dis_point_seg(C.c,v);
```

```
    if(sgn(dst - C.r) < 0) return 0;                  //0: 线段在圆内
    if(sgn(dst - C.r) == 0) return 1;                 //1: 线段和圆相切
    return 2;                                         //2: 线段在圆外
}
```

5. 直线和圆的交点

求直线和圆的交点可以按图 11.20 所示，先求圆心 c 在直线上的投影 q，再求距离 d，然后根据 r 和 d 求出长度 k，最后求出两个交点 $p_a = q + n * k$、$p_b = q - n * k$，其中 n 是直线的单位向量。

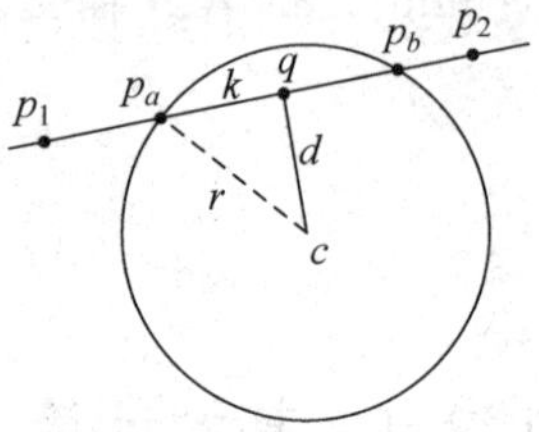

图 11.20　直线和圆的交点

```
//pa、pb 是交点.返回值是交点的个数
int Line_cross_circle(Line v,Circle C,Point &pa,Point &pb){
    if(Line_circle_relation(v, C) == 2)  return 0;    //无交点
    Point q = Point_line_proj(C.c,v);                 //圆心在直线上的投影点
    double d = Dis_point_line(C.c,v);                 //圆心到直线的距离
    double k = sqrt(C.r * C.r - d * d);
    if(sgn(k) == 0){                                  //一个交点,直线和圆相切
        pa = q;pb = q;return 1;
    }
    Point n = (v.p2 - v.p1)/ Len(v.p2 - v.p1);        //单位向量
    pa = q + n*k;  pb = q - n*k;
    return 2;                                         //两个交点
}
```

6. 模板的使用

下面用 hdu 5572 题演示点、线、圆的几何模板的使用，如图 11.21 所示。这一题出自 2015 年 ACM-ICPC 区域赛上海赛区的现场赛，题目的详细说明见 12.2.4 节。

hdu 5572 "An Easy Physics Problem"

在一个无限光滑的桌面上有一个固定的大圆柱体，还有一个体积忽略不计的小球。开始时球静止于 A 点，给它一个初始速度和方向，如果球撞到圆柱体，它会弹回，没有能量损失。经过一段时间，小球是否会经过 B 点？

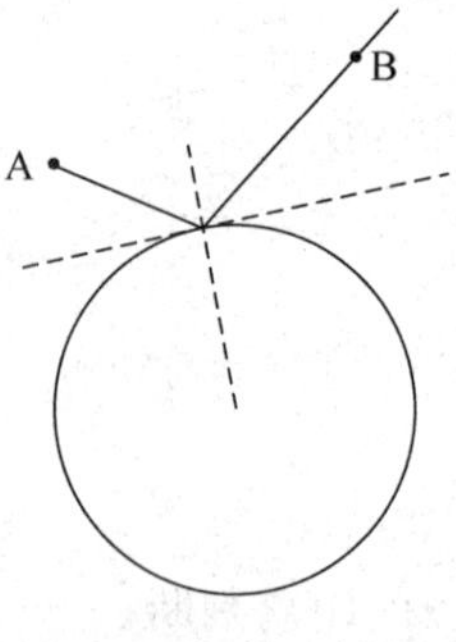

图 11.21　hdu 5572 题图示

这是一道中等题,考核参赛人员对几何基本模板的使用。该题目的逻辑很简单,但是综合性较强,它涉及的计算几何知识有直线的表示、圆的表示、点在直线上的投影、点到直线的距离、点对于直线的镜像点、线段和圆的关系、直线和圆的交点等。

下面的代码完全套用了前面给出的模板。

```
#include<bits/stdc++.h>
using namespace std;
const double eps = 1e-8;                        //本题如果设定 eps = 1e-10,会 Wrong Answer
int sgn(double x){                               //判断 x 是否等于 0
    if(fabs(x) < eps)  return 0;
    else return x<0?-1:1;
}
struct Point{                                    //定义点及其基本运算
    double x,y;
    Point(){}
    Point(double x,double y):x(x),y(y){}
    Point operator + (Point B){return Point(x+B.x,y+B.y);}
    Point operator - (Point B){return Point(x-B.x,y-B.y);}
    Point operator * (double k){return Point(x*k,y*k);}
    Point operator / (double k){return Point(x/k,y/k);}
};
typedef Point Vector;                            //定义向量
double Dot(Vector A,Vector B){return A.x*B.x + A.y*B.y;}      //点积
double Len(Vector A){return sqrt(Dot(A,A));}     //向量的长度
double Len2(Vector A){return Dot(A,A);}          //向量长度的平方
double Cross(Vector A,Vector B){return A.x*B.y - A.y*B.x;}   //叉积
double Distance(Point A, Point B){return hypot(A.x-B.x,A.y-B.y);}
struct Line{
    Point p1,p2;
    Line(){}
    Line(Point p1,Point p2):p1(p1),p2(p2){}
};
typedef Line Segment;                            //定义线段,两端点是 p1、p2
int Point_line_relation(Point p,Line v){
    int c = sgn(Cross(p-v.p1,v.p2-v.p1));
    if(c<0)return 1;                             //1: p 在 v 的左边
    if(c>0)return 2;                             //2: p 在 v 的右边
    return 0;                                    //0: p 在 v 上
}
double Dis_point_line(Point p, Line v){          //点到直线的距离
    return fabs(Cross(p-v.p1,v.p2-v.p1))/Distance(v.p1,v.p2);
}
//点到线段的距离
double Dis_point_seg(Point p, Segment v){
    if(sgn(Dot(p-v.p1,v.p2-v.p1))<0 || sgn(Dot(p-v.p2,v.p1-v.p2))<0)
        return min(Distance(p,v.p1),Distance(p,v.p2));
    return Dis_point_line(p,v);
}
//点在直线上的投影
```

```
Point Point_line_proj(Point p, Line v){
    double k = Dot(v.p2 - v.p1,p - v.p1)/Len2(v.p2 - v.p1);
    return v.p1 + (v.p2 - v.p1) * k;
}
//点 p 对直线 v 的对称点
Point Point_line_symmetry(Point p, Line v){
    Point q = Point_line_proj(p,v);
    return Point(2 * q.x - p.x,2 * q.y - p.y);
}
struct Circle{
    Point c;                                        //圆心
    double r;                                       //半径
    Circle(){}
    Circle(Point c,double r):c(c),r(r){}
    Circle(double x,double y,double _r){c = Point(x,y);r = _r;}
};
//线段和圆的关系：0 为线段在圆内,1 为线段和圆相切,2 为线段在圆外
int Seg_circle_relation(Segment v,Circle C){
    double dst = Dis_point_seg(C.c,v);
    if(sgn(dst - C.r) < 0) return 0;
    if(sgn(dst - C.r) == 0) return 1;
    return 2;
}
//直线和圆的关系：0 为直线在圆内,1 为直线和圆相切,2 为直线在圆外
int Line_circle_relation(Line v,Circle C){
    double dst = Dis_point_line(C.c,v);
    if(sgn(dst - C.r) < 0) return 0;
    if(sgn(dst - C.r) == 0) return 1;
    return 2;
}
//直线和圆的交点,pa、pb 是交点.返回值是交点的个数
int Line_cross_circle(Line v,Circle C,Point &pa,Point &pb){
    if(Line_circle_relation(v, C) == 2) return 0;   //无交点
    Point q = Point_line_proj(C.c,v);               //圆心在直线上的投影点
    double d = Dis_point_line(C.c,v);               //圆心到直线的距离
    double k = sqrt(C.r * C.r - d * d);
    if(sgn(k) == 0){                                //一个交点,直线和圆相切
        pa = q;  pb = q;  return 1;
    }
    Point n = (v.p2 - v.p1)/ Len(v.p2 - v.p1);      //单位向量
    pa = q + n * k;
    pb = q - n * k;
    return 2;                                       //两个交点
}
int main() {
    int T; scanf("%d", &T);
    for (int cas = 1; cas <= T; cas++) {
        Circle O; Point A,B,V;
        scanf("%lf%lf%lf", &O.c.x, &O.c.y, &O.r);
        scanf("%lf%lf%lf%lf", &A.x, &A.y, &V.x, &V.y);
        scanf("%lf%lf", &B.x, &B.y);
```

```
        Line l(A, A + V);                              //射线
        Line t(A, B);
            //情况 1: 直线和圆不相交,而且直线经过点
        if(Point_line_relation(B,l) == 0
            && Seg_circle_relation(t,O)>= 1 && sgn(Cross(B - A,V)) == 0)
            printf("Case # %d: Yes\n", cas);
        else{
            Point pa, pb;                              //直线和圆的交点
            //情况 2: 直线和圆相切,不经过点
            if(Line_cross_circle(l,O,pa,pb) != 2)
                printf("Case # %d: No\n",cas);
            //情况 3: 直线和圆相交
            else{
                Point cut;                             //直线和圆的碰撞点
                if(Distance(pa,A) > Distance(pb,A)) cut = pb;
                else cut = pa;
                Line mid(cut, O.c);                    //圆心到碰撞点的直线
                Point en = Point_line_symmetry(A,mid); //镜像点
                Line light(cut, en);                   //反射线
                if(Distance(light.p2,B) > Distance(light.p1,B))
                    swap(light.p1, light.p2);
                if(sgn(Cross(light.p2 - light.p1,
                           Point(B.x - cut.x,B.y - cut.y))) == 0)
                printf("Case # %d: Yes\n", cas);
                else
                    printf("Case # %d: No\n", cas);
            }
        }
    }
    return 0;
}
```

11.2.2 最小圆覆盖

最小圆覆盖问题：给定 n 个点的平面坐标，求一个半径最小的圆，把 n 个点全部包围，部分点在圆上。

常见的算法有两种，即几何算法和模拟退火算法。

1. 几何算法

这个最小圆可以由 n 个点中的两个点或 3 个点确定。由两点定圆时，圆心是线段 AB 的中点，半径是 AB 长度的一半，其他点都在这个圆内；如果两点不足以包围所有点，就需要三点定圆，此时圆心是 A、B、C 这 3 个点组成的三角形的外心，如图 11.22 所示。

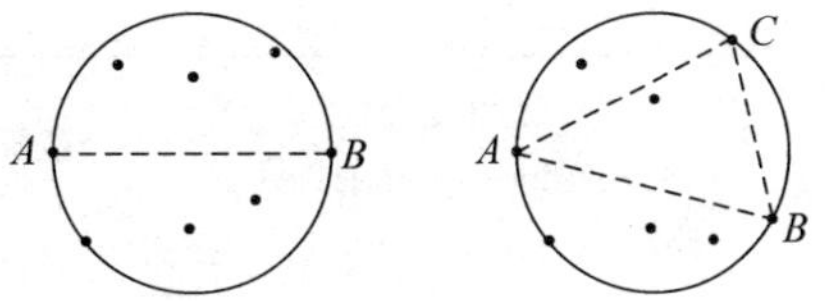

图 11.22 两点定圆或三点定圆

最小覆盖圆的获得就是寻找能两点定圆或三点定圆的那几个点。

一般用增量法求最小圆覆盖。算法从一个点开始，每次加入一个新的点，则更新最小圆，直到扩展到全部 n 个点。设前 i 个点的最小覆盖圆是 C_i，过程如下：

(1) 加第 1 个点 p_1。C_1 的圆心就是 p_1，半径为 0。

(2) 加第 2 个点 p_2。新的 C_2 的圆心是线段 p_1p_2 的中心，半径为两点距离的一半。这一步操作是两点定圆。

(3) 加第 3 个点 p_3。有两种情况：p_3 在 C_2 的内部或圆周上，不影响原来的最小圆，忽略 p_3；p_3 在 C_2 的外部，此时 C_2 已不能覆盖所有 3 个点，需要更新。下面讨论 p_3 在 C_2 外部的情况。因为 p_3 一定在新的 C_3 上，现在的任务转换为在 p_1、p_2 中找一个点或两个点，与 p_3 一起两点定圆或三点定圆。重新定圆的过程相当于回到第(1)步，把 p_3 作为第 1 个点加入，然后再加入 p_1、p_2。

(4) 加第 4 个点 p_4。分析和步骤(3)类似，为加强理解，这里重复说明一次。如果 p_4 在 C_3 的内部或圆周上，忽略它。如果在 C_3 的外部，那么需要求新的最小圆，此时 p_4 肯定在新的 C_4 的圆周上。任务转换为在 p_1、p_2、p_3 中找一个点或两个点，与 p_4 一起构成最小圆。先检查能不能找到一个点，用两点定圆；如果两点不够，就找到第 3 个点，用三点定圆。重新定圆的过程和前 3 个步骤类似，即把 p_4 作为第 1 个点加入，然后加入 p_1、p_2、p_3。

(5) 持续进行下去，直到加完所有点。

算法的思路概括如下：

假设已经求得前 $i-1$ 个点的 C_{i-1}，现在加入第 i 个点，有两种情况。

(1) i 在 C_{i-1} 的内部或圆周上，忽略 i。

(2) i 在 C_{i-1} 的外部，需要求新的 C_i。首先，i 肯定在 C_i 上，然后重新把前面的 $i-1$ 个点依次加入，根据两点定圆或者三点定圆重新构造最小圆。

几何算法的复杂度分析。在下面的例题中给出了模板代码。其中有 3 层 for 循环，看起来似乎是 $O(n^3)$。不过，如果点的分布是随机的，用概率进行分析可以得出程序的复杂度是接近 $O(n)$ 的。在下面的代码中，用 random_shuffle() 函数进行随机打乱。

例如，如果前两个点 p_1 和 p_2 恰好就是最后的两点定圆，那么其他的所有点都只需要检查一次是否在 C_2 内就行了，程序在第一层 for 就结束了。对于算法复杂度的详细证明，请读者查阅有关资料。

下面的例题是最小圆覆盖的裸题。

hdu 3007 "Buried memory"

输入 n 个点的坐标，$n<500$，求最小圆覆盖。

代码如下：

```
#include <bits/stdc++.h>
using namespace std;
#define eps 1e-8
const int maxn = 505;
int sgn(double x){
    if(fabs(x) < eps)  return 0;
    else return x < 0? -1:1;
```

```
}
struct Point{
    double x, y;
};
double Distance(Point A, Point B){return hypot(A.x - B.x,A.y - B.y);}
//求三角形 abc 的外接圆的圆心
Point circle_center(const Point a, const Point b, const Point c){
    Point center;
    double a1 = b.x - a.x, b1 = b.y - a.y, c1 = (a1 * a1 + b1 * b1)/2;
    double a2 = c.x - a.x, b2 = c.y - a.y, c2 = (a2 * a2 + b2 * b2)/2;
    double d = a1 * b2 - a2 * b1;
    center.x = a.x + (c1 * b2 - c2 * b1)/d;
    center.y = a.y + (a1 * c2 - a2 * c1)/d;
    return center;
}
//求最小覆盖圆,返回圆心 c、半径 r:
void min_cover_circle(Point *p, int n, Point &c, double &r){
    random_shuffle(p, p + n);                        //随机函数,打乱所有点.这一步很重要
    c = p[0]; r = 0;                                 //从第 1 个点 p0 开始.圆心为 p0,半径为 0
    for(int i = 1;i < n;i++)                         //扩展所有点
        if(sgn(Distance(p[i],c) - r)> 0){            //点 pi 在圆的外部
            c = p[i]; r = 0;                         //重新设置圆心为 pi,半径为 0
            for(int j = 0;j < i;j++)                 //重新检查前面所有的点
                if(sgn(Distance(p[j],c) - r)> 0){    //两点定圆
                    c.x = (p[i].x  +  p[j].x)/2;
                    c.y = (p[i].y  +  p[j].y)/2;
                    r = Distance(p[j],c);
                    for(int k = 0;k < j;k++)
                        if (sgn(Distance(p[k],c) - r)> 0){   //两点不能定圆就三点定圆
                            c = circle_center(p[i],p[j],p[k]);
                            r = Distance(p[i], c);
                        }
                }
        }
}
int main(){
    int n;                                           //点的个数
    Point p[maxn];                                   //输入点
    Point c; double r;                               //最小覆盖圆的圆心和半径
    while(~scanf("%d",&n) && n){
        for(int i = 0;i < n;i++) scanf("%lf %lf",&p[i].x,&p[i].y);
        min_cover_circle(p,n,c,r);
        printf("%.2f %.2f %.2f\n",c.x,c.y,r);
    }
    return 0;
}
```

2. 模拟退火算法

如果题目的数据规模不大,最小圆覆盖还可以用模拟退火算法实现,请读者先回顾第 6

章的“6.1.4 模拟退火”。用模拟退火求最小圆，不断迭代（降温）；在每次迭代时，找到能覆盖到所有点的一个圆；在多次迭代中，逐步逼近最后要求的圆心和半径。

下面的函数 min_cover_circle()是模拟退火程序，用它替换上面的同名函数即可。

```
void min_cover_circle(Point *p, int n, Point &c, double &r){
    double T = 100.0;                       //初始温度
    double delta = 0.98;                    //降温系数
    c = p[0];
    int pos;
    while (T > eps){                        //eps 是终止温度
        pos = 0; r = 0;                     //初始：p[0]是圆心，半径是 0
        for(int i = 0; i <= n - 1; i++)     //找距圆心最远的点
            if (Distance(c, p[i]) > r){
                r = Distance(c, p[i]);      //距圆心最远的点肯定在圆周上
                pos = i;
            }
        c.x += (p[pos].x - c.x) / r * T;    //逼近最后的解
        c.y += (p[pos].y - c.y) / r * T;
        T *= delta;
    }
}
```

模拟退火的程序很简单，不过需要仔细选择初始温度 T、降温系数 delta、终止温度 eps 等，程序的复杂度也和它们有关。在本题中，模拟退火算法的复杂度远高于几何算法。OJ 返回的 AC 时间，几何算法是 46ms，模拟退火是 670ms。

视频讲解

【习题】

hdu 2215，最小圆覆盖。

11.3 三维几何

11.3.1 三维点和向量

1. 点和向量

在三维几何中，点和向量的表示和二维几何是类似的。同样也可以定义三维空间的运算。

```
struct Point3{                              //三维点
    double x,y,z;
    Point3(){}
    Point3(double x,double y,double z):x(x),y(y),z(z){}
    Point3 operator + (Point3 B){return Point3(x+B.x,y+B.y,z+B.z);}
    Point3 operator - (Point3 B){return Point3(x-B.x,y-B.y,z-B.z);}
    Point3 operator * (double k){return Point3(x*k,y*k,z*k);}
```

```
    Point3 operator / (double k){return Point3(x/k,y/k,z/k);}
    bool operator == (Point3 B){
        return sgn(x - B.x) == 0 && sgn(y - B.y) == 0 && sgn(z - B.z) == 0;}
};
typedef Point3 Vector3;                              //三维向量
```

点和点的距离[①]:

```
double Distance(Vector3 A,Vector3 B){
    return sqrt((A.x - B.x) * (A.x - B.x) +
                (A.y - B.y) * (A.y - B.y) +
                (A.z - B.z) * (A.z - B.z));     }
```

2. 线和线段

和二维一样,三维的直线和线段也用两点定义。

```
struct Line3{
    Point3 p1,p2;
    Line3(){}
    Line3(Point3 p1,Point3 p2):p1(p1),p2(p2){}
};
typedef Line3 Segment3;                      //定义线段,两端点是 Point p1,p2
```

11.3.2 三维点积

1. 点积

三维点积的定义和二维的类似,定义如下:

$$\boldsymbol{A} \cdot \boldsymbol{B} = |\boldsymbol{A}|\,|\boldsymbol{B}|\cos\theta$$

求向量 $\boldsymbol{A}$、$\boldsymbol{B}$ 点积的代码如下:

```
double Dot(Vector3 A,Vector3 B){return A.x * B.x + A.y * B.y + A.z * B.z;}
```

2. 点积的基本应用

和二维点积一样,三维点积有以下基本应用:

1) 判断向量 $\boldsymbol{A}$ 与 $\boldsymbol{B}$ 的夹角是钝角还是锐角

点积有正负,利用正负号可以判断向量的夹角:

若 dot($\boldsymbol{A}$,$\boldsymbol{B}$)>0,$\boldsymbol{A}$ 与 $\boldsymbol{B}$ 的夹角为锐角;

若 dot($\boldsymbol{A}$,$\boldsymbol{B}$)<0,$\boldsymbol{A}$ 与 $\boldsymbol{B}$ 的夹角为钝角;

若 dot($\boldsymbol{A}$,$\boldsymbol{B}$)=0,$\boldsymbol{A}$ 与 $\boldsymbol{B}$ 的夹角为直角。

2) 求向量 $\boldsymbol{A}$ 的长度

```
double Len(Vector3 A){return sqrt(Dot(A, A));}
```

或者是求长度的平方,避免开方运算:

```
double Len2(Vector3 A){return Dot(A, A);}
```

---

① 读者可能注意到,本章给出的三维函数和二维函数很多是重名的,例如这里的 Distance()。C++ 允许函数重载,所以即使在同一个程序中用同名来定义不同的函数也是允许的。而且建议重载函数,这样做可以简化编程。

3）求向量 **A** 与 **B** 的夹角大小

```
double Angle(Vector3 A,Vector3 B){return acos(Dot(A,B)/Len(A)/Len(B));}
```

11.3.3 三维叉积

二维叉积是一个带正负的数值，而三维叉积是一个向量。可以把三维向量 **A**、**B** 的叉积看成垂直于 **A** 和 **B** 的向量，如图 11.23 所示，其方向符合“右手定则”。

三维叉积的计算和二维叉积相似，不同的是计算后返回一个向量：

```
Vector3 Cross(Vector3 A,Vector3 B){
    return Point3(A.y*B.z-A.z*B.y, A.z*B.x-A.x*B.z, A.x*B.y-
A.y*B.x);
}
```

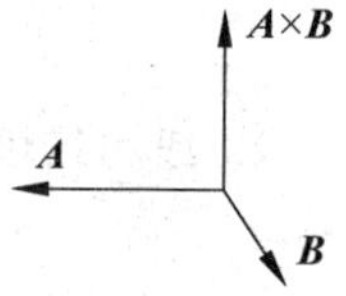

图 11.23　三维叉积

1. 三角形面积

三维的三角形面积计算和二维的相似，也是有向面积。先求三维叉积，然后取叉积的长度值。

```
//三角形面积的两倍
double Area2(Point3 A,Point3 B,Point3 C){return Len(Cross(B-A, C-A));}
```

判断点 p 是否在三角形 ABC 内，可以用 Area2()来计算。如果点 p 在三角形内部，那么用点 p 对三角形 ABC 进行三角剖分，形成的 3 个三角形的面积和与直接算 ABC 的面积，两者应该相等：

```
Dcmp(Area2(p,A,B) + Area2(p,B,C) + Area2(p,C,A), Area2(A,B,C)) == 0
```

2. 点和线的有关问题

点到直线的距离、点是否在直线上、点到线段的距离、点在直线上的投影等问题的代码和二维几何相似，见本章 11.4 节的几何模板。

3. 平面

用 3 个点可以确定一个平面。

```
struct Plane{
    Point3 p1,p2,p3;                          //平面上的 3 个点
    Plane(){}
    Plane(Point3 p1,Point3 p2,Point3 p3):p1(p1),p2(p2),p3(p3){}
};
```

4. 平面法向量

平面法向量是垂直于平面的向量，在平面问题中非常重要。它用叉积的概念计算即可，代码如下：

```
Point3 Pvec(Point3 A, Point3 B, Point3 C){return Cross(B-A,C-A);}
```

或者：

```
Point3 Pvec(Plane f){return Cross(f.p2 - f.p1,f.p3 - f.p1);}
```

5. 平面的有关问题

四点共平面、两平面平行、两平面垂直等问题的代码见本章 11.4 节的几何模板。

6. 直线和平面的交点

直线和平面有 3 种关系，即直线在平面上、直线和平面平行、直线和平面有交点。

一个平面，可以用平面 f 上的一点 $f.p1$ 以及平面的法向量 v 来决定。直线 u 用两点 $u.p1$ 和 $u.p2$ 决定。

下面的函数计算直线与平面的交点，交点是 p，函数的返回值是交点的个数。

```
int Line_cross_plane(Line3 u,Plane f,Point3 &p){
    Point3 v = Pvec(f);                          //平面的法向量
    double x = Dot(v, u.p2 - f.p1);
    double y = Dot(v, u.p1 - f.p1);
    double d = x - y;
    if(sgn(x) == 0 && sgn(y) == 0) return - 1;//- 1: v 在 f 上
    if(sgn(d) == 0) return 0;                    //0: v 与 f 平行
    p = ((u.p1 * x) - (u.p2 * y))/d;             //1: v 与 f 相交
    return 1;
}
```

下面解释代码的正确性。

代码中的 v 是平面的法向量，它不一定是单位法向量，不过这里把它看成是单位法向量，不影响后续推理的正确性。$x=\mathrm{Dot}(v,u.p2-f.p1)$ 是 $u.p2$ 到平面 f 的距离，$y=\mathrm{Dot}(v,u.p1-f.p1)$ 是 $u.p1$ 到平面的距离。如果 $x=y=0$，说明直线在平面上；如果 $x=y\neq 0$，即直线上的两点到平面的距离相等，说明直线和平面平行。

如果直线和平面相交，如何计算交点？

如图 11.24 所示，在 x、y、z 轴的任何一个方向上都有 $\frac{p-p_1}{p-p_2}=\frac{y}{x}$，推导得 $p=\frac{p_1*x-p_2*y}{x-y}$。

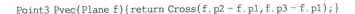

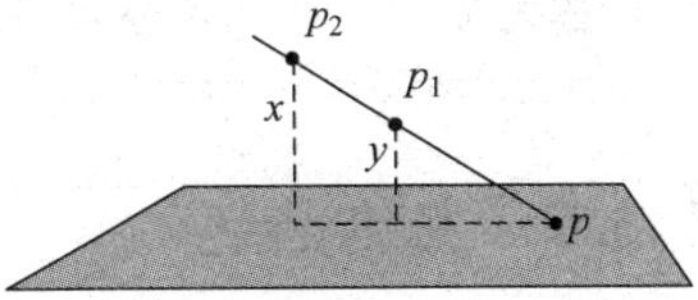

图 11.24 直线和平面的交点

7. 四面体的有向体积

四面体是最简单的立体结构。四面体的体积等于底面三角形面积乘以高的 1/3，利用叉积和点积很容易计算，代码如下：

```
//四面体有向体积×6
double volume4(Point3 a,Point3 b,Point3 c,Point3 d){
    return Dot(Cross(b - a,c - a),d - a); }
```

【习题】

hdu 1140/4617。

hdu 5733，四面体。

11.3.4 最小球覆盖

最小球覆盖问题：给定 n 个点的三维坐标，求一个半径最小的球，把 n 个点全部包围进来。

和最小圆覆盖一样，最小球覆盖问题也有两种解法，即几何算法和模拟退火算法。

1. 模拟退火算法

如果数据规模较小，可以用模拟退火算法求最小球覆盖。其代码和最小圆覆盖的程序几乎一样，只需加上对坐标 z 的处理即可。

2. 几何算法

和最小圆覆盖增量法的思路类似，最小球覆盖也可以由一些点来确定。一个三维空间中的球，需要 1～4 个点来确定。可以从一个点开始，每次加入一个新的点，更新最小球，直到扩展到全部 n 个点。设前 i 个点的最小覆盖球是 C_i，简单说明如下：

（1）1 个点。C_1 的球心就是 p_1，半径为 0。

（2）2 个点。新的 C_2 的球心是线段 p_1p_2 的中心，半径为两点距离的一半。

（3）3 个点。3 个点构成的平面一定是球的大圆所在的平面，所以球心是三角形的外心，半径就是球心到某个点的距离。

（4）4 个点。若 4 个点共面则转化到(3)，考虑某 3 个点的情况，若 4 点不共面，四面体可以唯一确定一个外接球。

（5）对于 5 个及以上点，其最小球必为其中某 4 个点的外接球。

最小覆盖球的代码比较复杂。读者可以通过下面的例题来了解最小覆盖球问题的几何算法。

poj 2069 "Super Star"

输入 n 个点的三维坐标，$4 \leqslant n \leqslant 30$，求最小球覆盖，输出球的半径。

11.3.5 三维凸包

三维凸包问题：给定三维空间的一些点，找到包含这些点的最小凸多面体。三维凸包问题是二维凸包问题的扩展，它是一个比较难的问题。

如果用暴力法求三维凸包，可以枚举任意 3 个点组成的三角形，判断其他点是否都在三角形构成的平面的一侧，如果是，则这个三角形是凸包的一个面。

三维凸包的常用算法是增量法。该算法的思想和最小圆覆盖的增量法有些类似，即把点一个个加入到凸包中。首先找到 4 个不共线、不共面的点，一起构成一个四面体，这是初始凸包，然后依次检查其他点，看这个点是否能在原凸包的基础上构成新的凸包。例如，当检查到点 p_i 时有两种情况：

（1）如果 p_i 在当前的凸包内，忽略它。

（2）如果 p_i 不在凸包内，说明用 p_i 可以更新凸包。具体做法是从 p_i 点向凸包看去，将能看到的面全部删除，并把 p_i 和留下的轮廓组合成新的面，填补被删除的面。

三维凸包题目的相关问题有凸包有几个表面、凸包的表面积、凸包的重心等。

复杂度。如果给定的点是随机排列的，算法的期望时间是 $O(n\log_2 n)$①的。

下面用一个例题给出三维凸包的模板代码。

> **hdu 3662 "3D Convex Hull"**
>
> 输入 n 个点的三维坐标，求三维凸包有几个面。

代码如下②：

```
#include<bits/stdc++.h>
using namespace std;
const int MAXN = 1050;
const double eps = 1e-8;
struct Point3{                                          //三维：点
    double x,y,z;
    Point3(){}
    Point3(double x,double y,double z):x(x),y(y),z(z){}
    Point3 operator + (Point3 B){return Point3(x+B.x,y+B.y,z+B.z);}
    Point3 operator - (Point3 B){return Point3(x-B.x,y-B.y,z-B.z);}
    Point3 operator * (double k){return Point3(x*k,y*k,z*k);}
    Point3 operator / (double k){return Point3(x/k,y/k,z/k);}
};
typedef Point3 Vector3;
double Dot(Vector3 A,Vector3 B){return A.x*B.x+A.y*B.y+A.z*B.z;}
Point3 Cross(Vector3 A,Vector3 B){
    return Point3(A.y*B.z-A.z*B.y,A.z*B.x-A.x*B.z,A.x*B.y-A.y*B.x);}
double Len(Vector3 A){return sqrt(Dot(A,A));}           //向量的长度
double Area2(Point3 A,Point3 B,Point3 C){return Len(Cross(B-A, C-A));}
//四面体有向体积×6
double volume4(Point3 A,Point3 B,Point3 C,Point3 D){
    return Dot(Cross(B-A,C-A),D-A);}
struct CH3D{
    struct face{
        int a,b,c;                                      //凸包一个面上的3个点的编号
        bool ok;                                        //该面是否在最终凸包上
    };
    int n;                                              //初始顶点数
    Point3 P[MAXN];                                     //初始顶点
    int num;                                            //凸包表面的三角形数
    face F[8*MAXN];                                     //凸包表面的三角形
    int g[MAXN][MAXN];                                  //点i到点j属于哪个面
    //点在面的同向
    double dblcmp(Point3 &p,face &f){
        Point3 m = P[f.b]-P[f.a];
        Point3 n = P[f.c]-P[f.a];
```

① 证明见《计算几何算法与应用(第3版)》，Mark de Berg 等著，邓俊辉译，清华大学出版社，257页。

② 此代码中的CH3D()是流传很广的经典模板，如果CH3D()的原作者看到这里，请联系本书作者。

```
        Point3 t = p - P[f.a];
        return Dot(Cross(m,n),t);
    }
    void deal(int p,int a,int b){
        int f = g[a][b];                          //搜索与该边相邻的另一个平面
        face add;
        if(F[f].ok){
            if(dblcmp(P[p],F[f])> eps)
                //如果从 p 点能看到该面 f,则继续深度探索 f 的 3 条边,以更新新的凸面
                dfs(p,f);
            else{
                //如果从 p 点看不到 f 面,则 p 点和 a、b 点组成一个三角形
                add.a = b;
                add.b = a;
                add.c = p;
                add.ok = true;
                g[p][b] = g[a][p] = g[b][a] = num;
                F[num++] = add;
            }
        }
    }
    void dfs(int p,int now){                      //维护凸包,如果点 p 在凸包外则更新凸包
        F[now].ok = 0;
        deal(p,F[now].b,F[now].a);
        deal(p,F[now].c,F[now].b);
        deal(p,F[now].a,F[now].c);
    }
    bool same(int s,int t){                       //判断两个面是否为同一面
        Point3 &a = P[F[s].a];
        Point3 &b = P[F[s].b];
        Point3 &c = P[F[s].c];
        return fabs(volume4(a,b,c,P[F[t].a]))< eps &&
               fabs(volume4(a,b,c,P[F[t].b]))< eps &&
               fabs(volume4(a,b,c,P[F[t].c]))< eps;
    }
    //构建三维凸包
    void create(){
        int i,j,tmp;
        face add;
        num = 0;
        if(n < 4)return;
        //前 4 个点不共面
        bool flag = true;
        for(i = 1;i < n;i++){                     //使前两个点不共点
            if(Len(P[0] - P[i])> eps){
                swap(P[1],P[i]);
                flag = false;
                break;
            }
        }
        if(flag)return;
```

```
    flag = true;
    //使前 3 个点不共线
    for(i = 2;i < n;i++){
        if(Len(Cross(P[0] - P[1],P[1] - P[i]))> eps){
            swap(P[2],P[i]);
            flag = false;
            break;
        }
    }
    if(flag)return;
    flag = true;
    //使前 4 个点不共面
    for(int i = 3;i < n;i++){
        if(fabs(Dot(Cross(P[0] - P[1], P[1] - P[2]),P[0] - P[i]))> eps){
            swap(P[3],P[i]);
            flag = false;
            break;
        }
    }
    if(flag)return;
    for(i = 0;i < 4;i++){                //构建初始四面体(4 个点为 p[0]、p[1]、p[2]、p[3])
        add.a = (i + 1) % 4;
        add.b = (i + 2) % 4;
        add.c = (i + 3) % 4;
        add.ok = true;
        if(dblcmp(P[i],add)> 0)swap(add.b,add.c);
            //保证逆时针,即法向量朝外,这样新点才可看到
        g[add.a][add.b] = g[add.b][add.c] = g[add.c][add.a] = num;
            //逆向的有向边保存
        F[num++] = add;
    }
    for(i = 4;i < n;i++){                //构建更新凸包
        for(j = 0;j < num;j++){
          //判断点是否在当前三维凸包内,i 表示当前点,j 表示当前面
            if(F[j].ok&&dblcmp(P[i],F[j])> eps){
                    //对当前凸包面进行判断,看点能否看到这个面
                dfs(i,j);            //点能看到当前面,更新凸包的面
                break;
            }
        }
    }
    tmp = num;
    for(i = num = 0;i < tmp;i++)
      if(F[i].ok)
        F[num++] = F[i];
}
//凸包的表面积
double area(){
    double res = 0;
    for(int i = 0;i < num;i++)
      res += Area2(P[F[i].a],P[F[i].b],P[F[i].c]);
```

```
        return res/2.0;
    }
    //体积
    double volume(){
        double res = 0;
        Point3 tmp(0,0,0);
        for(int i = 0;i < num;i++)
            res += volume4(tmp,P[F[i].a],P[F[i].b],P[F[i].c]);
        return fabs(res/6.0);
    }
    //表面三角形个数
    int triangle(){
        return num;
    }
    //表面多边形个数
    int polygon(){
        int i,j,res,flag;
        for(i = res = 0;i < num;i++){
            flag = 1;
            for(j = 0;j < i;j++)
              if(same(i,j)){
                  flag = 0;
                  break;
              }
            res += flag;
        }
        return res;
    }
};
CH3D hull;
int main(){
    while(scanf("%d",&hull.n) == 1){
        for(int i = 0;i < hull.n;i++)
            scanf("%lf%lf%lf",&hull.P[i].x,&hull.P[i].y,&hull.P[i].z);
        hull.create();
        printf("%d\n",hull.polygon());
    }
    return 0;
}
```

【习题】

hdu 4273,三维凸包重心。

hdu 3662。

11.4 几何模板

视频讲解

下面给出了本章的模板代码,以便于用户编程时参考。

```
const double pi = acos(-1.0);             //高精度圆周率
const double eps = 1e-8;                  //偏差值
const int maxp = 1010;                    //点的数量
int sgn(double x){                        //判断 x 是否等于 0
    if(fabs(x) < eps)  return 0;
    else return x<0?-1:1;
}
int Dcmp(double x, double y){             //比较两个浮点数: 0 为相等; -1 为小于; 1 为大于
    if(fabs(x - y) < eps) return 0;
    else return x<y ?-1:1;
}
//---------------平面几何: 点和线--------------------------
struct Point{                             //定义点及其基本运算
    double x,y;
    Point(){}
    Point(double x,double y):x(x),y(y){}
    Point operator + (Point B){return Point(x+B.x,y+B.y);}
    Point operator - (Point B){return Point(x-B.x,y-B.y);}
    Point operator * (double k){return Point(x*k,y*k);}    //长度增大 k 倍
    Point operator / (double k){return Point(x/k,y/k);}    //长度缩小 k 倍
    bool operator == (Point B){return sgn(x-B.x) == 0 && sgn(y-B.y) == 0;}
    bool operator < (Point B){                              //比较两个点,用于凸包计算
        return sgn(x-B.x)<0 || (sgn(x-B.x) == 0 && sgn(y-B.y)<0);}
};
typedef Point Vector;                                       //定义向量
double Dot(Vector A,Vector B){return A.x*B.x + A.y*B.y;}    //点积
double Len(Vector A){return sqrt(Dot(A,A));}                //向量的长度
double Len2(Vector A){return Dot(A,A);}                     //向量长度的平方
//A 与 B 的夹角
double Angle(Vector A,Vector B){return acos(Dot(A,B)/Len(A)/Len(B));}
double Cross(Vector A,Vector B){return A.x*B.y - A.y*B.x;}  //叉积
//三角形 ABC 面积的两倍
double Area2(Point A, Point B, Point C){return Cross(B-A, C-A);}
//两点的距离,用两种方式实现
double Distance(Point A, Point B){return hypot(A.x-B.x,A.y-B.y);}
double Dist(Point A,Point B){
    return sqrt((A.x-B.x)*(A.x-B.x) + (A.y-B.y)*(A.y-B.y));}
//向量 A 的单位法向量
Vector Normal(Vector A){return Vector(-A.y/Len(A), A.x/Len(A));}
//向量是否平行或重合
bool Parallel(Vector A, Vector B){return sgn(Cross(A,B)) == 0;}
Vector Rotate(Vector A, double rad){                        //向量 A 逆时针旋转 rad 度
    return Vector(A.x*cos(rad) - A.y*sin(rad), A.x*sin(rad) + A.y*cos(rad));
}
struct Line{
    Point p1,p2;                                            //线上的两个点
    Line(){}
    Line(Point p1,Point p2):p1(p1),p2(p2){}
    //根据一个点和倾斜角 angle 确定直线,0<=angle<pi
    Line(Point p,double angle){
```

```
        p1 = p;
        if(sgn(angle - pi/2) == 0){p2 = (p1 + Point(0,1));}
        else{p2 = (p1 + Point(1,tan(angle)));}
    }
    //ax + by + c = 0
    Line(double a,double b,double c){
        if(sgn(a) == 0){
            p1 = Point(0, - c/b);
            p2 = Point(1, - c/b);
        }
        else if(sgn(b) == 0){
            p1 = Point( - c/a,0);
            p2 = Point( - c/a,1);
        }
        else{
            p1 = Point(0, - c/b);
            p2 = Point(1,( - c - a)/b);
        }
    }
};
typedef Line Segment;                          //定义线段,两端点是 Point p1,p2
//返回直线倾斜角,0≤angle<pi
double Line_angle(Line v){
    double k = atan2(v.p2.y - v.p1.y, v.p2.x - v.p1.x);
    if(sgn(k) < 0)k += pi;
    if(sgn(k - pi) == 0)k -= pi;
        return k;
}
//点和直线的关系:1 为在左侧;2 为点在右侧;0 为点在直线上
int Point_line_relation(Point p,Line v){
    int c = sgn(Cross(p - v.p1,v.p2 - v.p1));
    if(c < 0)return 1;                         //1: p 在 v 的左边
    if(c > 0)return 2;                         //2: p 在 v 的右边
    return 0;                                  //0: p 在 v 上
}
//点和线段的关系: 0 为点 p 不在线段 v 上; 1 为点 p 在线段 v 上
bool Point_on_seg(Point p, Line v){
    return sgn(Cross(p - v.p1, v.p2 - v.p1)) == 0 &&
        sgn(Dot(p - v.p1,p - v.p2)) <= 0;
}
//两直线的关系:0 为平行,1 为重合,2 为相交
int Line_relation(Line v1, Line v2){
    if(sgn(Cross(v1.p2 - v1.p1,v2.p2 - v2.p1)) == 0){
        if(Point_line_relation(v1.p1,v2) == 0)  return 1;   //1: 重合
        else return 0;                                      //0: 平行
    }
    return 2;                                               //2: 相交
}
//点到直线的距离
double Dis_point_line(Point p, Line v){
    return fabs(Cross(p - v.p1,v.p2 - v.p1))/Distance(v.p1,v.p2);
```

```
}
//点在直线上的投影
Point Point_line_proj(Point p, Line v){
    double k = Dot(v.p2 - v.p1,p - v.p1)/Len2(v.p2 - v.p1);
    return v.p1 + (v.p2 - v.p1) * k;
}
//点 p 对直线 v 的对称点
Point Point_line_symmetry(Point p, Line v){
    Point q = Point_line_proj(p,v);
    return Point(2 * q.x - p.x,2 * q.y - p.y);
}
//点到线段的距离
double Dis_point_seg(Point p, Segment v){
    if(sgn(Dot(p - v.p1,v.p2 - v.p1))< 0 || sgn(Dot(p - v.p2,v.p1 - v.p2))< 0)
                                                        //点的投影不在线段上
        return min(Distance(p,v.p1),Distance(p,v.p2));
    return Dis_point_line(p,v);                         //点的投影在线段上
}
//求两直线 ab 和 cd 的交点,在调用前要保证两直线不平行或重合
Point Cross_point(Point a,Point b,Point c,Point d){     //Line1:ab,Line2:cd
    double s1 = Cross(b - a,c - a);
    double s2 = Cross(b - a,d - a);                     //叉积有正负
    return Point(c.x * s2 - d.x * s1,c.y * s2 - d.y * s1)/(s2 - s1);
}
//两线段是否相交: 1 为相交,0 为不相交
bool Cross_segment(Point a,Point b,Point c,Point d){    //Line1:ab,Line2:cd
    double c1 = Cross(b - a,c - a),c2 = Cross(b - a,d - a);
    double d1 = Cross(d - c,a - c),d2 = Cross(d - c,b - c);
    return sgn(c1) * sgn(c2)< 0 && sgn(d1) * sgn(d2)< 0;
                                                        //注意交点是端点的情况不算在内
}
//---------------平面几何:多边形----------------
struct Polygon{
    int n;                                              //多边形的顶点数
    Point p[maxp];                                      //多边形的点
    Line v[maxp];                                       //多边形的边
};
//判断点和任意多边形的关系: 3 为点上; 2 为边上; 1 为内部; 0 为外部
int Point_in_polygon(Point pt,Point * p,int n){         //点 pt,多边形 Point * p
    for(int i = 0;i < n;i++){                           //点在多边形的顶点上
        if(p[i] == pt)return 3;
    }
    for(int i = 0;i < n;i++){                           //点在多边形的边上
        Line v = Line(p[i],p[(i + 1) % n]);
        if(Point_on_seg(pt,v)) return 2;
    }
    int num = 0;
    for(int i = 0;i < n;i++){
        int j = (i + 1) % n;
        int c = sgn(Cross(pt - p[j],p[i] - p[j]));
        int u = sgn(p[i].y - pt.y);
```

```
        int v = sgn(p[j].y - pt.y);
        if(c > 0 && u < 0 && v >= 0) num++;
        if(c < 0 && u >= 0 && v < 0) num--;
    }
    return num != 0;                    //1 为内部; 0 为外部
}
//多边形面积
double Polygon_area(Point *p, int n){  //从原点开始划分三角形
    double area = 0;
    for(int i = 0;i < n;i++)
        area += Cross(p[i],p[(i+1) % n]);
    return area/2;                      //面积有正负,不能简单地取绝对值
}
//求多边形的重心
Point Polygon_center(Point *p, int n){
    Point ans(0,0);
    if(Polygon_area(p,n) == 0) return ans;
    for(int i = 0;i < n;i++)
        ans = ans + (p[i]+p[(i+1) % n]) * Cross(p[i],p[(i+1) % n]);
    return ans/Polygon_area(p,n)/6.;
}
//Convex_hull()求凸包.凸包顶点放在 ch 中,返回值是凸包的顶点数
int Convex_hull(Point *p,int n,Point *ch){
    sort(p,p+n);                        //对点排序:按 x 从小到大排序,如果 x 相同,按 y 排序
    n = unique(p,p+n) - p;              //去除重复点
    int v = 0;
    //求下凸包.如果 p[i]是右拐弯的,这个点不在凸包上,往回退
    for(int i = 0;i < n;i++){
        while(v > 1 && sgn(Cross(ch[v-1] - ch[v-2],p[i] - ch[v-2]))<= 0)
            v--;
        ch[v++] = p[i];
    }
    int j = v;
    //求上凸包
    for(int i = n-2;i >= 0;i--){
        while(v > j && sgn(Cross(ch[v-1] - ch[v-2],p[i] - ch[v-2]))<= 0)
            v--;
        ch[v++] = p[i];
    }
    if(n>1) v--;
    return v;                           //返回值 v 是凸包的顶点数
}

//---------------平面几何:圆----------------
struct Circle{
    Point c;                            //圆心
    double r;                           //半径
    Circle(){}
    Circle(Point c,double r):c(c),r(r){}
    Circle(double x,double y,double _r){c = Point(x,y);r = _r;}
};
```

```
//点和圆的关系: 0 为点在圆内, 1 为点在圆上, 2 为点在圆外
int Point_circle_relation(Point p, Circle C){
    double dst = Distance(p,C.c);
    if(sgn(dst - C.r) < 0) return 0;               //点在圆内
    if(sgn(dst - C.r) == 0) return 1;              //圆上
    return 2;                                      //圆外
}
//直线和圆的关系: 0 为直线在圆内, 1 为直线和圆相切, 2 为直线在圆外
int Line_circle_relation(Line v,Circle C){
    double dst = Dis_point_line(C.c,v);
    if(sgn(dst-C.r) < 0) return 0;                 //直线在圆内
    if(sgn(dst-C.r) == 0) return 1;                //直线和圆相切
    return 2;                                      //直线在圆外
}
//线段和圆的关系: 0 为线段在圆内, 1 为线段和圆相切, 2 为线段在圆外
int Seg_circle_relation(Segment v,Circle C){
    double dst = Dis_point_seg(C.c,v);
    if(sgn(dst-C.r) < 0) return 0;                 //线段在圆内
    if(sgn(dst-C.r) == 0) return 1;                //线段和圆相切
    return 2;                                      //线段在圆外
}
//直线和圆的交点.pa、pb 是交点.返回值是交点的个数
int Line_cross_circle(Line v,Circle C,Point &pa,Point &pb){
    if(Line_circle_relation(v, C) == 2) return 0;  //无交点
    Point q = Point_line_proj(C.c,v);              //圆心在直线上的投影点
    double d = Dis_point_line(C.c,v);              //圆心到直线的距离
    double k = sqrt(C.r * C.r - d * d);
    if(sgn(k) == 0){                               //一个交点,直线和圆相切
        pa = q;
        pb = q;
        return 1;
    }
    Point n = (v.p2 - v.p1)/ Len(v.p2 - v.p1);     //单位向量
    pa = q + n*k;
    pb = q - n*k;
    return 2;                                      //两个交点
}

//------------------- 三维几何 ----------------
//三维: 点
struct Point3{
    double x,y,z;
    Point3(){}
    Point3(double x,double y,double z):x(x),y(y),z(z){}
    Point3 operator + (Point3 B){return Point3(x+B.x,y+B.y,z+B.z);}
    Point3 operator - (Point3 B){return Point3(x-B.x,y-B.y,z-B.z);}
    Point3 operator * (double k){return Point3(x*k,y*k,z*k);}
    Point3 operator / (double k){return Point3(x/k,y/k,z/k);}
    bool operator == (Point3 B){
        return sgn(x-B.x) == 0 && sgn(y-B.y) == 0 && sgn(z-B.z) == 0;}
};
```

```
typedef Point3 Vector3;
//点积.和二维点积函数同名.C++允许函数同名
double Dot(Vector3 A,Vector3 B){return A.x*B.x+A.y*B.y+A.z*B.z;}
//叉积
Vector3 Cross(Vector3 A,Vector3 B){
    return Point3(A.y*B.z-A.z*B.y,A.z*B.x-A.x*B.z,A.x*B.y-A.y*B.x);}
double Len(Vector3 A){return sqrt(Dot(A,A));}          //向量的长度
double Len2(Vector3 A){return Dot(A,A);}               //向量长度的平方
double Distance(Point3 A, Point3 B){                   //A、B的距离
    return sqrt((A.x-B.x)*(A.x-B.x)+
              (A.y-B.y)*(A.y-B.y)+(A.z-B.z)*(A.z-B.z));
}
//A与B的夹角
double Angle(Vector3 A,Vector3 B){return acos(Dot(A,B)/Len(A)/Len(B));}
//三维: 线
struct Line3{
    Point3 p1,p2;
    Line3(){}
    Line3(Point3 p1,Point3 p2):p1(p1),p2(p2){}
};
typedef Line3 Segment3;                                //定义线段,两端点是Point p1,p2
//三维: 三角形面积的两倍
double Area2(Point3 A,Point3 B,Point3 C){return Len(Cross(B-A, C-A));}
//三维: 点到直线的距离
double Dis_point_line(Point3 p, Line3 v){
    return Len(Cross(v.p2-v.p1,p-v.p1))/Distance(v.p1,v.p2);
}
//三维: 点在直线上
bool Point_line_relation(Point3 p,Line3 v){
    return sgn(Len(Cross(v.p1-p,v.p2-p))) == 0
              && sgn(Dot(v.p1-p,v.p2-p)) == 0;
}
//三维: 点到线段的距离
double Dis_point_seg(Point3 p, Segment3 v){
    if(sgn(Dot(p-v.p1,v.p2-v.p1)) < 0 || sgn(Dot(p-v.p2,v.p1-v.p2)) < 0)
        return min(Distance(p,v.p1),Distance(p,v.p2));
    return Dis_point_line(p,v);
}
//三维: 点p在直线上的投影
Point3 Point_line_proj(Point3 p, Line3 v){
    double k = Dot(v.p2-v.p1,p-v.p1)/Len2(v.p2-v.p1);
    return v.p1+(v.p2-v.p1)*k;
}
//三维: 平面
struct Plane{
    Point3 p1,p2,p3;                                   //平面上的3个点
    Plane(){}
    Plane(Point3 p1,Point3 p2,Point3 p3):p1(p1),p2(p2),p3(p3){}
};
//平面法向量
Point3 Pvec(Point3 A,Point3 B,Point3 C){ return Cross(B-A,C-A);}
```

```
Point3 Pvec(Plane f){return Cross(f.p2 - f.p1,f.p3 - f.p1);}
//四点共平面
bool Point_on_plane(Point3 A,Point3 B,Point3 C,Point3 D){
    return sgn(Dot(Pvec(A,B,C),D - A)) == 0;
}
//两平面平行
int Parallel(Plane f1, Plane f2){
    return Len(Cross(Pvec(f1),Pvec(f2))) < eps;
}
//两平面垂直
int Vertical (Plane f1, Plane f2){
    return sgn(Dot(Pvec(f1),Pvec(f2))) == 0;
}
//直线与平面的交点 p,返回值是交点的个数
int Line_cross_plane(Line3 u,Plane f,Point3 &p){
    Point3 v = Pvec(f);                          //平面的法向量
    double x = Dot(v, u.p2 - f.p1);
    double y = Dot(v, u.p1 - f.p1);
    double d = x - y;
    if(sgn(x) == 0 && sgn(y) == 0) return -1;    //-1: v在f上
    if(sgn(d) == 0) return 0;                    //0: v与f平行
    p = ((u.p1 * x) - (u.p2 * y))/d;             //1: v与f相交
    return 1;
}
//四面体有向体积×6
double volume4(Point3 A,Point3 B,Point3 C,Point3 D){
    return Dot(Cross(B - A,C - A),D - A);}
```

11.5 小　　结

几何题是竞赛初学者的难关,很多竞赛队甚至没有队员深入研究几何题,以至于在赛场上看到几何题直接放弃。

几何题往往逻辑烦琐,需要细致地编程,很考验编码能力。本章提到的内容,竞赛队的所有队员都应精通,并且指定其中一人深入研究,做到能轻松解决中等难度以上的题目。

视频讲解

第 12 章　ICPC 区域赛真题

前面各章节讲解了竞赛所需要的知识点。在参赛之前，队员有必要了解 ICPC 区域赛各赛区的总体情况，并通过解读 ICPC 区域赛真题做到心中有数，确定一个冲刺的目标。

历年的世界总决赛(World Finals)题目、区域赛题目都可以在官网 icpc. baylor. edu 浏览和提交[①]。其中，中国大陆往年的 ICPC 区域赛题目，acm. hdu. edu. cn 也有收录。

在一次区域赛中，为了区分参赛队员的能力，出题者需要考虑多方面的因素才能出一套合适的题目。大体上应该能考查竞赛队员的 5 种能力，包括编码、计算思维、逻辑推理、算法知识、团队合作。难度上的区分如表 12.1 所示。

表 12.1　难度上的区分

奖牌	编码	计算思维	逻辑推理	算法知识	团队合作	总分
铜牌	**	**	**	**	*	9
银牌	****	***	***	***	***	16
金牌	*****	*****	*****	*****	*****	25

从能力考查上看，铜牌 1 星或 2 星；银牌 3 星或 4 星；金牌 5 星。再考虑到铜牌、银牌、金牌的获奖比例按 3∶2∶1 逐渐缩小，可以得出结论：从铜牌提升到银牌比较容易，从银牌提升到金牌很难。

奖牌和参赛队 3 个队员的能力直接相关。如果有一人编码快，做题熟练，靠他一人就可以得到铜牌；如果 3 人都能进行大量训练，编码得心应手，算法知识大量掌握，加上一定的团队合作，可以得到银牌；在银牌的基础上，如果 3 人在平时训练中喜欢深入思考，不怕复杂的编码，把多种算法和数据结构融会贯通，团队合作紧密，再经历长期的练习，可以冲击金牌。

金牌、银牌队员是未来的 IT 精英，铜牌队员则需要继续努力。

12.1　ICPC 亚洲区域赛(中国大陆)情况

每年中国大陆赛区有 4～6 个，每个赛区的参赛队伍有 250 个左右，参赛学校 100 多个。奖牌设置比例是金牌 10%、银牌 20%、铜牌 30%，共 60% 的参赛队得奖。例如，2015 年、2017 年亚洲区域赛中国大陆赛区相关信息见表 12.2 和表 12.3。

---

① ICPC live archive，网上简称 LA(https://icpcarchive. ecs. baylor. edu/)。

表 12.2 2015 年亚洲区域赛中国大陆赛区各站比赛情况统计

2015 年	长春	沈阳	合肥	北京	上海	EC-Final
题目数量	13	13	10	11	12	13
金牌题数	5～8	5～8	4～7	7～8	6～9	≥7
银牌题数	4～5	4～5	2～4	5～6	5～6	5～7
铜牌题数	4	3	1	4	4～5	3～5
参赛队数	220	172	97	200	199	288

表 12.3 2017 年亚洲区域赛中国大陆赛区各站比赛情况统计

2017 年	沈阳	西安	青岛	北京	南宁	乌鲁木齐	EC-Final
题目数量	13	11	11	10	11	10	13
金牌题数	6～10	6～10	3～6	5～9	8～11	7～10	9～11
银牌题数	5～6	4～6	3	3～5	6～7	5～7	6～9
铜牌题数	4～5	3～4	2～3	2～3	4～6	3～5	4～6
参赛队数	180	350	360	190	228	94	300

12.2 ICPC 区域赛题目解析

2015 年 11 月 22 日，亚洲区域赛上海站于华东理工大学举行，共有 120 所大学、199 队参加，来自中国大陆、中国香港(4 校 7 队)，以及朝鲜(1 校 1 队)、蒙古(1 校 3 队)等国家和地区，是一次典型的、有影响力的亚洲区域赛。

视频讲解

题目由电子科技大学退役金牌队员张鑫航、何云鹏拟定。题目难度分布合理，有很好的区分度[①]。

本次比赛共 12 道题目，题目在 ICPC 官网有存档[②]，或者在 hdu 上提交，题号是 5572～5584。读者在看下面的内容之前，为了更好地理解题目，提高自己的思考能力，最好先自己尝试做题。

铜牌：4 道或 5 道题，F、K、L、A、B 题。

银牌：5 道或 6 道题，加上 D 题。

金牌：6 道题以上，加上 E、G、I 题。

C、H、J 题有部分做出。

参赛队解题时间(AC 时间)如表 12.4 所示。

---

① 现场赛排名：https://perma.cc/VJ2A-B642。

官方档案：https://icpc.baylor.edu/regionals/finder/shanghai-2015/standings(短网址：t.cn/R397ena)。

② https://icpcarchive.ecs.baylor.edu/index.php?option=com_onlinejudge&Itemid=8&category=691(短网址：t.cn/R39zGy4)。

表 12.4　AC 时间(分钟,中位值)

题　目	F	K	L	A	B	D	E	G	I
金牌(≥6 道)	7	25	48	101	97	239	<u>229</u>①	<u>269</u>	<u>270</u>
银牌(5 道或 6 道)	8	40	64	140	146	<u>255</u>	<u>184</u>	<u>188</u>	
铜牌(4 道或 5 道)	10	40	98	<u>218</u>	<u>213</u>				

下面按难易程度,由简到难对 9 道题目进行详细的讲解。

12.2.1　F 题 Friendship of Frog(hdu 5578)

Time Limit：2000/1000ms(Java/Others)

Memory Limit：65536/65536KB(Java/Others)②

Problem Description：

N 只青蛙站成一排,它们来自不同的国家。每个国家用一个小写字母表示。相邻青蛙的距离(例如第 1 个和第 2 个青蛙、第 $N-1$ 和第 N 个青蛙等)是 1。如果两只青蛙来自同一个国家,那么它们是朋友。

距离最小的一对朋友是最亲密的。帮忙找出这个距离是多少。

Input：

第 1 行是一个整数 T,表示测试用例的个数。

每一个测试用例只包括一串长度为 N 的字符串,其中第 i 个字符表示第 i 个青蛙的国籍。

Output：

对每个测试用例,需要输出"Case #x:y",其中 x 表示第几个用例,从 1 开始计数;y 是结果。如果没有来自同一个国家的青蛙,输出－1。

Limits：

$1 \leqslant T \leqslant 50$;

80%的数据,$1 \leqslant N \leqslant 100$;

100%的数据,$1 \leqslant N \leqslant 1000$;

字符串只包括小写字母。

Sample Input	Sample Output
2 abcecba abc	Case #1：2 Case #2：－1

【题解】

难度等级：极简单。本题是所谓的“签到题”,即参赛的所有队伍都能 AC 的简单题。

① 画线表示只有部分队伍做出来。

② Time Limit 和 Memory Limit 是本题的时间和空间限制,但是现场赛所发的题目一般不会给出,需要参赛队自己判断是否超时和超内存。这和在线判题的 OJ 不同,为方便学习,OJ 一般会给出这两个参数。Time Limit 和编程语言也有关系,Java 程序比 C、C++程序慢,所以 Java 的 Time Limit 更大一些,一般是 C、C++的 3 倍以上。

从读题到提交代码，参赛队 AC 的最短时间(First Blood，FB)是 3 分钟。铜牌队伍在 10 分钟左右 AC。

能力考核：编码能力。

本题逻辑简单，很容易理解，不涉及复杂的算法，代码也很短，参赛队员只要了解竞赛的入门知识就能做出来。

(1) 时间复杂度。在读题时，首先注意到数据长度 N 很小，$1 \leqslant N \leqslant 1000$，因此可以采用时间复杂度为 $O(N^3)$的算法。

(2) 逻辑和算法。由于题目很简单，首先想到暴力的方法。思路是从头开始检查第 i 个字符($0 \leqslant i \leqslant N$)，逐个比对它后面的 $N-i$ 个字符，寻找相同的。每次比对时把最短距离记录下来，直到全部结束。其复杂度是 $O(N^2)$，所以这个方法是可行的。

(3) 扩展。

虽然该题是很简单的题目，但是如果数据很大，例如 $N \leqslant 10^5$，那么上述的方法就会超时，此时需要更好的思路。

用暴力法结合“剪枝”的技巧可以处理。下面示例程序的时间复杂度是 $O(N)$。

```
#include <bits/stdc++.h>
using namespace std;
const int N = 100010;
char s[N];
void solve() {
    scanf("%s", s);
    int n = strlen(s);
    int ans = -1;
    for(int i = 0; i < n; ++ i) {            //从头到尾检查字符串,i是当前位置
        for(int j = 1; j <= 26 && i - j >= 0; ++ j) {
                //剪枝技巧：由于小写字符一共有 26 个,所以字符串中两个相
                //同字符的最小距离不会超过 26,只需要检查 i 前面的 26 个字符
            if(s[i] == s[i - j]) {
                //j 从 1 开始递增,即从距离 i 最近的字符开始检查,
                //如果有相同字符,就 break; 其他未检查的距离更大,不用继续检查
                if(ans == -1 || j < ans) {
                    ans = j;
                }
                break;
            }
        }
    }
    printf("%d\n", ans);
}
int main() {
    int t;
    scanf("%d", &t);
    for(int i = 1; i <= t; ++ i) {
        printf("Case #%d: ", i);
        solve();
    }
    return 0;
}
```

12.2.2 K 题 Kingdom of Black and White(hdu 5583)

Problem Description：

黑白国有两种青蛙：黑青蛙和白青蛙。N 只青蛙站成一行，有些是黑的，有些是白的。计算青蛙们的合力，计算规则如下：把青蛙们分成最小的部分，每部分是连续的，只包含一种颜色的青蛙；合力是每部分长度的平方和。

现在来了一个罪恶的老巫婆，她告诉青蛙们，她要改变青蛙的颜色，最多改变一只。这样青蛙们的合力就变了。

青蛙们想知道，巫婆完成她的工作后，可能的最大合力是多少。

Input：

第 1 行是一个整数 T，表示测试用例的个数。

每个测试用例只包含一个字符串，长度为 N，只包含字符'0'(表示一只黑青蛙)和'1'(表示一只白青蛙)。

Output：

对每个测试用例，需要输出"Case ＃x：y"，其中 x 表示第几个用例，从 1 开始计数；y 是结果。

Limits：

$1 \leqslant T \leqslant 50$；

60％的数据，$1 \leqslant N \leqslant 1000$；

100％的数据，$1 \leqslant N \leqslant 10^5$；

字符串值包含 0 和 1。

Sample Input	Sample Output
2 000011 0101	Case ＃1：26 Case ＃2：10

【题解】

难度等级：简单题，用暴力法求解。FB 时间是 10 分钟。铜牌队伍在 40 分钟左右 AC。

能力考核：计算复杂度、编码能力。

本题逻辑虽然简单，但是也需要灵活处理；不涉及复杂的算法，但是需要了解计算的复杂度并避免落入陷阱；代码比较短，但是有一定的技巧。本题可以考查基本的计算思维和较好的编码能力。

(1) 逻辑。根据 Sample Input 和 Sample Output 理解题意，当输入 000011 时，青蛙的合力是 $4^2+2^2=20$。改变一只青蛙的颜色，例如改成 000001，合力变为 $5^2+1^2=26$。判断最大的合力是 26，并输出。

可能的最大合力，出现在有 $N=10^5$ 只青蛙的情况下，且所有青蛙是一种颜色，此时合力是 $N^2=10^{10}<2^{64}$，可以用 64 位的 long long 类型表示。

(2) 计算复杂度。在解题时，首先应该注意数据的规模，即 $1 \leqslant N \leqslant 10^5$，这说明不能使用时间复杂度大于 $O(N^2)$ 的算法。

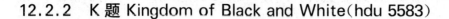

算法竞赛的初学者，如果没有注意到这一限制，就会落入陷阱，用以下简单的暴力方法，结果是 TLE：每改变一只青蛙的颜色，就重新计算合力，计算量是 $O(N)$；从头到尾一共可以改变 N 次；总复杂度是 $O(N^2)$。

TLE 的错误代码

```
#include <bits/stdc++.h>
using namespace std;
const int N = 100010;
char s[N];
int n;
long long get_ans() {                         //计算合力，时间复杂度是 O(N)
    long long ans = 0;
    int cur = -1, len = 0;
    for(int i = 1; i <= n; ++ i) {
        if(s[i] - '0' == cur)
            ++ len;
        else {
            ans += 1LL * len * len;
            len = 1;
            cur = s[i] - '0';
        }
    }
    ans += 1LL * len * len;
    return ans;
}
void solve() {                                //总的时间复杂度是 O(N²)，结果 TLE
    scanf("%s", s + 1);
    n = strlen(s + 1);
    long long ans = get_ans();
    for(int i = 1; i <= n; ++ i) {            //逐个改变青蛙的颜色，可以改变 N 次
        s[i] = '1' + '0' - s[i];              //改变当前青蛙的颜色
        ans = max(ans, get_ans());            //计算合力并得到最大值
        s[i] = '1' + '0' - s[i];              //还原青蛙的颜色
    }
    printf("%lld\n", ans);
}
int main() {
    int t;
    scanf("%d", &t);
    for(int i = 1; i <= t; ++ i) {
        printf("Case #%d: ", i);
        solve();
    }
    return 0;
}
```

(3) 优化和解决。在上述程序中，计算复杂度可以优化。每次改变一只青蛙的颜色后，因为只影响了相邻的青蛙序列，所以并不需要全部重新计算，只计算被影响的这部分就行了。这样，每改变一只青蛙的颜色，计算的时间复杂度差不多是 $O(1)$，总复杂度是 $O(N)$。

正确代码

```
#include <bits/stdc++.h>
using namespace std;
const int N = 100010;
#define square(x)  (x) * (x)
void solve() {
    int i, j = 1, k = 1;
    char s[N];
    int n;
    long long a[N] = {0};
    long long maxsum, oldsum = 0;
    scanf("%s", s + 1);
    n = strlen(s + 1);
    for(i = 2; i <= n; i++){            //把表示青蛙序列的"01"字符串改成数字,例如
        //把"000011001"改成数字 4221,并存放在数组 a[]中,处理起来更加便捷
      if(s[i] == s[i - 1])
        j++;
      else {
        a[k] = j;
        k++;
        j = 1;
      }
    }
    a[k] = j;
    for(i = 1; i <= k; i++){            //计算改变颜色前的合力
      oldsum = oldsum + a[i] * a[i];
    }
    maxsum = oldsum;
    for(i = 1; i <= k; i++){            //改变一只青蛙的颜色对合力的影响
                                        //只需要考虑以下两种情况:
      if(a[i] == 1)                     //如果长度是 1,说明这只青蛙是孤立的,
                                        //改变它的颜色后,可以和左右合并,
                                        //例如"00100"合并成"00000"
        maxsum = max(maxsum, oldsum + square(a[i - 1] + a[i] + a[i + 1]) - square(a[i - 1]) -
square(a[i]) - square(a[i + 1]));
      if(a[i]>= 2){                     //如果长度大于等于 2,可以分两次改变颜色:
          //改变最左边的,与左边的邻居合并,例如"0110"改成"0010";
          //改变最右边的,和右边的邻居合并,例如"0110"改成"0100"
          //如果长度大于等于 3,改变中间的,只会减小合力,
          //所以不用考虑,例如"01110"改成"01010",合力变小
        maxsum = max(maxsum, oldsum + square(a[i - 1] + 1) + square(a[i] - 1) - square(a[i -
1]) - square(a[i]));                    //给左边
        maxsum = max(maxsum, oldsum + square(a[i + 1] + 1) + square(a[i] - 1) - square(a[i +
1]) - square(a[i]));                    //给右边
      }
    }
    printf("%lld\n", maxsum);
}
int main() {
```

```
    int t;
    scanf(" %d", &t);
    for(int i = 1; i <= t; ++ i) {
        printf("Case # %d: ", i);
        solve();
    }
    return 0;
}
```

12.2.3 L题 LCM Walk(hdu 5584)

Problem Description：

一只青蛙刚学会一些数论就迫不及待地想展示给女朋友看。

它坐在一个网格图上，行和列都是无限的。行的计数从底部开始，列也是这样。青蛙最初的位置是坐标(s_x, s_y)，旅程开始了。

为了向女朋友炫耀它的数学天才，它使用了一种特别的跳跃方法。如果它在坐标(x,y)上，寻找一个可以被x和y都整除的最小的z，然后向上或向右跳z步，下一步坐标可能是$(x+z,y)$或$(x,y+z)$。

经过有限次跳跃后(可能是0步)，它停在(e_x, e_y)处。然而它太累了，忘记了它的起始位置。

如果一个个去检查网格的所有坐标，那太笨了！请告诉青蛙一个聪明的办法，到达(e_x, e_y)的可能的起始位置有多少个？

Input：

第1行是一个整数T，表示测试用例的个数。

每个测试用例包含两个整数e_x、e_y，即目的地坐标。

Output：

对每个测试用例，需要输出"Case #x: y"，其中x表示第几个用例，从1开始计数；y是可能起点的个数。

Limits：

$1 \leqslant T \leqslant 1000$；

$1 \leqslant e_x, e_y \leqslant 10^9$。

Sample Input	Sample Output
3 6 10 6 8 2 8	Case #1: 1 Case #2: 2 Case #3: 3

【题解】

难度等级：简单题，数学。FB时间是18分钟。铜牌队伍在98分钟左右AC。

能力考核：数论中的最小公倍数和最大公约数问题、逻辑推理。

本题涉及了算法知识，不过比较容易，是简单的数论概念；推导过程需要有清晰、灵活的推理；需要了解计算的复杂度；代码比较短。本题可以考查基本的算法知识和一定的逻辑推理能力。

(1) 算法复杂度。在解题时，首先应该注意数据的规模，即 $1\leqslant e_x, e_y\leqslant 10^9$，这说明不能使用时间复杂度大于 $O(N)$ 的算法。

(2) 算法概念和逻辑推理。标题说明这是一个 LCM(最小公倍数)问题。

起点是 (x,y)，终点是 (e_x,e_y)，已知终点，反推起点。

z 是 x,y 的 LCM，假设 $x=pt, y=qt, z=pqt$。p 和 q 互质。

起点 (x,y)，下一步可以走到两个位置 $(x,y+z)$ 或 $(x+z,y)$，下面分别讨论。

① 终点 $(e_x,e_y)=(x,y+z)=(pt,qt+pqt)=(pt,q(1+p)t)$。

由于 p 和 $q(1+p)$ 互质，所以 t 是最大公约数，可得 $t=\mathrm{GCD}(e_x,e_y)$。推导得到起点：

$$x=pt=e_x$$

$$y=qt=e_yt/(e_x+t)$$

这是一个可能的起点。

把起点当成新的终点，继续这个过程，直到结束。

需要注意，p、q、t 都是整数，在程序中需要判断。

② 终点 $(e_x,e_y)=(x+z,y)$。

实际情况和①类似。注意到①中 $y+z>x$，即 $e_x<e_y$，②中 $e_x>e_y$。在编程时，只需要先按大小交换 e_x、e_y 的顺序，就可以合并成一种情况处理了。

```
#include <bits/stdc++.h>
int solve(long long ex, long long ey) {
  int ans = 1;
  long long t;
  while (true) {
     if (ex > ey)
    std::swap(ex, ey);
    t = std::__gcd(ex, ey);
             //p = ex / t;  q= ey/(ex + t); //在计算中p和q并未用到
    if ((ey % (ex + t)) == 0 ) {              //判断q是否为整数; t和p肯定是整数,不用判断
        ey = ey * t/(ex + t);
        ans++;
    }
    else
        break;
  }
  return ans;
}
int main() {
    int T;
    long long ex, ey;
    scanf("%d", &T);
    for (int cas = 1; cas <= T; cas++) {
        scanf("%lld%lld", &ex, &ey);
        printf("Case #%d: %d\n", cas, solve(ex, ey));
    }
    return 0;
}
```

12.2.4　A题 An Easy Physics Problem(hdu 5572)

Problem Description:

在一个无限光滑的桌面上有一个固定的大圆柱体，还有一个体积忽略不计的小球。

开始时，球静止于 A 点，给它一个初始速度和方向，如果球撞到圆柱体，它会弹回，没有能量损失。

经过一段时间，小球是否会经过 B 点？

Input:

第 1 行是一个整数 T，表示测试用例的个数。

每个测试用例有 3 行。

第 1 行有 3 个整数 Ox、Oy、r。圆柱体的中心是(Ox,Oy)，半径为 r。

第 2 行有 4 个整数 Ax、Ay、Vx、Vy。A 的坐标是(Ax,Ay)，初始方向矢量是(Vx,Vy)。

第 3 行有两个整数 Bx、By。B 的坐标是(Bx,By)。

Output:

对每个测试用例，需要输出"Case #x: y"，其中 x 表示第几个用例，从 1 开始计数；如果球会经过 B 点，y 是"Yes"，否则 y 是"No"。

Limits:

$1 \leqslant T \leqslant 100$;

$|Ox|, |Oy| \leqslant 1000$;

$1 \leqslant r \leqslant 100$;

$|Ax|, |Ay|, |Bx|, |By| \leqslant 1000$;

$|Vx|, |Vy| \leqslant 1000$;

$Vx \neq 0$ 或 $Vy \neq 0$;

A 和 B 都在圆柱体的外面，而且不重合。

Sample Input	Sample Output
2 0 0 1 2 2 0 1 −1 −1 0 0 1 −1 2 1 −1 1 2	Case #1: No Case #2: Yes

【题解】

难度等级：中等题，几何。FB时间是 38 分钟。铜牌队伍在 220 分钟左右 AC。

能力考核：逻辑思维、较强的编码能力。

本题代码较长，逻辑较复杂，但是很容易理解，也不涉及复杂的算法。这种题是考查编码能力的典型题目，在编码时需要认真处理几何模板、逻辑关系等。

本题的代码已经在 11.2.1 节中作为例题详细给出。

12.2.5 B 题 Binary Tree(hdu 5573)

Problem Description:

青蛙国王住在一个无限长的树的根部。根据法律,每个结点应该连接下一层的两个结点,构成一个完整的二叉树。

因为国王的数学很牛,它为每个结点配置了一个数字。特别地,树的根就是国王住的地方,是 1,记为 froot=1。对每个结点 u,标签是 fu,左子结点是 fu×2,右子结点是 fu×2+1。国王对它的树王国很满意。

时间流逝,国王病了。根据黑魔法,如果国王能收集 N 个幽灵宝石,可以让它再活 N 年。开始时,国王位于根部,幽灵宝石的数量是 0,然后它往下走,每次往左子结点或右子结点走。在结点 x 处,这个结点的数字是 f_x(记住 froot=1),它可以选择把幽灵宝石增加 f_x 或者减少 f_x。它从根部开始走,访问 K 个 node(包括根结点),在每个结点处加或者减去上述的数字。如果数字最后是 N,它就成功了。注意幽灵宝石有魔法,幽灵宝石的数字 N 可能是负数。

给定 n、K,帮助国王收集 n 个幽灵宝石,不多不少访问 K 个结点。

Input:

第 1 行是一个整数 T,表示测试用例的个数。

每个测试用例包括两个整数 n 和 K,即国王要收集的幽灵宝石的数量、访问的结点数量。

Output:

对每个测试用例,先输出"Case #x:",其中 x 表示第几个用例,从 1 开始计数。

下面有 K 行,每一行'a b': a 是青蛙访问的结点标签; b 是'+'或'-',表示加或减 a。

保证至少有一个结果成立,如果有很多成立,可以输出任何一个。

Limits:

$1 \leqslant T \leqslant 100$;

$1 \leqslant n \leqslant 10^9$;

$n \leqslant 2^K \leqslant 2^{60}$。

Sample Input	Sample Output
2 5 3 10 4	Case #1: 1 + 3 - 7 + Case #2: 1 + 3 + 6 - 12 +

【题解】

难度等级：中等题，模拟题，构造。FB 时间是 44 分钟。铜牌队伍在 213 分钟左右 AC。

能力考核：计算思维、逻辑思维。

本题不需要复杂的算法，编码也不长，但是需要灵活处理，找到间接的解决方案。这是典型的考查思维能力的题目，具体是考查对二进制的领悟能力。这种思维能力需要聪明的头脑和长期的编程训练。

首先考虑计算复杂度。本题如果用暴力的方法，简单地罗列所有可能的走法是不行的。从第 1 层根结点走到第 K 层，一共有 2^{K-1} 个路径，由于每个结点上可取正负，那么每个路径上又有 2^K 种组合，合起来大概是 4^K，而 $K \leqslant 60$，肯定会 TLE。

类似这种题目，“灵机一动”非常重要。比如本题的思路是只要一直沿着最左边（加上第 K 层最左边的右子结点）走到第 K 层，就能找到一个答案。知道了这一点，后面就简单了。虽然题目中的限制条件 $n \leqslant 2^K$ 给出了暗示，但是想到这一点仍然很难。这也是为什么平时做题训练时尽量不要看题解，而是应该多自己思考，锻炼思维能力。如果靠看别人的题解知道这个方法，然后再去完成编码，收获是很小的。

上述思路证明如下：

(1) 二叉树最左边的那条边，从上到下相加，满足条件 $n \leqslant 2^K$。从第 1 层沿着最左边走到第 K 层（图 12.1 中路径是 1-2-4-8），最大值是 $n = 2^0 + 2^1 + 2^2 + 2^3 + 2^4 + \cdots + 2^{K-1} = 2^K - 1$，如果在第 K 层选择最左边的右子结点（图 12.1 中路径是 1-2-4-9），那么最大值是 $N = 2^K$。

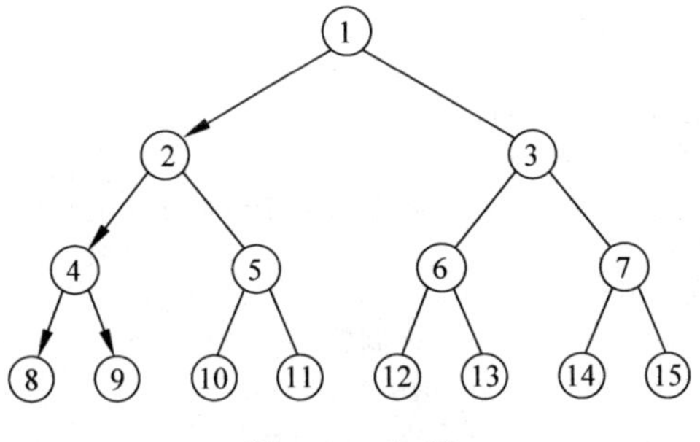

图 12.1 B 题

(2) 对于给定的 K，沿着最左边走（最后一层可以走右边）可以实现 $1 \leqslant n \leqslant 2^K$ 中的所有值，也就是对任何 n 都能找到一个答案。请自己证明。下面用一个例子来说明：令 $K=5$，最左边的数依次是 1,2,4,8,16。最大 $n=32$，现在证明 1～32 中所有的数都能用 1,2,4,8,16（最后一层可以走右边）的组合获得。实际上，一直走左边可以得到奇数，然后在最后一层走右边能得到偶数，所以只需要考虑奇数就行了。

$31=16+8+4+2+1$。联想到 31 的二进制表示：$31=11111_2$；用 11111 表示这条路径，其中 1 表示'+'，0 表示'－'。

$29=16+8+4+2-1$，$29=31-2$，把上面 $16+8+4+2+1$ 中的 $+1$ 变成 -1 即可。用 11110 表示这条路径。11110 可以这样计算得到：$31-(31-29)/2=30=11110_2$。

$27=16+8+4-2+1$，$27=31-4$，把 $+2$ 变成 -2，2 的二进制是 10_2。用 11101 表示这条路径，$31-(31-27)/2=29=11101_2$。

25＝16＋8＋4－2－1，25＝31－6，把＋3变成－3，3的二进制是11_2。用11100表示这条路径，31－(31－25)/2＝28＝11100_2。

23＝16＋8－4＋2＋1，23＝31－8，把＋4变成－4；用11011表示这条路径。

21＝16＋8－4＋2－1，21＝31－10，把＋5变成－5；用11010表示这条路径。

……

每个奇数都能实现。

在编程时，结合二进制的特点，很容易写出程序。其复杂度为$O(K)$。

```
#include <algorithm>
typedef long long LL;
int main(){
    int num, n, K, odd;
    scanf("%d", &num);
    for(int i = 1; i <= num; ++i){
        scanf("%d%d", &n, &K);
    if(n % 2)
            odd = 0;                //n是奇数,每一层都是最左边的数
        else {
            odd = 1;                //n是偶数,转换为比它小1的奇数处理。最后一层取右边的数
            n--;
        }
        LL pp = (LL)pow(2,K) - 1;
            //二进制数为全1的数。例如K=5时,pp=31,二进制是11111
        LL kk = pp - (pp - n)/2;    //kk的二进制表示,就是一个可行的路径。
                                    //其中为1的是'+',为0的是'-'。原因见上文的证明
        LL pos = 0;                 //当前层数,从国王的顶层开始
        printf("Case #%d:\n", i);
        while(kk > 1) {             //不处理最后一层,最后一层有奇偶问题
          if(kk & 1)                //二进制数的个位数是当前的层
                                    //这个位置是'1',表示要加
            printf("%lld %c\n", (LL)pow(2,pos), '+');
        else                        //二进制数的个位数是'0',表示要减
            printf("%lld %c\n", (LL)pow(2,pos), '-');
        kk = kk >> 1;               //二进制数右移一次,把处理过的移走
                                    //新的个位数是下一层
        pos++;
      }
//下面处理最后一层。如果n是偶数,最后一层取右边
      if(kk & 1)
          printf("%lld %c\n", (LL)pow(2,pos) + odd, '+');
      else
          printf("%lld %c\n", (LL)pow(2,pos) + odd, '-');
    }
    return 0;
}
```

12.2.6 D题 Discover Water Tank(hdu 5575)

Problem Description：

水箱里面住着很多青蛙，但是它们都不知道水箱里有多少水。

水箱的高度无限，但是底部狭窄。水箱底部长 N，宽只有 1。

$N-1$ 个板子把水箱隔成 N 部分，每部分底部大小是 1×1，板子的高度不同。水不能穿过板子，但是如果水平面比板子高，根据基本的物理规律，水会从板子上面漫过去。

青蛙国王想知道水箱的细节，它派人选择了 M 个点，看这些点上有没有水。

例如，每次它选择(x,y)，表示在水箱的第 x 部分$(1\leqslant x\leqslant N$，从左到右计数)，在高度$(y+0.5)$的地方检查是否有水。

国王得到了 M 个结果，但是它发现有些可能是错的。国王想知道正确结果的最大可能个数有多少。

Input：

第 1 行是一个整数 T，表示测试用例的个数。

每个测试用例的第 1 行是两个数 N 和 M，即水箱隔成 N 部分、测量 M 次。

每个测试用例的第 2 行包括 $N-1$ 个整数，即 $h_1,h_2,\cdots,h_{N-1}$，h_i 表示第 i 个板子的高度。

下面有 M 行，第 i 行的格式为'x y z'，表示测量结果。如果第 x 个水箱高$(y+0.5)$处没有水，那么 $z=0$，否则 $z=1$。

Output：

对每个测试用例，需要输出"Case #x：y"，其中 x 表示第几个用例，从 1 开始计数；y 是正确结果的最大可能数字。

Limits：

$1\leqslant T\leqslant100$；

90%的数据，$1\leqslant N\leqslant1000$，$1\leqslant M\leqslant2000$；

100%的数据，$1\leqslant N\leqslant10^5$，$1\leqslant M\leqslant2\times10^5$；

$1\leqslant h_i\leqslant10^9$，$1\leqslant i\leqslant N-1$；

对每个结果，$1\leqslant x\leqslant N$，$1\leqslant y\leqslant10^9$，$z$ 是 0 或 1。

Sample Input	Sample Output
2 3 4 3 4 1 3 1 2 1 0 2 2 0 3 3 1 2 2 2 1 2 0 1 2 1	Case #1：3 Case #2：1

【题解】

难度等级：难题，综合。FB 时间是 119 分钟。金牌队伍在 240 分钟左右 AC，银牌有少数队伍做出。

能力考核：高级数据结构(左偏树)、STL 库、逻辑思维、编码能力。

本题有复杂的逻辑，大规模的数据，需要结合数据结构、算法、STL 库，是典型的难题，综合考查逻辑、算法、编码等多方面的能力。

(1) 计算复杂度。读题时首先应注意到本题较大的数据规模，即板子的数量 $1 \leqslant N \leqslant 10^5$，以及测量的个数 $1 \leqslant M \leqslant 2\times10^5$，因此计算复杂度比 $O(NM)$ 小。

(2) 理解题目。

图 12.2 是第 1 个测试样例。图中'×'表示无水，即 $z=0$；'O'表示有水，即 $z=1$。在这个例子中，最大的正确数字是 3，即第 1 个水箱的测量结果是错的，后面 3 个结果都是对的。

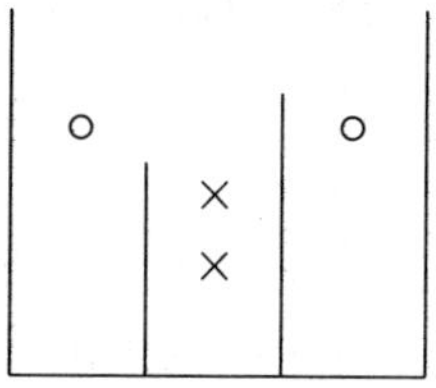

图 12.2　D 题

本题的解决思路是比较清晰的，即从低到高，逐渐给水箱加水，然后计算正确的测量个数。步骤如下：

① 从假设水箱没有水开始，此时'×'的个数就是答案，记为 ans。

② 逐一检查每个'O'的有水记录，即给这个水箱加水，直到这个记录的高度。可以想到，按从低到高的顺序检查所有的'O'，逻辑上是正确的，而且比较简单。

③ 上一步中对每个'O'的检查，加水到'O'的高度后，它可能向左、向右溢出。检查被它溢出的水箱，在当前水位高度下有多少'×'？有多少'O'？'O'的数量减去'×'的数量，差值为 d，更新 ans，ans=ans+d。

④ 检查完所有'O'，输出 ans。

在以上思路中，③是最关键的。检查每个'O'向左、向右的溢出，复杂度是 $O(N)$；一共有 M 个'O'，总复杂度是 $O(MN)$。而 $1 \leqslant N \leqslant 10^5$，$1 \leqslant M \leqslant 2\times10^5$，$O(MN)$ 很大，显然不能用暴力的方法去检查每个'O'的溢出。那么怎么做呢？因为是按从低到高的顺序检查'O'，在检查更高的'O'时，前面检查过的、相邻水箱的、较低的'O'的检查结果可以直接拿来用。或者说，一些相邻的水箱可以合并为一个大水箱。

当水向左、向右溢出以后，被溢出到的小水箱合并成一个大水箱，这样 $O(M)$ 次枚举'O'的复杂度就是 $O(N)$，而不是 $O(MN)$ 了。

在合并的时候，不仅要合并当前水位之下的'O'和'×'的数量，还要维护大水箱的左、右两边是哪些水箱以及是哪些挡板。'O'的数量可以看当前枚举了多少 O，'×'的数量可以用一个能表示顺序的数据结构来维护，这个数据结构维护结构体 (x,y) 表示'×'在坐标为 (x,y) 的位置。在计算第 x 个小水箱的水位 h 下的'×'的时候，可以在删除数据结构最小元素的同时计数，直到 $y \geqslant h$（即最低位置的'×'在水位之上）为止。维护顺序的数据结构可以用堆或者平衡树，但是又需要数据能够快速地合并，因此使用由左偏树实现的可并堆。

概括起来，解题过程是以 $z=0$ 的测量总数为初始答案，通过枚举 $z=1$ 的情况来更新答案，维护水箱并处理水箱的合并，用左偏树实现的可并堆来处理水箱的合并及计算单次枚举的答案。总的复杂度是 $O(N\log N + N\log M)$。

下面是出题人提供的代码。

```
#include <bits/stdc++.h>
using namespace std;
const int N = 200100;
```

```
const int INF = 2000000000;
int n, m, h[N], st[N], wh[N], height[N * 2], val[N * 2][2], dp[N * 2][2];
int lca[N * 2][18], dep[N * 2];
vector< int > pos[2], off[2], high[N * 2][2];
vector< int > edge[2 * N];
void clear(){
    for(int i = 0; i <= n; ++ i) {
        edge[i].clear();
        high[i][0].clear(); high[i][1].clear();
    }
    pos[0].clear(); off[0].clear();
    pos[1].clear(); off[1].clear();
}
void pre_dfs(int u, int fa, int dist) {
    lca[u][0] = fa; dep[u] = dist;
    for(int i = 1; i < 18; ++ i)
        lca[u][i] = lca[lca[u][i - 1]][i - 1];
    for(int i = 0; i < edge[u].size(); ++ i) {
        int v = edge[u][i];
        pre_dfs(v, u, dist + 1);
    }
}
int get_node(int x, int y) {
    for(int i = 17; i >= 0; -- i)
        if(dep[x] > (1 << i) && height[lca[x][i]] <= y)
            x = lca[x][i];
    return x;
}
void add_edge(int x, int y) {
    edge[x].push_back(y);
}
void build_tree() {
    int tot = n, top = 0;
    h[n] = INF;height[0] = INF;
    for(int i = 1; i <= n; ++ i) {
        height[i] = 0; val[i][0] = val[i][1] = 0;
        wh[top] = i;
        while(top > 0 && st[top - 1] < h[i]) {
            ++ tot;
            height[tot] = st[top - 1];
            val[tot][0] = val[tot][1] = 0;
            int tid = top - 1;
            add_edge(tot, wh[top]);
            while(top > 0 && st[top - 1] == st[tid]){
                -- top;
                add_edge(tot, wh[top]);
            }
            wh[top] = tot;
        }
        st[top ++] = h[i];
    }
```

```
    n = tot;
    for(int i = 0; i < 18; ++ i)
        lca[0][i] = 0;
    pre_dfs(n, 0, 1);
    for(int i = 0; i < 2; ++ i) {
        for(int j = 0; j < pos[i].size(); ++ j) {
            int id = get_node(pos[i][j], off[i][j]);
            val[id][i] ++; high[id][i].push_back(off[i][j]);
        }
    }
}
void dfs(int u) {
    dp[u][0] = val[u][0];
    dp[u][1] = val[u][1];
    sort(high[u][0].begin(), high[u][0].end());
    sort(high[u][1].begin(), high[u][1].end());
    int p = 0, ret = 0;
    for(int i = 0; i < val[u][0]; ++ i) {
        while(p < val[u][1] && high[u][1][p] < high[u][0][i])
            ++ p;
        ret = max(ret, p + val[u][0] - i);
    }
    int flag = val[u][0], Mind = INF;
    for(int i = 0; i < edge[u].size(); ++ i) {
        int v = edge[u][i];
        dfs(v);
        dp[u][1] += dp[v][1];
        dp[u][0] += max(dp[v][0], dp[v][1]);
    }
    dp[u][0] = max(dp[u][0], dp[u][1] - val[u][1] + ret);
}
void solve() {
    scanf("%d%d", &n, &m);
    for(int i = 1; i < n; ++ i)
        scanf("%d", h + i);
    for(int i = 1; i <= m; ++ i) {
        int x, y, z;
        scanf("%d%d%d", &x, &y, &z);
        pos[z].push_back(x); off[z].push_back(y);
    }
    build_tree();
    dfs(n);
    printf("%d\n", max(dp[n][0], dp[n][1]));
    clear();
}
int main() {
    int t;
    scanf("%d", &t);
    for(int i = 1; i <= t; ++ i) {
        printf("Case #%d: ", i);
        solve();
```

```
    }
    return 0;
}
```

12.2.7 E题 Expection of String(hdu 5576)

Problem Description:

青蛙刚学会了乘法,现在它想做一些练习。

它在纸上写了一个字符串,只包括数字和一个'×'符号。如果'×'出现在字符串前面或后面,它认为结果是0,否则它将按正常乘法来计算。

在练习之后,它想到一个新问题:对一个初始字符串,每次随机选两个字符交换位置,它交换了一次又一次,例如K次,它想知道新字符串计算结果的期望值。

可以知道所有交换的方法一共有$\binom{n}{2}^K$种(即$(C_n^2)^K$)。如果期望的结果是x,需要输出整数$x\times\binom{n}{2}^K$。

Input:

第1行是一个整数T,表示测试用例的个数。

每个测试用例的第1行是一个数K,表示青蛙交换字符的次数。

每个测试用例的第2行是青蛙操作的字符串,只包括数字和一个乘法操作符'*'。

Output:

对每个测试用例,需要先输出"Case #x: y",其中x表示第几个用例,从1开始计数;y是结果。

由于y可能很大,用10^9+7取模。

Limits:

$1\leqslant T\leqslant 100$;

字符串长度为L;

70%的数据,$1\leqslant L\leqslant 10$,$0\leqslant K\leqslant 5$;

95%的数据,$1\leqslant L\leqslant 20$,$0\leqslant K\leqslant 20$;

100%的数据,$1\leqslant L\leqslant 50$,$0\leqslant K\leqslant 50$。

Sample Input	Sample Output
2 1 1*2 2 1*2	Case #1: 2 Case #2: 6

【题解】

难度等级:难题。FB时间是118分钟。部分金牌队伍做出,AC时间在230分钟左右。

能力考核:DP、逻辑思维、编码能力。

本题的逻辑很复杂，数据大，是典型的难题，综合考查逻辑、算法、编码等多方面的能力。

题目的要求是一个字符串由数字和'×'号组成，每次操作可以交换其中任意两个符号(包括'×')，问 K 次操作后所有可能结果的和。

样例 1，字符串"1 * 2"，交换一次，结果有 $(C_n^2)^K=(C_3^2)^1=3$ 种情况，即 * 12、2 * 1、12 * 。期望值 $x=\frac{0}{3}+\frac{2}{3}+\frac{0}{3}=\frac{2}{3}$，输出 $x\times(C_n^2)^K=\frac{2}{3}\times 3=2$。

样例 2，字符串"1 * 2"，交换两次，结果可能有 $(C_n^2)^K=(C_3^2)^2=9$ 种，分别是 1 * 2、21 * 、* 21、* 21、1 * 2、21 * 、21 * 、* 21、1 * 2，如图 12.3 所示。期望值 $x=\frac{2}{9}+\frac{2}{9}+\frac{2}{9}=\frac{6}{9}$，输出 $x\times(C_n^2)^K=\frac{6}{9}\times 9=6$。

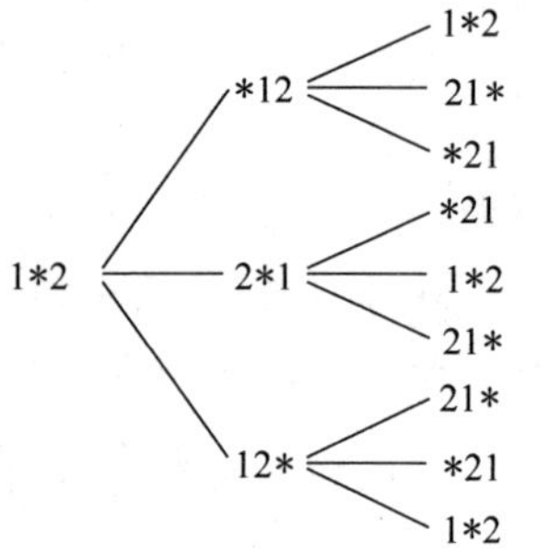

图 12.3　E 题

本题如果用暴力的方法，逐一检查每个结果，可能有 $(C_n^2)^K\leqslant(C_{50}^2)^{50}$ 种情况，数据太大，不可能进行计算。

用 DP 实现，关键是递推式，复杂度为 $O(Kn^3)$。

下面是出题人提供的代码。

```
#include <bits/stdc++.h>
using namespace std;
#define ll long long
int K,n;
const ll mod = 1000000007;
ll dp[2][55][55][55];
ll ten[55],tot[55],tot_2[55][55];
string str;
int main(){
    int T;
    int cas = 1;
    cin >> T;
    ten[0] = ten[1] = 1;
    for (int i = 2; i <= 50; i++)
        ten[i] = ten[i - 1] * 10 % mod;
    while (T--) {
        cin >> K >> str;
        n = str.size();
        int now = 0;
        for (int i = 0; i < n; i++)
        if (str[i] == '*') {
            for (int j = 0; j < n; j++)
                for (int k = j + 1; k < n; k++)
                if (str[j] == '*' || str[k] == '*')
                    dp[now][i][j][k] = 0;
                else
                    dp[now][i][j][k] = (str[j] - '0') * (str[k] - '0');
        }
        else {
            for (int j = 0; j < n; j++)
```

```
            for (int k = 0; k < n; k++)
                dp[now][i][j][k] = 0;
    }
    ll lamb;
    if (n <= 3) lamb = 1;
    else lamb = (n - 3) * (n - 4) / 2 + 1;
    for (int iter = 0; iter < K; iter++) {
        now = 1 - now;
        for (int i = 0; i < n; i++)
            for (int j = 0; j < n; j++)
                for (int k = 0; k < n; k++)
                    dp[now][i][j][k] = 0;
        for (int j = 0; j < n; j++)
            for (int k = j + 1; k < n; k++) {
                tot_2[j][k] = 0;
                for (int i = 0; i < n; i++)
                if (i != j && i != k)
                    tot_2[j][k] += dp[1 - now][i][j][k];
                tot_2[j][k] % = mod;
            }
        for (int i = 0; i < n; i++) {
            for (int j = 0; j < n; j++)
            if (i != j) {
                tot[j] = 0;
                for (int k = 0; k < n; k++)
                if (k != i && k != j)
                    tot[j] += dp[1 - now][i][min(j,k)][max(j,k)];
                tot[j] % = mod;
            }
            for (int j = 0; j < n; j++)
                for (int k = j + 1; k < n; k++)
                if (j != i && k != i) {
                    dp[now][i][j][k] += dp[1 - now][i][j][k] * lamb;
                    dp[now][i][j][k] += tot[j] - dp[1 - now][i][j][k] + mod;
                    dp[now][i][j][k] += tot[k] - dp[1 - now][i][j][k] + mod;
                    dp[now][i][j][k] += tot_2[j][k] - dp[1 - now][i][j][k] + mod;
                    dp[now][i][j][k] += dp[1 - now][j][min(i,k)][max(i,k)]
                                     + dp[1 - now][k][min(i,j)][max(i,j)];
                }
        }
        for (int i = 0; i < n; i++)
            for (int j = 0; j < n; j++)
                for (int k = 0; k < n; k++) {
                    dp[now][i][j][k] % = mod;
                }
    }
    ll ans = 0;
    for (int i = 1; i < n - 1; i++)
        for (int j = 0; j < i; j++)
            for (int k = i + 1; k < n; k++)
                ans += dp[now][i][j][k] * ten[i - j] % mod * ten[n - k] % mod;
```

```
        printf("Case # %d: %lld\n", cas++, ans % mod);
    }
}
```

12.2.8 G 题 Game of Arrays(hdu 5579)

Problem Description：

Tweek 和 Craig 是好朋友，总在一起玩。在做数学作业的时候，他们发明了一种新游戏。

首先，他们写了 3 个数组 A、B、C，每个有 N 个数字。接着，他们在黑板上写下：

$$A+B=C$$

如果等式满足，说明从 1 到 N 的所有位置 $A_i+B_i=C_i$ 都成立。

当然，开始的时候等式不是都成立。

很幸运，数组 A、B、C 的一些数字可以改变，一些不能改。那些可以改的数字的位置在游戏前固定好了。

在游戏中，Tweek 先走，然后两人轮流进行，每次可以改变一个数字。

每一次，游戏者可以从一个数组中选一个可改变的数字，减去 1。但是，不能出现负数，所以被选中的数字在做减法前不能是 0。

Tweek 的目标是在游戏中使等式成立，而 Craig 的目标是阻止。

当等式成立时游戏结束，Tweek 获胜。或者不存在可能的改变，$A+B\neq C$(至少有一个 $i\in[1,N]$，使得 $A_i+B_i\neq C_i$)，Craig 获胜。

给定 A、B、C，以及每个数组可改变数字的位置。本题的任务是确定谁获胜。

Input：

第 1 行是一个整数 T，表示测试用例的个数。

每个测试用例的第 1 行是一个整数 K，表示数组 A、B、C 的长度。

每个测试用例的第 2 行和第 3 行描述数组 A。第 2 行包括 N 个整数 $A_1,A_2,\cdots,A_N$，表示数组 A 的元素。第 3 行包括 N 个整数 $u_1,u_2,\cdots,u_N$，如果 A_i 可改，u_i 是 1，否则 u_i 是 0。

每个测试用例的第 4 行和第 5 行描述数组 B。第 4 行包括 N 个整数 $B_1,B_2,\cdots,B_N$，表示数组 B 的元素。第 5 行包括 N 个整数 $v_1,v_2,\cdots,v_N$，如果 B_i 可改，v_i 是 1，否则 v_i 是 0。

每个测试用例的第 6 行和第 7 行描述数组 C。第 6 行包括 N 个整数 $C_1,C_2,\cdots,C_N$，表示数组 C 的元素。第 7 行包括 N 个整数 $w_1,w_2,\cdots,w_N$，如果 C_i 可改，w_i 是 1，否则 w_i 是 0。

Output：

对每个测试用例，需要先输出"Case #x: y"，其中 x 表示第几个用例，从 1 开始计数；y 是获胜者。

Limits：

$1\leqslant T\leqslant 2000$；

75%的数据，$1\leqslant N\leqslant 10$；

95%的数据，$1\leqslant N\leqslant 50$；

100%的数据，$1 \leqslant N \leqslant 100$；

$0 \leqslant A_i, B_i, C_i \leqslant 10^9$；

u_i、v_i、w_i 值为 0 或 1。

Sample Input	Sample Output
3 2 4 3 1 1 4 4 0 1 5 5 0 0 2 4 4 1 1 4 4 0 0 5 5 0 0 2 4 4 1 1 4 4 0 0 4 4 0 0	Case #1: Tweek Case #2: Craig Case #3: Tweek

【题解】

难度等级：本题是"难题"。FB 时间是 188 分钟。部分金牌队伍做出，AC 时间在 270 分钟左右。

能力考核：数学、逻辑思维、编码能力。

本题综合考查逻辑、算法、编码等多方面的能力。

下面是出题人提供的代码。

```
#include <bits/stdc++.h>
using namespace std;
const int N = 1100;
int a[N], b[N], c[N], ta[N], tb[N], tc[N], n, d[N], add[N], del[N];
bool check() {
    int tot = 0;
    for(int i = 1; i <= n; ++ i) {
        d[i] = a[i] + b[i] - c[i];
        add[i] = a[i] * ta[i] + b[i] * tb[i];
        del[i] = c[i] * tc[i];
```

```
        tot += abs(d[i]);
    }
    for(int i = 1; i <= n; ++ i) {
        if((d[i] > 0 && d[i] > add[i] - del[i]) ||
                (d[i] < 0 && - d[i] > del[i] - add[i]))
            return 0;
        if((d[i] >= 0 && d[i] < add[i] - del[i]) ||
                (d[i] <= 0 && - d[i] < del[i] - add[i])) {
            if(tot - abs(d[i]) > abs(d[i]))
                return 0;
          }
    }
    return 1;
}
void solve(int cas) {
    scanf("%d", &n);
    for(int i = 1; i <= n; ++ i) scanf("%d", a + i);
    for(int i = 1; i <= n; ++ i) scanf("%d", ta + i);
    for(int i = 1; i <= n; ++ i) scanf("%d", b + i);
    for(int i = 1; i <= n; ++ i) scanf("%d", tb + i);
    for(int i = 1; i <= n; ++ i) scanf("%d", c + i);
    for(int i = 1; i <= n; ++ i) scanf("%d", tc + i);
    int win = 1;
    for(int i = 1; i <= n; ++ i) {
        if(a[i] + b[i] != c[i]) {
            win = 0;
            break;
        }
    }
    if(win){puts("Tweek"); return;}
    for(int i = 1; i <= n; ++i){
        if(ta[i] && a[i] > 0){
            a[i] --;
            if(check()){puts("Tweek");return;}
            a[i] ++;
        }
        if(tb[i] && b[i] > 0) {
            b[i] --;
            if(check()){puts("Tweek");return;}
            b[i] ++;
        }
        if(tc[i] && c[i] > 0) {
            c[i] --;
            if(check()){puts("Tweek");return;}
            c[i] ++;
        }
    }
    puts("Craig");
```

```
        return;
}
int main(){
    int t;
    scanf("%d", &t);
    for(int i = 1; i <= t; ++ i) {
        printf("Case #%d: ", i);
        solve(i);
    }
    return 0;
}
```

12.2.9 I题 Infinity Point Sets(hdu 5581)

Problem Description:

这个故事来自一位古老的青蛙哲学家写的古书。

什么时候会是世界的尽头？也许最好的理解方法是使用几何进行计算。

起初，应该在一张纸上画几个点。每次选择两个点并用线段连接起来。当有两个线段交叉时，在交叉点上产生一个新点，将该点添加到纸上，并尝试像之前一样将其与前面的点连接。

应该一次又一次地执行此操作，继续绘制线段，并在可能的情况下添加点，直到没有新线段为止。然后是世界的尽头，旧的青蛙会死亡，新的时代将开始。

如你所见，不同的初始点导致不同的结果。对于一些点集合，世界的末日永远不会到来，我们称之为无穷大集合。

现在给 N 个点，在这 N 个点的所有可能子集(不包括空集，所以总共将有 2^N-1 个集)中有多少个不是无穷大？

Input:

第 1 行是一个整数 T，表示测试用例的个数。

每个测试用例都以整数 N 开始，它表示点的数量。

在下面的 N 行中，第 i 行包含两个整数 x_i 和 y_i，表示第 i 点的坐标(x_i，y_i)。

Output:

对每个测试用例，需要输出“Case #x: y”，其中 x 表示第几个用例，从 1 开始计数；y 是结果。

由于 y 可能很大，用 10^9+7 取模。

Limits:

$1 \leqslant T \leqslant 10$；

90%的数据，$1 \leqslant N \leqslant 100$；

100%的数据，$1 \leqslant N \leqslant 1000$；

$1 \leqslant x_i, y_i \leqslant 10^4$；

没有一对具有相同坐标的点。

Sample Input	Sample Output
2 4 0 0 0 2 2 2 2 0 5 0 0 0 2 2 2 2 0 1 2	Case #1：15 Case #2：30

【题解】

难度等级：本题是“难题”。FB 时间是 197 分钟。部分金牌队伍做出。

能力考核：几何、逻辑思维、编码能力。

本题综合考查逻辑、算法、编码等多方面的能力。题目大意是给出二维空间里 n 个点的坐标，求有多少个不同的子点集不是无限点集。无限点集的定义是将点集中的点两两相连，将线段产生的交点再加入点集中，继续上面的操作，如果操作能够无限地进行下去，则称之为无限点集。

图 12.4 所示的 4 种情况不是无限点集。

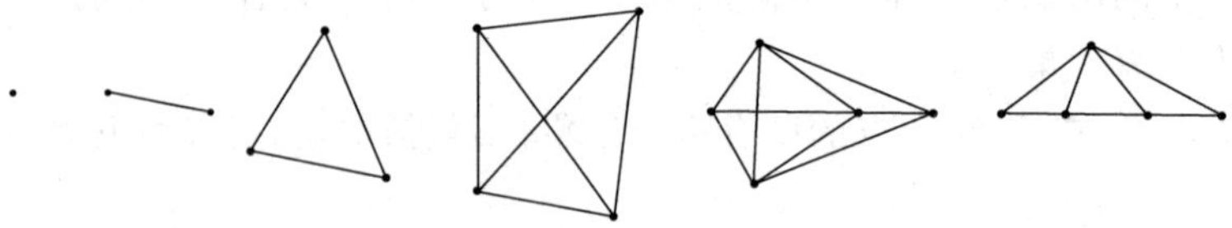

图 12.4　I 题

(1) 任意 1、2、3、4 个点。

(2) 3 点以上共线＋两侧各一点。生成的新的黑色的点也在线段上，操作不会无限地进行。

(3) 4 点以上共线＋任意一点。这种情况不会产生交点，操作也不会无限进行。

(4) 5 点及以上共线。

无限点集的情况例如图 12.5 所示。5 个外面的点，交点为 5 个内部的点，这样的操作能够无限地进行下去。

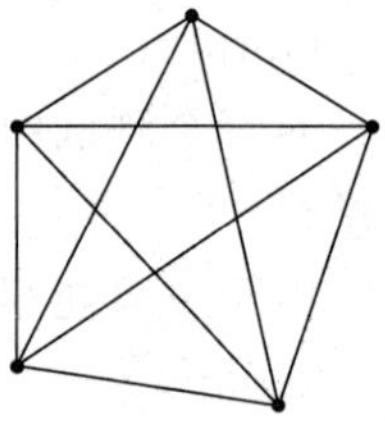

图 12.5　5 个点的情况

下面是出题人提供的代码。

```
#include <bits/stdc++.h>
typedef long long LL;
using namespace std;
const int V = 1100;
```

```
const int N = 1000;
const int P = 1000000007;
int rev[V], pt[V], C[V][V];
int Pow(int x, int y){
    int ret = 1;
    while(y){
        if(y & 1) ret =  (LL) ret * x % P;
        x = (LL) x * x % P;
        y /= 2;
    }
    return ret;
}
void init(){
    for(int i = 1; i <= N; ++i)
        rev[i] = Pow(i, P - 2);
    pt[0] = 1;
    for(int i = 1; i <= N; ++i)
        pt[i] = pt[i - 1] * 2 % P;
    memset(C, 0, sizeof(C));
    for(int i = 0; i <= N; ++i){
        C[i][0] = C[i][i] = 1;
        for(int j = 1; j < i; ++j)
            C[i][j] = (C[i - 1][j - 1] + C[i - 1][j]) % P;
    }
}
struct Point{
    int x, y;
}p[V];
struct PNode{
    int x, y, rev;
}Node[V];
bool EQ(PNode x, PNode y){
    if(x.x == y.x && x.x == 0) return true;
    if(x.x * y.x < 0) return false;
    return x.x * y.y == x.y * y.x;
}
bool Nodecmp(PNode x, PNode y){
    if(x.x * y.x <= 0) return x.x > y.x;
    if(x.x * y.y != x.y * y.x){
        if(x.x >= 0) return x.x * y.y > x.y * y.x;
        else return x.x * y.y > x.y * y.x;
    }
    return x.rev < y.rev;
}
int _, n;
/* 分为几部分: (1) 5 点及以上共线; (2) 任意 1、2、3、4 个点;
                    (3) 4 点以上共线 + 任意一点; (4) 3 点以上共线 + 两侧各一点 */
int sol_line(int ln, int rn, int revn, int nown, int total){
    int ans = 0;
    for(int i = 4; i <= ln + rn; ++i)
        ans = (ans + (LL)C[ln + rn][i] * rev[i + 1] % P) % P;
```

```
    for(int i = 3; i <= ln + rn; ++i)
        ans = (ans + (LL)C[ln + rn][i] * rev[i + 1] % P * (n - ln - rn - 1) % P) % P;
    int D = revn - nown;
    int A = revn - D - rn;
    int c = total - A - ln - rn;
    int CD = c + D;
    int AB = n - 1 - ln - rn - CD;
    for(int i = 2; i <= ln + rn; ++i)
        ans = (ans + (LL)C[ln + rn][i] * rev[i + 1] % P * AB % P * CD % P) % P;
    return ans;
}
int mid_way[V];
int sol(){
    int ret = 0;
    for(int i = 1; i <= 4; ++i)
    ret = (ret + C[n][i]) % P;
    for(int i = 0; i < n; ++i){
        int revn = 0;
        for(int j = 0; j < n; ++j){
            Node[j].x = p[j].x - p[i].x;
            Node[j].y = p[j].y - p[i].y;
            if(Node[j].y < 0 || (Node[j].y == 0 && Node[j].x < 0)){
                Node[j].x = - Node[j].x;
                Node[j].y = - Node[j].y;
                Node[j].rev = 1;
                ++revn;
            }
            else Node[j].rev = - 1;
        }
        sort(Node, Node + n, Nodecmp);
        int ln = 0, rn = 0, midn = 0, nown = 0, total = 0, pre = - 1;
        for(int j = 0; j < n; ++j){
            if(Node[j].x == 0 && Node[j].y == 0) continue;
            if(pre != - 1 && !EQ(Node[j], Node[pre])){
                ret += sol_line(ln, rn, revn, nown, total);
                ret % = P;
                mid_way[midn++] = (LL) ln * rn % P;
                ln = rn = 0;
            }
            if(Node[j].rev == - 1)  ++ln;
            else ++nown, ++rn;
            ++total;
            pre = j;
        }
        mid_way[midn++] = (LL) ln * rn % P;
        ret += sol_line(ln, rn, revn, nown, total);
        ret % = P;
        int mids = 0;
        for(int j = 0; j < midn; ++j) mids = (mids + mid_way[j]) % P;
        for(int j = 0; j < midn; ++j){
            ret = (ret - (LL)(mids - mid_way[j]) * mid_way[j] % P * rev[2] % P) % P;
```

```
            if(ret < 0) ret += P;
        }
    }
    return ret;
}
int main(){
    init();
    scanf("%d", &_);
    for(int ca = 1; ca <= _; ++ca){
        scanf("%d", &n);
        for(int i = 0; i < n; ++i)
        scanf("%d%d", &p[i].x, &p[i].y);
        printf("Case #%d: %d\n", ca, sol());
    }
    return 0;
}
```

参 考 文 献

[1] 刘汝佳,陈锋.算法竞赛入门经典训练指南[M].北京：清华大学出版社,2012.

[2] 刘汝佳.算法竞赛入门经典[M].2 版.北京：清华大学出版社,2014.

[3] 余立功.ACM/ICPC 算法训练教程[M].北京：清华大学出版社,2013.

[4] 秋叶拓哉,岩田阳一,北川宜稔.挑战程序设计竞赛[M].巫泽俊,等译.2 版.北京：人民邮电出版社,2013.

[5] 金博,郭立,于瑞云.计算几何及应用[M].哈尔滨：哈尔滨工业大学出版社,2012.

[6] 俞勇.ACM 国际大学生程序设计竞赛算法与实现[M].北京：清华大学出版社,2013.

[7] Levitin A.算法设计与分析基础[M].潘彦,译.2 版.北京：清华大学出版社,2007.

[8] Cormen T H,Leiserson C E.算法导论[M].潘金贵,等译.北京：机械工业出版社,2006.

图 书 资 源 支 持

感谢您一直以来对清华版图书的支持和爱护。为了配合本书的使用，本书提供配套的资源，有需求的读者请扫描下方的“书圈”微信公众号二维码，在图书专区下载，也可以拨打电话或发送电子邮件咨询。

如果您在使用本书的过程中遇到了什么问题，或者有相关图书出版计划，也请您发邮件告诉我们，以便我们更好地为您服务。

我们的联系方式：

地　　址：北京市海淀区双清路学研大厦 A 座 714

邮　　编：100084

电　　话：010-83470236　010-83470237

客服邮箱：2301891038@qq.com

QQ：2301891038（请写明您的单位和姓名）

资源下载：关注公众号“书圈”下载配套资源。

资源下载、样书申请

书圈

图书案例

清华计算机学堂

观看课程直播